U0367847

中等职业学校规划教材·化工中级技工教材

化工单元过程及操作

刘红梅　主编
毛民海　主审

化学工业出版社
·北京·

本教材作为化工工艺专业中级技工培训用书，贯彻以理论联系实际为基础，以理论指导实际操作为主，以培养实践能力为重点的现代技工教育观念；在内容的取舍上，在以必需、够用为原则，阐述理论的基础上，面向生产实际操作，同时还考虑单元操作新技术的发展。全书共十一章，内容包括绪论、流体力学、流体输送机械、非均相物系的分离、传热原理及换热器、蒸发、结晶、吸收、蒸馏、干燥、冷冻和新型单元操作简介等，可供学习者选学选用。

本书采用了“同步教学”模式，在理论讲授的同时安排相应的技能训练，并将制作配套教学录相片供模拟操作训练用。

本书可作为化工中级技工教材，也可作为化工企业工人培训教材。

图书在版编目（CIP）数据

化工单元过程及操作/刘红梅主编. —北京：化学工业出版社，2008.1（2022.8重印）
中等职业学校规划教材·化工中级技工教材
ISBN 978-7-122-01915-8

Ⅰ.化… Ⅱ.刘… Ⅲ.化工单元操作-专业学校-教材 Ⅳ.TQ02

中国版本图书馆CIP数据核字（2008）第003729号

责任编辑：旷英姿　于　卉　　文字编辑：杨欣欣
责任校对：李　林　　装帧设计：朱　曦

出版发行：化学工业出版社（北京市东城区青年湖南街13号　邮政编码100011）
印　　装：北京建宏印刷有限公司
787mm×1092mm　1/16　印张16¾　字数423千字　2022年8月北京第1版第9次印刷

购书咨询：010-64518888　　售后服务：010-64518899
网　　址：http://www.cip.com.cn
凡购买本书，如有缺损质量问题，本社销售中心负责调换。

定　价：38.00元

前 言

本书是根据中国化工教育协会批准颁布的《全国化工中级技工教学计划》，由全国化工高级技工教育教学指导委员会领导组织编写的全国化工中级技工教材，也可作为化工企业工人培训教材使用。

本书主要介绍化工各单元操作的基本原理、典型设备以及有关的化工工程实用知识。编写原则是：用基础理论知识指导实际操作，以必需、够用为度，运用工程观点分析和解决化工实际问题，加强化工操作技能的训练。

为了体现中级技工的培训特点，本教材内容力求通俗易懂、涉及面宽，突出实际技能训练。本书按“掌握”、“理解”和“了解”三个层次编写，在每章开头的“学习目标”中均有明确的说明以分清主次。每章末的阅读材料内容丰富、趣味性强，是对教材内容的补充，以提高学生的学习兴趣。

本书在处理量和单位问题时执行国家标准（GB 3100～3102—93），统一使用我国法定计量单位。本书为满足不同类型专业的需要，增添了教学大纲中未作要求的一些新知识和新技能。教学中各校可根据需要选用教学内容，以体现灵活性。

本书由山东化工高级技校刘红梅主编、陕西工业技术学院毛民海主审。全书共分十一章。绪论，第一、二、十一章由山东省化工高级技校刘红梅编写；第三、七章由宁夏化工技校陈玲编写；第四、五、六章由广西石化高级技校唐艳梅编写；第八、九、十章由南京化工技工学校徐荣华编写；全书由刘红梅统稿。

本教材在编写过程中得到中国化工教育协会、全国化工高级技工教育教学指导委员会、化学工业出版社及相关学校领导和同行们的大力支持和帮助，在此一并表示感谢。

由于编者水平有限，不完善之处在所难免，敬请读者和同行们批评指正。

编者

2008 年1 月

目 录

绪 论

学习目标

1. 掌握化工单元操作、物料衡算和能量衡算、平衡关系和过程速率的概念。

2. 理解化工生产过程的构成；常用的化工单元操作；化工常用基本物理量及单位。

3. 了解“化工单元过程及操作”的内容、性质、任务。

一、本课程的内容、性质和任务

化工过程是指化学工业的生产过程。化学工业门类很多，如酸、碱、化肥、医药、染料及石油化学工业等。由于不同的化学工业所用的原料与所得的产品不同，所以各种化工过程的差别很大。

例如，甲醇的生产过程，如图 0-1 所示，合成气进入脱硫塔 1 脱硫净化，经水冷器 2 冷却后，进入压缩机 3 初步压缩，初步压缩的合成气送入换热器 5 与从合成塔 4 出来的气体换热，换热后温度达到反应温度（513～543K）后，进入合成塔 4 进行反应，从合成塔 4 底部出来的粗甲醇、少量的副产品和少量未反应的原料气的混合物，经换热器 5、水冷器 6 降温冷却后变为液态甲醇，进入分离器 7 将气体分离出去，未反应的气体返回压缩机，液态甲醇进入闪蒸罐 8，脱除部分溶解气体后进入脱醚塔 9，从塔顶脱除二甲醚等轻组分杂质，塔底出来的液体送入主精馏塔 10 进行精馏，由塔顶得到纯度 99.85%的合格精甲醇。

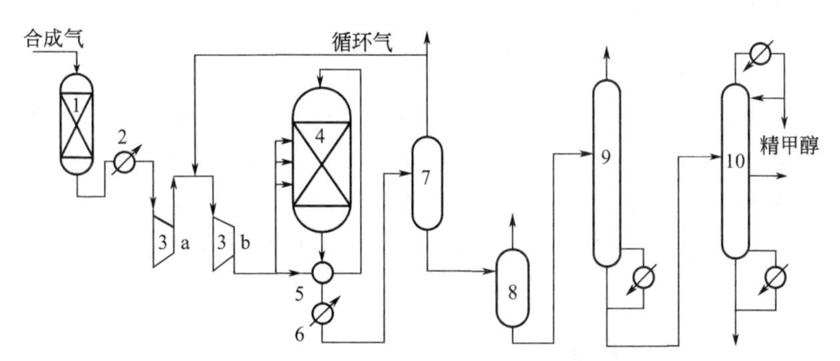

图 0-1 低压法制取甲醇工艺流程示意

1—脱硫塔；2—水冷器；3—压缩机；4—合成塔；5—换热器；6—水冷器；7—分离器；8—闪蒸罐；9—脱醚塔；10—主精馏塔

该生产过程包括原料的预处理过程（合成气的加压、升温，达到反应所需要的适宜温度和压力）、化学反应过程（在合成塔中进行）和反应产物的后处理过程（粗甲醇的提纯，通过精馏操作实现甲醇的提纯）三部分，该生产过程中除了合成气的合成反应外，原料的升温、加压和反应物的精制等工序中所进行的过程大多数是纯物理过程。

从甲醇产品的生产过程可以看出，任何一个化工过程都包括原料的预处理、化学反应、反应产物加工这三个基本步骤。化学反应通常是在反应器中进行，是生产过程的核心，但它在工厂的设备投资和操作费用中通常并不占据主要比例；原料预处理过程和反应产物后处理过程为物理过程，它们决定了整个生产的经济效益。我们把化工生产过程中的化学性操作称为化工单元反应，把化工生产过程中的物理性操作称为化工单元操作。

根据各单元操作所遵循的基本规律，可将化工单元操作划分为三大类，如表 0-1 所示，即：

(1) 动量传递过程单元操作　包括流体输送、沉降、过滤、固体流态化等单元操作。

(2) 热量传递过程单元操作　包括加热、冷却、冷凝、蒸发等单元操作。

(3) 物质传递过程单元操作　包括蒸馏、吸收、萃取、结晶、干燥、膜分离等单元操作。

表 0-1　常用单元操作一览表

类别	名称		目的	设备举例
动量传递过程	流体输送	液体输送	以一定流量将液体从一处送到另一处	泵
		气体输送	以一定流量将气体从一处送到另一处	风机
		气体压缩	提高气体压力，克服输送阻力	压缩机
	非均相物系分离	沉降	从气体或液体中分离悬浮的固体颗粒、液滴或气泡	沉降槽
		过滤	从气体或液体中分离悬浮的固体颗粒	板框式过滤机
		离心分离	在离心力作用下，分离悬浮液或乳浊液	离心机
	固体流态化		用流体使固体颗粒悬浮并使其具有流体状态的特性	流化床反应器
热量传递过程	传热		使物料升温、降温或改变相态	换热器
	蒸发		使溶液中的溶剂受热汽化而与不挥发的溶质分离，达到浓缩目的	蒸发器
	结晶		使溶液中的溶质变成晶体析出	结晶器
质量传递过程	蒸馏		利用均相液体混合物中各组分挥发度不同使液体混合物分离	精馏塔
	吸收		用液体吸收剂分离气体混合物	吸收塔
	干燥		加热固体使其所含液体汽化而除去	干燥器

本课程是一门基础技术课，而不是专门研究某一化工产品的工艺专业课。其主要任务是：使学生掌握各种化工单元操作的基本原理和规律，所用典型设备的结构、性能、操作技能和运转中的注意事项等，并掌握一定的运算能力，培养学生运用基础理论分析和解决化工单元操作中各种工程实际问题的能力，使各项操作在最优化条件下进行，并创造较好的经济效益。

二、化工单元操作的有关概念

在研究化工单元操作时，经常用到四个基本概念，即物料衡算、能量衡算、物系的平衡关系、过程速率等，这四个基本概念贯穿于本课程的始终。

(1) 物料衡算　物料衡算的依据是质量守恒定律。对于任何一个化工生产过程，其原料消耗量应为产品量与物料损失量之和。即：

输入的物料质量＝输出的物料质量＋损失物料的质量

按照这一规律进行的计算称为物料衡算。掌握物料衡算的方法，运用这一概念去分析和解决工程问题，这就是研究本课程有关物料量的计算中应当掌握的一个基本方法。

物料衡算可按下列步骤进行：①首先根据题意画出各物流的流程示意图，物料的流向用箭头表示，并标上已知数据与待求量。②确定物料衡算范围和衡算对象。物料衡算的范围可以是一个系统，一段工序或某一设备；衡算对象就是对哪种物料进行平衡计算。③确定计算基准，一般选用单位进料量或排料量、时间及设备的单位体积等作为计算的基准。④列出物料衡算式，求解未知量。

(2) 能量衡算　能量衡算的依据是能量守恒定律，在任何一个化工生产过程中，凡向该过程输入的能量必等于该过程输出的能量与过程损失的能量之和。即：

$$输入的能量=输出的能量+能量损失$$

按照这一规律进行的计算称为能量衡算。通过能量衡算，可以了解在生产操作中能量的利用和损失情况，在生产过程与设备设计时，利用能量衡算可以确定是否需要从外界引入能量或向外界输出能量的问题。显然，能量损失越少，经济效益越好。能量衡算是研究本课程中有关能量问题的基本方法。能量衡算的步骤与物料衡算的步骤基本相同。

(3) 平衡关系　平衡关系就是研究过程进行的方向和过程进行的极限。任何过程都是在变化的，是由不平衡状态向平衡状态转化。平衡状态就是指在一定的条件下，过程所能达到的极限。例如传热过程，当两物体温度不同时，即温度不平衡，就会有热量从高温物体向低温物体传递，直到两物体的温度相等为止，此时过程达到平衡，两物体间也就没有热量传递。

一般平衡关系则为各种定律所表达，如热力学第二定律、亨利定律和拉乌尔定律等。在化工生产过程中，可以从物系平衡关系来推知过程能否进行以及进行到何种程度。

(4) 过程速率　过程速率是指单位时间内过程的变化量。如传质过程的速率，是指单位时间内传递的质量；传热过程的速率，是指单位时间内传递的热量。实验证明，过程速率是过程推动力和过程阻力的函数，可以用下式表示：

$$过程速率=\frac{过程推动力}{过程阻力}$$

可以看出，过程速率与过程推动力成正比，与过程阻力成反比。过程推动力是指直接导致过程进行的动力，如传热过程的推动力是冷热流体的温度差，传质过程的推动力是浓度差。过程阻力的影响因素很多，与过程的性质、操作条件都有关系，是各种因素对过程速率影响的总的体现。在化工单元操作中，应努力寻求提高过程速率的途径。怎样加大过程推动力和减小过程阻力，是提高设备生产能力的重要问题。

三、化工常用量和单位

1. 量和单位

量是指物理量，物理量分为基本量和导出量。作为其他物理量的基础的量称为基本量，由基本量导出的量称为导出量。国际单位制将长度 (l)、时间 (t)、质量 (m)、热力学温度 (T)、电流 (I)、发光强度 (I_v)、物质的量 (n) 确定为基本量，由这七个量导出的量都是导出量，如速度、密度等。

用来度量同类量大小的标准量称为计量单位。基本量的主单位称为基本单位，用基本单位通过相乘、相除得出的单位称为导出单位。

2. 国际单位

由于科学技术的迅速发展和国际学术交流的日益频繁，1960 年 10 月第 11 届国际计量会议制定了一种国际上统一的国际单位制，其国际代号为SI。国际单位制中的单位是由米、千克、秒、安［培］、开［尔文］、摩［尔］、坎［德拉］[1] 等七个基本单位和一系列导出单位构成的完整的单位体系，分别列于表0-2和表0-3。它具有统一性、科学性、简明性、实用性、合理性等优点，是国际公认的较先进的单位制。

表0-2　国际单位制的基本单位

量的名称	单位名称	单位符号	量的名称	单位名称	单位符号
长度	米	m	热力学温度	开[尔文]	K
质量	千克	kg	物质的量	摩[尔]	mol
时间	秒	s	发光强度	坎[德拉]	cd
电流	安[培]	A			

表0-3　国际单位制中具有专门名称的导出单位（部分）

量的名称	单位名称	单位符号	其他表示式示例
频率	赫[兹]	Hz	s^{-1}
力、重力	牛[顿]	N	$kg \cdot m/s^2$
压力(压强)	帕[斯卡]	Pa	N/m^2
能量、功、热	焦[耳]	J	N·m
功率	瓦[特]	W	J/s
摄氏温度	摄氏度	℃	

（1）化工常用的5种SI基本单位

① 长度　基本单位是米(m)，其倍数和分数单位有千米(km)、厘米(cm)、毫米(mm)、微米(μm）等。

② 时间　基本单位是秒(s)。国家选定的SI制外时间单位有分(min)、［小］时(h)、日(d)。

③ 质量　基本单位是千克(kg)，可使用克(g）及其倍数和分数单位，如兆克(Mg)、毫克(mg)、吨(t)。

④ 热力学温度　基本单位是开尔文(K)。摄氏温度单位为摄氏度(℃)。热力学温度(K)与摄氏温度(℃）的换算公式为：$T/\text{K}=t/℃+273.15$

⑤ 物质的量　基本单位是摩尔(mol)，其倍数、分数单位有kmol、mmol等。

（2）化工常用的具有专门名称的4种SI导出单位

① 力、重力　牛［顿］(N）及其倍数、分数单位，如MN、kN、mN等。

② 压力、压强力　帕［斯卡］(Pa）及其倍数、分数单位，如kPa、MPa等。

③ 能［量］、功、热［量］　焦［耳］（J）及其倍数、分数单位，如kJ、mJ等，以及瓦·秒（W·s)、千瓦·时（kW·h）等。

④ 功率　瓦［特］(W）及其倍数、分数单位，如kW、mW等。

3. 法定计量单位

由国家以法令形式规定允许使用的单位称为法定计量单位。它是在1984年由中华人民

[1] 单位名称中，方括号内的部分，在不致引起混淆、误解的情况下，可以省略，下同。

共和国国务院公布实施的。中国的法定计量单位是以国际单位制为基础，并根据本国实际情况适当选用一些非国际制单位构成的。其组成如表 0-4 所示。在处理量和单位问题时目前应执行国家标准（GB 3100～3102—93）。同一物理量若用不同单位度量时，其数值需相应地改变，这种换算称为单位换算。单位换算时，需要换算因数。化工中常用单位的换算因数，可从本教材附录一中查得。

表 0-4　中国法定计量单位的组成

法定计量单位组成内容		举例		备注
		单位名称	单位符号	
SI 单位	SI 基本单位	米、千克	m,kg	
	具有专门名称的 SI 导出单位	牛、焦	N,J	
	组合形式的 SI 导出单位	米每秒	m/s	
国家选定的 SI 制外单位		吨、升	t,L	
由以上单位构成的组合形式单位		千瓦时	kW·h	
由以上单位加 SI 词头构成的倍数和分数单位		毫米、千焦	mm,kJ	倍数词头:M(兆)、k(千) 分数词头:m(毫)、μ(微)

【例 0-1】 已知 $1atm=1.033kgf/cm^2$，试将此压强换算为 SI 单位。

解 查附录一可知 $1kgf=1kg\times 9.81m/s^2=9.81N$。

故：$1atm=1.033\times 9.81N/(10^{-2}m)^2=1.013\times 10^5 N/m^2=1.013\times 10^5 Pa$

【例 0-2】 试将 0.5kW·h 换算为用 SI 制单位 kJ 表示的量。

解 从附录一的能量换算表查出 $1kW\cdot h=3.6\times 10^6 J=3.6\times 10^3 kJ$。

则 $0.5kW\cdot h=0.5\times 3.6\times 10^3 kJ=1.8\times 10^3 kJ$。

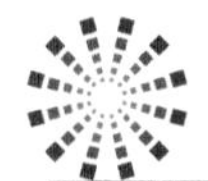

思考题与习题

0-1　试说出学习本课程的目的。

0-2　物料衡算和能量衡算的步骤是什么？

0-3　列出三种常用的基本量和基本单位。

0-4　在工程单位制中，每 102kgf·m/s=1.341 马力。今有一台 40 马力的柴油机，试计算成以 SI 单位 kW 表示的量。

第一章　流体力学

学习目标

1. 掌握流体的密度、压力、黏度、流量、流速的概念及单位；流体静力学基本方程、连续性方程、伯努利方程的内容及应用；流体的流动型态及其判断和简单管路的计算。

2. 理解流体阻力的来源和表现；直管阻力的计算；孔板流量计、文丘里流量计、转子流量计的基本构造、测量原理。

3. 了解局部阻力的计算方法和管路布置的原则。

流体力学是一门基础性很强和应用性很广的学科。流体在流动过程中不仅有动量传递问题，还伴随传热传质现象，因此流体力学是研究流体静止或流动时有关参数变化规律的学科。

流体是指具有流动性的物体，包括液体和气体。其中，液体体积随压力变化不大，视为不可压缩性流体；气体体积随压力变化很大，是可压缩性流体。

在化工生产中，原料、半成品、成品，多是流体，流体流动是最广泛的物料状态。传热、蒸发、蒸馏等过程都离不开流体的流动，因此流体力学是本课程的重要内容，是研究各个单元操作的重要基础。

第一节　流体静力学

流体静力学主要研究静止流体内部的压力变化规律。为此，首先要了解流体的一些主要物理性质。

一、流体的密度

1. 密度

单位体积流体所具有的质量，称为流体的密度，以 ρ 表示，单位为 kg/m^3。

$$\rho=\frac{m}{V} \tag{1-1}$$

式中　ρ——流体的密度，kg/m^3；

m——流体的质量，kg；

V——流体的体积，m^3。

2. 相对密度

一定温度下，流体的密度与 277K 时纯水密度的比值，称为相对密度，以 d_{277}^{T} 表示，量纲为一。

$$d_{277}^{T}=\frac{\rho}{\rho_{水}} \tag{1-2}$$

式中　ρ——流体在温度 T（K）时的密度，kg/m^3；

$\rho_{水}$——纯水在 277K 时的密度，$\rho_{水}=1000kg/m^3$。

则式(1-2) 可写成：

$$\rho=1000d_{277}^{T} \tag{1-2a}$$

3. 比容

单位质量流体所占有的体积，称为比容，也称为比体积，以 v 表示，单位为 m^3/kg。

$$v=\frac{V}{m}=\frac{1}{\rho} \tag{1-3}$$

4. 密度的计算

流体的密度受温度和压强的影响比较大。对于不可压缩性流体，由于压力的变化对密度的影响很小，通常可以忽略不计；认为其密度仅随温度变化。例如纯水在 277K 的密度为 $1000kg/m^3$，293K 时的密度为 $998.2kg/m^3$，373K 时的密度为 $958.4kg/m^3$。常见纯液体的密度值可查教材附录三（注意所指温度）。

（1）气体的密度　气体属于可压缩性流体，其密度受温度和压强的影响比较大。当查不到气体密度数据时，在压力不太高、温度不太低的情况下，气体密度可按理想气体状态方程计算。即：

$$\rho=\frac{pM}{RT} \tag{1-4}$$

式中　p——气体的压强，kPa；

M——气体的千摩尔质量，kg/kmol；

T——热力学温度，K；

R——通用气体常数，8.314kJ/(kmol·K)。

化工生产中遇到的流体，大多为几种组分构成的混合物，而通常手册中查得的是纯组分的密度，混合物的平均密度 ρ_m 可以通过纯组分的密度进行计算。

（2）液体混合物的密度　对于液体混合物，其组成通常用质量分数表示。假设各组分在混合前后体积不变，则有：

$$\frac{1}{\rho_m}=\frac{x_{w1}}{\rho_1}+\frac{x_{w2}}{\rho_2}+\cdots+\frac{x_{wn}}{\rho_n} \tag{1-5}$$

式中　$x_{w1},x_{w2},\cdots,x_{wn}$——液体混合物中各组分的质量分数；

$\rho_1,\rho_2,\cdots,\rho_n$——液体混合物中各纯组分的密度，$kg/m^3$。

【例 1-1】 已知硫酸与水的密度分别为 $1830kg/m^3$ 与 $998kg/m^3$，试求含硫酸为 60%（质量分数）的硫酸水溶液的密度为多少？

解 根据式(1-5) 得：

$$\frac{1}{\rho_m}=\frac{0.6}{1830}+\frac{0.4}{998}=(3.28+4.01)\times10^{-4}=7.29\times10^{-4}$$

则

$$\rho_m=1372kg/m^3$$

（3）气体混合物的密度　对于气体混合物，其组成通常用摩尔分数（或体积分数）表示。各组分在混合前后质量不变，则有：

$$\rho_m=\rho_1y_1+\rho_1y_2+\cdots+\rho_ny_n \tag{1-6}$$

式中　$y_1, y_2, \cdots, y_n$——气体混合物中各组分的摩尔分数（或体积分数）；

$\rho_1, \rho_2, \cdots, \rho_n$——气体混合物中各纯组分的密度，$kg/m^3$。

气体混合物的平均密度 ρ_m 也可利用式(1-4) 计算，但式中的千摩尔质量 M 应用混合气体的平均千摩尔质量 M_m 代替，$M_m = M_1 y_1 + M_2 y_2 + \cdots + M_n y_n$，则有：

$$\rho_m = \frac{pM_m}{RT} \tag{1-7}$$

式中　$M_1, M_2, \cdots, M_n$——各纯组分的千摩尔质量，kg/kmol；

$y_1, y_2, \cdots, y_n$——气体混合物中各组分的摩尔分数。

【例 1-2】 已知某混合气体的组成为 18% N_2、54% H_2、28% CO_2（均指摩尔分数），试求 $100m^3$ 的混合气体在温度为 300K 和 5MPa 下的质量。

解　已知 $M_1 = M_{N_2} = 28$、$M_2 = M_{H_2} = 2$、$M_3 = M_{CO_2} = 44$

$y_1 = 0.18$、$y_2 = 0.54$、$y_3 = 0.28$

则
$$M_m = 28 \times 0.18 + 2 \times 0.54 + 44 \times 0.28 = 18.44 \text{kg/kmol}$$

由式(1-7) 得：

$$\rho_m = \frac{pM_m}{RT} = \frac{5 \times 10^3 \times 18.44}{8.314 \times 300} = 36.97 \text{kg/m}^3$$

则
$$m = V\rho_m = 100 \times 36.97 = 3.697 \times 10^3 \text{kg}$$

二、流体的压强

1. 流体的压强（压力）

流体垂直作用于单位面积上的力，称为流体的静压强，简称为压强或压力。以 p 表示，单位为 Pa。若以 F 表示流体垂直作用在面积 A 上的力，则：

$$p = \frac{F}{A} \tag{1-8}$$

目前工程上压强的大小也间接地以流体柱高度表示，如用米水柱（mH_2O）或毫米汞柱（mmHg）等。若流体的密度为 ρ，则液柱高度 h 与压力 p 的关系为：

$$p = \rho g h \tag{1-9}$$

式中，g 为重力加速度。

用液柱高度表示压力时，必须指明流体的种类，如 600mmHg，$10mH_2O$ 等。

在 SI 单位中，压力的单位是帕［斯卡］，以 Pa 表示。除了 SI 单位 Pa 之外，还有一些常用的单位，如 mmHg、mH_2O、atm（标准大气压）、at（工程大气压）、bar（巴）等，各单位间的换算关系如下：

$1atm = 1.013 \times 10^5 Pa = 760mmHg = 10.33mH_2O = 1.013bar$

$1at = 9.81 \times 10^4 Pa = 735.6mmHg = 10mH_2O = 0.981bar$

2. 绝对压强、表压和真空度

压强的大小常用绝对零压和大气压强两种不同的基准来表示。基准不同，表示方法也不同。单位面积上作用力为零的压强称为绝对零压（或绝对真空）。凡是以绝对零压为起点计算的压强称为绝对压强，简称绝压，它是流体内部或设备内部的真实压强；以大气压强为基准测量的压强称为表压或真空度。若绝对压强高于大气压强，则高出部分称为表压，即：

表压＝绝对压强－大气压强

若绝对压强低于大气压强，则低的部分称为真空度，即：

$$真空度=大气压强-绝对压强$$

绝对压强、表压和真空度的关系如图 1-1 所示。以大气压为基准，上侧为表压，下侧为真空度，所以真空度又称负表压。目前工业生产中广泛使用的弹簧管压力表所指示的读数都是表压。还有一种弹簧管压力表，既可以测量表压，也可以测量真空度，称为真空压力表或联成表，如图 1-2 所示。

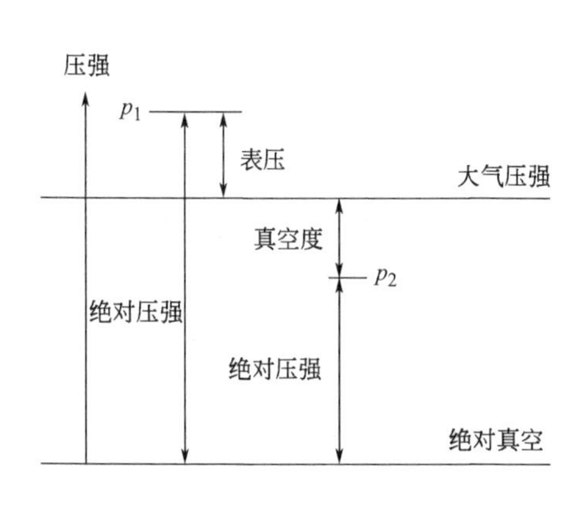

图 1-1 绝对压力、表压和真空度的关系

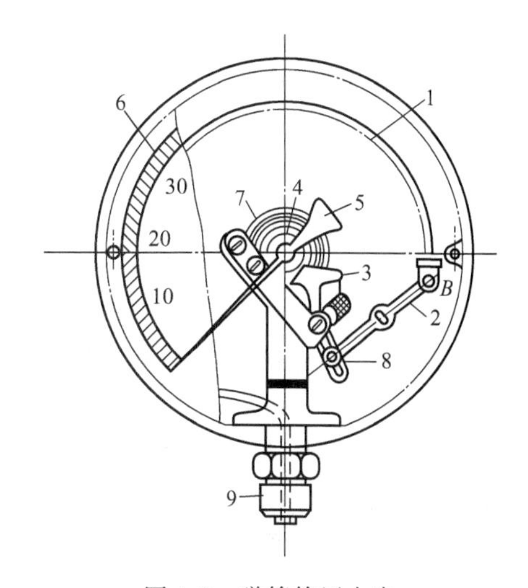

图 1-2 弹簧管压力表

1—弹簧管；2—拉杆；3—扇形齿轮；4—中心齿轮；5—指针；6—面板；7—游丝；8—调整螺钉；9—接头

应当指出，大气压强随大气的温度、湿度和所在地区的海拔高度变化而变化，计算时，应以当时、当地气压表上的读数为准。

为了避免混淆，当压强用表压或真空度表示时，应在其单位的后面用括号说明，例如 5MPa（表压）、10kPa（真空度）等；不加说明的，即视为绝对压强，例如 2MPa，则认为是绝对压强。

【例 1-3】 天津和兰州的大气压强分别为 101.33kPa 和 85.3kPa，苯乙烯真空精馏塔的塔顶要求维持 5.3kPa 的绝对压强，试计算两地真空表的读数（即真空度）。

解 根据 真空度=大气压强-绝对压强

天津 真空度=101.33-5.3=96.03kPa

兰州 真空度=85.3-5.3=80kPa

【例 1-4】 某设备进、出口测压仪表的读数分别为 60mmHg（真空度）和 700mmHg（表压），求两处的绝对压强差为多少 kPa？（假设当地的大气压强为 760mmHg）

解 根据 真空度=大气压强-绝对压强

进口的绝对压强 $p_1=p_0-60\text{mmHg}$

根据 表压=绝对压强-大气压强

出口压强 $p_2=p_0+700\text{mmHg}$

则 $p_2-p_1=(p_0+700)-(p_0-60)=760\text{mmHg}=101.3\text{kPa}$

三、流体静力学基本方程式及其应用

1. 流体静力学基本方程式

如图 1-3 所示的容器中盛有静止的液体，其密度为 ρ，液面上的压强为 p_0，若 A 点距液

面的深度为 h，则 A 点的压强为：

$$p=p_0+\rho gh \tag{1-10}$$

式中 p——液体内部任意一点的压强，Pa；

p_0——液面上方的压强，Pa；

ρ——液体的密度，kg/m^3；

h——该点距液面的垂直距离（深度），m；

g——重力加速度，$9.81m/s^2$。

公式(1-10) 称为流体静力学基本方程式，通过式(1-10) 可以计算液体内部任一水平面上的压强，等于液面上的压强与其上方液柱所产生的压强之和。从这一方程式可以看出静止流体内部的压力变化规律如下。

① 当液面上方压强 p_0 一定时，静止液体内部任意一点的压强 p 与液体的密度 ρ 和该点距离液面的深度 h 有关。液体密度越大，距离液面的深度越深，该点的压强越大。

② 在静止的、连续的同一种液体内，同一水平面上各点的压强相等。这样的面称为等压面。

③ 液面上方的压强 p_0 改变时，液体内部各点的压强也发生同样大小的变化。

流体静力学基本方程式是以液体为例说明的，对气体也适用。但由于气体的密度很小，气体柱所产生的压强可忽略，故近似地认为静止气体内部各点的压强相等。

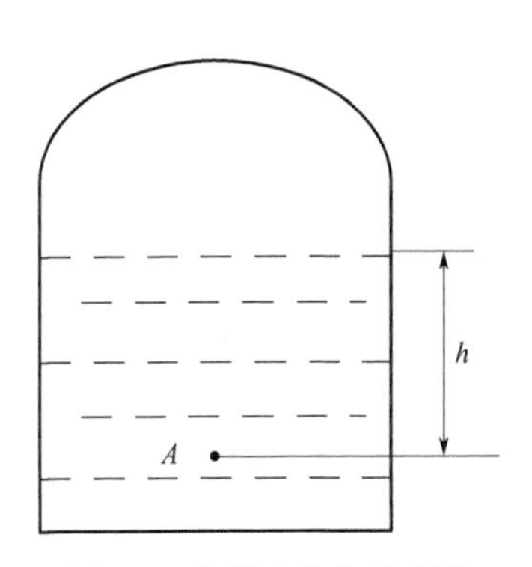

图 1-3 容器内液体示意图

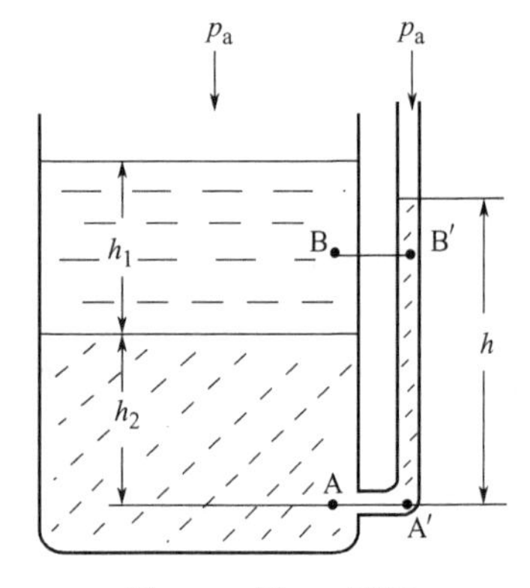

图 1-4 例 1-5 附图

【例 1-5】 如图 1-4 所示的开口容器内盛有油和水。油层高度 $h_1=0.8m$、密度 $\rho_1=800kg/m^3$；水层高度 $h_2=0.6m$、密度 $\rho_2=1000kg/m^3$。

(1) 试判断下列关系是否成立，即 $p_A=p'_A$、$p_B=p'_B$

(2) 试计算水在玻璃管内的高度 h。

解 (1) $p_A=p'_A$ 的关系成立，$p_B=p'_B$ 的关系不成立。

A、A′两点在静止的连通着的同一种流体内部的同一水平面上，故 A—A′是等压面；

B、B′两点在静止流体的同一水平面上，但不是连通着的同一流体，B—B′不是等压面。

(2) 由上面讨论知，$p_A=p'_A$，由式(1-10) 知

$$p_A=p_a+\rho_1 gh_1+\rho_2 gh_2 \quad p'_A=p_a+\rho_2 gh$$

则
$$h=h_2+\frac{\rho_1}{\rho_2}h_1=0.6+\frac{800}{1000}\times 0.8=1.24m$$

2. 静力学基本方程式的应用

在化工生产中某些装置和仪表的操作原理都是以流体静力学基本方程式为依据的，主要

应用在如下几个方面：

(1) 测量压强与压强差　用来测量流体压强的仪表统称为压强计。利用液体静压平衡原理测量压强的压强计称为液柱压强计，它主要有以下几种。

① U形管压差计　如图1-5所示，U形管压差计是一根U形玻璃管，内装有液体作为指示液。要求指示液与被测流体不互溶、不起化学反应，且其密度大于被测流体密度，常用的指示液有水银、四氯化碳、水和煤油等，尤以水银最普遍。

当用U形管压差计测量设备内两点的压差时，将U形管两端与被测两点1、2直接相连，如图1-5所示。假设 $p_1>p_2$，则出现一个液位差 R，A和A′点在同一水平面上，且处于连通的同种静止流体内，因此，A和A′点的压强相等，即 $p_A=p'_A$，由式(1-10) 计算压差，得：

$$p_1-p_2=(\rho_0-\rho)gR \tag{1-11}$$

式中　p_1, p_2——测压点1、2处的压强，Pa；

ρ_0, ρ——指示液、被测液体的密度，kg/m^3；

g——重力加速度，9.81m/s^2；

R——指示液高度差，m。

若被测流体是气体，由于气体的密度远小于指示液的密度，即 $\rho_0-\rho\approx\rho_0$，则式(1-11) 可简化为：

$$p_1-p_2=\rho_0 gR \tag{1-11a}$$

当用U形管压差计来测量某一点的压强时，可将U形管的一端通大气，另一端与测压点相连。U形管的读数 R 表示测压点的绝对压强与大气压强的差值。若 R 在通大气的一侧，则所测压力为设备内表压；若 R 在测压点一侧，则所测压力为设备内真空度。

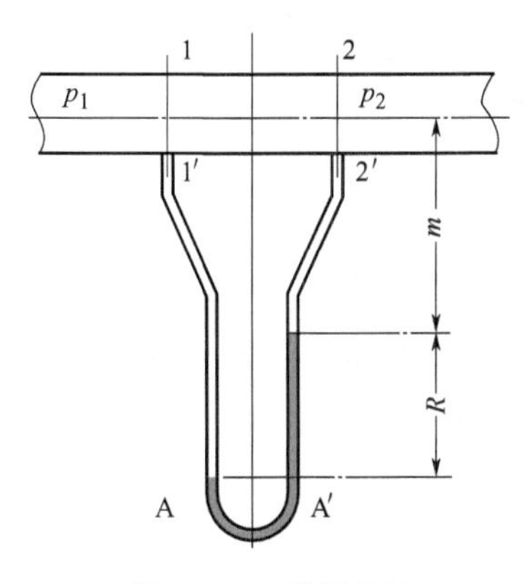

图1-5　U形压差计

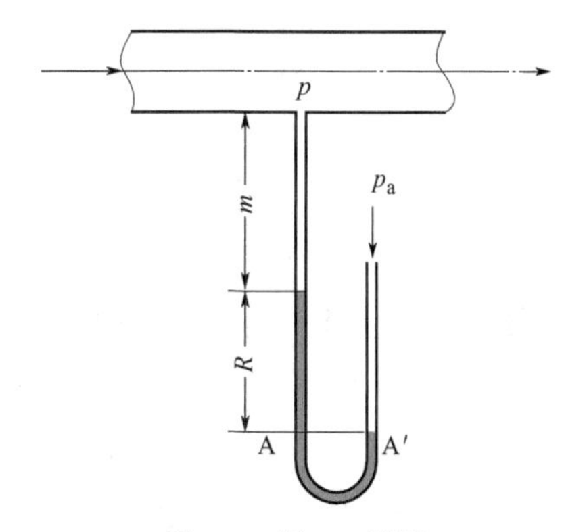

图1-6　例1-6附图

【例1-6】 如图1-6所示，水在水平管道内流动。为测量流体在某截面处的压强，直接在该处连接一U形管压差计，指示液为水银，读数 $R=250mm$，$m=900mm$。已知当地大气压为101.3kPa，水的密度 $\rho=1000kg/m^3$，水银的密度 $\rho_0=13600kg/m^3$。试计算该截面处的压强。

解　图中A—A′面为等压面，即　$p_A=p'_A$

而　$p'_A=p_a$，$p_A=p+\rho gm+\rho_0 gR$

则　$p=p_a-\rho gm-\rho_0 gR=101.3\times10^3-1000\times9.81\times0.9-13600\times9.81\times0.25=59117Pa$

② 倒U形管压差计　若被测流体为液体，也可选用比其密度小的流体（液体或气体）作为指示剂，采用如图1-7所示的倒U形管压差计形式。最常用的倒U形管压差计是以空气作为指示剂，测量前，先打开压差计上端旋塞，将两管端与待测液体连通，在 $p_1=p_2$ 的条件下放入被测流体约为管总高的一半，使左、右管内被测流体的液面达水平；然后通过顶部旋塞注入指示剂，并使指示剂充满U形管的上部，关上旋塞，检查被测流体、指示剂分界面是否达到水平。对指示剂的选用要求是：与被测流体不发生化学反应，互不相溶，且密度 $\rho_0<\rho$。

当 $p_1>p_2$ 时，玻璃管左端指示液的液面高于右端，出现位差 R，由静力学基本方程式可得：

$$p_1-p_2=Rg(\rho-\rho_0)\approx Rg\rho \tag{1-12}$$

式中　p_1,p_2——测压点1、2处的压强，Pa；

ρ_0,ρ——指示液、被测液体的密度，kg/m^3；

g——重力加速度，$9.81m^2/s$；

R——指示液高度差，m。

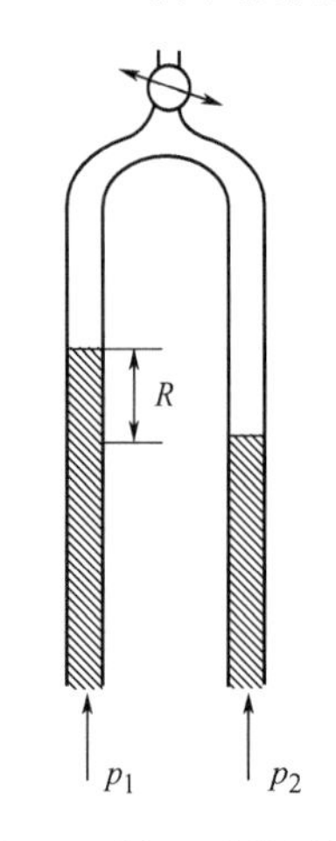

图1-7　倒U形管压差计

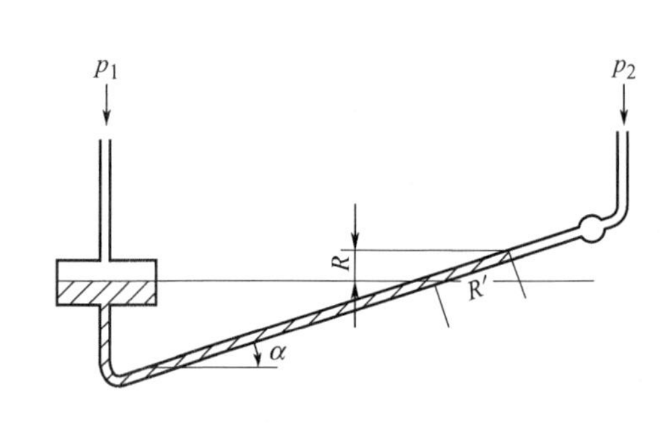

图1-8　倾斜式压差计

③ 倾斜式压差计　当所测量的流体压强差较小时，可将压差计倾斜放置，即为斜管式压差计，用以放大读数，提高测量精度，如图1-8所示。此时：

$$p_1-p_2=(\rho_0-\rho)gR'\sin\alpha \tag{1-13}$$

式中，α 为倾斜角，其值越小，则读数放大倍数越大。

(2) 液位的测量　化工厂中经常要了解容器里物料的贮存量，或要控制设备里的液面，因此要进行液位的测量。下面介绍几种利用流体静力学基本原理测量液位的方法。

图1-9所示的玻璃液位计，是在容器底部和液面上方某一高度器壁上各开一个小孔，用玻璃管将两孔相连接，玻璃管内所示的液面高度即为容器内的液面高度。这种构造易于破损，而且不便于远距离测量。

图1-10所示的是利用U形管压差计进行近距离液位测量的装置。在容器1的外边设一平衡室2，其中所装的液体与容器中相同，其密度为 ρ，液面高度维持在容器中液面允许到达的最高位置。用U形管压差计3把容器和平衡室连通起来，指示剂的密度为 ρ_0，压差计

读数 R 即可指示出容器内的液面高度，关系为

$$h=\frac{\rho_0-\rho}{\rho}R \tag{1-14}$$

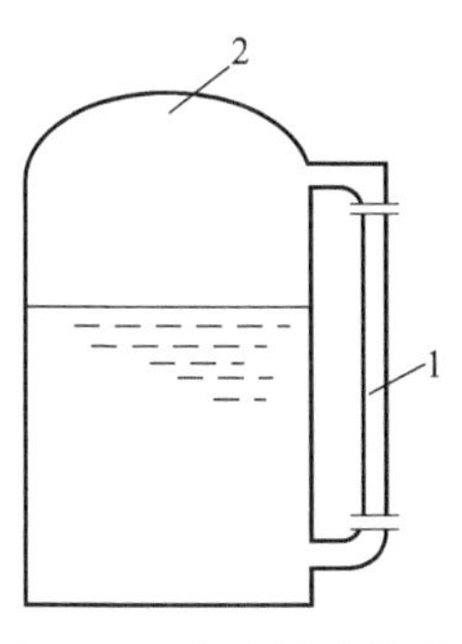

图 1-9　玻璃管液位计

1—玻璃管；2—容器

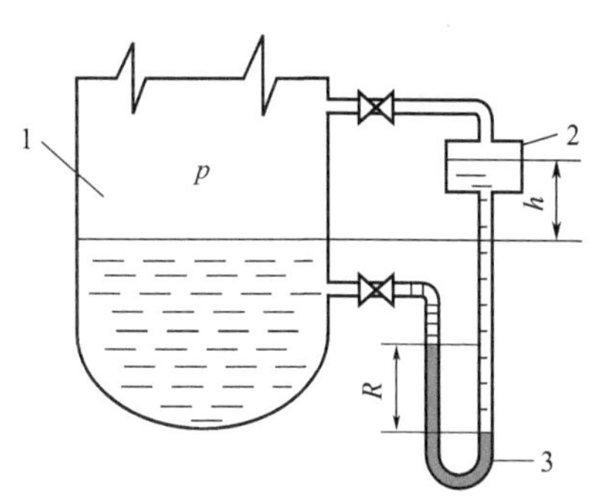

图 1-10　差压式液位计

1—容器；2—平衡室；3—U 形管压差计

容器里的液面达到最大高度时，压差计读数为零，液面愈低，压差计的读数愈大。

【例 1-7】 如图 1-11 所示，指示液为水银，读数 $R=220\text{mm}$，贮槽内装的是 293K 的某液体，密度为 880kg/m^3，出气管距贮槽底部的高度为 0.2m，试求该贮槽内的液位高。

解　设贮槽内的液位高为 Z，显然 $Z=h+0.2$，根据式(1-15) 得：

$$h=\frac{\rho_0}{\rho}R=\frac{13600}{880}\times 0.22=3.4\text{m} \tag{1-15}$$

则　　$Z=h+0.2=3.4+0.2=3.6\text{m}$

（3）液封高度的计算　在化工生产中，用液柱高度形成的压强将气体封闭在设备内，以防止气体外泄、倒流的装置，称为液封，若使用的液体为水，则称为水封。如图 1-12 所示的水封装置，当设备内压强超过规定值时，气体则从水封管排出，以确保操作的安全，防止气柜内气体泄漏。

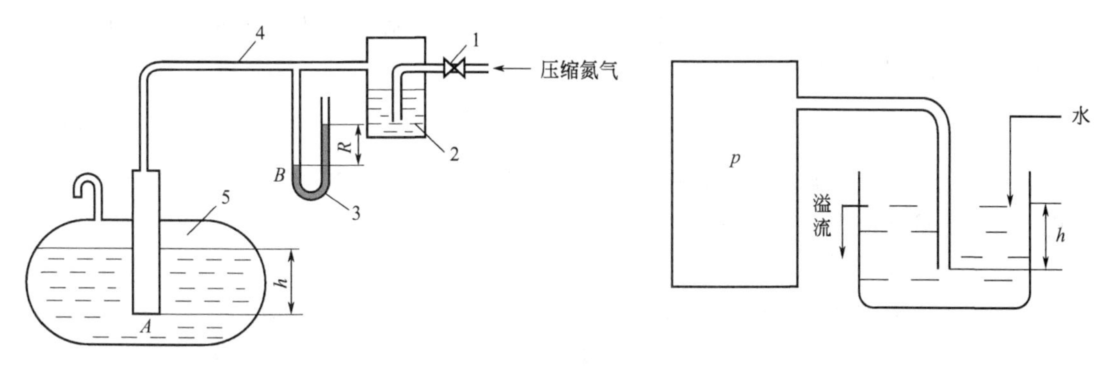

图 1-11　远距离液位测量

1—调节阀；2—鼓泡观察器；3—U 形管压差计；4—吹起管；5—贮槽

图 1-12　水封示意图

液封高度可根据静力学基本方程计算。若要求设备内的压强不超过 p（表压），则水封管的插入深度 h 为：

$$h=\frac{p}{\rho g} \tag{1-16}$$

第二节　流体动力学

化工生产中许多单元操作都是在流体流动的情况下进行的，流体通过管路进行流动和输送，因此必须了解流体的流动规律。

一、流量与流速

1. 流量

单位时间内流过管道任一截面的流体量，称为流量。流量有两种表示方法：

（1）体积流量　单位时间内流过管道任一截面的流体体积，称为体积流量，以 Q 表示，单位为 m^3/s 或 m^3/h。

（2）质量流量　单位时间内流过管道任一截面的流体质量，称为质量流量，以 Q_w 表示，单位为 kg/s 或 kg/h。

体积流量与质量流量的关系为：

$$Q_w=\rho Q \tag{1-17}$$

2. 流速

单位时间内流体质点在流动方向上流过的距离，称为流速，以 u 表示，单位为 m/s。但是，由于流体具有黏性，流体流经管道任一截面上各点速度沿管径而变化。工程计算中为方便起见，取整个管截面上的平均流速（单位流通面积上流体的体积流量）来表征某一截面上的流速，其表达式为：

$$u=\frac{Q}{A} \tag{1-18}$$

式中　u——流体流经管截面上的平均流速，m/s；

　A——与流动方向相垂直的管道截面积，m^2。

3. 质量流速

单位时间内流过单位截面积的流体质量，称为质量流速，以 G 表示，其单位为 $kg/(m^2\cdot s)$，其表达式为

$$G=\frac{Q_w}{A} \tag{1-19}$$

由于气体的体积随温度和压强而变化，在管截面积不变的情况下，气体的流速也要发生变化，采用质量流速为计算带来方便。

4. 管径的估算

一般化工管道为圆形，若以 d 表示管道的内径，则式(1-18) 可表示为

$$Q=uA=u\cdot\frac{\pi}{4}d^2$$

则

$$d=\sqrt{\frac{4Q}{\pi u}}=\sqrt{\frac{Q}{0.785u}} \tag{1-20}$$

式中，Q 一般由生产任务决定，选定流速 u 后可用上式估算出管径，再圆整到标准规格。

流速可由有关手册查得，表 1-1 列出一些典型流速数据。在选择流速时，应综合考虑操

作费用和投资费用。通常水及低黏度液体的流速为1～3m/s，一般常压气体流速为10～20m/s，饱和蒸汽流速为20～40m/s等。一般情况下，密度大或黏度大的流体，流速取小一些；对于含有固体杂质的流体，流速宜取得大一些，以避免固体杂质沉积在管道中。

表1-1 一些典型流速数据

流体的类别及情况	流速范围/(m/s)	流体的类别及情况	流速范围/(m/s)
自来水(3×10^5Pa左右)	1～1.5	高压空气	15～25
水及低黏度液体(1×10^5～1×10^6Pa)	1.5～3.0	一般气体(常压)	12～20
高黏度液体	0.5～1.0	鼓风机吸入管	10～15
工业供水(8×10^5Pa以下)	1.5～3.0	鼓风机排出管	15～20
锅炉供水(8×10^5Pa以上)	>3.0	离心泵吸入管(水一类液体)	1.5～2.0
饱和蒸汽	20～40	离心泵排出管(水一类液体)	2.5～3.0
过热蒸汽	30～50	液体自流速度(冷凝水等)	0.5
蛇管、螺旋管内的冷却水	<1.0	真空操作下气体流速	<10
低压空气	12～15		

【例1-8】 某厂要求安装一根输水量为$30m^3/h$的管道，试选择一合适的管子。

解 取水在管内的流速为1.8m/s，由式(1-20)得：

$$d=\sqrt{\frac{4Q}{\pi u}}=\sqrt{\frac{4\times30/3600}{3.14\times1.8}}=0.077\text{m}=77\text{mm}$$

查附录十七，低压流体输送用焊接钢管，选用公称直径DN80mm的管子，或表示为ϕ88.5mm×4mm，管子外径为88.5mm，壁厚为4mm，

则内径 $d=88.5-2\times4=80.5\text{mm}$

水在管中的实际流速为：

$$u=\frac{Q}{\frac{\pi}{4}d^2}=\frac{30/3600}{0.785\times0.0805^2}=1.64\text{m/s}$$

在适宜流速范围内，所以该管子合适。

二、稳定流动与非稳定流动

流体流动系统中，若各截面上的温度、压力、流速等物理量仅随位置变化，而不随时间变化，这种流动称之为稳定流动；若流体在各截面上的有关物理量既随位置变化，也随时间变化，则称为非稳定流动。

如图1-13所示，(a)装置液位恒定，因而流速不随时间变化，为稳定流动；(b)装置流动过程中液位不断下降，流速随时间而递减，为非稳定流动。化工生产中，连续生产的

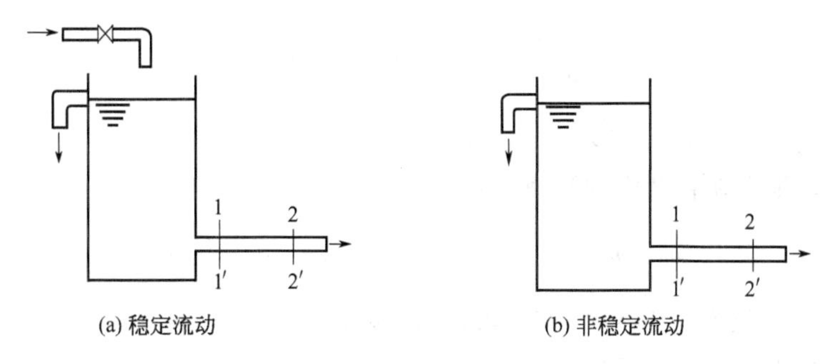

图1-13 稳定流动和非稳定流动

开、停车阶段，属于非稳定流动；而正常连续生产时，均属于稳定流动。本章重点讨论稳定状态下的流动问题。

三、稳定流动系统的物料衡算——连续性方程式

如图 1-14 所示的稳定流动系统，流体连续地从 1—1′截面进入，2—2′截面流出，且充满全部管道。在 1—1′和 2—2′截面间物料衡算，在管路中流体没有增加和漏失的情况下，根据质量守恒定律，单位时间内进入 1—1′截面与流出 2—2′截面的流体质量必然相等，即：

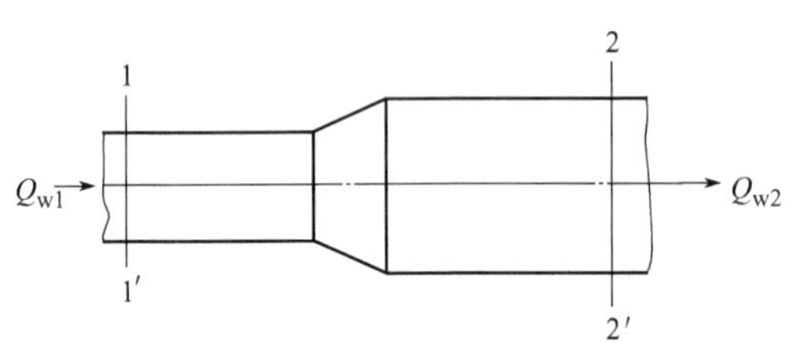

图 1-14　连续性方程式的推导

$$Q_{w1}=Q_{w2} \tag{1-21}$$

也可表示为：

$$\rho_1 u_1 A_1=\rho_2 u_2 A_2 \tag{1-22}$$

对于不可压缩性流体，ρ=常数，方程式(1-22) 可写为：

$$u_1 A_1=u_2 A_2 \tag{1-23}$$

式(1-21)～式(1-23) 均称为连续性方程，方程表明在稳定流动系统中，流体流经各截面时的质量流量相等。

式(1-23) 表明：不可压缩性流体的流速 u 与管道截面积成反比。截面积越小，流速越大；反之，截面积越大，流速越小。

对于圆形管道，式(1-23) 可变形为：

$$\frac{u_1}{u_2}=\left(\frac{d_2}{d_1}\right)^2 \tag{1-24}$$

上式说明不可压缩性流体在圆形管道中流动，任意截面处的流速与管内径的平方成反比。

【例 1-9】 如图 1-15 所示，管路由一段 ϕ89mm×4mm 的管 1、一段 ϕ108mm×4mm 的管 2 和两段 ϕ57mm×3.5mm 的分支管 3a 及 3b 连接而成。若水以 $9\times10^{-3}\,m^3/s$ 的体积流量流动，且在两段分支管内的流量相等，试求水在各段管内的速度。

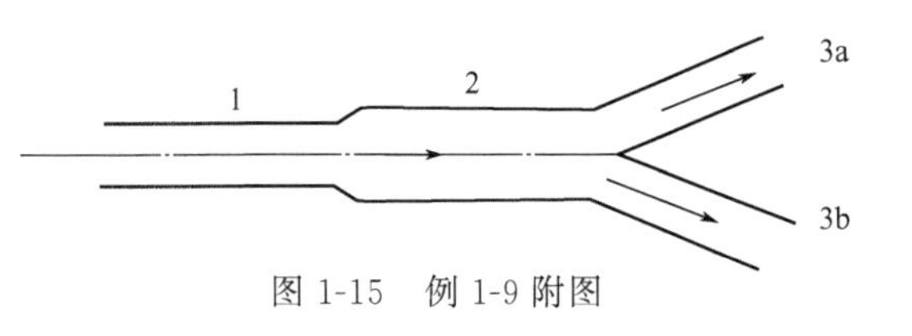

图 1-15　例 1-9 附图

解　管 1 的内径为：$d_1=89-2\times4=81$mm

则水在管 1 中的流速为：

$$u_1=\frac{Q}{\frac{\pi}{4}d_1^2}=\frac{9\times10^{-3}}{0.785\times0.081^2}=1.75\text{m/s}$$

管 2 的内径为：$d_2=108-2\times4=100$mm

由式(1-24)，则水在管 2 中的流速为：

$$u_2=u_1\left(\frac{d_1}{d_2}\right)^2=1.75\times\left(\frac{81}{100}\right)^2=1.15\text{m/s}$$

管 3a 及 3b 的内径为：$d_3=57-2\times3.5=50$mm

又水在分支管路 3a、3b 中的流量相等，则有 $u_2A_2=2u_3A_3$

即水在管 3a 和 3b 中的流速为：$u_3=\frac{u_2}{2}\left(\frac{d_2}{d_3}\right)^2=\frac{1.15}{2}\left(\frac{100}{50}\right)^2=2.30\text{m/s}$

四、稳定流动系统的能量衡算——伯努利方程

伯努利方程反映了流体在流动过程中，各种形式机械能的相互转换关系。伯努利方程式是根据机械能守恒原理建立起来的。

1. 流体流动时所具有的机械能

（1）位能　流体因质量中心高于某一基准水平面而具有的能量称为位能。位能是一个相对值，与所选的基准水平面有关，因此在计算前应先规定一个基准水平面。质量为 m(kg) 的流体在距离基准面 Z(m) 处时，流体具有的位能：

$$位能=mgZ，其单位为 J。$$

$$1kg 流体所具有的位能=Zg，其单位为 J/kg。$$

$$1N 流体所具有的位能=Z，其单位为 m。$$

习惯上把 1N 流体所具有的能量称为压头。则 1N 流体所具有的位能称为位压头。

（2）动能　流体因有一定的速度而具有的能量称为动能。质量为 m(kg) 的流体，以速度 u(m/s) 流动时，流体所具有的动能：

$$动能=\frac{1}{2}mu^2，其单位为 J。$$

$$1kg 流体所具有的动能=\frac{u^2}{2}，其单位为 J/kg。$$

$$1N 流体所具有的动能=\frac{u^2}{2g}，其单位为 m。$$

1N 流体所具有的动能称为动压头。

（3）静压能　在静止流体内部，任一处都有静压力，同样，在流动着的流体内部，任一处也有静压力。如果在一内部有流动液体的管壁面上开一小孔，并在小孔处装一根垂直的细玻璃管，液体便会在玻璃管内上升，上升的液柱高度即是管内该截面处液体静压力的表现，如图 1-16 所示。流体在管道内流动时，受静压力的推动使液体向前运动所具有的能量，即静压力推动流体所做的功，称为静压能。

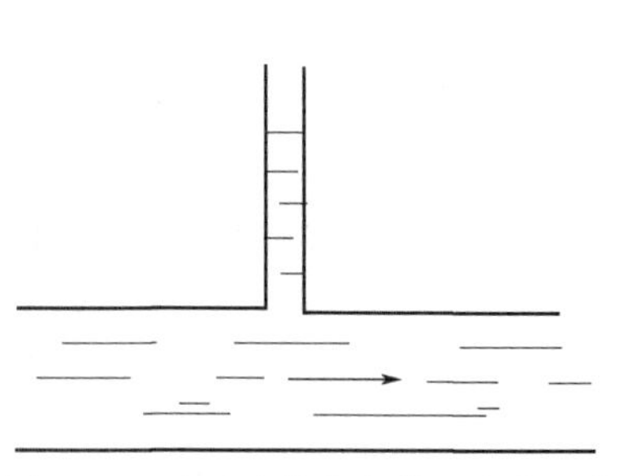
图 1-16　流动液体存在静压力的示意

设通过管道某截面的流体质量为 m，体积为 V，该截面的面积为 A，把流体压入系统的作用力 $F=pA$，流体推入管内所走的距离 $l=V/A$，故与此功相当的静压能：

$$静压能=F\cdot l=pA\cdot\frac{V}{A}=pV，其单位为 J。$$

$$1kg 流体所具有的静压能=\frac{pV}{m}=\frac{p}{\rho}，其单位为 J/kg。$$

$$1N 流体所具有的静压能=\frac{p}{\rho g}，其单位为 m。$$

1N 流体所具有的静压能称为静压头。

位能、动能及静压能三种能量均为流体在截面处所具有的机械能，三者之和称为某截面

上流体的总机械能。

2. 外加能量

在一个流动系统中，还有流体输送机械（泵或风机）向流体做功，1kg 流体从外加输送机械所获得的能量称为外加功，用 W_e 表示，其单位为 J/kg；1N 流体从外加输送机械所获得的能量称为外加压头，用 H_e 表示，单位为 m。则 $H_e=W_e/g$。

3. 损失能量

流体在流动过程中，要克服各种阻力而消耗掉一部分机械能，这部分机械能称为能量损失。1kg 流体在流动过程中所损失的能量，用符号 $\sum h_f$ 表示，单位为 J/kg；1N 流体在流动过程中损失的能量称为压头损失，以符号 H_f 表示，单位为 m，则 $H_f=\sum h_f/g$。

4. 稳定流动系统的能量衡算——伯努利方程式

如图 1-17 所示的稳定流动系统，在 1—1′和 2—2′截面间进行能量衡算，根据能量守恒定律，即：

输入的机械能＋外加能量＝输出的机械能＋损失的机械能

若以 1kg 流体为衡算基准，则有：

$$Z_1 g+\frac{u_1^2}{2}+\frac{p_1}{\rho}+W_e=Z_2 g+\frac{u_2^2}{2}+\frac{p_2}{\rho}+\sum h_f \tag{1-25}$$

若以 1N 流体为衡算基准，将式(1-25) 各项同除以重力加速度 g，可得：

$$Z_1+\frac{u_1^2}{2g}+\frac{p_1}{\rho g}+H_e=Z_2+\frac{u_2^2}{2g}+\frac{p_2}{\rho g}+\sum H_f \tag{1-26}$$

式中 Z_1, Z_2——两截面中心处距离基准水平面的高度，m；

u_1, u_2——两截面处流体的流速，m/s；

p_1, p_2——两截面处的压强，Pa；

ρ——流体的密度，kg/m^3；

W_e——流体从泵所获得的外加功，J/kg；

$\sum h_f$——流体流经两截面时的损失能量，J/kg；

H_e——流体从泵所获得的外加压头，m；

H_f——流体流经两截面时的压头损失，m。

式(1-25) 和式(1-26) 均称为稳定流动系统的能量衡算式，即伯努利方程式。

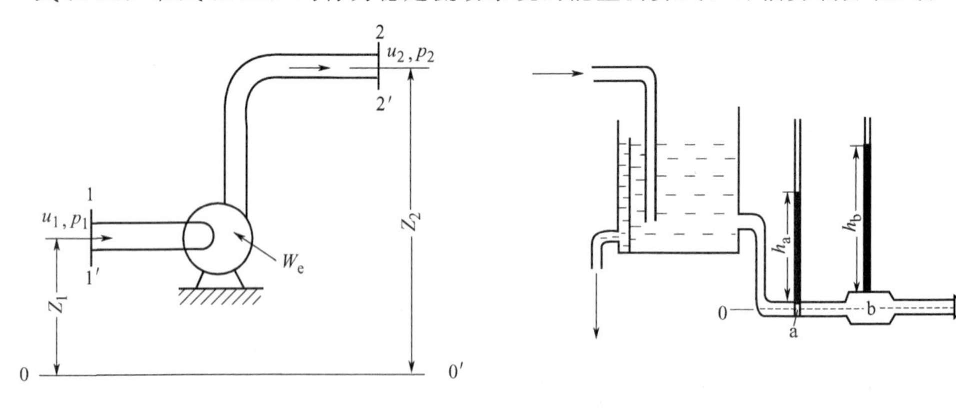

图 1-17　稳定流动系统示意图　　　图 1-18　能量转化示意图

5. 伯努利方程的讨论

(1) 理想流体　流动过程中没有流动阻力的流体，称为理想流体，即 $H_f=0$，若外加能

量 $H_e=0$，则：

$$Z_1+\frac{u_1^2}{2g}+\frac{p_1}{\rho g}=Z_2+\frac{u_2^2}{2g}+\frac{p_2}{\rho g} \tag{1-27}$$

式(1-27) 称为理想流体的伯努利方程式，理想流体在管道内作稳定流动而又没有外功能量时，总机械能是守恒的，即 $Z+\frac{u^2}{2g}+\frac{p}{\rho g}=$常数，但不同形式的机械能之间可以互相转换。

如图 1-18 所示装置，图中高位槽液面通过溢流管保持恒定，槽下装有一根导管，在截面 a、b 各装有一根细玻璃管（相当于单管压力计），导管末端装有一流量调节阀。当阀门关闭时流体处于静止状态，若以 0—0′截面作为基准水平面，各点流速为零，动能为零，a、b 两点的位能为零，在这两点上位能和动能全部转换为静压能，因此在 a、b 两测压点上玻璃管液柱高度相等。当阀门开启后，各测压点细玻璃管内液柱高度发生了变化，由于 b 处管径增大，流速减小，动能也减小，一部分动能转换为静压能，则 $p_a<p_b$，用液柱高度表示时 $h_a<h_b$。该实验装置说明了流体的能量是可以互相转换的。

（2）静止流体　静止流体的 $u=0$，没有流动，自然没有能量损失，$\sum h_f=0$，当然也不需要外加功，$W_e=0$，则伯努利方程式变为

$$Z_1g+\frac{p_1}{\rho}=Z_2g+\frac{p_2}{\rho} \tag{1-28}$$

式(1-28) 称为静止流体的伯努利方程式，也称为流体静力学基本方程式。由此可见，伯努利方程除表示流体的运动规律外，还表示流体静止状态的规律，而流体的静止状态只不过是流体运动状态的一种特殊形式。

（3）气体　对于具有可压缩性的流动气体来讲，如果压强变化不大，即$\frac{p_1-p_2}{p_1}<20\%$时，仍可用伯努利方程式计算，但式中的 ρ 要用两截面间的平均密度$\rho_m=\frac{\rho_1+\rho_2}{\rho_2}$代替，这种处理方法引起的误差一般为工程计算可以允许的。

五、伯努利方程的应用

伯努利方程与连续性方程是解决流体流动问题的基础，应用伯努利方程，可以解决流体输送与流量测量等实际问题。

1. 伯努利方程式解题要点

① 根据题意，画出流程示意图。

② 正确选取截面。截面必须与流体的流动方向相垂直；两截面间流体应是稳定连续流动；截面宜选在已知量多、计算方便处。一般以流体流入系统为 1—1′截面，流出系统为 2—2′截面，截面上的物理量除所要求的为未知外，其他均为已知或通过其他方法可以求得。

③ 选择合适的基准水平面。基准水平面的选取是为了确定流体位能的大小，实际上是确定两截面上的位能差，所以，基准水平面可以任意选取，但必须与地面平行。为了计算方便，一般选取两截面中位置较低的截面为基准水平面。若截面垂直于地面，则基准面应选管中心线的水平面。

④ 单位必须一致。计算中要注意各物理量的单位保持一致，尤其在计算截面上的静压力，不仅单位要一致，同时表示方法也应一致，即同为绝压或同为表压，不能混合使用。

2. 伯努利方程式的应用举例

（1）容器间相对位置的计算　在化工生产中，利用设备位置的高度差来产生流体所要求的流速（或流量）的例子很多，如水塔、高位槽等，其中最主要的问题是确定设备之间的位差。

【例 1-10】 如图 1-19 所示，从高位槽向塔内进料，高位槽中液位恒定，高位槽和塔内的压力均为大气压。送液管为 ϕ45mm×2.5mm 的钢管，要求送液量为 3.6m^3/h。设料液在管内的压头损失为 1.2m（不包括出口能量损失），试问高位槽的液位要高出进料口多少米？

解　如图 1-19 所示，取高位槽液面为 1—1′截面，进料管出口内侧为 2—2′截面，以过 2—2′截面中心线的水平面 0—0′为基准面。在 1—1′和 2—2′截面间列伯努利方程：

$$Z_1+\frac{u_1^2}{2g}+\frac{p_1}{\rho g}+H_e=Z_2+\frac{u_2^2}{2g}+\frac{p_2}{\rho g}+H_f$$

其中：Z_1=h、u_1=0、p_1=0（表压）、H_e=0；Z_2=0、p_2=0（表压）、H_f=1.2m。

$$u_2=\frac{Q}{0.785d^2}=\frac{\frac{3.6}{3600}}{0.785\times0.04^2}=0.796\text{m/s}$$

将以上各值代入上式中，可确定高位槽液位的高度：

$$h=\frac{0.796^2}{2\times9.81}+1.2=1.23\text{m}$$

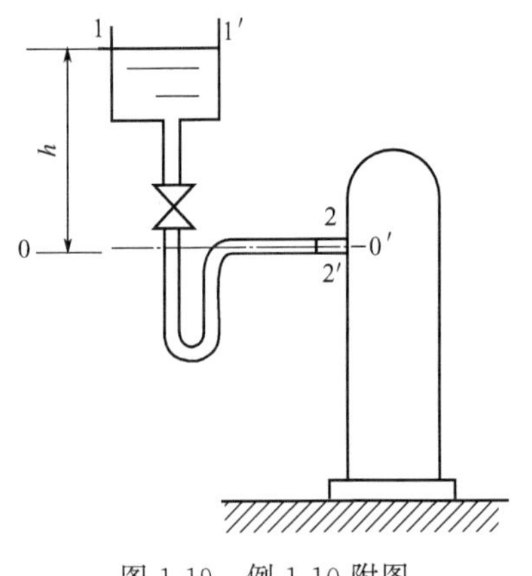

图 1-19　例 1-10 附图

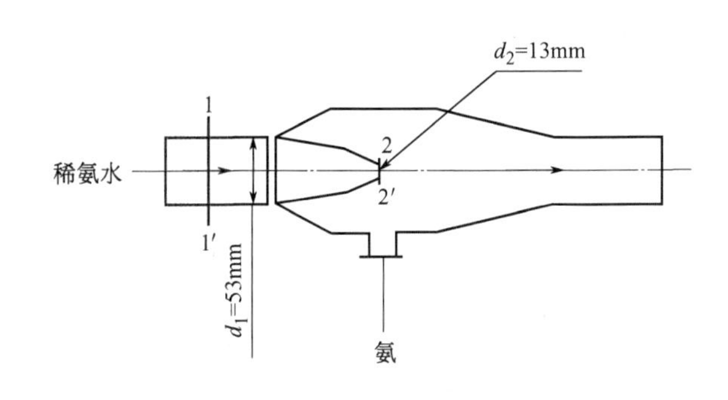

图 1-20　例 1-11 附图

（2）管内流体压力的计算

【例 1-11】 如图 1-20 所示，某厂利用喷射泵输送氨。管中稀氨水的质量流量为 1×10^4kg/h，密度为 1000kg/m^3，入口处的表压为 147kPa。管道的内径为 53mm，喷嘴出口处内径为 13mm，喷嘴能量损失可忽略不计，试求喷嘴出口处的压力。

解　取稀氨水入口为 1—1′截面，喷嘴出口为 2—2′截面，管中心线为基准面。在 1—1′和 2—2′截面间列伯努利方程：

$$Z_1+\frac{u_1^2}{2g}+\frac{p_1}{\rho g}+H_e=Z_2+\frac{u_2^2}{2g}+\frac{p_2}{\rho g}+H_f$$

其中：Z_1=0、p_1=147×10^3Pa（表压）、Z_2=0、H_e=0、H_f=0，

$$u_1=\frac{Q_w}{0.785d_1^2\rho}=\frac{\frac{10000}{3600}}{0.785\times0.053^2\times1000}=1.26\text{m/s}$$

$$u_2=u_1\left(\frac{d_1}{d_2}\right)^2=1.26\left(\frac{0.053}{0.013}\right)^2=20.94\text{m/s}$$

将以上各值代入上式，解得 $p_2=-71.45\text{kPa}$（表压），即喷嘴出口处的真空度为 71.45kPa。

（3）确定系统的外加能量　在化工生产中，常需要流体输送机械对流体做功来完成流体的输送任务，流体则需通过输送设备来获得高压，以满足生产工艺的要求。确定系统应当输入的外加能量是选用该机械型号的重要依据。

【例 1-12】 某化工厂用泵将敞口碱液池中的碱液（密度为 1100kg/m^3）输送至吸收塔顶，经喷嘴喷出，如图 1-21 所示。泵的入口管为 $\phi108\text{mm}\times4\text{mm}$ 的钢管，管中的流速为 1.2m/s，出口管为 $\phi76\text{mm}\times3\text{mm}$ 的钢管。贮液池中碱液的深度为 1.5m，塔顶喷嘴入口处距地面的垂直距离为 20m。碱液流经所有管路的能量损失为 30.8J/kg（不包括喷嘴），在喷嘴入口处的压力为 29.4kPa（表压），试求泵所应当输入的外加能量。

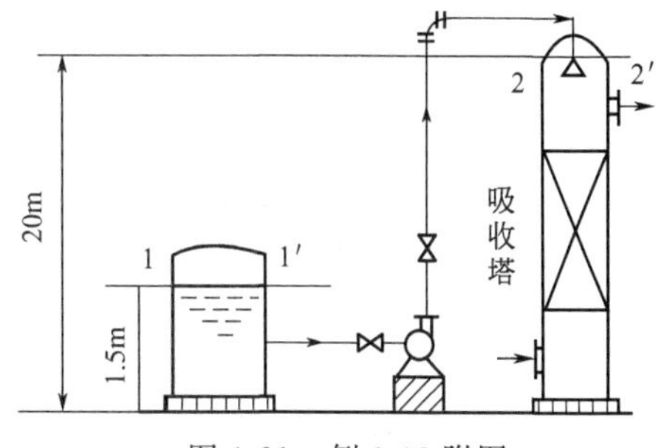

图 1-21　例 1-12 附图

解　如图 1-21 所示，取碱液池中液面为 1—1′截面，塔顶喷嘴入口处为 2—2′截面，并且以 1—1′截面为基准水平面。在 1—1′和 2—2′截面间列伯努利方程

$$Z_1g+\frac{u_1^2}{2}+\frac{p_1}{\rho}+W_e=Z_2g+\frac{u_2^2}{2}+\frac{p_2}{\rho}+\sum h_f$$

则

$$W_e=(Z_2-Z_1)g+\frac{1}{2}(u_2^2-u_1^2)+\frac{p_2-p_1}{\rho}+\sum h_f$$

其中：$Z_1=0$、$p_1=0$（表压）、$u_1=0$；$Z_2=20-1.5=18.5\text{m}$、$p_2=29.4\times10^3\text{Pa}$（表压）。

已知：$d_{入}=108-2\times4=100\text{mm}$，$d_{出}=76-2\times3=70\text{mm}$，$u_{入}=1.2\text{m/s}$。

则 $u_2=u_{出}=u_{入}\left(\frac{d_{入}}{d_{出}}\right)^2=1.2\left(\frac{100}{70}\right)^2=2.45\text{m/s}$

又 $\rho=1100\text{kg/m}^3$，$\sum h_f=30.8\text{J/kg}$，将以上各值代入上式，可求得外加能量

$$W_e=18.5\times9.81+\frac{1}{2}\times2.45^2+\frac{29.4\times10^3}{1100}+30.8=242.0\text{J/kg}$$

第三节　流体阻力

前面已经提到：流体在流动过程中会遇到阻力，为了克服阻力，需要消耗一定的能量。单位重量流体因克服阻力而损失的能量称为压头损失（H_f）。流体阻力的确定在工程应用上也是非常重要的。本节主要解决它的计算问题。

一、流体阻力的来源和表现

站在河边可以发现，河道中心的水流最急，越靠近河边水流越慢，甚至于紧靠河边的地方速度几乎为零。流体在管道中的流动情况也是如此，管中心处速度最大，越靠近管壁，速度越小，管壁处的速度为零，造成这种现象的原因是由于流体质点间存在着内摩擦力。内摩

擦力就是流体内部分子与分子之间的相互吸引、相互制约的力，此力造成了流体内部各层之间速度的差异，也就是说，流体在圆管内流动时，好像被分割成无数极薄的圆筒，一层套一层，各层以不同速度向前运动，如图 1-22 所示。流体流动时必须克服内摩擦而损失能量，它是形成流体阻力的主要原因。

流体在流动过程中有时会产生大小不等的旋涡，各质点的速度、方向都发生改变，需要消耗大量的能量，因此，流体的流动状态也是产生流体阻力的原因之一。此外，流体的流道状况（如管壁的粗糙程度、管径的大小与管长等）也对流体的阻力产生一定的影响。

流体阻力的表现可通过图 1-23 所示的装置来说明。在一液面恒定的敞口容器下部接一段水平等径管路，相隔一定的距离连接两段细玻璃管，管路中有一流量调节阀。开启阀门，使流量达到一定值时，可观察到三个液面出现如图 1-23 所示的高度差，由前面可知，玻璃管内的液柱高度实际上反映了该处流体的压强，即 $p_1>p_2$。这说明流体从 1—1′面流到 2—2′面的能量损失是靠流体静压能的减少而提供的，也就是说流体阻力表现为静压强的降低。

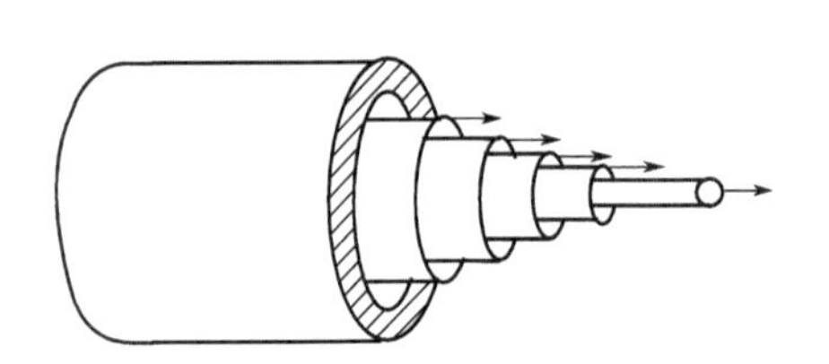

图 1-22　流体在管内分层示意图

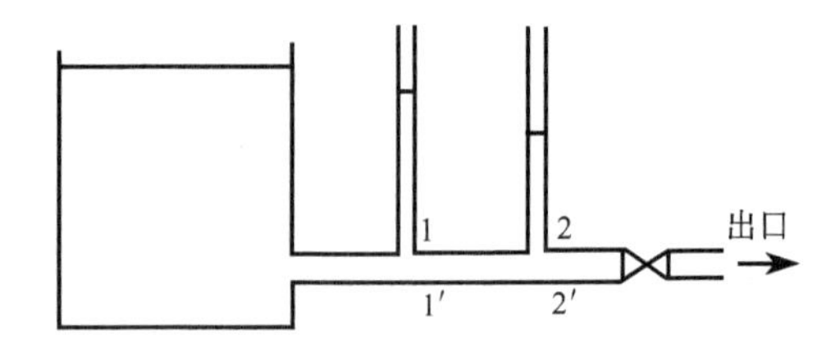

图 1-23　流体阻力的表现

二、流体的黏度

流体流动时产生内摩擦力的性质称为黏性，表示黏性大小的物理量称为黏度。黏度实际上反映了流体流动时内摩擦力大小的程度，也是流体的主要物性参数之一。黏度越大，流体的流动性越差，流体的流动阻力越大。例如油的黏度比水大，油的流动性比水差；蜂蜜的黏度更大，很难流动。对于理想流体来说其黏度为零，即流动过程中不存在内摩擦力。理想流体的假设，为工程研究带来很大的方便。

流体的黏度与温度有关。液体的黏度随温度的升高而降低，压强对其影响可忽略不计。气体的黏度随温度的升高而增大，一般工程计算中可忽略压强的影响，但在极高或极低的压强条件下需考虑压强影响，压强越大，黏度越大。

流体的黏度用符号 μ 来表示。在 SI 单位制中，黏度（这里指动力黏度）的单位是 Pa·s，在一些工程手册中，黏度的单位常常用 cP（厘泊）表示，它们的换算关系为

$$1\mathrm{cP}=10^{-3}\mathrm{Pa\cdot s}=1\mathrm{mPa\cdot s}$$

流体的黏度由实验测定，要注明测定黏度的温度条件。纯物质的黏度在本书附录九和十中查图查取，混合物的黏度在缺乏试验数据的情况下，可以参阅有关的资料，选用适当的经验公式求取。

对于常压气体混合物的黏度可采用下式计算，即

$$\mu=\frac{\sum y_i\mu_i M_i^{1/2}}{\sum y_i M_i^{1/2}} \tag{1-29}$$

式中　μ——气体混合物的平均黏度，Pa·s；

y_i——气体混合物中各组分的体积分数；

μ_i——与气体混合物同温度下各组分纯态时的黏度，Pa·s；

M_i——气体混合物中各组分的摩尔质量，kg/mol。

对分子不缔合的液体混合物，可用下式计算，即

$$\lg\mu = \sum x_i \lg\mu_i \tag{1-30}$$

式中 x_i——液体混合物中各组分的摩尔分数；

μ_i——与液体混合物同温度下各组分纯态时的黏度，Pa·s。

三、流体的流动类型

1. 两种流动类型

雷诺实验（见第一章第六节）表明，流体在管道中流动存在两种截然不同的流动类型，即层流和湍流。流体质点仅沿着与管轴平行的方向作直线运动，质点无径向脉动，质点之间互不混合，这样的流动称为层流（或滞流）；流体质点除了沿管轴方向向前流动外，还有径向脉动，各质点速度的大小和方向都随时变化，质点间相互碰撞和混合，这样的流动称为湍流（或紊流）。

无论是滞流或湍流，在管道任意截面上，流体质点的速度沿管径而变化，管壁处速度为零，离开管壁以后速度渐增，到管中心处速度最大。实验证明，层流时的速度沿管径按抛物线的规律分布，截面上各点速度的平均值 u 等于管中心处最大速度 u_{max} 的 0.5 倍，如图 1-24 所示；湍流时的速度沿管径的分布和抛物线相似，但顶端较为平坦，平均速度约为管中心最大速度的 0.82 倍，如图 1-25 所示。

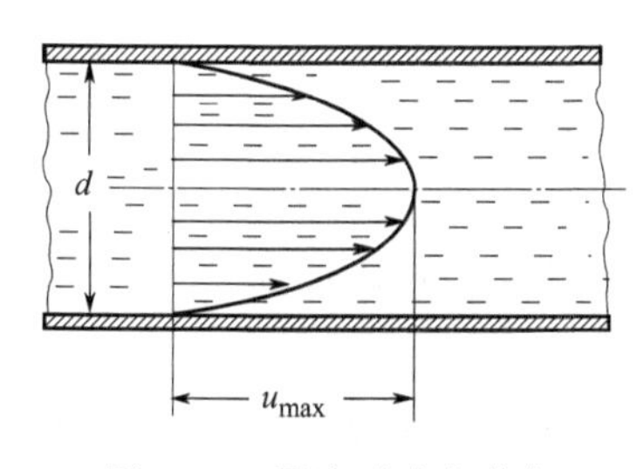

图 1-24 层流时速度分布

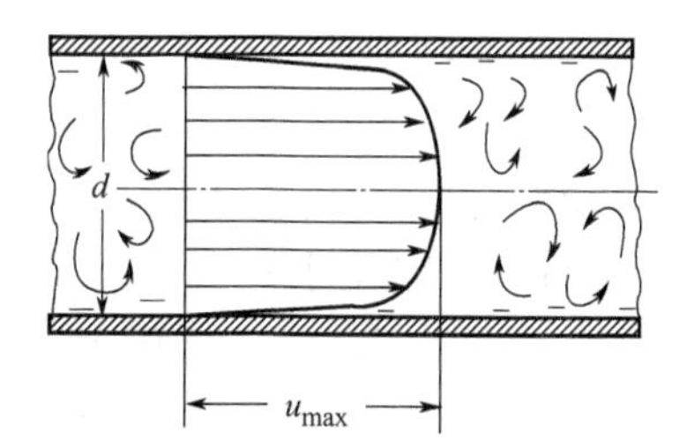

图 1-25 湍流时速度分布

2. 流动类型的判断

采用不同的流体和不同的管径进行实验发现：流体的流动类型是由管径 d、流体的流速 u、流体密度 ρ 和流体的黏度 μ 这四个物理量所组成的无单位的数群 $du\rho/\mu$ 来决定的。人们通常把几个有内在联系的物理量按无因次条件组合起来的数群，称为特征数。由于这个特征数是 1883 年英国科学家雷诺通过实验首先总结出来的，故称为雷诺数，用符号 Re 表示

$$Re = \frac{du\rho}{\mu} \tag{1-31}$$

式中 d——管子直径，m；

u——流体的流速，m/s；

ρ——流体的密度，kg/m^3；

μ——流体的黏度，Pa·s。

大量的实验结果表明，流体在圆形直管内流动时，当 $Re \leqslant 2000$ 时，流动为层流，此区称为层流区；当 $Re \geqslant 4000$ 时，流动为湍流，此区称为湍流区；当 Re 在 2000～4000 之间时，称为过渡流，即流动可能是层流，也可能是湍流，与外界干扰有关，该区称为不稳定的过渡区。Re 的大小，反映了流体的湍流程度，Re 愈大，流体的湍流程度愈大，质点在流动

时的碰撞和混合愈剧烈，内摩擦力也愈大；也就是说，Re 愈大，流体阻力愈大。

必须指出：流体流动类型只有两种，即层流和湍流。过渡流不表示流动类型，只是表示该区内可能出现层流，也可能出现湍流。

【例 1-13】 298K 的水在内径为 50mm 的管中流动，已知水在管内的流速为 2m/s，试判断其流动类型。

解 已知 $d=0.05\text{m}$、$u=2\text{m/s}$，从附录五查得，293K 时水的 $\rho=998.2\text{kg/m}^3$、$\mu=1.005\times10^{-3}\text{Pa}\cdot\text{s}$，

将以上数据代入式(1-31) 得

$Re=\dfrac{0.05\times2\times998.2}{1.005\times10^{-3}}=99323>4000$，故管中水的流动类型为湍流。

生产中常用到一些非圆形管道，如有些气体管路是方形的，套管换热器两根同心圆管间的通路是圆环形的。计算 Re 数值时，需要用一个与圆形管直径 d 相当的"直径"来代替，这个直径，称为当量直径，用 d_e 来表示，可用下式计算：

$$d_e=4\times\frac{\text{流通截面积}}{\text{润湿周边}} \tag{1-32}$$

对于矩形截面

$$d_e=4\times\frac{ab}{2(a+b)}=\frac{2ab}{a+b} \tag{1-33}$$

对于套管环隙，当内管的外径为 d_1，外管的内径为 d_2 时，其当量直径为

$$d_e=\frac{\frac{\pi}{4\times4}(d_2^2-d_1^2)}{\pi d_2+\pi d_1}=d_2-d_1 \tag{1-34}$$

【例 1-14】 由一根内管及外管组合的套管式换热器，已知内管的外径为 25mm，外管的内径为 46mm，冷冻盐水在外管中流动。已经冷冻盐水的质量流量为 3.73t/h，密度为 1150kg/m^3，黏度为 $1.2\times10^{-3}\text{Pa}\cdot\text{s}$，试判断其流动类型。

解 由式(1-34) 知 $d_e=46-25=21\text{mm}=0.021\text{m}$，由题目可知 $\mu=1.2\times10^{-3}\text{Pa}\cdot\text{s}$，

又 $$u=\frac{Q_w}{\rho A}=\frac{\frac{3.73\times10^3}{3600}}{1150\times0.785\times(0.046^2-0.025^2)}=0.77\text{m/s}$$

将以上数值代入式(1-31)，得

$$Re=\frac{du\rho}{\mu}=\frac{0.021\times0.77\times1150}{1.2\times10^{-3}}=15496>4000$$

故管中盐水的流动类型为湍流。

四、流体阻力的计算

化工生产中的流动阻力，包括流动系统中流体通过管路和各种设备时的阻力，在此只讨论流体通过管路时的阻力计算。化工管路系统主要由两部分组成：一部分是直管，另一部分是管件、阀门等。流体阻力通常是以压头损失 H_f 的大小来表示，有时也以与其相当的压强降 Δp 表示，$\Delta p=\rho g H_f$。

1. 直管阻力的计算

流体流经一定直径的直管时，由于流体与管壁之间以及流体分子之间的摩擦而产生的阻力称为直管阻力，又称沿程阻力，以 H_f 表示。流体在直管内流动时的阻力由范宁公式计算：

$$H_f = \lambda \times \frac{l}{d} \times \frac{u^2}{2g} \tag{1-35}$$

式中 l——直管长度，m；

d——直管内径，m；

$\frac{u^2}{2g}$——流体的动压头，m；

λ——摩擦系数，其值与流体的流动类型和管壁的粗糙度有关。它们的关系可以用图 1-26 表示，其中直线Ⅰ适用于层流下的各种管路，曲线Ⅱ适用于湍流状态下的光滑管，曲线Ⅲ适用于湍流状态下的粗糙管。

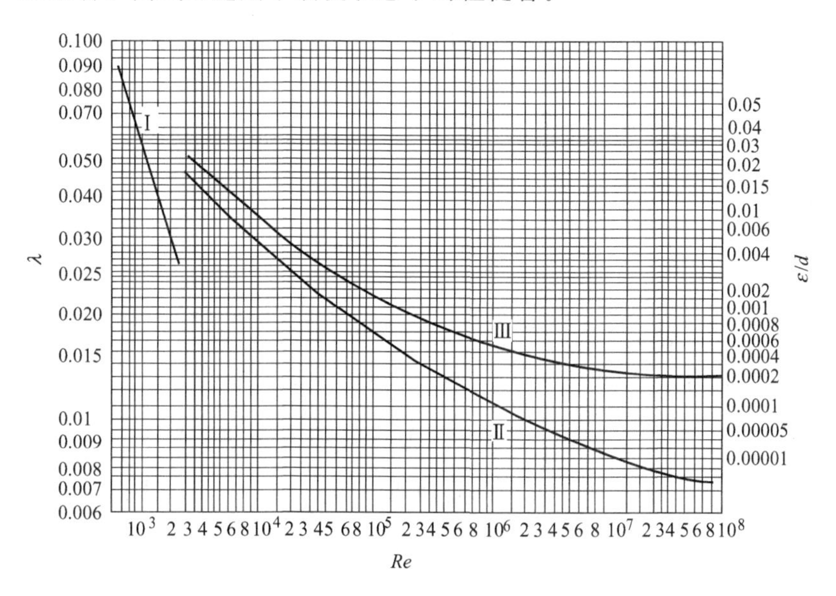

图 1-26　摩擦系数 λ 与雷诺数 Re 的关系

Ⅰ—层流；Ⅱ—光滑管流法；Ⅲ—粗糙管流法

按材料性质和加工情况，将管道分为光滑管和粗糙管两类，通常把玻璃管、铜管、铅管、塑料管等列为光滑管，把钢管、铸铁管、水泥管等列为粗糙管。管路壁面凸出部分的平均高度称为绝对粗糙度，用符号 ε 表示，绝对粗糙度 ε 和管路直径的比值称为相对粗糙度，用符号 ε/d 表示。某些工业管道的绝对粗糙度范围列于表 1-2。

表 1-2　某些工业管的绝对粗糙度

管路类别		绝对粗糙度 ε/mm	管路类别		绝对粗糙度 ε/mm
金属管	无缝黄铜管、铜管、铅管	0.01～0.05	非金属管	干净玻璃管	0.005～0.01
	新的无缝钢管、镀锌管	0.1～0.2		橡皮软管	0.01～0.03
	新的铸铁管	0.3		木管	0.25～1.25
	具有轻度腐蚀的无缝钢管	0.2～0.3		陶土排水管	0.45～6.0
	具有显著腐蚀的无缝钢管	0.5		整平的水泥管	0.33
	旧的铸铁管	0.85		石棉水泥管	0.03～0.8

从图 1-26 可知：

(1) 层流时　流体作层流流动时，管壁上凹凸不平的地方都被有规则的流体层所覆盖，流体质点对管壁凸出部分不会有碰撞作用。所以，层流时，摩擦系数 λ 与管壁粗糙度无关，只与 Re 有关，且 λ 与 Re 成线性关系，关系式为：

$$\lambda=\frac{64}{Re} \tag{1-36}$$

因此，根据计算得到 Re 值，便可从图 1-26 中的直线Ⅰ或通过式(1-36) 求得 λ 值。

(2) 湍流时　当流体在光滑管内湍流时，则根据 Re 值，从图 1-26 中的曲线Ⅱ查得 λ 值；当流体在粗糙管内湍流时，则根据 Re 值，从图 1-26 中的曲线Ⅲ查得 λ 值。从图 1-26 可知，在 Re 相同的情况下，管壁的粗糙度越大，摩擦系数 λ 的值就越大。这是因为凹凸不平的壁面上凸出部分，与湍流主体内的流体质点碰撞，产生旋涡，从而影响流体的流动，造成阻力。

【例 1-15】 分别计算下列情况下，流体流过 ϕ76mm×3mm、长 10m 的水平钢管的压头损失。(1) 密度为 910kg/m^3、黏度为 72mPa·s 的油品，流速为 1.1m/s；(2) 20℃的水，流速为 2.2m/s。

解　(1) 油品：$Re=\frac{d\rho u}{\mu}=\frac{0.07\times910\times1.1}{72\times10^{-3}}=973<2000$，流动为层流，

摩擦系数可用式(1-36) 计算：

$$\lambda=\frac{64}{Re}=\frac{64}{973}=0.0658$$

压头损失：$H_\mathrm{f}=\lambda\times\frac{l}{d}\times\frac{u^2}{2g}=0.0658\times\frac{10}{0.07}\times\frac{1.1^2}{2\times9.81}=0.58\mathrm{m}$

(2) 20℃水的物性：$\rho=998.2\mathrm{kg/m^3}$，$\mu=1.005\times10^{-3}\mathrm{Pa\cdot s}$，

$$Re=\frac{d\rho u}{\mu}=\frac{0.07\times998.2\times2.2}{1.005\times10^{-3}}=1.53\times10^5>4000\text{，流动为湍流}$$

由于钢管是粗糙管，故查图 1-26 中的Ⅲ曲线，得 $\lambda=0.027$，压头损失为：

$$H_\mathrm{f}=\lambda\times\frac{l}{d}\times\frac{u^2}{2g}=0.027\times\frac{10}{0.07}\times\frac{2.2^2}{2\times9.81}=0.95\mathrm{m}$$

2. 局部阻力

流体流经管路中的管件、阀门以及管径的突然扩大和缩小等局部障碍，如图 1-27 所示，由于流速大小及方向的改变，流体质点间碰撞加剧而引起的阻力称为局部阻力，以 H'_f 表示。局部阻力损失有两种计算方法。

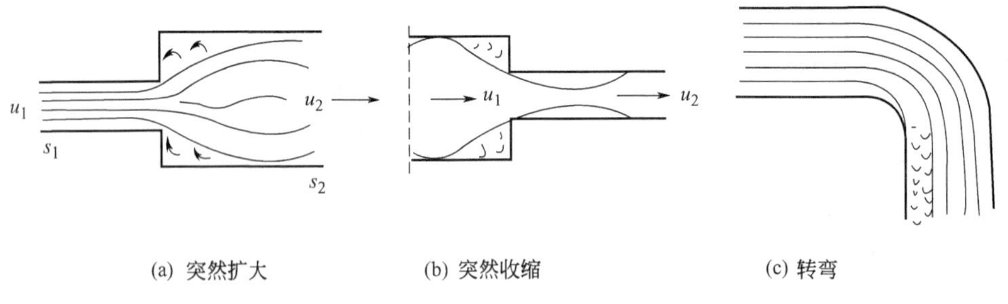

图 1-27　局部阻力的形成

(1) 当量长度法　将流体流过管件或阀门的局部阻力，折合成与其直径相同的一定长度的直管所产生的阻力，即：

$$H'_\mathrm{f}=\lambda\times\frac{l_\mathrm{e}}{d}\times\frac{u^2}{2g} \tag{1-37}$$

式中，l_e 称为管件或阀门的当量长度，单位 m。

同样，管件与阀门的当量长度也是由实验测定，有时也以管道直径的倍数 l_e/d 表示，

见表 1-3，但表 1-3 中的数据仅适用于湍流，也只是近似值 l_e/d。

表 1-3　某些管件、阀门等局部障碍的当量长度

名　称		l_e/d	名　称		l_e/d
45°标准弯头		15	由容器入管口		20
90°标准弯头		30～40	由管口入容器		40
90°方形弯头		60	截止阀(球心阀,全开)		3000
180°回弯头		50～70	角阀(全开)		145
三通		40	单向阀(摇板式)		135
			闸阀	全开	7
				3/4 开	40
		60		1/2 开	200
				1/4 开	400
			底阀(带滤水器)		420
		90	吸入阀或盘形阀		70
			盘式流量计		400
			文氏流量计		12
			转子流量计		200～300

（2）阻力系数法　克服局部阻力所消耗的机械能，可以表示为动能的某一倍数，即

$$H_f'=\zeta\frac{u^2}{2g} \tag{1-38}$$

式中，ζ 称为局部阻力系数，一般由实验测定。常用管件及阀门的局部阻力系数见表 1-4。注意当管截面突然扩大和突然缩小时，式(1-38) 中的速度 u 以小管中的速度计。当流体自容器进入管内，$\zeta_{进口}=0.5$，称为进口阻力系数；当流体自管子进入容器或从管子排放到管外空间，$\zeta_{出口}=1$。

表 1-4　常用管件及阀门的局部阻力系数

名　称	阻力系数 ζ	名　称	阻力系数 ζ	名　称	阻力系数 ζ
45°弯头	0.35	活接头	0.04	角阀(半开)	2.0
90°弯头	0.75	闸阀(全开)	0.17	球式止逆阀	70
三通	1	闸阀(半开)	4.5	摇板式止逆阀	2
回弯头	1.5	截止阀(全开)	6.0	底阀	1.5
管接头	0.04	截止阀(半开)	9.5	水表(盘式)	7

3. 管路系统中的总能量损失

管路系统的总能量损失（总阻力损失）是管路上全部直管阻力和局部阻力之和，即 $\sum H_f=H_f+H_f'$。当流体流经直径不变的管路时，可写出

$$\sum H_f=H_f+H_f'=\left(\lambda\frac{l}{d}+\sum\zeta\right)\frac{u^2}{2g} \tag{1-39}$$

或

$$\sum H_f=H_f+H_f'=\left(\lambda\frac{l+\sum l_e}{d}\right)\frac{u^2}{2g} \tag{1-40}$$

或

$$\sum H_f=H_f+H_f'=\left(\lambda\frac{l+\sum l_e}{d}+\sum\zeta\right)\frac{u^2}{2g} \tag{1-41}$$

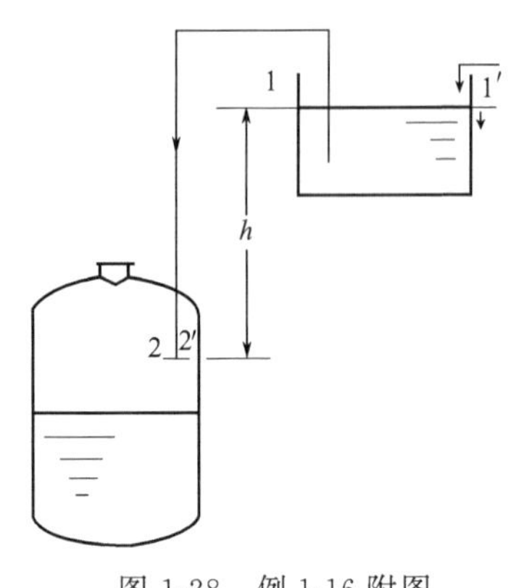

图 1-28　例 1-16 附图

式中，$\sum\zeta$、$\sum l_e$ 分别为管路中所有局部阻力系数之和及当量长度之和。若管路由若干直径不同的管段组成时，各段应分别计算，然后再加和。

【例 1-16】 如图 1-28 所示，料液由敞口高位槽流入精馏塔中。塔内进料处的压力为 30kPa（表压），输送管路为 ϕ45mm×2.5mm 的无缝钢管，直管长为 10m。管路中装有 180°回弯头一个，90°标准弯头一个，标准截止阀（全开）一个。若维持进料量为 5m³/h，问高位槽中的液面至少高出进料口多少米？操作条件下料液的物性：$\rho=890\text{kg/m}^3$，$\mu=1.3\times10^{-3}\text{Pa}\cdot\text{s}$。

解 如图 1-28 所示取高位槽液面为 1—1′面，管出口为 2—2′截面，以过 2—2′截面中心线的水平面为基准面。在 1—1′与 2—2′截面间列伯努利方程：

$$Z_1+\frac{u_1^2}{2g}+\frac{p_1}{\rho g}=Z_2+\frac{u_2^2}{2g}+\frac{p_2}{\rho g}+\sum H_f$$

其中：$Z_1=h$、$u_1=0$、$p_1=0$（表压）；$Z_2=0$、$p_2=30\text{kPa}$（表压）；

$$u_2=\frac{Q}{\frac{\pi}{4}d^2}=\frac{\frac{5}{3600}}{0.785\times0.04^2}=1.1\text{m/s}$$

$$Re=\frac{d\rho u}{\mu}=\frac{0.04\times890\times1.1}{1.3\times10^{-3}}=3.01\times10^4$$

流动为湍流，从图 1-26 中查Ⅲ得：$\lambda=0.036$，
由表 1-4 及前文叙述可知：进口突然缩小 $\zeta=0.5$、180°回弯头 $\zeta=1.5$、90°标准弯头 $\zeta=0.75$、标准截止阀（全开）$\zeta=6.4$，

故
$$\sum\zeta=0.5+1.5+0.75+6.4=9.15$$

$$\sum H_f=\left(\lambda\frac{l}{d}+\sum\zeta\right)\frac{u^2}{2g}=\left(0.036\times\frac{10}{0.04}+9.15\right)\frac{1.1^2}{2\times9.81}=1.12\text{m}$$

则
$$h=\frac{p_2}{\rho g}+\frac{u_2^2}{2g}+\sum H_f=\frac{30\times10^3}{890\times9.81}+\frac{1.1^2}{2\times9.81}+1.12=4.62\text{m}$$

4. 降低流体阻力的途径

流体阻力越大，输送流体过程中所消耗的动力越大，能耗和生产成本就越高，因此，要想法降低流体阻力。根据上述分析，欲降低 $\sum H_f$ 可采取如下的措施：

① 合理布局，尽量减少管长，走直线，少拐弯；少装不必要的管件和阀门。

② 适当加大管径并尽量选用光滑管。在流量不变的情况下，管径增大一倍，压头损失变为原来的 1/32；但管径大，消耗的金属材料多，基建费用高，实际生产中应从基建费用和设备费用全面考虑。

③ 在允许条件下，将气体压缩或液化后输送；高黏度液体长距离输送时，可用加热方法（蒸汽伴管），以降低黏度；在被输送液体中加入减阻剂，如丙烯酰胺、聚环氧乙烷等。

第四节　化工管路的基础知识

化工管路由管子、管件和阀三部分组成，管路的费用在设备费用中占相当大的比例，所以有必要对管子的材质、类型、规格、连接方式，管路的安装、布置及计算等有所了解。

一、管子的类型

管子是管路的主体，生产中使用的管子按管材不同可分为金属管、非金属管和复合管。金属管主要有铸铁管、钢管（含合金钢管）和有色金属管等；非金属管主要有陶瓷管、水泥管、玻璃管、塑料管、橡胶管等。

1. 铸铁管

铸铁对浓硫酸和碱液有很好的抗腐蚀性能，价格比较便宜，通常用作埋于地下的给水总管、煤气管和污水管等。但其强度低，故不宜在带压的情况下输送有害的、爆炸性的气体和高温流体。

2. 钢管

钢管的种类很多，根据材质不同，可分为普通钢管和合金钢管两种；按制造方法不同，可分为水煤气管和无缝钢管两种。

水煤气管即有缝钢管，水煤气管多数是用低碳钢制作的焊接管，水煤气管的耐压强度通常为0.6～1MPa，常用于压强较低的水管、暖气、煤气、压缩空气和真空管路中。水煤气管的管径以公称直径表示。公称直径是为了设计、制造和维修的方便而人为地规定的一种标准直径，它既不是管子的内径，也不是管子的外径，而是与其相近的整数。如公称直径为50mm（2in）的水煤气管，它的外径为60mm，内径为53mm。水煤气管的常用规格可以从附录十七查得。

无缝钢管是石油和化工生产中使用最多的一种管型。它的特点是质地均匀、强度高，管壁较薄。无缝钢管广泛用于压强较高、温度较高的物料输送中，如蒸汽、高压水和高压气体的输送，还经常用来制作换热器、蒸发器等化工设备。如果介质温度超过723K，则应采用合金钢管。合金钢管主要用来输送腐蚀性介质和高温物料。无缝钢管的规格以ϕ外径×壁厚表示。如ϕ104mm×2mm，表示外径为104mm、壁厚2mm，则其内径为104－2×2＝100mm。

3. 有色金属管

有色金属管的种类也很多，化工生产中常用的有铜管、铅管、铝管等。由于有色金属的价格较高，一般应尽量不用，且越来越被其他管材所代替。

4. 塑料管

塑料管品种很多，它具有良好的抗腐蚀性能，以及重量小、价格低、容易加工等特点，但强度较低、耐热性差。目前最常用的塑料管有聚氯乙烯管、聚乙烯管、以及在金属管的表面喷涂聚丙烯、聚三氟氯乙烯的管道等。

5. 玻璃管

玻璃管具有很好的耐腐蚀性能，具有透明、易于清洗、阻力小、价格低等性能，但也具有性脆、耐压低等缺点。因此，在化学工业上主要是用在一些检测或实验性的工作中。

6. 复合管

复合管指的是金属与非金属两种材料复合得到的管子，最常见的形式是衬里管，是为了满足防腐的需要，在一些管子的内层衬以适当的材料，如金属、橡胶、塑料、搪瓷等，而形成的。

二、管件、阀及管路的连接方式

1. 管件

管件是用来连接管子、改变管路方向、变化管路直径、接出支路、封闭管路的管路附件的总称。一种管件可以有一种或多种功能，如弯头既可以改变管路方向也可以连接管路。根据管件在管路中的作用来分，可以分为五类，如图 1-29 所示。

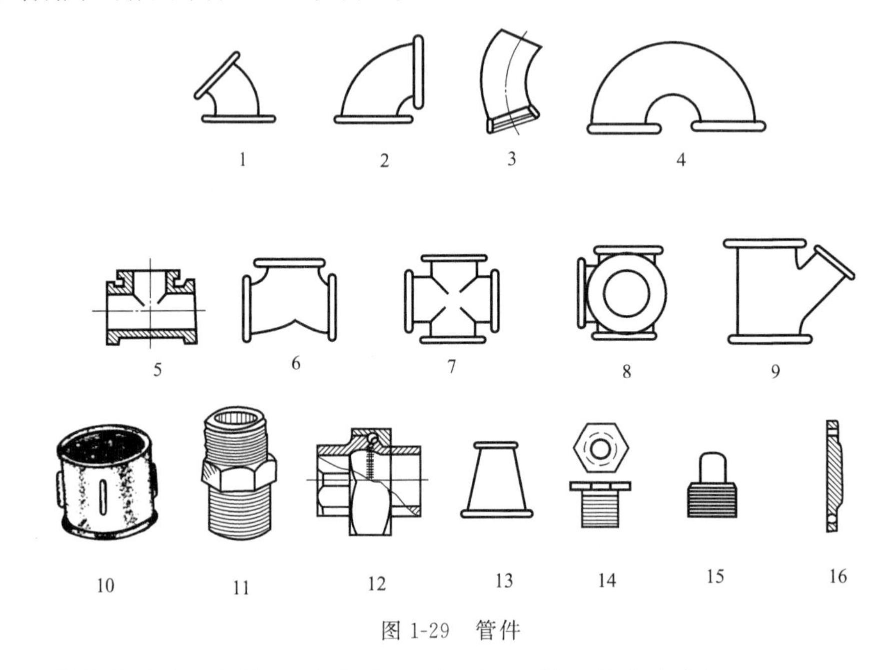

图 1-29 管件

① 改变管路的方向，如图 1-29 中的 1、2、3、4 等，统称为弯头。

② 连接管路支路，如图 1-29 中的 5、6、7、8、9 等，通常将它们称为“三通”、“四通”。

③ 连接两段管路，如图 1-29 中的 10 称为外接头，俗称“管箍”；11 称为内接头，俗称“对丝”；12 称为活接头。

④ 改变管路的直径，如图 1-29 中的 13、14 等，通常把前者称为大小头，后者称为内外螺纹管接头。

⑤ 堵塞管路，如图 1-29 中的 15、16 等，把它们统称为丝堵、盲板。

2. 阀

阀是用来开启、关闭和调节流量及控制安全的机械装置，也称阀门。化工生产中，按照阀门的构造和作用可以分为以下几种。

(1) 旋塞（考克） 如图 1-30 所示，旋塞的主要部件为一个空心的铸铁阀体中插入一个可旋转的圆形旋塞，旋塞中间有一个通道，当通道与管子相通时，流体即沿通道流过；当旋塞转过 90°时，其通道被阀体挡住，流体即被切断。旋塞的优点是结构简单、启闭迅速、全开时流体阻力较小、流量较大，适用于输送带有固体颗粒的流体；缺点是不能准确调节流量、旋塞易卡住、阀体难以转动、密封面易破损、不适用口径较大及压力较高或温度较高的场合。

(2) 截止阀（球心阀） 如图 1-31 所示，阀体内有一 Z 形隔层，它把阀腔分成上下两部分，隔层中央有一圆孔，为上下两部分之间的流通口，阀盘就盖在此孔上，通过旋转阀杆使阀盘升降，隔层上开孔的大小发生变化而进行调节流体流量。截止阀结构复杂，流体阻力较大，但严密可靠，可以耐酸、耐高温和压力，因此可以用来输送蒸汽、压缩空气和油品；但不能用于输送流体黏性大、含有固体颗粒的液体物料，否则会使阀座磨损，引起漏液。截止阀安装时要注意使流体流向与阀门进出口一致。

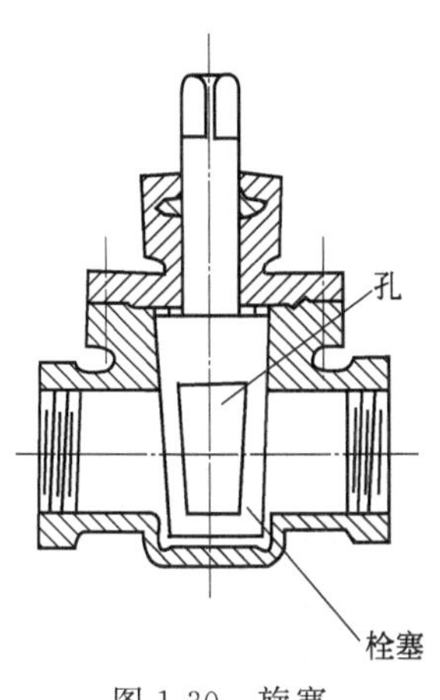

图 1-30　旋塞

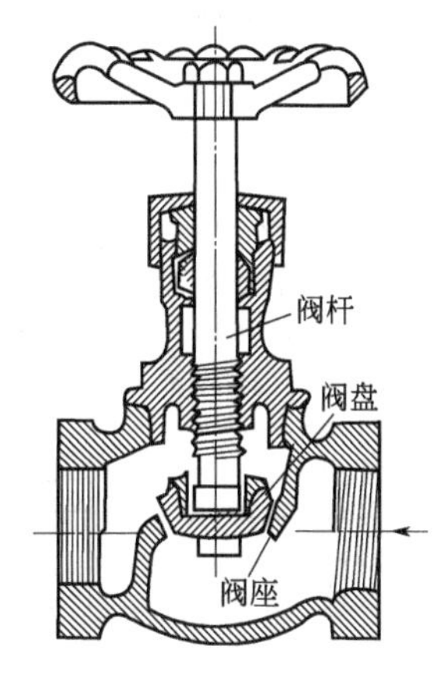

图 1-31　截止阀

(3) 闸阀　闸阀相当于在管道中插入一块和管径相等的闸板，如图 1-32 所示。闸板的升降可以启闭管路，闸阀全开时，流体阻力较小，流量较大。但闸阀制造修理困难，阀体高，占地面积大，价格较贵，多用在大型管路中作启闭阀门，不适于输送含固体颗粒的流体。

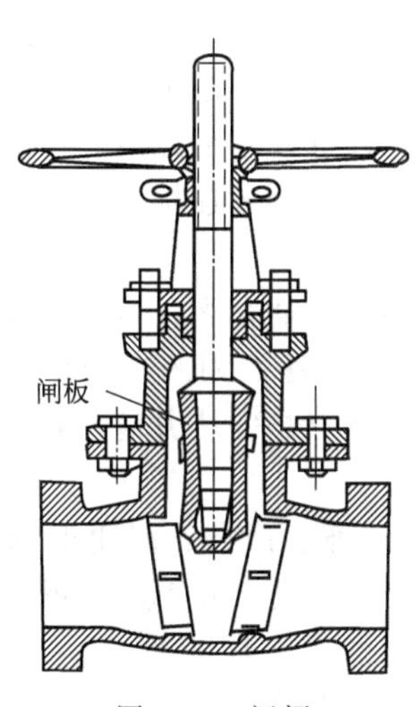

图 1-32　闸阀

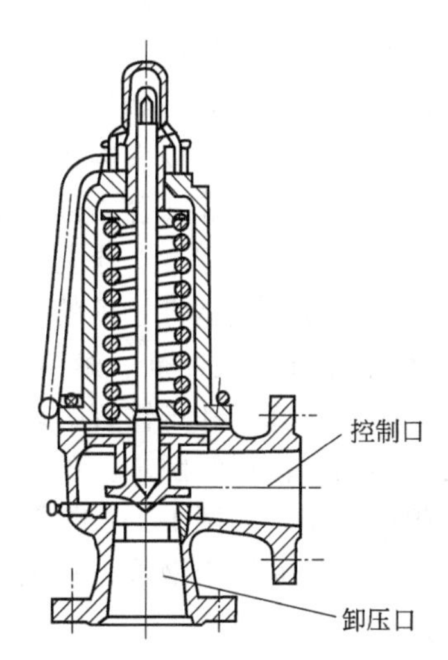

图 1-33　弹簧式安全阀

化工生产中常见的阀门还有止回阀、安全阀、减压阀和疏水阀等。

(4) 止回阀　又称止逆阀或单向阀，是在阀的上下游压力差的作用下自动启闭的阀门，其作用是仅允许流体向一个方向流动，一旦倒流就自动关闭，常用在泵的进出口管路中及蒸汽锅炉的给水管路上。例如，离心泵在启动前需要灌泵，为了保证停车时液体不倒流，常在泵的吸入口安装一个单向阀。

(5) 安全阀　安全阀能根据工作压力而自动启闭，从而将管道设备的压力控制在某一数值以下。如图1-33所示，当设备内压力超过指标时，阀可自动开启，排除多余液体，压力复原后又自动关闭，从而保证其安全。主要用在蒸汽锅炉及中、高压设备上。

（6）减压阀　减压阀是为了降低管道设备的压力，并维持出口压力稳定的装置，能自动降低管路及设备内的高压，达到规定的低压，保证化工生产安全，常用在高压设备上。例如，高压钢瓶出口都要接减压阀，以降低出口的压力，满足后续设备的压力要求。

（7）疏水阀　疏水阀是一种能自动间歇排除冷凝液，并能阻止蒸汽排出的阀门。其作用是使加热蒸汽冷凝后的冷凝水及时排除，又不让蒸汽漏出。几乎所有使用蒸汽的地方，都要使用疏水阀。

3. 管路的连接方式

管子与管子、管子与管件、管子与阀、管子与设备之间连接的方式常见的有法兰连接、螺纹连接、承插连接及焊接连接（图1-34）。

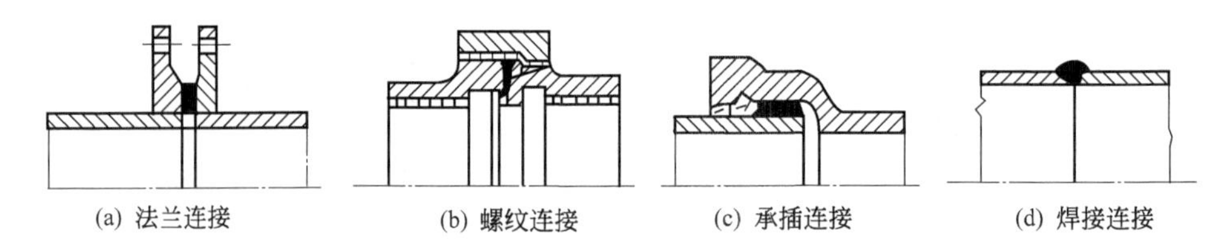

(a) 法兰连接　(b) 螺纹连接　(c) 承插连接　(d) 焊接连接

图1-34　管路的连接方式

（1）法兰连接　法兰连接是化工管路中最常用的连接方法，如图1-34(a)所示。其主要特点是已经标准化，装拆方便，密封可靠，一般适用于大管径、密封要求高、温度及压力范围较宽、需要经常拆装的管路上；也可用于玻璃管、塑料管的连接和管子与阀件、设备之间的连接。为了保证接头处的密封，需在两法兰盘间加垫片，并用螺栓将其拧紧。

（2）螺纹连接（丝扣连接）　螺纹连接是依靠内外螺纹管接头、活接头以丝扣方式把管子与管路附件连接在一起，如图1-34(b)所示。以螺纹管接头连接的管子，操作方便，结构简单，但不易装拆。活接头连接构造复杂，易拆装，密封性好，不易漏液。螺纹连接通常用于小直径管路，水、煤气管路，压缩空气管路，低压蒸汽管路等的连接。安装时，为了保证连接处的密封，常在螺纹上涂上胶黏剂或包上填料。

（3）承插连接　这是将管子的一端插入另一管子的“钟”形插套内，再在连接处用填料（丝麻、油绳、水泥、胶黏剂、熔铅等）加以密封的一种连接方法，如图1-34(c)所示。主要用于水泥管、陶瓷管和铸铁管等埋在地下管路的连接，其特点是安装方便，对各管段中心重合度要求不高；但拆卸困难，不能耐高压。

（4）焊接连接　如图1-34(d)所示，这是一种方便、价廉、严密、耐用但却难以拆卸的连接方法，广泛使用于钢管、有色金属管及塑料管的连接。主要用在不经常拆装的长管路和高压管路中。

三、管路布置和安装的一般原则

管路的布置主要考虑安装、检修和操作的方便、安全，尽可能减少基建费用和操作费用，并根据生产的特点、设备的布置、物料特性等方面进行综合考虑。布置化工管路一般遵守以下原则：

① 各种管路的铺设，要尽可能采用明线、集中铺设，尽可能利用共同管架，铺设时尽量走直线，少拐弯、少交叉，尽量使管路铺设整齐美观。一般地，下水管及废水管采用埋地铺设，埋地安装深度应当在当地冰冻线以下。

② 应合理安排管路，使管路与墙壁、柱子、墙面、其他管路等之间有适当的距离，以便于安装、操作、巡查与检修。具体数据可参阅表 1-5 的规定。

表 1-5　管与墙的安装距离

公称直径/mm	25	40	50	80	100	125	150
管中心与墙距离/mm	120	150	170	170	190	210	230

③ 平行管路上的管件、阀门位置应错开，且不得立于人行道的上空。

④ 管路通过人行道时高度不得低于 2m，通过公路时高度不得小于 4.5m，与铁轨的净距离（管路在地面的投影与铁轨间的距离）不得小于 6m，通过工厂主要交通干线时高度一般为 5m。

⑤ 管路的倾斜度一般为 3/1000～5/1000，对输送含固体结晶或颗粒程度较大、液体黏度大的物料倾斜度可提高到 1/100。

⑥ 管路排列时，通常使输送无腐蚀性流体的管路在上，输送有腐蚀性流体的管路在下；输送热流体的管路在上、输送冷流体的管路在下；输送气体的管路在上、输送液体的管路在下；输送高压流体的管路在上、输送低压流体的管路在下；需要保温的管路在上、不保温的管路在下；不经常检修的管路在上、经常检修的管路在下。在水平方向上，通常使常温管路、大直径管路、振动大的管路及不经常检修的管路靠近墙或柱子；对较长管路要有管架支撑，以免弯曲存液及受到震动。

⑦ 化工管路的两端是固定的，由于管道内介质温度、环境温度的变化，必然引起管道产生热胀冷缩而变形，严重时将造成管子弯曲、断裂或接头松脱等现象，为了消除这种现象，工业生产中常对管路进行热补偿。热补偿的主要方法有两种：一是依靠管路转弯的自然补偿方法，通常，当管路转角不大于 150°时，均能起到一定的补偿作用，如图 1-35(d) 所示；另一种是在直线段管道每隔一定距离安装补偿器（也叫伸缩器）进行补偿。常用的补偿器主要有：凸面式补偿器，如图 1-35(a) 所示，结构紧凑，但补偿能力有限，应用较少；填料函式补偿器，如图 1-35(b) 所示，结构紧凑，又具有相当大的补偿能力，但轴向力大，填料需要经常维修，介质可能泄露，安装要求高，只在铸铁和陶瓷等管路中使用；圆角弯方形补偿器，如图 1-35(c) 所示，其结构简单，易于制造，补偿能力大，是目前使用较多的一种。

⑧ 输送易燃、易爆（如醇类、醚类、液体烃类等）物料时，为防止静电积聚，必须将管路进行可靠接地和控制流体的流速。

⑨ 管路安装结束后，要进行试压、试漏、吹扫、保温涂色等工作。

当管路系统安装完毕后，为了检查其强度和严密性是否达到设计要求，检查管路的承受能力，必须对管路系统进行耐压试验和气密试验。另外，必须进行吹扫与清洗，以除去遗留的铁屑、焊渣、尘土及其他污物，避免杂质随流体流动而堵塞管路、损坏阀门和仪表，保证管路正常运行。为了维持生产需要的高温或低温条件、节约能源，必须采取措施减少管路与环境的热量交换，这就叫管路的保温。保温的方法是在管道外包上一层或多层保温材料。

化工生产中为了区别各种类型的管路，在不同介质的管道上涂上不同颜色的油漆，称为管路的涂色。管路的涂色有两种方法：一是整个管路均涂上一种颜色（涂单色）；二是在底色上每间隔 2m 涂上一个 50～100mm 的色圈。通常情况下，饱和蒸汽管涂红色，给水管涂绿色，低压空气管涂天蓝色，真空管涂白色，氮气、氨气管涂黄色，反应物料管涂红色等。

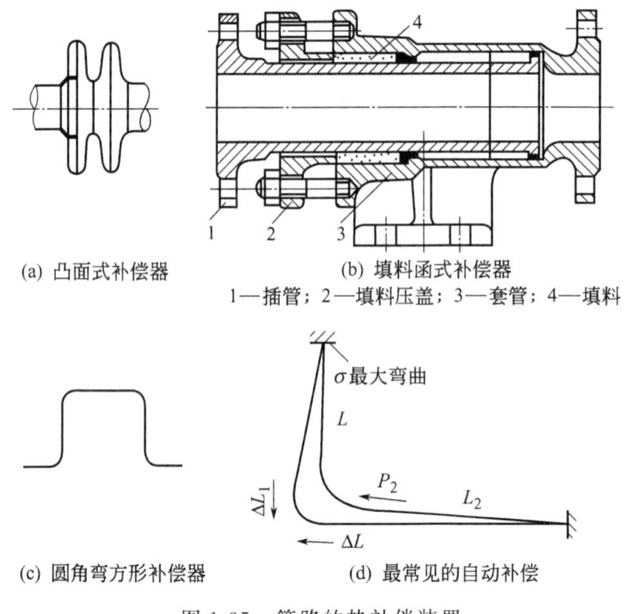

(a) 凸面式补偿器　　(b) 填料函式补偿器

1—插管；2—填料压盖；3—套管；4—填料

(c) 圆角弯方形补偿器　　(d) 最常见的自动补偿

图 1-35　管路的热补偿装置

四、简单管路的计算

化工管路分为简单管路和复杂管路。本节只介绍简单管路的计算问题。

1. 简单管路

简单管路是指流体从入口到出口是在一条管路中流动，无分支或汇合的情形。整个管路直径可以相同，也可由内径不同的管子串联组成。如图 1-36 所示的串联管路，其特点是流体通过各管段的质量流量不变，对于不可压缩性流体，则体积流量也不变；整个管路的总能量损失等于各段管路能量损失之和。

2. 复杂管路

包括并联管路、分支管路和汇合管路。并联管路是在主管某处分成几支，然后又汇合到一根主管，如图 1-37 所示，其特点为主管中的流量等于并联的各支路流量之和，并联管路中各支路的能量损失均相等。分支管路是指流体由一根总管分流为几根支管的情况，汇合管路是几根支管汇合为一根总管的情况，如图 1-38、图 1-39 所示。

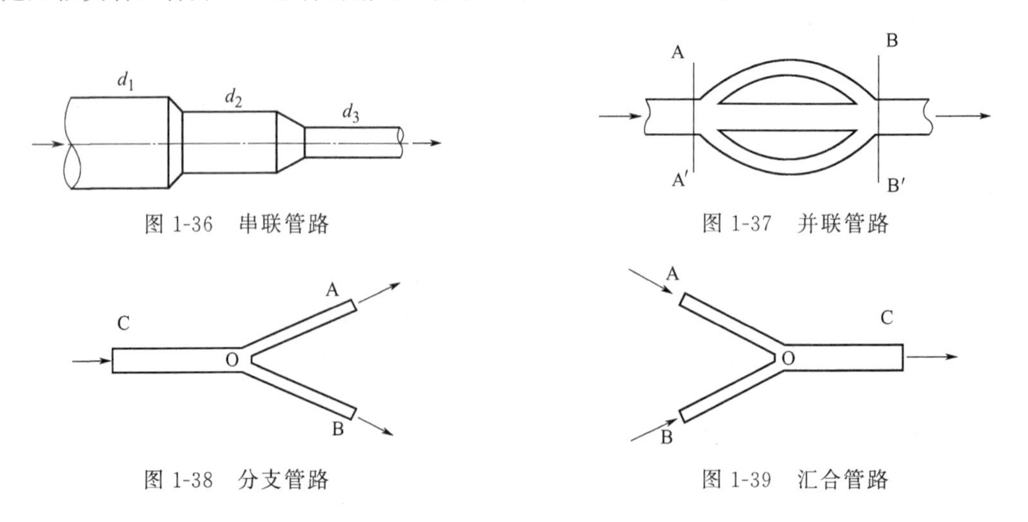

图 1-36　串联管路　　图 1-37　并联管路

图 1-38　分支管路　　图 1-39　汇合管路

3. 简单管路的计算

管路计算实际上是连续性方程式、伯努利方程式与流体阻力计算式的具体运用，由于已知量与未知量情况不同，计算方法亦随之而改变。用到的基本方程有：

连续性方程 $$\frac{u_1}{u_2}=\left(\frac{d_2}{d_1}\right)^2$$

伯努利方程 $$Z_1+\frac{u_1^2}{2g}+\frac{p_1}{\rho g}+H_e=Z_2+\frac{u_2^2}{2g}+\frac{p_2}{\rho g}+\left(\lambda\frac{l}{d}+\Sigma\zeta\right)\frac{u^2}{2g}$$

摩擦系数 $$\lambda=\varphi\left(\frac{du\rho}{\mu},\frac{\varepsilon}{d}\right)$$

物性 ρ、μ 一定时，需给定独立的 9 个参数，方可求解其他 3 个未知量。

在实际工作中常遇到的管路计算问题，归纳起来有以下三种情况：

① 已知管径、管长及流体的输送量，求流体通过管路系统的能量损失，以便进一步确定输送设备所加入的外功、设备内的压强或设备间的相对位置等。这一类的计算比较容易。

② 已知管径、管长及允许的能量损失，求流体的流速或流量。

③ 已知管长、管件和阀门的当量长度、流体的流量及允许的能量损失，求管径。

后两种情况都存在着共同性问题，即流速 u 或管径 d 为未知，因此不能计算 Re 值，则无法判断流体的流型，所以亦不能确定摩擦系数 λ。在这种情况下，工程计算中常采用试差法或其他方法来求解。这里只介绍第一种情况的计算。

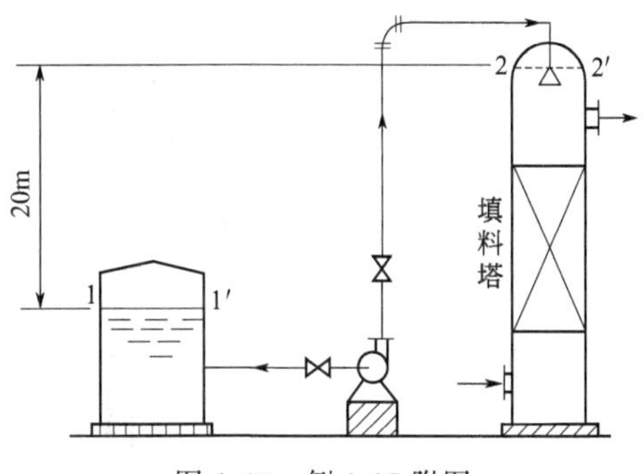

图 1-40　例 1-17 附图

【例 1-17】 如图 1-40 所示，用泵将温度为 288K 的某种溶液从贮槽送至填料塔内，已知贮槽液面至输出管出口的垂直距离为 20m，包括局部阻力在内的计算长度为 25m，假定泵的进出口管的直径均为 ϕ57mm×3.5mm，糖溶液的密度为 1100kg/m^3，黏度为 2.3mPa·s。每分钟的输液量为 0.3m^3，求输送泵应加入的外加压头。

解 取贮槽液面为 1—1′面，并作为基准面，输出口为 2—2′面，列伯努力方程：

$$Z_1+\frac{u_1^2}{2g}+\frac{p_1}{\rho g}+H_e=Z_2+\frac{u_2^2}{2g}+\frac{p_2}{\rho g}+H_f$$

已知：$Z_1=0$、$Z_2=20$，$p_1=p_2=0$（表压），$u_1=0$，$d_1=d_2=57-2\times3.5=50\text{mm}=0.05\text{m}$

$$u_2=\frac{Q}{0.785d_2^2}=\frac{\frac{0.3}{60}}{0.785\times(0.05)^2}=2.55\text{m/s}$$

则：$$Re=\frac{du\rho}{\mu}=\frac{0.05\times2.55\times1100}{2.3\times10^{-3}}=6\times10^4>4000$$

查 1-26 图得：$\lambda=0.022$，则

$$H_f=\lambda\times\frac{l}{d}\times\frac{u^2}{2g}=0.022\times\frac{25}{0.05}\times\frac{2.55^2}{2\times9.81}=3.65\text{m}$$

将上述数据代入伯努利方程式：

$$H=20+\frac{2.55^2}{2\times9.81}+3.65=24\text{m}$$

第五节　流量的测量

为了控制生产过程在稳定条件下进行，或对某一过程或设备进行物料衡算，必须知道参与变化的物料数量，因而流量的测定是生产中不可缺少的。测定流量的方法很多，用来测量流量的装置称为流量计。流量计根据流通截面积、压力是否变化可分为两类：一类是差压式流量计又称定截面流量计，其特点是节流元件提供流体流动的截面积是恒定的，而其上下游的压强差随着流量（流速）而变化，利用测量压强差的方法来测定流体的流量（流速），如孔板流量计、文丘里流量计；另一类是截面流量计，其特点是变截面定压差，如转子流量计。

一、孔板流量计

孔板流量计是一种应用很广泛的节流式流量计。在管道里插入一片与管轴垂直并带有通常为圆孔的金属板，孔的中心位于管道中心线上，这样构成的装置，称为孔板流量计，孔板称为节流元件，如图 1-41 所示。

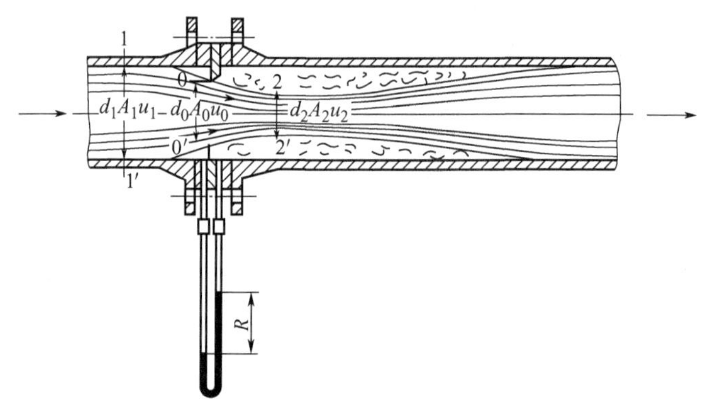

图 1-41　孔板流量计

当流体流过小孔以后，由于惯性作用，流动截面并不立即扩大到与管截面相等，而是继续收缩一定距离后才逐渐扩大到整个管截面。流动截面最小处（如图 1-40 中截面 2—2′）称为缩脉。流体在缩脉处的流速最高，即动能最大，而相应的静压能最低。因此，当流体以一定的流量流经小孔时，就产生一定的压强差，流量愈大，所产生的压强差也就愈大。所以根据测量压强差的大小来度量流体流量。在图 1-41 中 1—1′和 0—0′截面间列伯努利方程式（略去能量损失），得：

$$\frac{u_1^2}{2g}+\frac{p_1}{\rho}=\frac{u_2^2}{2g}+\frac{p_2}{\rho}$$

由连续性方程式$\frac{u_1}{u_0}=\left(\frac{d_0}{d_1}\right)^2$、静力学方程式 $p_1-p_0=R(\rho_0-\rho)g$，则得：

$$u_0=C_0\sqrt{\frac{2gR(\rho_0-\rho)}{\rho}} \tag{1-42}$$

式中　u_0——流体在孔口时的速度，m/s；

C_0——孔流系数，由实验测定或通过图表查得；

ρ_0——指示液的密度，kg/m^3；

ρ——被测流体的密度，kg/m³。

体积流量

$$Q=u_0A_0=C_0A_0\sqrt{\frac{2gR(\rho_0-\rho)}{\rho}} \tag{1-43}$$

质量流量

$$Q_w=Q\rho=C_0A_0\sqrt{2gR\rho(\rho_0-\rho)} \tag{1-44}$$

式中　A_0——孔板的孔口面积，m²。

图 1-42 为孔板流量计的孔流系数 C_0 与 Re、A_0/A_1 之间的关系曲线。由图可见，对于某一 A_0/A_1 值，当 Re 值超过某一限度值时，C_0 就不再改变而为定值。选用或设计孔板流量计时，应尽量使常用流量在此范围内。一般取 C_0 值为 0.6～0.7。

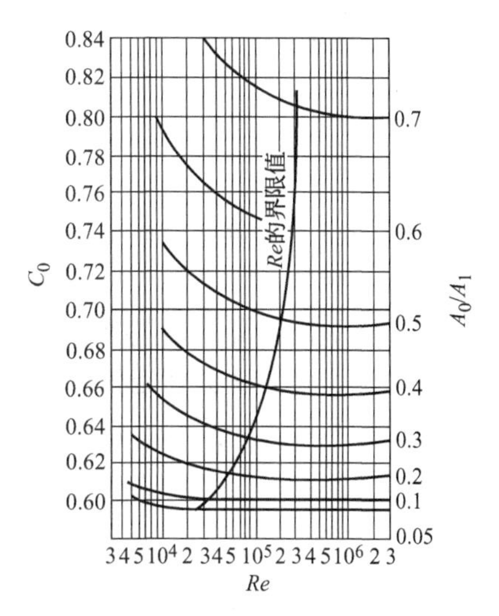

图 1-42　C_0 与 Re、A_0/A_1 的关系

安装孔板流量计时，通常要求上游直管长度为 $50d$，下游直管长度为 $10d$。当流量有较大变化时，为了调整测量条件，调换孔板亦很方便。它的主要缺点是流体经过孔板后能量损失较大，并随 A_0/A_1 的减小而加大。而且孔口边缘容易腐蚀和磨损，所以流量计应定期进行校正。

二、文丘里流量计

为了减少流体流经节流元件时的能量损失，可以用一段渐缩、渐扩管代替孔板，这样构成的流量计称为文丘里流量计。如图 1-43 所示，文丘里流量计上游的测压口（截面 a 处）距离管径开始收缩处的距离至少应为二分之一管径，下游测压口设在最小流通截面处（称为文氏喉）。由于有渐缩段和渐扩段，流体在其内的流速改变平缓，涡流较少，所以能量损失就比孔板大大减少。

文丘里流量计的流量计算式与孔板流量计相类似，即

$$Q=u_0A_0=C_VA_0\sqrt{\frac{2gR(\rho_0-\rho)}{\rho}} \tag{1-45}$$

式中　C_V——文丘里流量计的流量系数，其值可由实验测定，一般取 0.98～1.00；

A_0——喉管的截面积，m²；

ρ_0——指示液的密度，kg/m³；

ρ——被测流体的密度，kg/m³。

文丘里流量计的优点是能量损失小，但其各部分尺寸要求严格，需要精细加工，所以造价也就比较高。

三、转子流量计

转子流量计的构造（图 1-44）是在一根截面积自下而上逐渐扩大的垂直锥形玻璃管 1 内，装有一个能够旋转自如的转子 2（或称浮子）。被测流体从玻璃管底部进入，从顶部流出。如图 1-44 所示，当流体自下而上流过垂直的锥形管时，转子受到两个力的作用：一是垂直向上的推动力，它等于流体流经转子与锥管间的环形截面所产生的压力差；另一是垂直

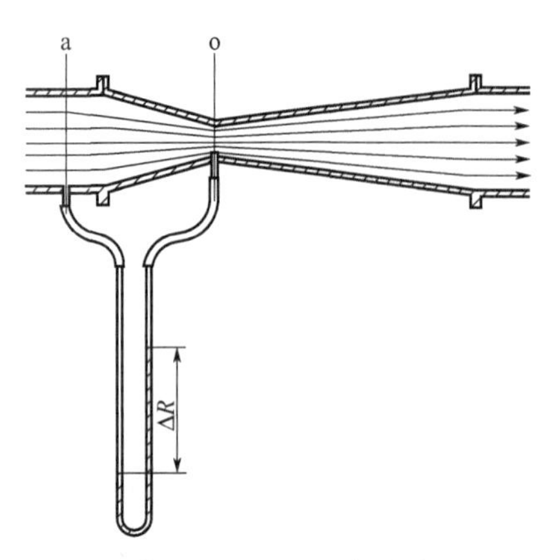

图 1-43　文丘里流量计

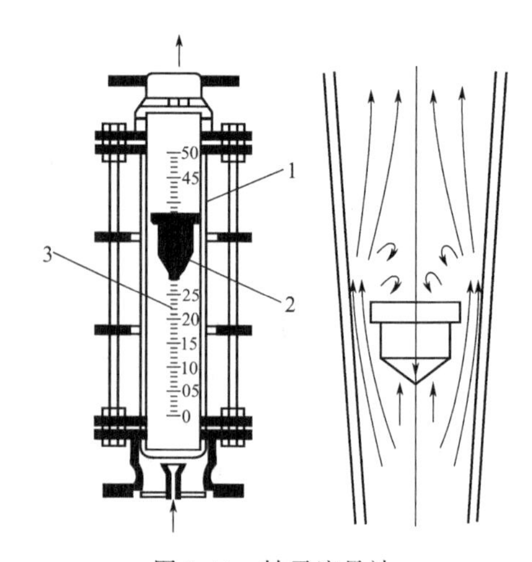

图 1-44　转子流量计

1—锥形玻璃管；2—转子；3—刻度

向下的重力，它等于转子所受的重力减去流体对转子的浮力。当流量加大使压力差大于转子的重力时，转子就上升。当压力差与转子的重力相等时，转子处于平衡状态，即停留在一定位置上。在玻璃管外表面上刻有读数，根据转子的停留位置，即可读出被测流体的流量。

转子流量计是变截面定压差流量计。作用在浮子上下游的压力差为定值，而浮子与锥管间环形截面积随流量而变。浮子在锥形管中的位置高低即反映流量的大小。

第六节　流体流动单元技能训练

一、雷诺实验

1. 技能训练目的

了解不同流动形态时管中流速分布及流体质点运动现象。

2. 技能训练任务

（1）先作演示实验，观察现象：①层流；②过渡流；③湍流。

（2）测取管中水流从层流转变为湍流时的 Re 临界值。

3. 技能训练装置

如图 1-45 所示，图中大槽为高位水槽，试验时水由上进入玻璃管（玻璃管系供观察流体的形态和管内流速分布之用）。槽内之水由自来水管供应，水量由阀门 3 控制，槽内设有进水稳流装置及溢流槽用以维持平稳而又恒定的液面，多余之水由溢水管排入水沟。实验时打开阀 8，水即由高位水槽流入玻璃管，经转子流量计后排入排水管。可用阀 8 调节水量，流量由转子流量计测出。

4. 技能训练步骤

① 向高位水槽内缓缓充水直至溢流管有水排出。

② 轻轻打开出水流量调节阀，保持向高位水槽的充水量稍大于转子流量计的排水量；

③ 轻轻打开高位红色墨水的阀门并向玻璃管内注入墨水，墨水流量一定要小，此时在

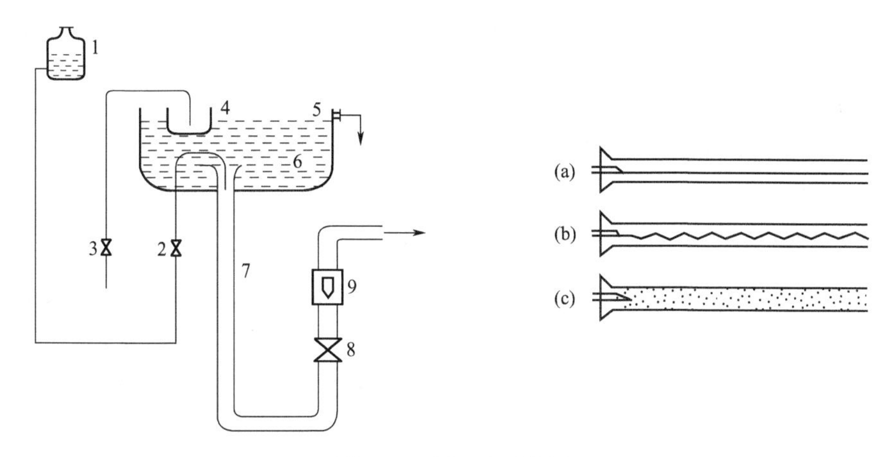

图 1-45　雷诺实验装置

1—高位墨水瓶；2—墨水调节阀；3—进水阀；4—进水稳流装置；
5—溢流口；6—高位水槽；7—玻璃管；8—出水流量调节阀；9—转子流量计

玻璃管内可呈现出一条细细的红色直线（即层流状态）；

④ 稍开大出水流量调节阀，当红线刚刚出现微微飘动时，此时即可测出临界雷诺数 Re。

⑤ 再开大出水流量调节阀，当红线出现紊乱无章的湍动时，即达到了湍流状态；

⑥ 该实验的高位槽液面要保持稳定，进出水量要轻轻调节，周围环境要保持安静不能有震动。

二、管路阻力的测定

流体在管路中的流动阻力分为直管阻力和局部阻力两种。

直管阻力（m）：
$$H_f=\frac{-\Delta p}{\rho g}=\lambda\times\frac{L}{d}\times\frac{u^2}{2g}$$

局部阻力（m）：
$$H_f'=\frac{-\Delta p}{\rho g}=\zeta\times\frac{u^2}{2g}$$

管路的能量损失：
$$\sum H_f=H_f+H_f'$$

1. 技能训练目的

掌握流体在管中流动阻力的测定方法，测定直管摩擦系数 λ 和 Re 关系曲线及局部阻力系数 ζ。

2. 技能训练装置

流体阻力的测定装置见图 1-46。

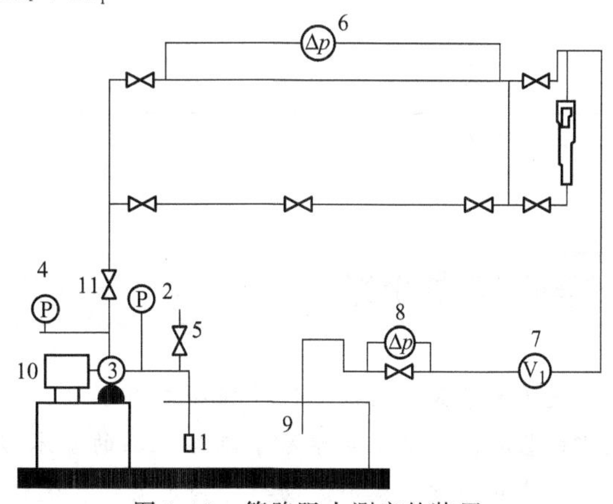

图 1-46　管路阻力测定的装置

1—底阀；2—入口真空表；3—离心泵；4—出口压力表；
5—充水阀；6—U 形管；7—孔板流量计；8—差压变送器；
9—水箱；10—电机；11—泵出口调节阀

3. 技能训练步骤

① 打开充水阀向离心泵泵壳内充水。

② 关闭充水阀、出口流量调节阀，启动总电源，启动电机。

③ 打开出口调节阀至最大，记录下管路流量最大值，即控制柜上的孔板流量计的读数。

④ 调节出口阀，流量由小到大测取 8 次，记录各次实验数据，包括孔板流量计的读数、直管压差示值，局部压差示值。

⑤ 测取实验用水的温度。

⑥ 关闭出口流量调节阀，关闭电机开关，关闭总电源开关。

4. 数据处理

直管长为 1m，水温______℃，密度______，黏度______。

直管阻力：

序　　号	直管流量/(m^3/h)	直管压差/mH_2O①	雷诺数	摩擦系数
1				
2				
3				
4				
5				
6				
7				
8				

① $1mH_2O=9806.65Pa$。

局部阻力：

序　　号	流量/(m^3/h)	局部压差闸阀 /mmH_2O①	局部压差截止阀 /mmH_2O	局部阻力系数	
				闸阀	截止阀
1					
2					
3					
4					
5					
6					
7					
8					

① $1mmH_2O=9.80665Pa$。

本章小结

流体力学是一门基础性很强和应用性很广的学科，是研究流体静止或流动时有关参数变化规律的基础。本章主要学习了流体流动的基本概念，包括流体的密度、流体的压强、流量与流速、流体的黏度、稳定流动与非稳定流动、流体的流动类型（层流和湍流）、流动阻力等；学习了流体流动的基本计算问题，包括流体静力学基本方程、连续性方程、伯努利方程、流体阻力计算方程等；学习了流体流量的测量，包括孔板流量计、文丘里流量计和转子流量计等；学习了管路的基础知识、管路安装和布置的原则及简单管路的计算。各位学员要认真学习本章内容，对一些基本定义、公式要牢记，要灵活应用上述概念和方程，掌握各方程的意义和应用条件等，解决工程上的流体流动问题。

阅读材料

测 速 管

测速管（图 1-47）又称皮托管，这是一种测量点速度的装置。它由两根弯成直角的同心套管所组成，外管的管口是封闭的，在外管前端壁面四周开有若干测压小孔，为了减小误差，测速管的前端经常做成半球形以减少涡流。测量时，测速管可以放在管截面的任一位置上，并使其管口正对着管道中流体的流动方向，外管与内管的末端分别与液柱压差计的两臂相连接。

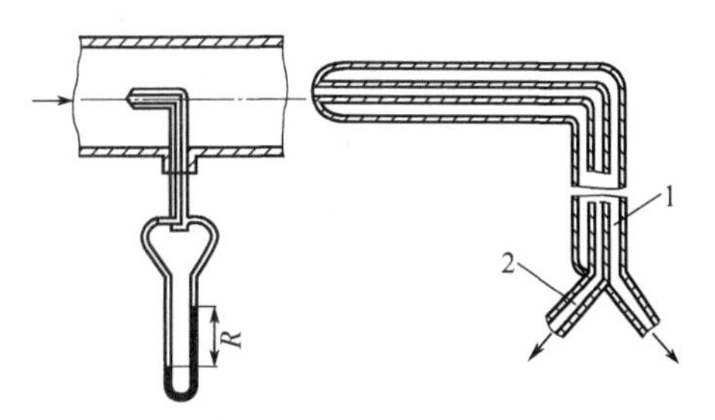

图 1-47 测速管

1—静压管；2—冲压管

当流体流近测速管前端时，流体的动能全部转化为驻点静压能，故测速管内管测得的为管口位置的冲压能（动能与静压能之和），即

$$h_A=\frac{u_r^2}{2}+\frac{p}{\rho}$$

测速管外管前端壁面四周的测压孔口测得的是该位置上的静压能，即

$$h_B=\frac{p}{\rho}$$

如果 U 形管压差计的读数为 R，指示液与工作流体的密度分别为 ρ_A 与 ρ。则 R 与测量点处的冲压能之差 $\Delta h(=\frac{u_r^2}{2})$ 相对应，于是可推得：

$$u_r=c\sqrt{2\Delta h}=c\sqrt{\frac{2gR(\rho_A-\rho)}{\rho}} \qquad (1\text{-}46)$$

式中，c 为流量系数，其值为 1.98～1.00，常可取作“1”。

若将测速管口放在管中心线上，测得 u_{max}，由 Re_{max} 可借助图 1-48 确定管内的平均流速 u。

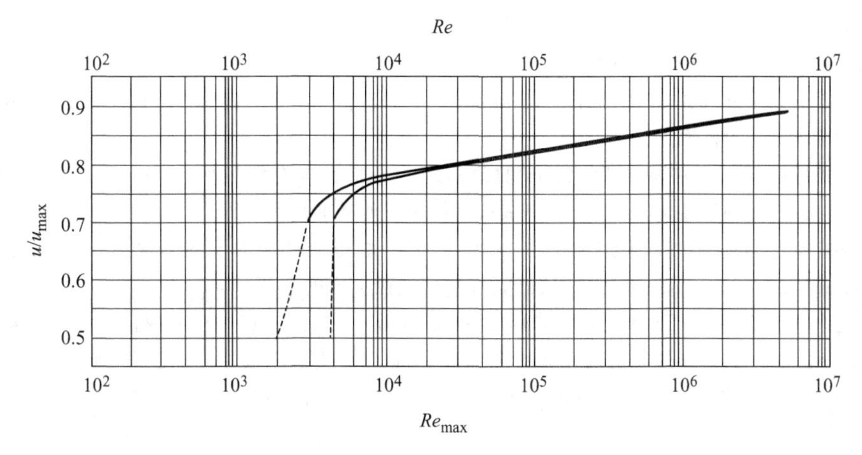

图 1-48 u/u_{max} 与 Re、Re_{max} 的关系

应用注意事项：测量时管口正对流向；测速管外径不大于管内径的1/50；测量点应在进口段以后的平稳地段。测速的优点是流动阻力小，可测速度分布，适宜大管道中气速测量。其缺点是不能测平均速度，需配微压差计，工作流体应不含固粒。

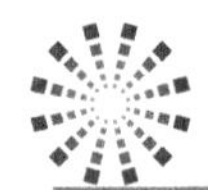

思考题与习题

1-1 简述密度、相对密度及比容的概念及其关系。影响流体密度的主要因素有哪些？

1-2 流体压强（压力）的定义是什么？压强的常用单位有哪几种？它们之间有什么关系？

1-3 什么叫绝对压强、表压、真空度？它们之间的关系是什么？

1-4 什么是流体的黏性？什么是流体的黏度？黏度的定义和物理意义是什么？

1-5 “流体的黏度愈大，内摩擦力愈大”这种说法是否正确？为什么？

1-6 液体和气体的黏度随着温度和压力的变化规律是什么？

1-7 说明静止流体内部的压力变化规律。

1-8 试列举流体静力学基本方程式在化工生产中有哪些方面的应用？

1-9 何谓流体的体积流量、质量流量和质量流速，它们之间的如何换算？

1-10 何谓稳定流动与不稳定流动？

1-11 试述连续性方程式成立的条件、表达式、物理意义。

1-12 在一连续、稳定的黏性流体流动体系中，当系统与外界无能量交换时，系统的机械能是否守恒？

1-13 简述伯努利方程式的应用条件、各项单位及其物理意义。

1-14 运用柏努利方程式进行计算时为什么要取截面？截面的选取应具备哪些条件？

1-15 对气体来说，在什么情况下可以使用伯努利方程式？

1-16 流体有哪几种流动类型？怎么判断？

1-17 当量直径是否表示与圆形截面面积相当的直径？

1-18 黏性流体在流动过程中产生直管阻力的原因有哪些？产生局部阻力的原因又是哪些？

1-19 试在圆形直管内示出层流和湍流的速度分布。最大流速与平均流速的关系是什么？

1-20 何谓光滑管、粗糙管？

1-21 计算管路中局部阻力的方法有几种？

1-22 若要降低流体阻力，应从哪几方面入手？

1-23 管路分哪几种？各有什么特点？

1-24 简述孔板流量计的结构、工作原理。

1-25 试比较文丘里流量计与孔板流量计的异同。

1-26 简述转子流量计的结构、工作原理。

1-27 已知20℃时苯和甲苯的密度分别为879kg/m^3、867.5kg/m^3，试计算含苯40%及甲苯60%（质量分数）的混合溶液的密度。

1-28 一敞口烧杯底部有一层深度为50mm的常温水，水面上方有深度为120mm的油层，大气压力为100kPa，已知油的密度为820kg/m^3，试求烧杯底部所受的压力。

1-29 为测得某容器内的压力，采用如图1-49所示的U形压力计，指示液为水银。已知该液体密度为980kg/m^3，h=0.8m，R=0.4m，试计算容器中液面上方的表压。

1-30 硫酸流经一异径管，分别为ϕ76mm×4mm和ϕ57mm×3.5mm。已知硫酸的密度为1830kg/m^3，体积流量为9m^3/h，试分别计算硫酸在大管和小管中的（1）质量流量；（2）平均流速。

1-31 直径为ϕ57mm×3.5mm的细管逐渐扩大到ϕ108mm×4mm的粗管，若流体在细管内的流速为4m/s，则在粗管内流速为多大？

1-32 如图1-50所示的汽液直接混合式冷凝器，水蒸气与冷水相遇被冷凝为水，并沿气压管流至地沟排出。现已知真空表的读数为 65kPa，求气压管中水上升的高度。

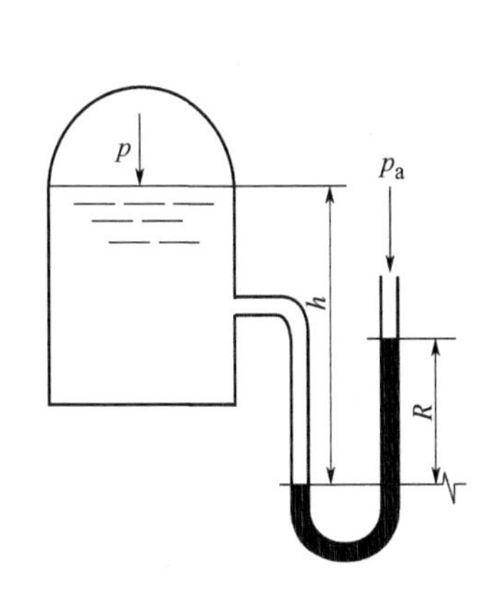

图 1-49 思考题与习题 1-29 附图

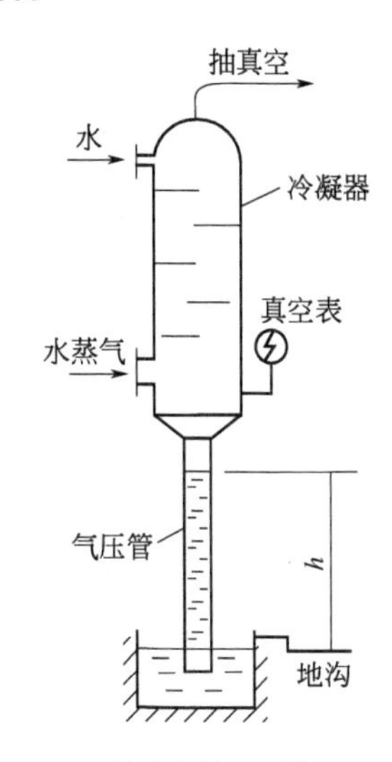

图 1-50 思考题与习题 1-32 附图

1-33 如图 1-51 所示水经过内径为 200mm 的管子由送水塔送往用水点。已知水塔内的水面高于排出管端 25m，且维持水塔内水位不变。设管内压头损失为 24.5mH_2O，（不包含管子出口），试求管子排出的水量为多少立方米每小时。

1-34 如图 1-52 所示为 CO_2 水洗塔供水系统。水洗塔内的绝对压力为 210kPa，贮槽水面的绝对压力为 100kPa，塔内水管与喷头连接处高于水面 20m，管路为 ϕ57mm×2.5mm 的钢管，送水量为 15m^3/h。塔内水管与喷头连接处的绝对压力为 225kPa。设自贮槽至喷头连接处的能量损失为 5mH_2O。试求外加压头。

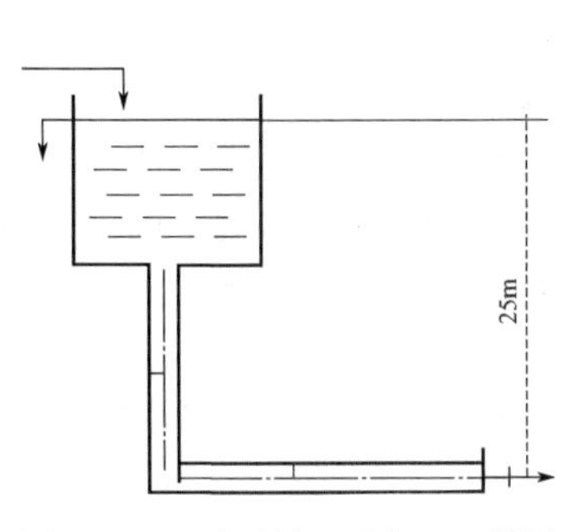

图 1-51 思考题与习题 1-33 附图

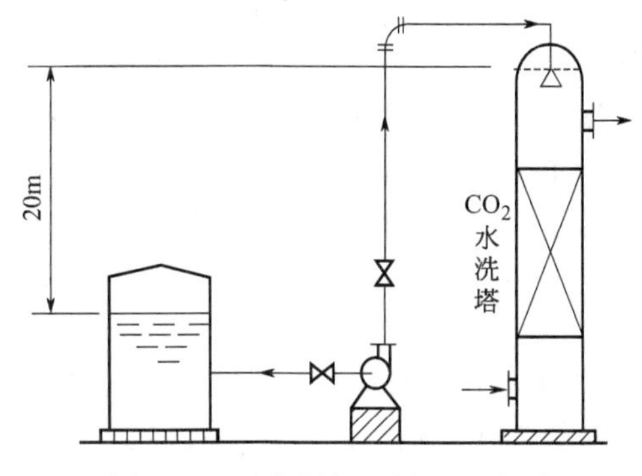

图 1-52 思考题与习题 1-34 附图

1-35 25℃水以 45m^3/h 的流量在 ϕ57mm×2.5mm 的钢管内流动。试判断水在管内的流动类型。

1-36 内截面为 1000mm×1200mm 的矩形烟囱的高度为 30m。平均摩尔质量为 30kg/kmol、平均温度为 400℃的烟道气自下而上流动。烟囱下端维持 49Pa 的真空度。在烟囱高度范围内大气的密度可视为定值，大气温度为 20℃，地面处的大气压强为 101.33×10^3 Pa。流体流经烟囱时的摩擦系数可取为 0.05，试求烟道气的流量为多少千克每小时？

第二章　流体输送机械

学习目标

1. 掌握离心泵、往复泵、往复式和离心式压缩机的基本结构、工作原理、主要性能参数、特性曲线、流量调节、操作要求；气缚、汽蚀、喘振现象产生的原因及预防措施。

2. 理解影响各种流体输送机械的主要因素和各工作部件（叶轮、泵壳、轴封装置、汽缸活塞、活门）的性能、作用原理、结构形式及安装要求。

3. 了解其他类型的流体输送机械（旋涡泵、齿轮泵、计量泵、轴流泵、鼓风机、通风机、真空泵）的工作原理、结构、性能、适用场合。

在化工生产过程中，经常遇到流体输送的问题。如前所述，流体在流动过程中必有一部分能量消耗在克服流体阻力上。为了将流体从低处输送到高处、由低压变为高压、从一个设备送至另一个设备，必须对流体提供外加能量，以克服流体阻力及补充输送流体时所不足的能量。在流体输送中为流体提供能量的机械称为流体输送机械，流体输送机械是一种向流体做功以提高流体机械能的装置，其中输送液体的机械通称为泵，输送气体的机械通称为风机或压缩机。本章主要讨论流体输送机械的工作原理、基本结构和性能，以便能合理选择和操作这些机械。

化工生产中要输送的流体种类繁多，流体的温度、压力、流量等操作条件也有较大的差别。为了适应不同情况下输送流体的要求，需要不同结构和特性的流体输送机械。因此在实际生产中必须依据不同的生产条件及要求，选用不同种类的流体输送机械。流体输送机械常按其工作原理分为以下几类。

① 离心式　又称叶片式或非正位移式，它是利用高速旋转的叶轮使流体获得能量，主要包括离心式、轴流式和旋涡式输送机械。

② 容积式　又称正位移式，它是利用工作室内部容积的周期性变化而输送流体的机械。包括往复式、旋转式输送机械。

③ 流体作用式　它是利用另一种流体在运动中能量的变化来输送流体。如酸蛋、喷射式真空泵等。

第一节　液体输送机械

一、离心泵

离心泵结构简单，操作容易，流量均匀，调节控制方便，且能适用于输送多种特殊性质的物料，因此离心泵是化工厂中最常用的液体输送机械，约占化工用泵的80%～90%。

1. 离心泵的基本结构和工作原理

（1）离心泵的工作原理　离心泵的构造如图2-1所示，主要部件由叶轮1、泵轴3、蜗壳形的泵壳2、吸入管5、排出管9等组成。叶轮上通常有6～12片后弯形叶片，通过与泵轴相连的电动机带动，叶轮在泵壳内旋转。泵的吸入口4在泵壳中心，与吸入管5相连接，泵的排出口8在泵壳的切线方向，与排出管9相连接。

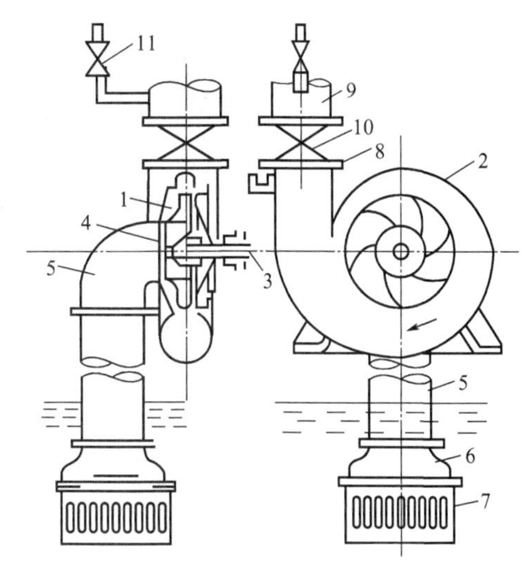

图2-1　离心泵装置简图

1—叶轮；2—泵壳；3—泵轴；4—吸入口；5—吸入管；6—底阀；7—滤网；8—排出口；9—排出管；10—出口阀；11—旁通阀

离心泵在运转之前，泵内要灌满被输送的液体，称为灌液。灌液结束后，启动电动机，叶轮在电动机的带动下高速旋转，叶片间的液体也跟着一起旋转，在离心力的作用下，液体以很高的速度（15～25m/s）从叶轮中心被甩向外缘，获得很高的动能，进入蜗壳形通道，由于流道截面的逐渐扩大而减速，又将部分动能转变为静压能，最后以较高的压强流入排出管道，送至需要场所。同时，叶轮中心处由于液体被甩出而形成一定的真空，贮槽液面上方的压强比叶轮中心处要高，因此，吸入管处的液体在压差作用下进入泵内，以补充被排出的液体。这样，只要叶轮不停旋转，液体就会源源不断地被吸入与排出，这就是离心泵的工作原理。离心泵之所以能够输送液体，主要依靠离心力的作用，故称为离心泵。

如果离心泵在启动前泵内未能灌满液体或者在运转过程中泵内渗入空气，由于空气的密度远小于液体的密度，叶轮旋转产生的离心力很小，叶轮中心处形成的真空度也小，不足以将液体吸入泵内，这种叶轮转动但不能输送液体的现象称为气缚。若泵的吸入口位于贮槽液面的上方，在吸入管路应安装单向底阀和滤网。单向底阀可防止启动前灌入的液体从泵内漏出，滤网可阻挡液体中的固体杂质被吸入而堵塞泵壳和管路。若泵的位置低于槽内液面，则启动时就无需灌泵。

（2）离心泵的主要部件

离心泵主要由叶轮、泵壳和轴封装置三部分构成。

① 叶轮　叶轮是离心泵的关键部件，它是由若干弯曲的叶片组成。叶轮的作用是将电动机的机械能直接传给液体，提高液体的动能和静压能。叶轮按其机械结构可分为开式、半闭式和闭式三种，如图2-2所示。开式叶轮［图2-2(a)］在叶片两侧无盖板，制造简单、清洗方便，适用于输送含有较大量悬浮物的物料，效率较低，输送的液体压力不高；半闭式叶轮［图2-2(b)］在吸入口一侧无盖板，而在另一侧有盖板，适用于输送易沉淀或含有颗粒的物料，效率也较低；闭式叶轮［图2-2(c)］在叶片两侧有前后盖板，效率高，适用于输送不含杂质的清洁液体，一般的离心泵叶轮多为此类。

闭式和半闭式叶轮均有后盖板，叶轮在运行时，离开叶轮的高压液体，少部分会倒流到后盖板与泵壳之间的间隙中，叶轮吸液口又处于真空状态，从而造成叶轮两侧存在压差，此压差使叶轮产生一个轴向的推力，使电动机的负荷增大，严重时引起叶轮与泵壳摩擦，甚至发生泵体震动、磨损和运转不正常。为减小轴向推力，在小型离心泵中，通常在叶轮后盖板

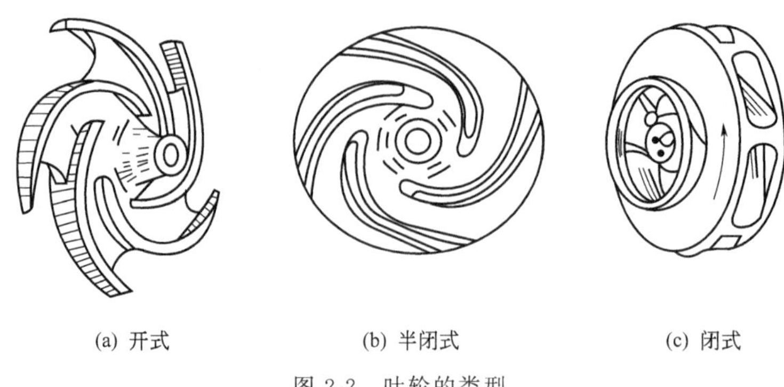

(a) 开式　　(b) 半闭式　　(c) 闭式

图 2-2　叶轮的类型

上钻些小孔，称为平衡孔，这样，使一部分高压液体由平衡孔漏至低压区，以减小叶轮两侧的压力差，但同时也会降低泵的效率。这种平衡轴向力的装置是最简单的，对于大型泵和多级泵用平衡盘装置来平衡轴向力，防止泵轴的窜动。

叶轮按吸液方式不同，可分为单吸式和双吸式两种。如图 2-3 所示，单吸式叶轮结构简单；双吸式叶轮是从叶轮两侧对称地吸入液体。双吸式叶轮不仅具有较大的吸液能力，而且可以基本上消除轴向推力。

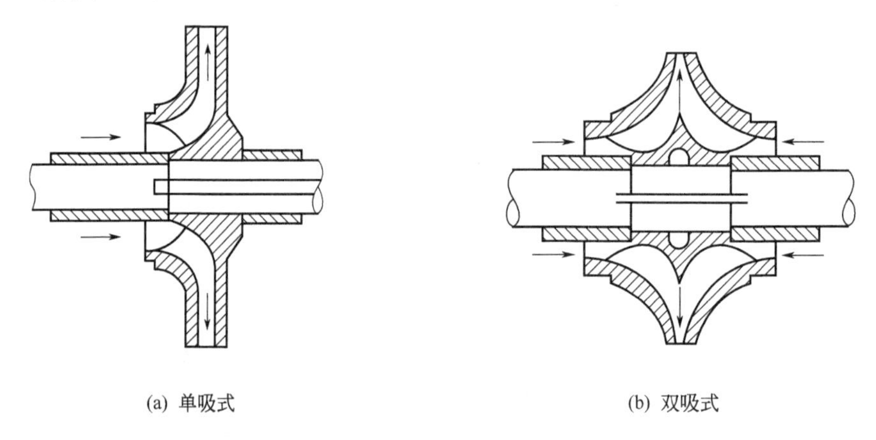

(a) 单吸式　　(b) 双吸式

图 2-3　离心泵的吸液方式

② 泵壳　如图 2-4 所示，泵体的外壳多制成蜗壳形，它包围叶轮，在叶轮四周展开成一个截面积逐渐扩大的蜗壳形通道。由于流道截面积逐渐扩大，从叶轮甩出的液体的流速逐渐降低，使部分动能转换为静压能。所以泵壳是一个能量转换装置。

一般的大型离心泵还装有导叶轮，如图 2-5 所示。导叶轮是位于叶轮外周的固定的带叶片的环。这些叶片的弯曲方向与叶轮叶片的弯曲方向相反，其弯曲角度正好与液体从叶轮流出的方向相适应，引导液体在泵壳通道内平稳地改变方向，减小了从叶轮外缘进入泵壳时因碰撞造成的能量损失，使动能有效地转换为静压能。

③ 轴封装置　由于泵轴和泵壳之间存在着间隙，为了防止高压液体从泵壳内沿间隙漏出，或外界空气渗入泵内，在泵轴与泵壳之间应有密封装置，称为轴封装置。

常用的轴封装置有填料密封和机械密封两种。填料密封的结构如图 2-6 所示，它主要由与泵壳连在一起的填料函壳 1、软填料 2、液封圈 3 和填料压盖 4 等组成。填料一般用浸油或涂有石墨的石棉绳，当拧紧螺钉时，压盖将填料压紧在填料函壳与泵轴之间，从而达到密封的目的。填料密封结构简单，但功耗大，沿轴会有少量液体外泄，需定期维修，不适用于

图 2-4　泵壳及壳内液体的流动状况

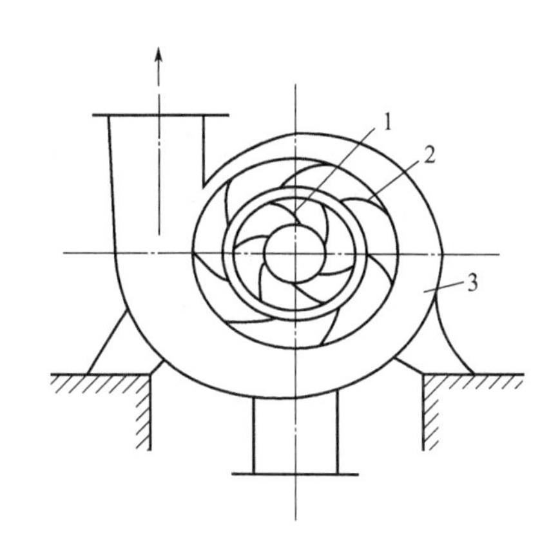

图 2-5　泵壳与导叶轮

1—叶轮；2—导叶轮；3—泵壳

输送易燃、易爆、有毒和贵重的液体。

机械密封是近年来化工用泵中比较常用的密封装置，主要是靠装在轴上的动环与固定在泵壳上的静环之间端面作相对运动而达到密封的目的，其结构如图 2-7 所示。机械密封的密封性能好，结构紧凑，使用寿命长，功耗较小，但加工精度要求高，安装要求严格，价格高，维修工作量大。

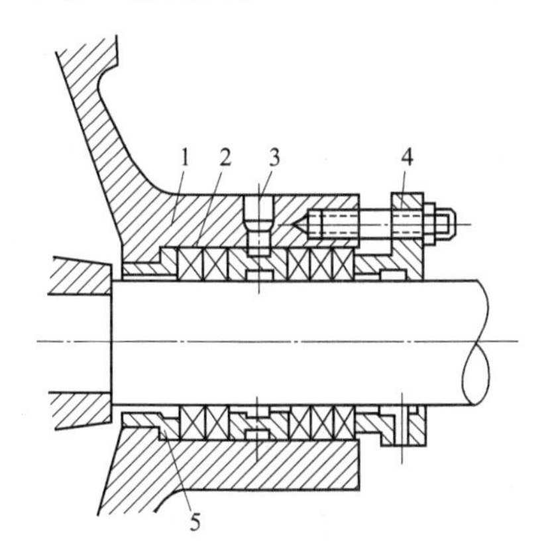

图 2-6　填料密封

1—填料函壳；2—软填料；3—液封圈；
4—填料压盖；5—内衬套

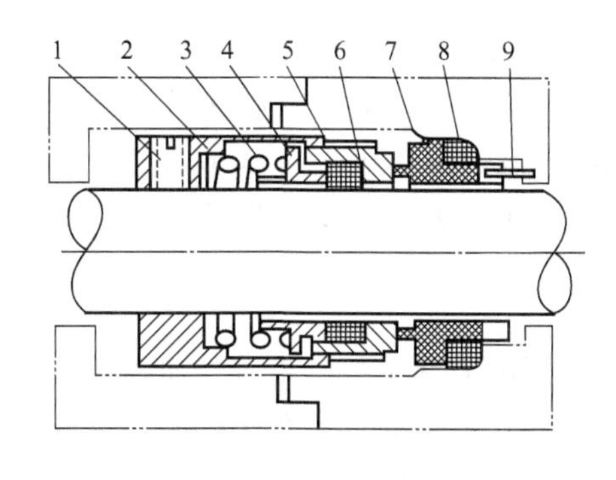

图 2-7　机械密封

1—螺钉；2—传动座；3—弹簧；4—推环；5—动环密封圈；
6—动环；7—静环；8—静环密封圈；9—防转销

2. 离心泵的主要性能参数

离心泵的主要性能参数包括流量、扬程、功率和效率等。要正确选择和使用离心泵，必须了解离心泵的性能，因此，泵出厂时，泵上都附有铭牌，标明泵在最高效率时的各种性能参数。

(1) 流量　即离心泵的输液能力，是指单位时间内泵所排出的液体体积，用符号 Q 表示，单位为 m^3/h 或 m^3/s。泵的流量取决于泵的结构（如单吸或双吸等）、尺寸（主要为叶轮的直径与叶片的宽度）、转速及密封装置的可靠程度等。

(2) 扬程　又称为泵的压头，是指泵赋予单位重量流体的有效能量，用符号 H 表示，单位为 m 液柱。泵的扬程大小取决于泵的结构（如叶轮直径的大小、叶片的弯曲情况等）、转速和流量。离心泵的扬程一般用实验方法测定（详见第二章第三节中二、离心泵的性能特性曲线测定）。离心泵的扬程用下面的公式计算：

$$H=Z_0+\frac{p_2-p_1}{\rho g}+\frac{u_2^2-u_1^2}{2g} \tag{2-1}$$

式中　Z_0——泵进出口管路两测压点间的垂直距离，m；

p_1——泵进口管路上的压强，Pa；

p_2——泵出口管路上的压强，Pa；

u_1，u_2——泵进出口管路上的流速，m/s。

注意区分离心泵的扬程（压头）和升扬高度两个不同的概念，扬程指单位重量流体经泵所获取的能量，式中 H 为扬程；升扬高度指系统的初始位置与终止位置之间的位置差，式中 Z_0 为升扬高度。

（3）功率和效率　单位时间内液体从泵所获得的能量，称为有效功率，用符号 N_e 表示，单位为 W 或 J/s。有效功率的大小可以用下面的公式计算：

$$N_e=HQ\rho g \tag{2-2}$$

式中　H——泵的扬程，m；

Q——泵的流量，m^3/s；

ρ——被输送液体的密度，kg/m^3；

g——重力加速度，m/s^2。

单位时间内泵从电机所获得的能量，称为轴功率，符号用 N 表示，单位为 W 或 J/s。离心泵在运转中，泵内的一部分高压液体要倒流到泵的入口，甚至漏到泵外，这样就必然要损失一部分能量；液体流经叶轮和泵壳时，由于流体方向和速度的变化，以及流体间的相互碰撞等也消耗一部分能量；此外，泵轴与轴承之间的摩擦也消耗一部分能量，故电动机传给泵的功率总要大于泵传给液体的有效功率。有效功率和轴功率之比，称为泵的效率，用符号 η 表示，效率的大小可以用下面的公式表示：

$$\eta=\frac{N_e}{N}\times 100\% \tag{2-3}$$

离心泵的效率反映了泵对外加能量的利用程度。泵的效率与泵的类型、大小、结构、制造精度和输送液体的性质有关。大型泵效率高些，小型泵效率低些。

【例 2-1】 用清水测定一台离心泵的主要性能参数。实验中测得流量为 $10m^3/h$，泵出口处压力表的读数为 0.17MPa（表压），入口处真空表的读数为 0.021MPa；泵出入口管径相同，轴功率为 1.07kW，电动机的转速为 2900r/min，真空表测压点与压力表测压点的垂直距离为 0.5m。试计算此在实验点下的扬程和效率。

解　已知：$Q=10m^3/h=0.00278m^3/s$、$Z_0=0.5m$、$\rho=1000kg/m^3$、$u_1=u_2$

则：$H=Z_0+\frac{p_2-p_1}{\rho g}+\frac{u_2^2-u_1^2}{2g}=0.5+\frac{[0.17-(-0.021)]\times 10^6}{1000\times 9.81}+0=20m$

$$N_e=HQ\rho g$$

$$=20\times 0.00278\times 1000\times 9.81=545W=0.545kW$$

$$\eta=\frac{N_e}{N}\times 100\%=\frac{0.545}{1.07}\times 100\%=51\%$$

3. 离心泵特性曲线

试验表明，离心泵工作时，扬程、功率、效率等主要性能参数并不是固定不变的，而是随着流量的变化而变化。生产厂把扬程 H、功率 N、效率 η 随流量 Q 的变化关系画在同一张坐标纸上，得出一组曲线称为离心泵的特性曲线，并把它附在泵的样本或说明书上，以供用户参考。其测定条件一般是 20℃ 清水，转速也固定，故特性曲线图上都注明转速 n 的数值，国产 IS100-80-125 型离心泵在 $n=2900\text{r/min}$ 时特性曲线如图 2-8 所示。

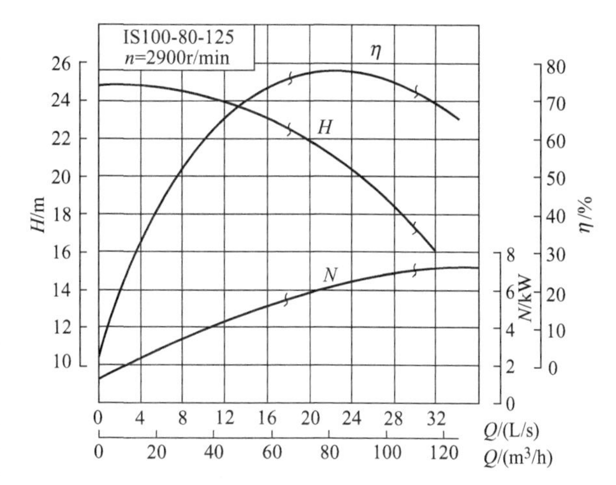

图 2-8　国产 IS 100-80-125 型离心泵的特性曲线

（1）H-Q 曲线　表示泵的压头 H 随流量 Q 的变化关系，流量 Q 增大，扬程 H 减小。

（2）N-Q 曲线　表示泵的轴功率 N 随流量 Q 的变化关系，流量 Q 增大，轴功率 N 增大。显然，当 $Q=0$ 时，泵轴消耗的功率最小。因此，离心泵启动前，应先关闭出口阀，待启动后再逐渐打开阀门，这样可以避免因启动功率过大而烧坏电机。

（3）η-Q 曲线　表示泵的效率 η 随流量 Q 的变化关系。开始 η 随 Q 的增大而增大，达到最大值后，又随 Q 的增大而减小。实际生产中应尽可能让泵在接近于最高效率时运行。一般把不低于最高效率 90％的区域称为泵的高效区，比较经济合理。泵在铭牌上所标明的都是最高效率下的流量、压头和功率。

为了让泵在最高效率点附近工作，有时可以改变泵的转速或叶轮的直径，此时，泵的性能则产生相应的变化。设以 Q、H、N 表示在铭牌规定的转速 n 和直径 D 时泵的特性，以 Q_1、H_1、N_1 表示改变泵的转速 n_1 和叶轮直径 D_1 时的特性。它们之间的换算关系如下：

$$\frac{Q}{Q_1}=\frac{n}{n_1}\qquad \frac{H}{H_1}=\left(\frac{n}{n_1}\right)^2\qquad \frac{N}{N_1}=\left(\frac{n}{n_1}\right)^3 \tag{2-4}$$

$$\frac{Q}{Q_1}=\frac{D}{D_1}\qquad \frac{H}{H_1}=\left(\frac{D}{D_1}\right)^2\qquad \frac{N}{N_1}=\left(\frac{D}{D_1}\right)^3 \tag{2-5}$$

另外，泵所输送液体的黏度越大，则液体在泵内的能量损失越大，使泵的扬程、流量、效率都减小，轴功率增大。当输送液体的黏度与水的黏度相差较大时，泵的特性曲线应进行校正，校正方法可参阅有关泵的专门书刊。

输送液体的密度对扬程没有影响，但从式(2-2) 可以看出，输送液体的密度越大，功率越大，如前所述，当输送液体的密度与常温时水的密度相差较大时，泵的特性曲线需校正。

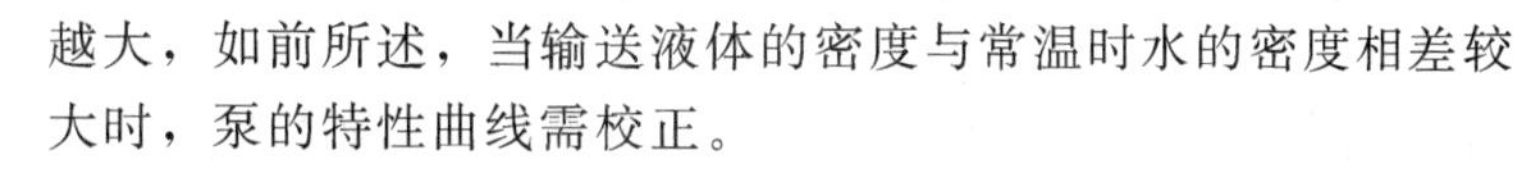

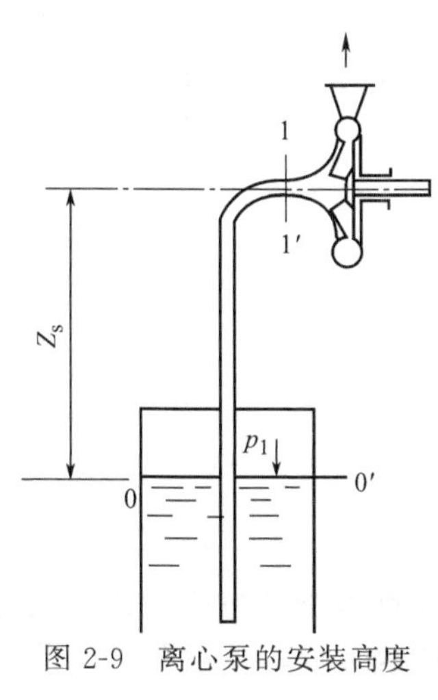

图 2-9　离心泵的安装高度

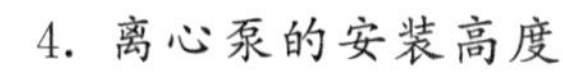

4. 离心泵的安装高度

被输送液体所在贮槽的液面到离心泵入口中心线的允许最大垂直距离，称为离心泵的允许安装高度或吸上高度，即图 2-9 中的 Z_s。由此产生了这样一个问题，在安装离心泵时，安装高度是否可以无限制地高，还是受到某种条件的制约。

在泵的入口中心与吸入贮槽液面间列伯努利方程：

$$\frac{p_0}{\rho g}=Z_s+\frac{p_1}{\rho g}+\frac{u_1^2}{2g}+H_f$$

整理得：

$$Z_s=\frac{p_0-p_1}{\rho g}-\frac{u_1^2}{2g}-H_f \tag{2-6}$$

式中　p_0——贮槽液面上的压强，Pa；

p_1——泵入口处的压强，Pa；

u_1——泵入口处的流速，m/s；

H_f——贮槽液面至泵入口处流体的压头损失，m。

（1）泵的理论最大安装高度　假设泵入口处为绝对真空，即 $p_1=0$，并略去$\frac{u_1^2}{2g}$和 H_f，则理论上的最大安装高度为$\frac{p_0}{\rho g}$。如果贮槽是敞口的，p_0 为当地的大气压强，$\frac{p_0}{\rho g}$是以液柱表示的大气压强值，那么海拔高度为零的地方输送常温下的水，理论上的最大安装高度为：

$$Z_{max}=\frac{p_0}{\rho g}=\frac{101.3\times10^3}{1000\times9.81}=10.33\text{m} \tag{2-7}$$

这说明安装高度是有限的，而且事实上肯定达不到这一理想状态的极限值。因大气压强随海拔高度的增加而降低，故不同地区理论上的最大安装高度值都不一样，表 2-1 列出了不同海拔高度的大气压强值，可供使用时参考。

表 2-1　不同海拔高度的大气压强

海拔高度/m	0	100	200	300	400	500	600	800	1000
大气压强/kPa	101.3	100.06	98.94	97.57	96.60	95.51	94.14	91.81	89.82

（2）汽蚀现象　由式(2-6) 知，当液面上的压强 p_0 一定时，安装高度越高，则泵入口处的压强越小。当泵入口处的压强降至输送温度下液体的饱和蒸气压时，液体就会沸腾汽化，产生大量的气泡，气泡随液体一起进入泵内高压区，受周围高压液体的挤压，重新凝结为液体，气泡原先占据的空间被周围高压液体所补充，周围的液体以极大的速度冲向气泡中心，产生极大的冲击力，不断打击叶轮和泵壳，使叶轮和泵壳表面的金属脱落，形成斑点、小裂缝，这种现象称为汽蚀。汽蚀现象发生时，泵体因受冲击而发生振动，噪声增大；因产生大量气泡，流量、扬程下降，严重时甚至不能工作。为避免汽蚀现象的发生，泵的安装高度不能太高。

（3）允许汽蚀余量　为了防止汽蚀的发生，泵入口处的压强必须比液体的饱和蒸气压大一个足够量。目前，工程上对各种泵都做了统一规定，即离心泵入口处液体的静压头$\left(\frac{p_1}{\rho g}\right)$及动压头$\left(\frac{u_1^2}{2g}\right)$之和大于液体的饱和蒸气压头$\left(\frac{p_v}{\rho g}\right)$，并将它们之间的压头差称为汽蚀余量，用符号 Δh 表示，单位为 m，即：

$$\Delta h=\frac{p_1}{\rho g}+\frac{u_1^2}{2g}-\frac{p_v}{\rho g} \tag{2-8}$$

整理后代入式(2-6) 得：

$$Z_s=\frac{p_0-p_v}{\rho g}-\Delta h-H_f \tag{2-9}$$

式中　Δh——汽蚀余量，m；

p_v——操作温度下液体的饱和蒸气压，Pa。

为保证不发生汽蚀现象的 Δh 最小值，称为允许汽蚀余量。实际汽蚀余量必须大于允许汽蚀余量，才能避免汽蚀发生。离心泵性能表或铭牌上标注的汽蚀余量，是在泵出厂前于

101.3kPa 和 20℃下用清水测得的。当输送液体不同时，应作较正，校正方法参阅有关书籍。

为保证泵安全运转，泵的实际安装高度必须低于计算的安装高度，否则在操作时，将有汽蚀的危险，实际的 Z_s 往往比计算的 Z_s 值低 0.5～1m。

$$Z_{实}=\frac{p_0-p_v}{\rho g}-\Delta h-H_f-1 \tag{2-10}$$

【例 2-2】 用油泵从密闭容器里送出 30℃的丁烷。容器内丁烷液面上的绝对压力为 3.45×10^5Pa。液面降到最低时，在泵入口中心线以下 2.8m。丁烷在 30℃时密度为 580kg/m^3，饱和蒸气压为 3.05×10^5Pa。泵吸入管路的压头损失为 1.5mH_2O。所选用的泵汽蚀余量为 3m。试问这个泵能否正常工作？

解 已知 $p_0=3.45\times10^5$Pa、$p_v=3.05\times10^5$Pa、$\rho=580$kg/m^3、$\Delta h=3$m、$H_f=1.5$m，将以上数据代入式中得

$$Z=\frac{p_0-p_v}{\rho g}-\Delta h-H_f=\frac{(3.45-3.05)\times10^5}{580\times9.81}-3-1.5$$

$$=2.5\text{m}<2.8\text{m}$$

故不能保证整个输送过程中不产生汽蚀现象。为了保证泵的正常操作，应使泵入口中心线不高于最低液面 2.4m，即从原来的安装位置至少降低 0.4m；或者提高容器的压力。

5. 离心泵的工作点和流量调节

在特定管路中运行的离心泵，其实际工作的压头和流量不仅取决于离心泵本身的特性，而且还与管路特性有关。

(1) 管路特性曲线与泵的工作点 表示管路所需外加压头与流量之间关系的曲线，称为管路特性曲线，其变化关系用下式表示

$$H_e=A+BQ_e^2 \tag{2-11}$$

式(2-11) 表明，管路所需要的压头随流量的平方而变化。把这一关系描述在坐标上，便得到图 2-10 所示的曲线。管路情况不同，这种曲线的形状也不同，故称之为管路特性曲线。

输送液体是靠泵和管路相互配合来完成任务的，两者处在同一个体系中，两者的流量和扬程必须一致。如果将两者的特性曲线画在同一张坐标纸上，两条曲线必有一个交点 M，这一交点称为离心泵的工作点，或管路的特性点，如图 2-11 所示。泵在这一点工作时，既满足了管路系统的需要，又能为泵的能力所保证。如果此时流量、压头对应在离心泵的高效区，则该工作点是经济的。

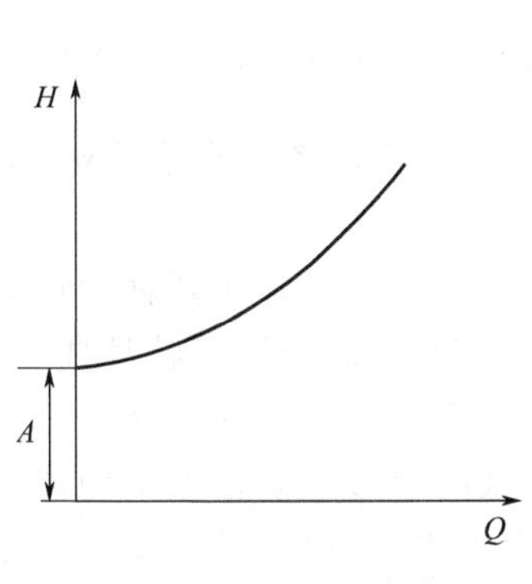

图 2-10 管路特性曲线

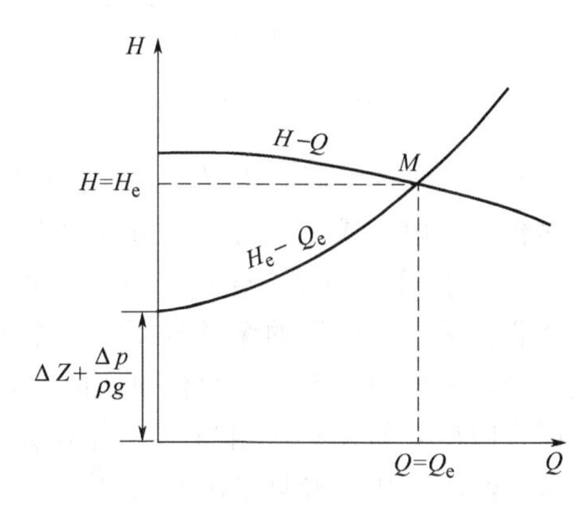

图 2-11 泵的工作点

（2）离心泵的流量调节　离心泵在特定管路中运转时，常常由于生产任务的变化，发生泵的输送量与生产要求量不相同，需要对泵进行流量调节，实质上就是要设法改变离心泵的工作点。离心泵的工作点由离心泵的特性曲线和管路的特性曲线共同决定，因此改变任一曲线都能达到调节泵工作点的目的。

① 改变管路的特性曲线　改变管路特性最简便的方法，是调节泵出口阀的开启程度，实质上就是改变管路中液体流动阻力，从而达到调节流量的目的。如图 2-12 所示，当阀门关小时，管路阻力增大，管路特性曲线变陡，工作点由 M 点移至 M_1 点，流量由 Q_M 降至 Q_{M1}；当阀门开大时，管路阻力减小，管路特性曲线变得平坦，工作点移至 M_2 点，流量增大到 Q_{M2}。

采用阀门调节流量快速简便，且流量可连续变化，适合化工连续生产的要求，因此应用很广泛，但阀门关小时，管路中阻力增大，能量损失增大，不经济。用改变阀门开度的方法来调节流量多用在流量调节幅度不大，经常需要调节的场合。

② 改变泵的特性曲线　改变泵的特性曲线的方法有两种，即改变泵的转速和叶轮直径。如图 2-13 所示，当叶轮转速为 n 时，其工作点为 M，如果转速下降为 n_2，工作点由 M 移至 M_2，相应地流量由 Q_M 降至 Q_{M2}；如果转速上升为 n_1，工作点由 M 移至 M_1，相应地流量由 Q_M 增大到 Q_{M1}。该法调节流量的特点是：动力消耗少，经济性好，效率高；但是由于需要变频装置，使泵整体结构复杂，且设备费用增大，调节很不方便。随着现代工业技术的发展，无级变速设备在工业中的应用克服了上述缺点，这对大型泵的节能尤为重要。此外，减小叶轮直径也可以改变泵的特性曲线，使泵的流量减小，这种调节方法实施起来不方便，且调节范围也不大。叶轮直径减小不当还可能降低泵的效率，因此生产上很少采用。

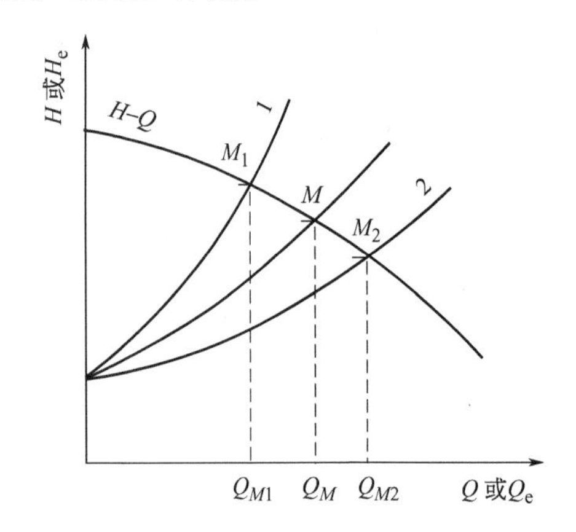

图 2-12　改变阀门开度时工作点变化

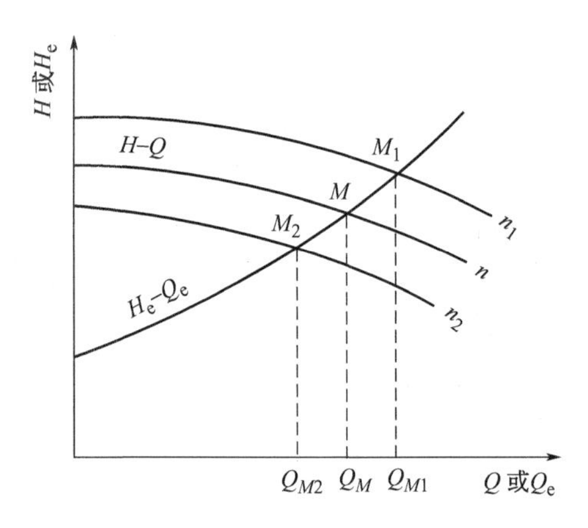

图 2-13　改变泵转速时工作点变

（3）离心泵的并联和串联　实际生产中，如果单台离心泵不能满足输送任务时，可将两台或多台泵以串联或并联的方式组合起来进行操作。

① 并联操作　当单台泵的扬程足够但流量不能满足的情况下，可采用两台同型号的泵进行并联。两台同型号的泵并联后，其特性曲线如图 2-14 所示。当管路特性曲线不变时，并联后的流量增加，但小于两台单泵的流量之和，即 $Q_{并}<2Q_{单}$，而 $H_{并}>H_{单}$。

两台同型号的泵并联相当于一台双吸泵在工作。并联的台数越多，流量增加的程度越小，越不经济，故一般只采用两台泵并联。实践证明，不同型号的泵并联后，其流量增加很小，这种操作没有实际意义。

② 串联操作　当单台泵的流量足够但扬程不能满足的情况下，可采用两台同型号的泵进行串联。两台同型号的泵串联后，其特性曲线如图 2-15 所示。当管路特性曲线不变时，串联后的压头增加，但小于两台单泵的压头之和，即 $H_{串}<2H_{单}$，而 $Q_{并}>Q_{单}$。

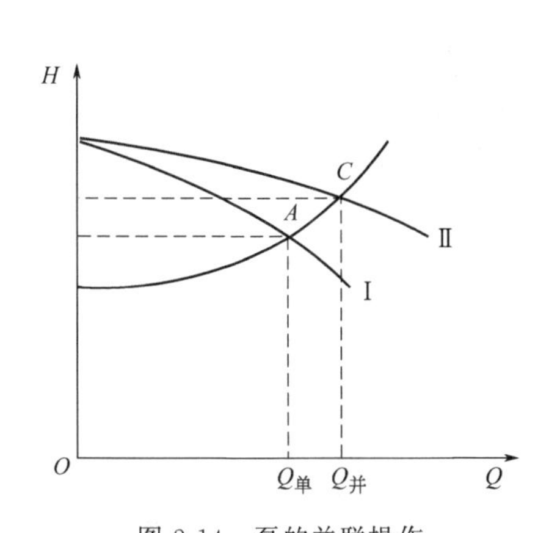

图 2-14　泵的并联操作

Ⅰ—单台泵的特性曲线；Ⅱ—两台泵并联后的工作曲线；
A—单台泵的工作点；C—两台泵并联后的工作点

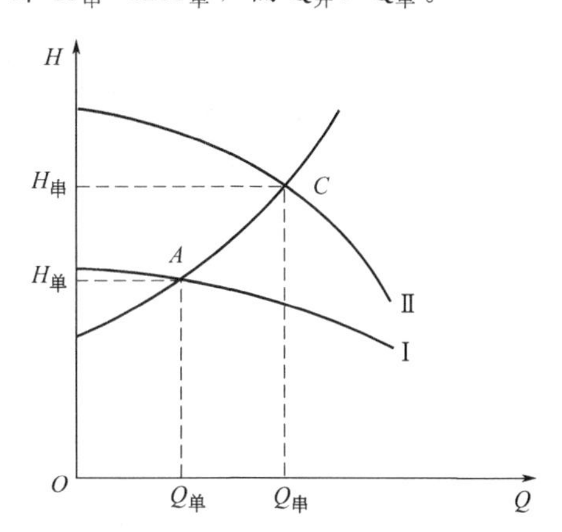

图 2-15　泵的串联操作

Ⅰ—单台泵的特性曲线；Ⅱ—两台泵串联后的特性曲线；
A—单台泵的工作点；C—两台泵串联后的工作点

多台泵串联相当于一台多级泵，但却需要多台电机，流体漏损的概率增多，串联的台数过多时，每增加一级，泵所承受的压强相应增大，有可能导致最后一台泵因强度不够而损坏。因此，除特殊需要，不如选用一台多级离心泵更方便、可靠。

6. 离心泵的类型和选用

(1) 离心泵的类型　离心泵的分类方法很多，按输送液体的性质不同，可分为清水泵、耐腐蚀泵、油泵、污水泵、杂质泵；按叶轮的吸液方式不同，可分为单吸泵、双吸泵；按叶轮的数目不同，可分为单级泵和多级泵。这些泵均已按其结构特点不同，自成系列化和标准化，可在有关手册中查取，下面介绍几种主要类型的离心泵。

① 清水泵　清水泵是化工常用泵，包括 IS 型、Sh 型、D 型泵，适用于输送清水或物性与水相近、无腐蚀性且杂质较少的液体，其中以 IS 型泵用得最多。

IS 型泵是按国际标准（ISO）设计、研制的，具有结构可靠、振动小、噪声小、效率高等显著特点。如图 2-16 所示，其结构中只有一个叶轮，从泵的一侧吸液，叶轮装在伸出轴承的轴端处，好像是伸出的手臂一样，故称为单级单吸悬臂式离心泵。IS 型泵的型号以字母加数字所组成的代号表示。如型号 IS50-32-200，IS 表示泵的类型，为单级单吸悬臂式离心泵；50 表示吸入口直径，mm；32 表示排出口直径，mm；200 表示最大效率下的扬程，m。

D 型泵是多级泵的代号，当生产需要扬程较高而流量要求不太大时，可采用多级离心泵，如图 2-17 所示，其结构是将几个叶轮串联安装在一根轴上，被输送液体在叶轮中多次接受能量，最后达到较高的扬程。D 型泵全系列流量范围为 10.8～850m^3/h，扬程范围为 14～351m。以 D30-25×3 型泵为例，D 表示多级泵；30 表示公称流量，m^3/h，公称流量指最高效率时流量的整数值；25 表示单级扬程，m；3 表示叶轮级数。根据型号可知该泵在最高效率时的扬程为 75m。

Sh 型泵是双吸泵的代号，当生产需要流量较大而扬程不太高时，可采用双吸式离心泵，如图 2-18 所示，其特点是从叶轮两侧同时吸液，相当于在用一根轴上并联有两个叶轮一道

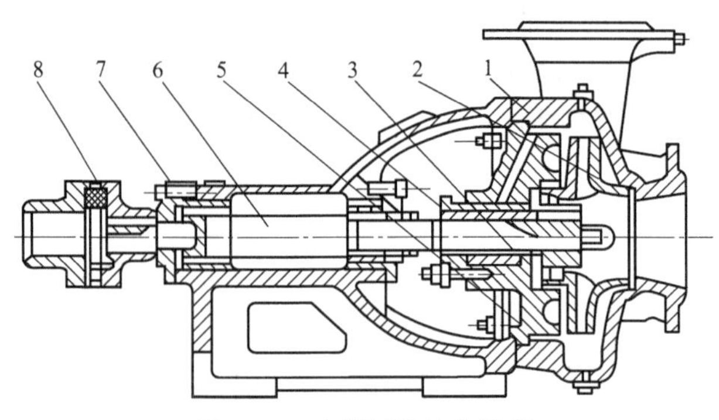

图 2-16　IS 型泵的结构示意

1—泵体；2—叶轮；3—密封环；4—护轴套；5—后盖；6—轴；7—托架；8—联轴器部件

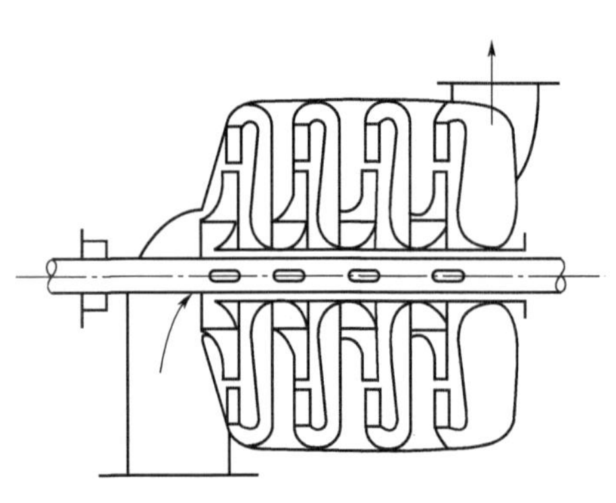
图 2-17　D 型泵的机构示意

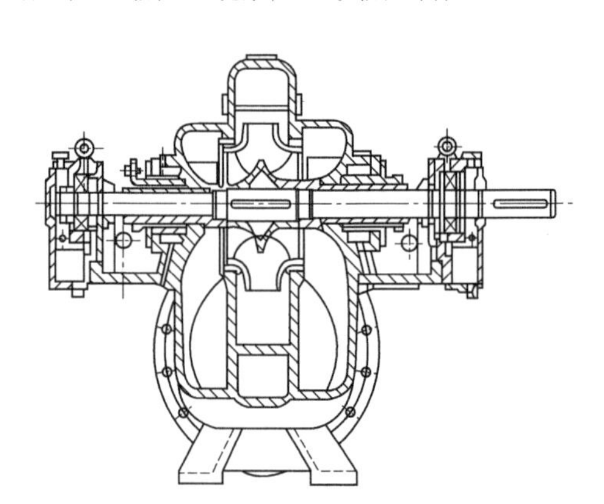
图 2-18　Sh 型泵的结构示意

工作，故其流量较大。Sh 型泵全系列流量范围为 120～12500m³/h，扬程范围为 9～140m。以 100Sh90 型泵为例，100 表示吸入口直径，mm；Sh 表示双吸泵；90 表示最高效率时的扬程，m。

② 耐腐蚀泵　化工生产中许多料液是有腐蚀性的，这就要求采用耐腐蚀泵。这种泵的结构和清水泵基本相同，主要区别在于和液体接触的部件用各种耐腐蚀材料制成。我国生产的耐腐蚀泵系列代号为 F，全系列扬程为 15～105m，流量范围为 2～400m³/h。以 25FB-20A 型为例，其中 25 表示吸入口的直径，mm；F 表示耐腐蚀泵；B 表示所用的耐腐蚀材料为 1Cr18Ni9 的不锈钢；20 表示泵在最高效率时的扬程，m；A 表示装配的是比标准直径小一号的叶轮。

③ 油泵　输送石油产品等一类低沸点料液的泵，称为油泵。这类物料易燃易爆，因此，要求这类泵密封性能好。当输送物料的温度在 473K 以上时，还要对轴封装置和轴承等进行有效冷却，故这些部件常装有冷却水夹套。我国生产的离心式油泵的系列代号为 Y，其全系列扬程范围为 60～600m，流量范围为 6.25～500m³/h。以 100Y80×2A 型为例，其中 100 表示泵入口直径，mm；Y 表示单吸离心油泵；80 表示设计点扬程，m；2 表示双级泵；A 表示叶轮外径经第一次切削。

此外还有：液下泵常安装于液体贮槽内浸没在液体中，不存在泄漏问题，用于腐蚀性液体或油品的输送；磁力泵是近年来出现的无泄漏离心泵，特点是没有轴封、不泄漏、转动时无摩擦、安全节能，适合输送不含固体颗粒的酸、碱、盐液体及易燃、易爆、挥发性、有毒液体等，但介质温度需小于 363K；杂质泵是少叶片的开式或半闭式叶轮离心泵，适合输送悬浮液和稠厚浆状液体等。

(2) 离心泵的选用　离心泵有如此多的类型，每种泵又有一系列的型号，那么实际生产中怎么选定一个合适型号的泵呢，通常的步骤如下：

① 根据被输送液体的性质确定泵的类型。例如输送清水或性质与水相近的料液宜用清水泵；输送酸碱等腐蚀性介质应使用耐腐蚀泵；输送石油产品则使用油泵。

② 根据生产要求的流量和按伯努利方程计算出的管路所需的外加压头，确定泵的型号(查附录十八)。在选型时，应考虑到操作条件的变化，并考虑到要有一定的潜力，使泵本身具有的能力稍大于工艺的要求。

③ 若被输送液体的黏度和密度与水相差较大时，应核算泵的特性参数流量、压头和轴功率。

【例 2-3】 今有一输送河水的任务，要求将某处河水以 $90\text{m}^3/\text{h}$ 的流量，输送到一高位槽中，已知高位槽水面高出河面 10m，管路系统的总压头损失为 $7\text{mH}_2\text{O}$。试选择一适当的离心泵并估算由于阀门调节而多消耗的轴功率。

解　根据已知条件，选用清水泵。今以河面为 1—1′截面，高位槽水面为 2—2′截面，选 1—1′基准面，列伯努利方程式，则

$$H=\Delta Z+\frac{\Delta p}{\rho g}+\frac{\Delta u^2}{2g}+H_\text{f}=10+0+0+7=17\text{m}$$

根据河水流量 $Q=90\text{m}^3/\text{h}$ 和 $H=17\text{m}$，由本书附录十八，可选 IS100-80-125 型号的泵，查得该泵性能为：

流量 $100\text{m}^3/\text{h}$；压头 $20\text{mH}_2\text{O}$；轴功率 7.0kW；效率 78%。

由于所选泵压头较高，操作时靠关小阀门调节，因此多消耗功率为：

$$\Delta N=\frac{Q\rho g\Delta H}{\eta}=\frac{\left(\frac{90}{3600}\right)\times1000\times9.81\times(20-17)}{1000\times0.78}=0.943\text{kW}$$

7. 离心泵的安装和运转

各种泵出厂时都附有说明书，在安装时可参照执行，这里仅讨论一些注意事项。

(1) 离心泵的安装　为保证不发生汽蚀或吸不上液体的现象，其实际安装高度比计算安装高度要低 0.5～1m；同时，尽量减小吸入管路的阻力。

为了减小吸入管路的阻力，吸入管路应尽可能地短而直；安装位置尽可能靠近贮槽；吸入管连接处应严密不漏气；吸入管直径大于泵的吸入口直径，变径处要避免存气，以免发生气缚现象，其安装方式如图 2-19 所示。

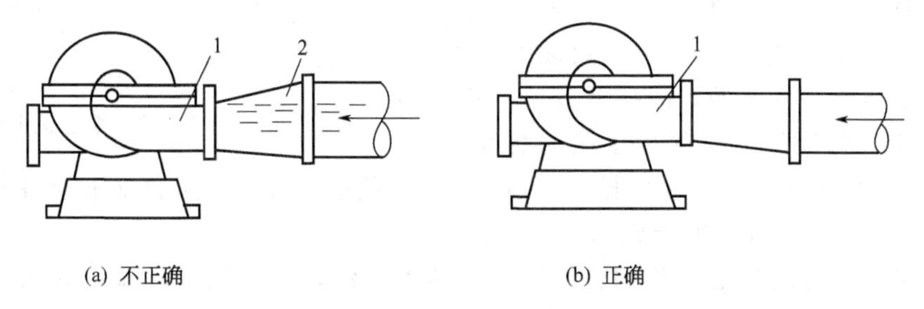

图 2-19　吸入口变径连接法

1—吸入口；2—空气囊

固定泵时，应有坚实、牢固的混凝土基础，把底板放在基础上，用垫铁调整径向使之水平，把泵固定牢固，以避免振动；泵轴与电动机轴应严格保持水平，以确保运转正常，延长

使用寿命。

（2）离心泵的运转

① 启动泵前，要进行盘车，检查泵轴有无摩擦卡死现象；向泵内灌注液体，将泵内空气排净，以防发生气缚现象，使泵无法运转。

② 启动泵时，应先关闭出口阀门，使泵在无负荷情况下启动，功率消耗最小，避免因启动功率过大而烧坏电动机，待运转正常后，缓慢打开出口阀，调节至生产需要量；经常检查泵的流量和出口压力；定期检查轴承是否过热；注意有无不正常的噪声。

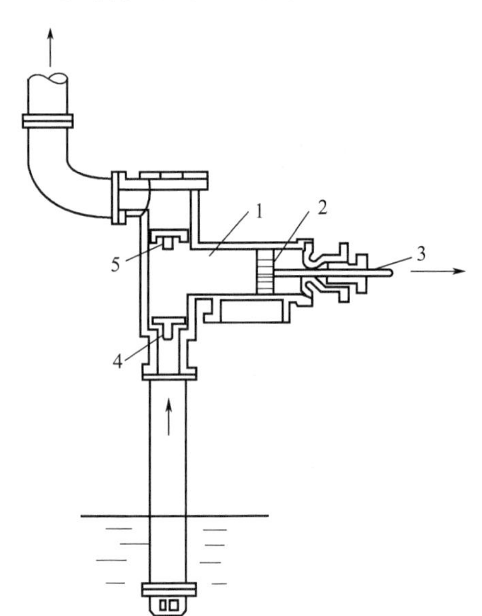

图 2-20　往复泵装置简图

1—泵缸；2—活塞；3—活塞杆；4—吸液阀；5—排液阀

③ 停泵时，先慢慢关闭出口阀，然后切断电源，以免高压液体倒流，叶轮反转造成事故。无论短期、长期停车，在严寒季节必须将泵内液体排放干净，防止冻结胀坏泵壳或叶轮。

二、往复泵

凡是利用泵体内工作室容积周期性的变化而吸入和排出液体的泵，统称为正位移泵，又称为容积泵，往复泵就是一种常用的正位移泵。

1. 往复泵的结构和工作原理

往复泵是由泵缸、活塞（或柱塞）、活塞杆、吸液单向阀和排液单向阀（活门）组成的一种容积泵，如图 2-20 所示。活塞由曲柄连杆机构带动做往复运动，当活塞自左向右移动时，泵缸内的体积扩大，压强减小，排液阀 5 受压关闭，吸液阀 4 则因泵外液体的压力而打开，液体被吸入泵内；当活塞自右向左移动时，泵内液体由于受到活塞的挤压而压强增高，吸液阀 4 受压而关闭，排液阀 5 则被顶开，液体被排出泵外。这样，活塞不断地往复运动，液体便间断地被吸入和排出。由此可见，往复泵是通过活塞将外功以静压能的形式直接传给液体，这和离心泵的原理是完全不同的。

活塞在泵体内左、右移动的端点称为“死点”。两个“死点”之间为活塞移动的距离，称为冲程，用符号 S 表示。活塞往复运动一次，吸入和排出液体各一次，称为一个工作循环，这种泵称为单动泵，单动泵的排液过程是间歇的、周期性的，因活塞的运动是变速的，故排液量是不均匀的。在一个冲程中，排液量随时间按正弦曲线变化，其流量曲线如图2-21所示。由于泵的排液量不均匀，可能引起吸入管路和排出管路中液体流速不断变化，流体阻力增加，并造成相连管路振动。

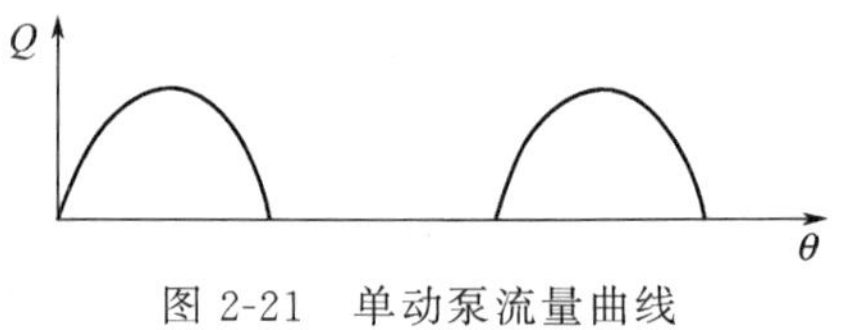

图 2-21　单动泵流量曲线

为改善单动泵排液量的不均匀性、输送液体不连续，可采用双动泵。如图 2-22 所示，双动泵是在泵缸的两端均设有吸入阀和排出阀。活塞向泵缸的左端移动时，活塞左侧排液，右侧吸液；活塞向右移动时，活塞右侧排液，左侧吸液。活塞往复运动一次，泵吸液两次，同时排液两次，故称为双动泵，管路中的流量曲线如图 2-23 所示。不难看出，双动泵的排液是连续的，但排液量仍然不够均匀。

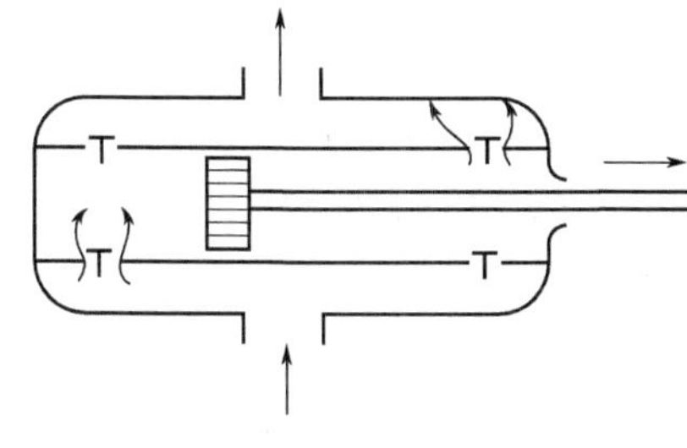
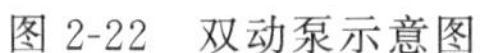

图 2-22　双动泵示意图

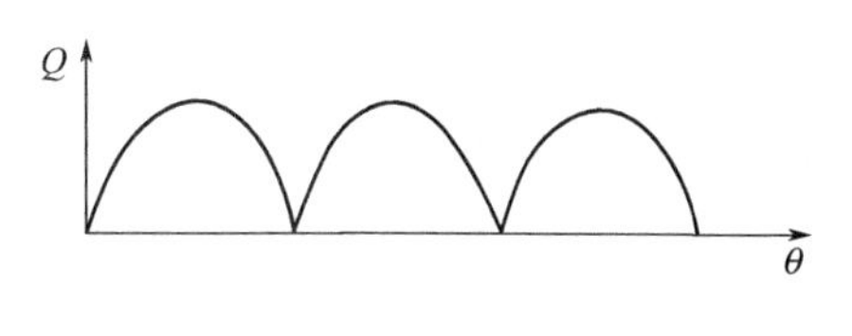

图 2-23　双动泵流量曲线

2. 往复泵的主要性能

往复泵的主要性能，包括流量、扬程、功率和效率等。

（1）流量　往复泵的理论流量 $Q_{理}$ 等于单位时间内活塞所扫过的体积，单位为 m^3/s，对单动泵而言，其理论流量可按下式计算：

$$Q_{理}=ASf=\frac{\pi}{4}D^2Sf \quad m^3/s \tag{2-12}$$

式中　A——活塞的截面积，m^2；

D——活塞直径，m，

S——活塞的冲程，m，

f——活塞往复运动的频率，Hz。

双动泵的理论流量，需考虑活塞杆占据的体积，则双动泵的排液量为：

$$Q_{理}=(2A-A_1)Sf=\frac{\pi}{4}(2D^2-d^2)Sf \tag{2-13}$$

式中　d——活塞杆的直径，m。

由式(2-12)、式(2-13) 可以看出，往复泵的流量只与泵本身的几何尺寸和单位时间内活塞的往复次数有关，而与泵的扬程无关。实际上，由于填料函、阀、活塞等处密封不严，吸液阀和排液阀启闭不及时等，往复泵的实际流量总是小于理论流量，即：

$$Q_{实}=\eta_{容}\ Q_{理} \tag{2-14}$$

$\eta_{容}$ 称为容积系数，其值由实验确定。一般情况下，对于大型泵（$Q>200m^3/h$），$\eta_{容}$ 为 0.95～0.97；对于中型泵（Q 为 20～200m^3/h），$\eta_{容}$ 为 0.90～0.95；对于小型泵（$Q<20m^3/h$），$\eta_{容}$ 为 0.85～0.90。

（2）扬程　往复泵是依靠活塞将静压能直接传给液体的，其扬程与流量无关，这是往复泵与离心泵的不同之处，只要泵的机械强度和电动机功率足够，外界要求多高的压头，往复泵就能够提供多大的压头。因此往复泵特别适合于外加压头大，流量不大的管路系统中，尤其适合于输送高黏度液体；但不宜直接用以输送腐蚀性的液体和有固体颗粒的悬浮液，因泵内阀门、活塞受腐蚀或被颗粒磨损、卡住，都会导致严重的泄漏。实际上随着压头增加，填料函、阀、活塞等处的漏液量也增大，容积效率减小，流量也略有降低，如图 2-24 所示。

（3）功率和效率　往复泵功率和效率的计算与离心泵一样。往复泵的效率一般比离心泵要高，通常在 0.72～0.93。在易燃、易爆场合及锅炉的给水系统中，通常使用以蒸汽为动力的蒸汽往复泵，蒸汽往复泵的效率可以达到 0.83～0.88。

3. 往复泵的操作要点和流量调节

和离心泵一样，往复泵也是借助于贮槽液面上的大气压强和泵内的压强之差来吸液的，因此，吸入高度也有一定的限制。往复泵有自吸能力，泵启动前，最好还是先灌满液体，排除泵内存留的空气，缩短启动时间。启动前必须将出口阀门打开，否则，泵内压强将因液体排不出去而急剧升高，造成事故。

往复泵的流量调节，理论上可以通过改变活塞截面积 A、冲程 S 和活塞往复次数 f 来实现，但这要改变泵的结构，实际上难以实现。实际生产中常用的流量调节方法有：

（1）安装回流支路　如图 2-25 所示，泵的送液量不变，只是让部分被压出的液体返回贮槽，使主管路中的流量发生变化。显然这种调节方法很不经济，只适用于流量变化幅度较小的经常性调节。

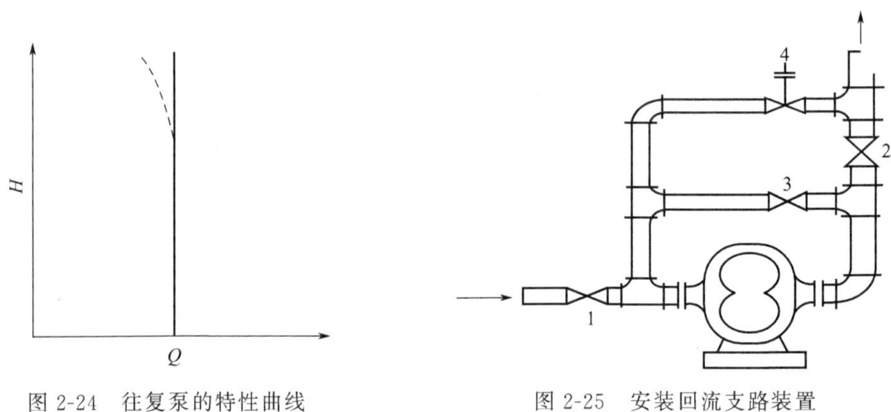

图 2-24　往复泵的特性曲线

图 2-25　安装回流支路装置

1—吸入阀；2—排出阀；3—回流阀；4—安全阀

（2）改变曲柄转速　因电动机是通过变速装置与往复泵相连的，所以改变变速装置的传动比可以很方便地改变曲柄转速，从而改变活塞往复运动的频率，达到调节流量的目的。

三、其他类型泵

在化工生产中，除了大量使用离心泵、往复泵之外，还广泛采用一些其他类型的泵。

1. 正位移泵

（1）齿轮泵　齿轮泵是一种旋转泵，属于正位移泵，如图 2-26 所示。泵壳内有两个齿轮，一个用电动机带动旋转，另一个被啮合着向相反方向旋转。吸入腔内两轮的啮相互拨开，容积增大，于是形成低压而吸入液体；被吸入的液体被齿嵌住，随齿轮转动而到达排出腔。排出腔内两齿相互合拢，容积减小，于是形成高压而排出液体。齿轮泵的压头较高而流量较小，可用于输送黏稠液体以至膏状物料，但不能用于输送含有固体颗粒的悬浮液。

（2）螺杆泵　螺杆泵是旋转泵的另一种类型，它分为单螺杆泵、双螺杆泵及三螺杆泵等，亦属正位移泵。如图 2-27 所示，其中图(a) 为单螺杆泵，螺杆在具有内螺旋的泵壳中偏心转动，使液体沿轴向推进，最后挤压到排出口；图（b）为双螺杆泵，它与齿轮泵的工作原理相似，用两根互相啮合的螺杆，推动液体沿轴向运动。液体从螺杆两端进入，由中央排出。螺杆泵的螺杆越长、转速越高，则扬程越高。

螺杆泵效率高、噪声小，适用于在高压下输送黏稠性液体，并可以输送带颗粒的悬浮液。其结构较齿轮泵复杂，但优点较多，有逐渐取代齿轮泵的趋势。它的调节方法与往复泵相同。

（3）计量泵　计量泵是正位移泵的一种，其基本结构与往复泵相同。计量泵有两种基本形式，即柱塞式和隔膜式，如图 2-28(a) 和（b）所示。它们都是通过偏心轮把电动机的旋转运动变成柱塞的往复运动，在一定转速下，通过调节偏心轮的偏心距可以改变柱塞的冲

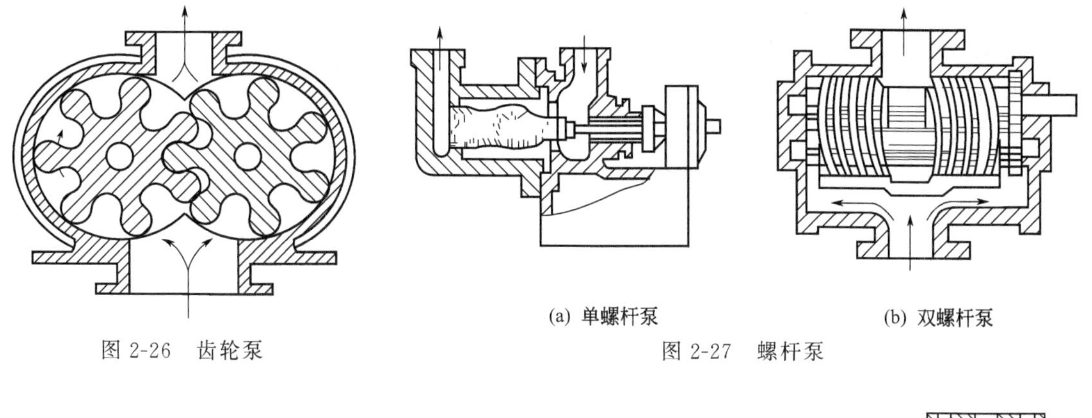

图 2-26　齿轮泵

图 2-27　螺杆泵

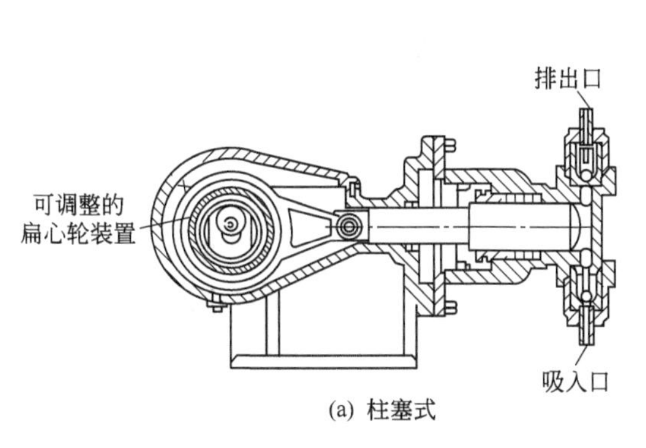

(a) 柱塞式

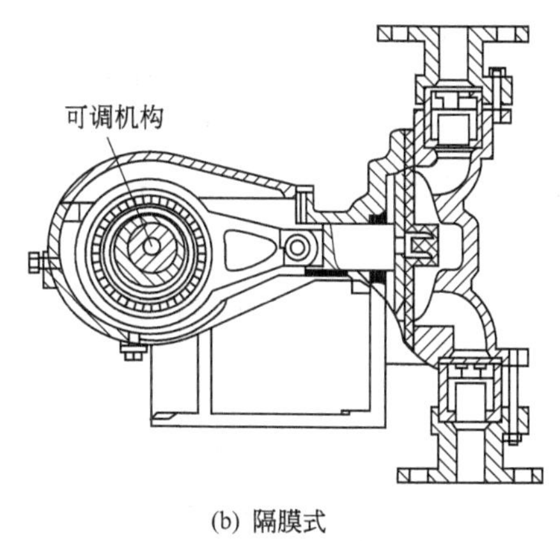

(b) 隔膜式

图 2-28　计量泵

程，从而达到调节流量的目的。计量准确度一般在±1%以内，更高的可达±0.5%。常可用一个电动机驱动几台计量泵，使每股液体按一定比例进行输送或混合，故计量泵又称比例泵。

2. 非正位移泵

不是靠容积周期性变化而吸液和排液的泵，都属于非正位移泵。除前面介绍过的几种离心泵之外，化工生产中比较常用的还有：

(1) 旋涡泵　旋涡泵是一种特殊类型的离心泵。如图 2-29 所示，它的叶轮是一个圆盘，四周铣有凹槽，成辐射状排列。叶轮在泵壳内转动，其间有引液道。泵内液体在随叶轮旋转的同时，又在引液道与各叶片之间，因而被叶片拍击多次，获得较多能量。

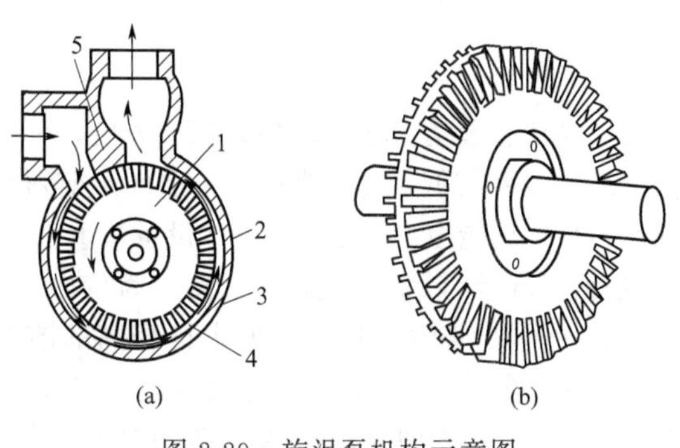

图 2-29　旋涡泵机构示意图

1—叶轮；2—叶片；3—泵壳；4—引液道；5—隔舌

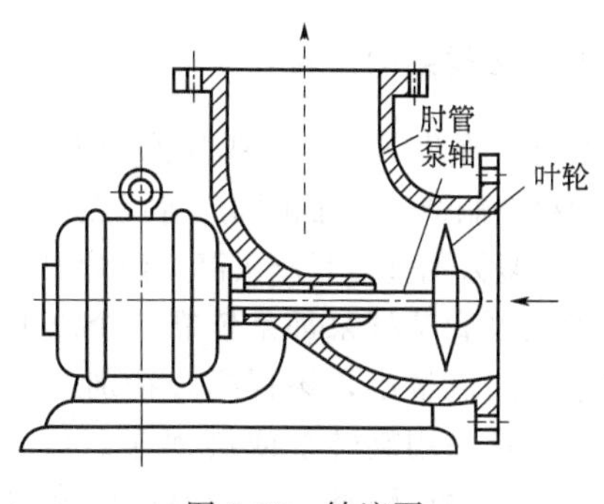

图 2-30　轴流泵

液体从旋涡泵中获得的能量与液体在流动过程中进入叶轮的次数有关。当流量减小时，流道内流体的运动速度减小，液体流入叶轮的平均次数增多，泵的压头必然增大；流量增大时，则情况相反。旋涡泵结构简单、加工容易、且可采用各种耐腐蚀的材料制造，适用于高压头、小流量、输送清洁液体的场合，启动时应打开出口阀，采用旁路调节流量。

（2）轴流泵　轴流泵的结构如图 2-30 所示，其工作叶轮安装在一个肘管内，或靠近肘管的管道中，泵轴带动叶轮旋转，使液体沿轴向流动，故称为轴流泵。轴流泵所提供的压头较小，流量较大，特别适用于要求大流量、低压头的输送场合。

（3）液下泵　液下泵实际上是一种离心泵。如图 2-31 所示，泵体可置于液体贮槽内，对轴封要求不高。特别适用于多种腐蚀性液体的输送。因液下泵无泄漏，故不污染环境，但效率不高。安装时，吸入口同轴线方向，液体出口与轴平行，泵轴加长，立式电动机装在液面以上的支架上。其结构简单，工厂也可利用现有离心泵自行改装。

（4）流体作用泵　流体作用泵是利用另一种流体的作用，产生压力或造成真空度来达到输送流体的目的。酸蛋是流体作用泵的一种常见形式，它是利用压缩空气来输送液体的，如图 2-32 所示，有一个耐压容器，容器上配置必要的管路，如酸液的进、出口管，压缩空气管和放空管等。

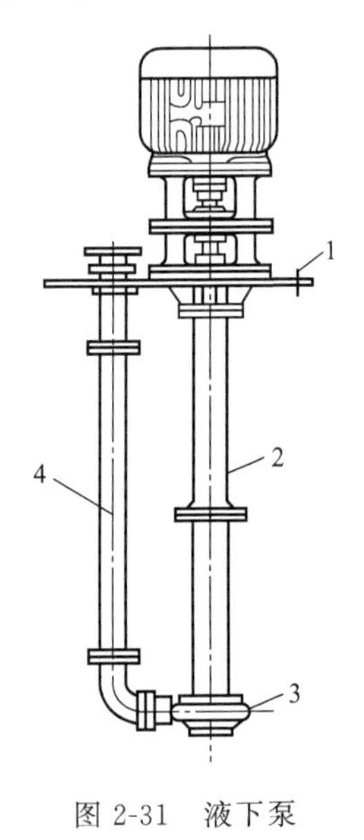

图 2-31　液下泵

1—安装平板；2—轴套管；3—泵体；4—压出导管

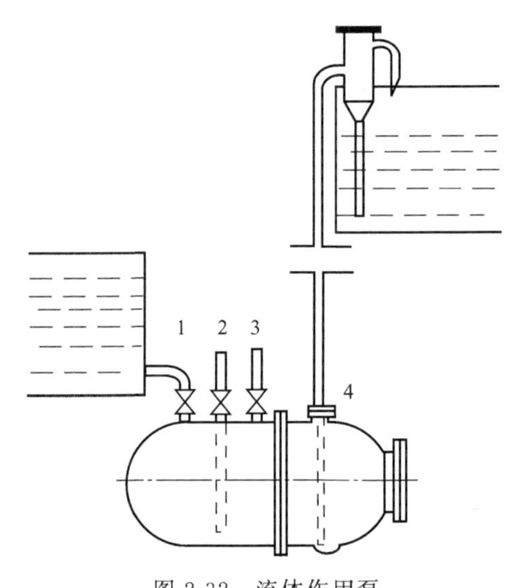

图 2-32　流体作用泵

1—料液输入管；2—压缩空气管；3—放空阀；4—压出管

四、各类泵的比较

目前，在化工生产中离心泵应用最广，它具有结构简单、紧凑，流量均匀，调节方便，可用耐腐蚀材料制造，适用范围广等优点；缺点是扬程不高，效率较低，无自吸能力，启动泵前须灌泵等。往复泵的优点是压头高，流量固定，效率较高，有自吸能力；但结构复杂，设备笨重。

齿轮泵和螺杆泵都是依靠一个以上转子的旋转来实现吸液和排液的，故又称为旋转泵。旋转泵一般流量小，扬程高，特别适用于输送高黏度液体。若输送量小，要求扬程高的洁净液体，通常采用旋转泵或旋涡泵。流体作用泵在有些场合，可以取代耐腐蚀离心泵和液下泵，适合于输送酸碱一类的腐蚀性液体。图 2-33 和表 2-2 为各种泵的适用范围和泵的比较，可以供选泵时参考。

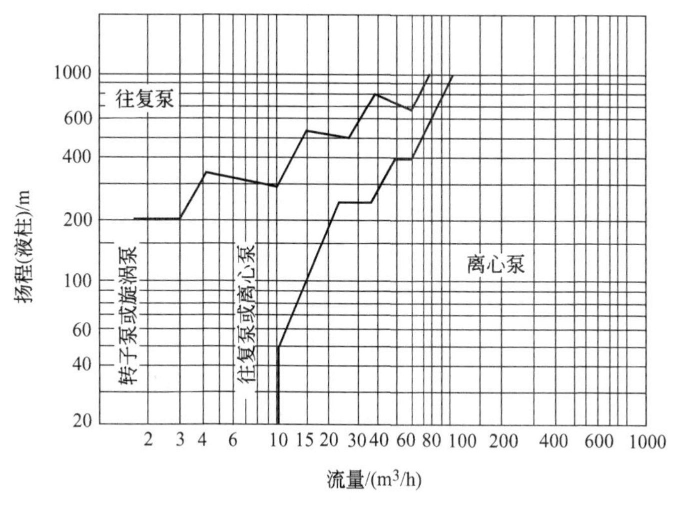

图 2-33　各类泵的使用范围

表 2-2　各类泵的比较

泵的类型		非正位移泵			正位移泵	
		离心泵	轴流泵	旋涡泵	往复泵	旋转泵
流量	均匀性	均匀	均匀	均匀	不均匀	尚可
	恒定性	随管路特性而变			恒定	恒定
	范围	广,易达到大流量	大流量	小流量	较小流量	小流量
压头大小		不易达到高压头	压头低	压头较高	压头高	较高压头
效率		稍低,愈偏离额定值	稍低,高效区窄	低	高	较高
结构与造价		结构简单、造价低廉		结构紧凑简单、加工要求稍高	结构复杂、振动大、体积庞大、造价高	结构紧凑、加工要求较高
操作	流量调节	小幅度调节出口阀简便,大泵大幅度可调节转速或切削叶轮直径	小幅度调节用旁路阀,有些泵可以调节叶片角度	用旁路阀调节	小幅度调节用旁路阀,大幅度调节可调节转速、行程等	用旁路阀调节
	自吸	一般没有	没有	部分型号	有	有
	启动	出口阀关闭	出口阀全开			
	维修	简便			麻烦	较简单
适用范围		流量和压头适用范围广,尤其适用于较低压头、大流量,高黏度物料除外	特别适用于大流量、低压头	高压头、小流量的清洁液体	适宜于流量不大、高压头的任务、输送悬浮液体时要采用隔膜泵	适用于小流量、较高压头的输送、对高黏度流体比较合适

第二节　气体压缩和输送机械

在化工生产中，往往需要将气体物料从低压变为高压，或需要将气体从一处输送到另一处，因此气体的压缩和输送是化工厂常见的操作。

气体压缩和输送机械按工作原理及其结构分为离心式、往复式以及流体作用式等，其中往复式压缩机在中小型化工厂应用很广，离心式压缩机在大型化工厂应用较多。气体压缩和输送机械按其终压（出口压强）或压缩比（出口压强与进口压强之比），可分为四类：

（1）压缩机　终压在 294kPa 以上（表压），压缩比大于 4。

（2）鼓风机　终压15～294kPa（表压），压缩比小于4。

（3）通风机　终压（表压）不大于15kPa，压缩比1～1.15。

（4）真空泵　在设备内造成负压，终压为大气压，压缩比由真空度决定。

一、往复式压缩机

1. 往复式压缩机的工作过程和结构

（1）工作过程　往复式压缩机的基本结构和工作原理与往复泵相似，主要由汽缸、活塞、吸气阀、排气阀及传动机构等组成，是依靠活塞在汽缸内作往复运动来压缩和输送气体的。

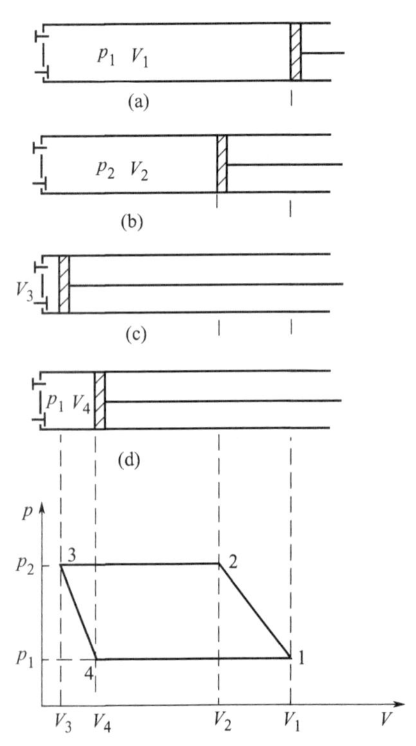

图 2-34　压缩机的实际工作循环

由于气体的可压缩性，压缩机的实际工作过程比较复杂，为了方便讨论，这里用压容图来表示气体在压缩过程中的状态变化。下面以单级单动式压缩机为例加以说明：

如图2-34所示，假设汽缸内已经充满压强为 p_1 的低压气体，活塞位于右死点，汽缸中气体的压强为 p_1，体积为 V_1，其状态点以 p-V 图上的点1表示。

当活塞从右死点向左移动时，缸内气体被压缩，压强升高，吸气阀自动关闭。由于出口管中的压强 p_2 大于此时缸内的压强，排气阀也处于关闭状态。随着活塞继续向左移动，缸内气体压强继续增大直至等于出口管中的压强为止，其状态点以点2表示。气体由状态点1到状态点2的过程称为压缩阶段。

当活塞继续向左移动，汽缸内压强稍大于出口管中的气体压强 p_2 时，排气阀被顶开，气体排出（此时气体压强可认为等于 p_2），直至活塞达到左死点为止，体积为 V_3，其状态点以点3表示。气体由状态点2到状态点3的过程称为排气阶段。

当活塞到达左死点时，活塞与汽缸之间还留有也必须留有一段很小的间隙，这个间隙称为“余隙”。由于“余隙”的存在，汽缸内还残留一部分压强为 p_2 的高压气体，当活塞从左死点向右移动时，这部分气体将会膨胀，直至等于吸入管中的压强 p_1 为止，体积为 V_4，其状态点以点4表示，气体从状态点3到状态点4的过程称为膨胀阶段。

当活塞继续向右移动，汽缸内的压强稍低于 p_1 时，吸入阀自动开启，吸入管中的气体开始进入汽缸。活塞继续移动，气体不断吸入，而压强保持 p_1 不变，直至活塞达到右死点，状态又回复到点1。气体从状态点4变到状态点1的过程称为吸气阶段。

综上所述，往复式压缩机的实际工作循环，由吸气—压缩—排气—膨胀四个阶段组成，p-V 图上的四条线代表了这四个阶段的变化过程。图2-34所示的压缩机的一个工作循环中，吸气和排气各一次，称为单动式压缩机。如果在汽缸两端都设有吸气阀和排气阀，这样在一个工作循环中，吸气和排气各两次，则称为双动式压缩机。

（2）主要部件　往复式压缩机的形式很多，但它们几乎都是由一些相同的零部件组成的，其中直接参与压缩过程的部件有汽缸、活塞、活门。

① 汽缸　汽缸是压缩机的主要部件之一，汽缸和活塞配合完成气体的压缩。根据压强

的不同，一般分为低压缸和高压缸两类。压强小于 5×10^3kPa 的低压缸和小于 8×10^3kPa 且尺寸较小的汽缸，用铸铁制造；压强小于 15×10^3kPa 时，通常用铸钢制造；压力再高时，则用合金钢锻制。汽缸外壁都装有冷却水套，以冷却汽缸内的气体和部件。

② 活塞　活塞是用来压缩气体的基本部件。往复式压缩机一般采用盘状活塞，如图 2-35所示，其内部是空心的，两端面由加强筋连结，根据活塞大小的不同，加强筋有 3～8 个。活塞顶部与汽缸内壁及汽缸盖构成封闭的工作容积。为防止气体由高压侧泄漏到低压侧，在活塞上装有活塞环（亦称涨圈），活塞环在未压紧的自由状态下，其直径稍大于汽缸直径，因此，在装入汽缸后，依靠本身弹性紧紧压贴在汽缸表面上，以保证良好的密封性能。一般低压（小于 10at）下，活塞上设有 2～3 个活塞环，开口处尽量错开，以减少气体外泄。

③ 活门　活门也叫气阀，是往复式压缩机中一个很重要的部件。如图 2-36 所示，它由阀座、阀片、弹簧、升高限制器等零件组成。这种阀用作排气阀时，当汽缸内压强稍大于出口管内的压强时，气体将阀片顶起，气体从阀座的孔隙中流出，并从阀片与底座之间的缝隙通过。当阀片两侧气体的压强相等时，阀片紧贴在阀座上，将孔隙关闭。这种阀用作吸气阀时，只要将整个活门调换一下方向装入吸气孔端即可。

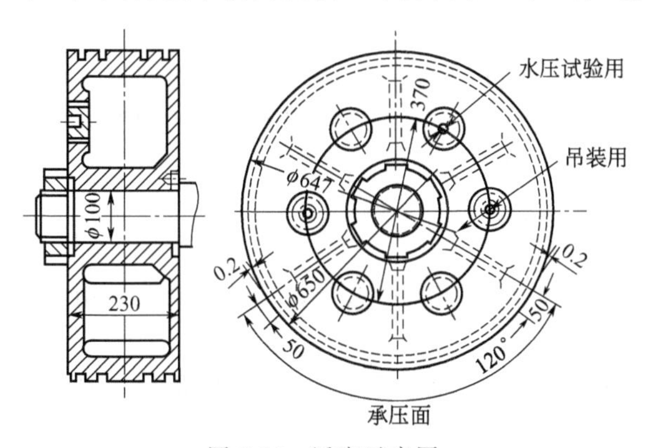

图 2-35　活塞示意图

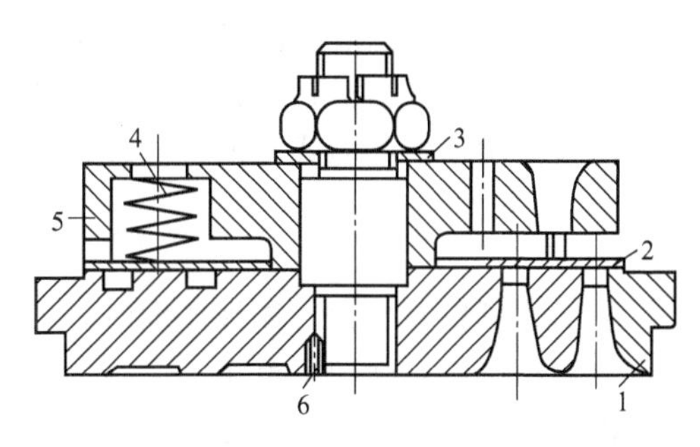

图 2-36　低压段排气阀组合图

1—阀座；2—阀片；3—垫片；4—弹簧；5—升高限制器；6—制动螺钉

活门的好坏直接影响压缩机的排气量、功率消耗及运转的可靠性。为了保证压缩机良好工作，活门必须严密、阻力小、开启迅速、结构紧凑。

2. 往复式压缩机的主要性能

(1) 排气量　即压缩机的生产能力，用符号 Q 表示，单位 m^3/s。理论上的排气量 $Q_{理}$ 等于活塞扫过的汽缸容积，单动式压缩机理论上的排气量可以按下式计算：

$$Q_{理}=ASf=\frac{\pi}{4}D^2Sf \tag{2-15}$$

式中　A——活塞的截面积，m^2；

D——活塞直径，m；

S——活塞的冲程，m；

f——活塞往复运动的频率，Hz。

由于汽缸余隙内高压气体的膨胀，占据一部分汽缸的容积；气体通过填料函、阀门、活塞杆等处的泄漏等，其实际排气量总比理论排气量要小，即

$$Q_{实}=\lambda Q_{理} \tag{2-16}$$

式中，λ 称为送气系数，由实验测得，一般 $\lambda=0.7 \sim 0.9$。新压缩机，$p_2<1000\mathrm{kPa}$ 时，$\lambda=0.85 \sim 0.95$；若 $p_2>1000\mathrm{kPa}$ 时，$\lambda=0.8 \sim 0.9$。

压缩机铭牌上标注的生产能力通常都是指标准状态下的体积流量，如果实际操作时的状态与其差别较大，则应进行校正。

（2）排气温度　排气温度是指经过压缩后的气体温度。气体被压缩后，由于压缩机对气体做了功，会产生大量的热量，使气体的温度升高，所以排气温度总大于吸气温度。

气体被压缩时，理论上存在着等温过程和绝热过程。等温过程是指气体在压缩过程中所产生的热量全部传到外界，气体的温度保持不变。绝热过程是指气体在压缩时与外界无热量交换。实际上气体被压缩时，既难以做到使气体迅速冷却以保持系统处于等温状态，也不可能没有一点热损失，使系统处于绝热状态，即实际过程处于等温压缩和绝热压缩之间，称为多变过程。在多变过程中，压缩机的排气温度 T_2 可以通过下式计算

$$T_2=T_1\left(\frac{p_2}{p_1}\right)^{\frac{m-1}{m}} \tag{2-17}$$

式中　T_1——吸气温度，K；

p_2/p_1——出口压强与进口压强之比；

m——多变指数。

压缩机的排气温度不能过高，否则会使润滑油分解以至碳化，并损坏压缩机部件。

（3）功率　压缩机在单位时间内消耗的功，称为功率。压缩机铭牌上标注的功率，为压缩机的最大功率。单动式压缩机的理论功率可以按下式计算

$$N_{理}=\frac{m}{m-1}p_1Q_1\left[\left(\frac{p_2}{p_1}\right)^{\frac{m-1}{m}}-1\right] \tag{2-18}$$

从上式可以看出，气体被压缩时，压强与温度愈高，压缩比愈大，排气量愈大，功率消耗也愈大；反之，则功率愈小。

由于压缩过程中不可避免地有部分泄漏，通过气阀开启时不可避免地有能量损失等，所以压缩机的轴功率应为

$$N=\frac{N_{理}}{\eta} \tag{2-19}$$

式中　η——往复压缩机的效率，一般 $\eta=0.7 \sim 0.9$。

（4）压缩比　气体的出口压强与进口压强之比称为压缩比，用符号 ε 表示，则 $\varepsilon=p_2/p_1$。压缩比越大，说明气体经压缩后压强升得越高，排气温度也相应升得越高。

气体经过一个汽缸压缩后，压缩比一般不超过 6。若压缩比过大，会使气体温度升得很高，不仅使功耗增大，而且会使润滑油黏度降低，失去润滑作用，损坏设备；同时由于余隙中气体的压强很高，膨胀后体积很大，占据汽缸有效容积多，使汽缸吸气量下降或不能吸气。故不能在一个汽缸里实现很大的压缩比。

3. 多级压缩

在化工生产中常常需将一些气体从常压提高到几兆帕或几百兆帕，这时压缩比就会很大，需采用多级压缩。所谓多级压缩就是把压缩机中的两个或两个以上汽缸串联在一起，将气体逐级压缩到所需压强。如图 2-37 所示的两级压缩流程，气体在第 1 级汽缸 1 内被压缩后，经中间冷却器 2，油水分离器 3，使气体降温和分离出润滑油和冷凝水，避免带入下一汽缸，然后再送入第 2 级汽缸 4 进行压缩，以达到所需要的最终压强。每经过一次压缩称为一级，连续压缩的次数就是压缩机的级数。每一级压缩比是总压缩比的级根数。

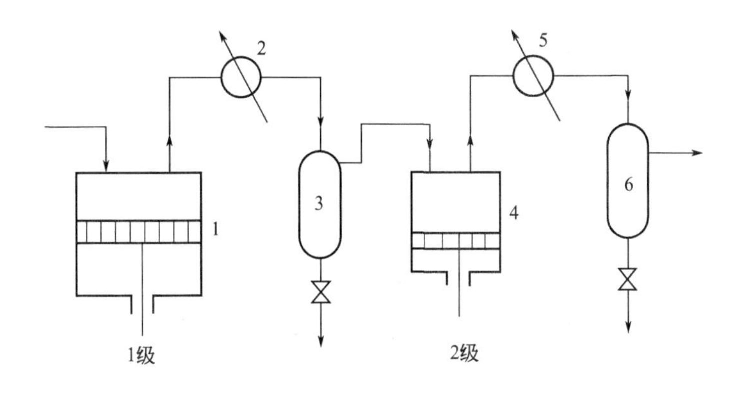

图 2-37　两级压缩流程示意图

1—第 1 级汽缸；2,5—中间冷却器；3,6—油水分离器；4—第 2 级汽缸

采用多级压缩可以克服一个汽缸压缩比过大的缺点，避免了气体温度过高，降低了功耗。若级数过多，则压缩机结构复杂，冷却器、油水分离器等辅助设备增多，造价高，克服系统流动阻力的能耗也增加。因此，往复式压缩机的级数一般不超过 6 级，每级的压缩比以 2～5 为宜。

4. 往复式压缩机的分类和型号

(1) 往复式压缩机的分类　往复式压缩机的分类方法很多，通常有以下几种：

① 按活塞在往复运动一次过程中吸、排气次数，分为单动、双动式压缩机。

② 按气体受压缩的次数，分为单级、双级和多级压缩机。

③ 按压缩机出口压强的高低，分为低压（10at 以下）、中压（10～100at）、高压（100～1000at）和超高压（1000 以上）压缩机。

④ 按压缩机生产能力的大小，分为小型（$10m^3/min$ 以下）、中型（$10\sim30m^3/min$）和大型（$30m^3/min$ 以上）压缩机。

⑤ 按所压缩的气体种类，分为空气压缩机、氧气压缩机、氮气压缩机、氨气压缩机等。

⑥ 按汽缸在空间位置的不同，分为立式、卧式、角式和对称平衡式等，这是压缩机最主要的一种分类方法。

立式往复压缩机，代号为 Z，由于汽缸中心线与地面垂直，活塞做上下运动，对汽缸作用力小、磨损小、振动小，整机占地面积也小，但机身较高，操作、检修不便，仅适合于中、小型压缩机。卧式往复压缩机，其代号为 P，由于汽缸中心线是水平的，故机身较长，占地面积大，但操作、检修方便，适用于大型压缩机。

角式往复压缩机，其代号根据汽缸位置形式可分为 L 型、V 型、W 型等。如图 2-38 中 (a)、(b)、(c) 所示。其主要优点是活塞往复运动的惯性力有可能被转轴上的平衡重量所平衡，基础比立式还小。因汽缸是倾斜的，维修不方便，也仅适用于中、小型压缩机。

对称平衡式往复压缩机的汽缸对称地分布在电动机的两侧，活塞成对称运动，即曲轴两侧相对的两列活塞对称地同时伸长、同时收缩，故称为对称平衡型，其代号为 H、M 等。如图 2-38 中 (d)、(e) 所示。H 型，汽缸对称分布在电动机飞轮两侧；M 型，是电动机位于各列汽缸的外侧，压缩机有一根汽缸中心线便称为一列。此种形式压缩机的平衡性能好，运行平稳，整机高度较低，便于操作维修，通常用于大型压缩机。

(2) 往复式压缩机的型号　往复式压缩机的型号以字母加数字所组成的代号表示，我国往复式压缩机的编号有统一的规定，如图 2-39 所示。

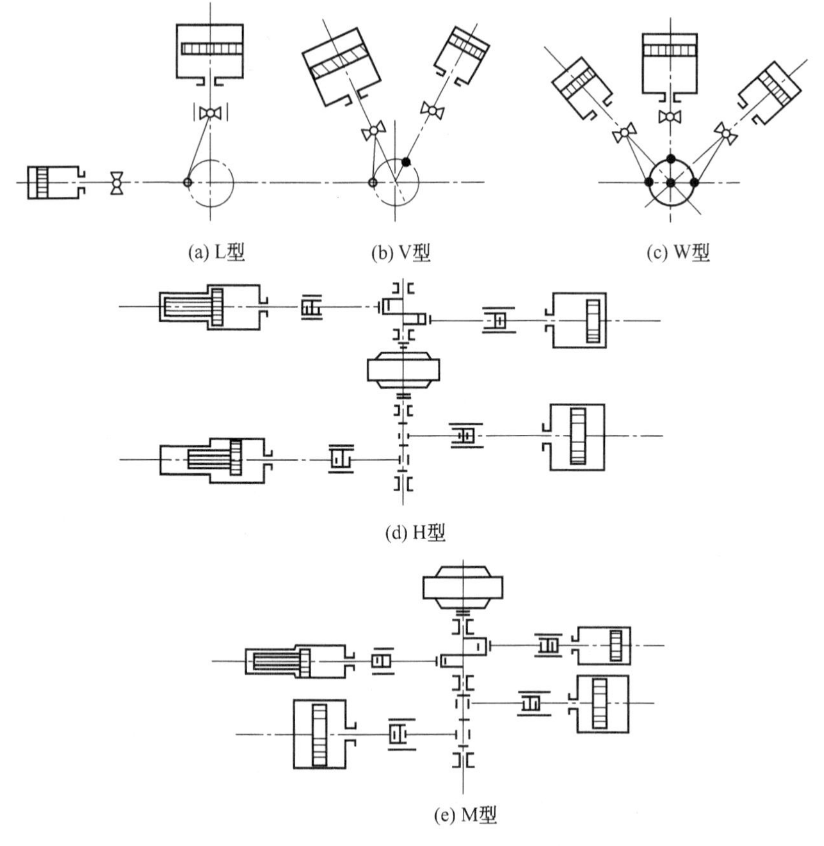

图 2-38　汽缸排列示意图

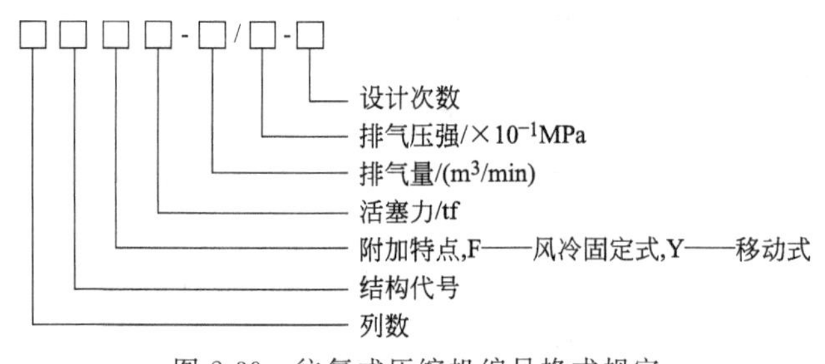

图 2-39　往复式压缩机编号格式规定

(1tf=9806.65N)

例如 4HF18-32/54-Ⅰ型，其中 4 表示列；H 表示汽缸的排列方式；F 表示冷却方式为风冷式；18 表示活塞力为 18tf❶；32 表示吸入状态下的排气量为 $32m^3/min$；54 表示排气压强为 $54\times10^{-1}MPa$，即 5.4MPa；Ⅰ表示设计次数为第一次。

5. 往复式压缩机的安装与运转

① 为防止吸入压缩机的气体中夹带灰尘、铁屑等固体物，在压缩机吸入口前应安装气体过滤器，确保汽缸内壁和滑动部件不被磨损和划伤。应定期清洗或更换过滤元件。

② 往复式压缩机的排气量是间歇的、不均匀的，通常在出口处安装缓冲容器，以降低气流脉动，使排气连续、均匀。缓冲容器可使气体中夹带的水和油沫在此分离下来，注意要

❶ 1tf (吨力)=1000kgf=9806.65N。

定期排放。为确保操作安全，缓冲容器上应安装安全阀和压力表。

③ 往复式压缩机开车时必须打开出口阀，防止压力过高而造成事故。

④ 运行中还应防止气体带液，因汽缸余隙很小而液体又是不可压缩的，即使少量液体进入汽缸，也可能造成压力太大而使机器被损坏。压缩机在运行中，汽缸和活塞间有相对运动摩擦，温度较高，需保证其具有良好的冷却和润滑。时常检查压缩机各运动部件是否正常，若发现异常声响及噪声，应采取相应措施予以消除，必要时立即停车检查。

⑤ 冬季停车时，应将汽缸夹套、中间冷却器内的冷却水全放掉，防止因结冰破坏汽缸、水夹套和造成管路堵塞。

二、离心式压缩机

1. 离心式压缩机的工作原理和结构

离心式压缩机，也称透平式压缩机，它的工作原理和多级离心泵相似，气体在叶轮带动下作旋转运动，由于离心力的作用使气体压强增高，经过一级一级的增压作用，最后可以得到相当高的排气压强。

图 2-40 是一台六级两段离心压缩机的典型结构示意图，气体经吸气室 1 进入到一段第一级叶轮 2 内，在叶轮高速旋转的带动下，气体获得很大的动能，气体从叶轮四周甩出后进入蜗壳形通道，将气体的动能部分地转化为静压能，提高气体压力，由此依次进入二、三级，进一步提高气体压力。经三级压缩后因气体压力增大、温度升高，需将高温气体由蜗壳引出机外，在中间冷却器冷却，气体被冷却后再由二段第四级气体进口处进入第四级叶轮继续进行升压，最后从第六级叶轮甩出来进入末级蜗壳进行最后增压，这样气体以较大的压力离开汽缸进入输送气体管道。

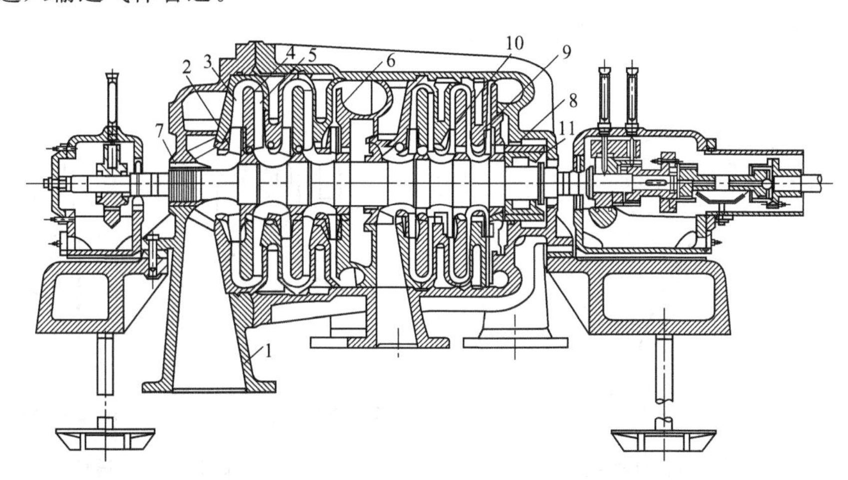

图 2-40 离心式压缩机的典型结构

1—吸气室；2—叶轮；3—扩压室；4—弯道；5—回流器；

6—蜗壳；7,8—轴端密封；9—隔板密封；10—轮盖密封；11—平衡盘

主轴和叶轮一般都由合金钢制成。由于气体的压强增高较多，气体的体积变化较大，所以叶轮的直径应制成不同的大小，一般是将其分成几段，每段包括若干级，每段叶轮的直径和宽度依次减小。段与段之间设有中间冷却器，以避免气体的温度过高。

离心式压缩机与往复式压缩机相比，具有体积小、重量轻、占地面积小、运行平稳、排气量大，且均匀无脉冲、结构紧凑、运转周期长等优点；但其制造精度要求高，操作适应性

差，气体的性质对操作性能影响较大，气流速度大，气体与流道内的部件摩擦损失较大，其效率不如往复式压缩机高。

2. 离心式压缩机的特性曲线与气量调节

（1）特性曲线　和离心泵一样，离心式压缩机的特性曲线也是对特定的压缩机、在一定的转速下、通过试验测定的。离心式压缩机的特性曲线由 $\varepsilon(p_2)$-Q、N-Q、η-Q 三条曲线组成，它表示了该压缩机的压缩比 ε（或排气压强 p_2）、功率 N、效率 η 随排气量（按进气状态计算）变化而变化的规律。

图 2-41 所示是某离心式压缩机的特性曲线图。$\varepsilon(p_2)$-Q 曲线是一条在气量不为零处有一最高点、呈驼峰状的曲线，在最高点右侧，压缩比（出口压强）随流量的增大而急剧降低；N-Q、η-Q 曲线为两条较平缓的抛物线，N、η 先随流量的增大而逐渐增大，达到最大值后，流量再增加，N、η 反而下降。特性曲线上通常都标有最小流量 Q_{min} 和最大流量 Q_{max}，它是实际操作流量 Q 的范围，此范围内效率 η 较高，运行较经济。

当实际流量减少到 Q_{min} 以下时，离心式压缩机出现不稳定工作状态，发生喘振（或飞车）现象。喘振现象是指吸气量不足时，压缩机压力突然下降，压缩机出口的高压气体出现倒流回叶轮里的现象。喘振时，气流发生脉动，发出的噪声加剧，而且时高时低，出现周期性的变化；压缩机产生强烈振动，严重时会引起整个机器的振动，甚至破坏整个装置。故实际操作时，必须将流量控制在 Q_{min} 以上，以防止喘振现象的发生。

压缩机管路中都装有防喘振的装置。如图 2-42 所示，在出口管路中装放空阀或部分放空并回流就是其中的两种防喘振措施。当压缩机的排气量降低到接近喘振点流量时，通过感受气量变化的文氏管流量传感器 1 发出信号给伺服电动机 2，使电动机开始动作，将防喘振阀 3 打开，使一部分气体放空或回流至吸气管内，使通过压缩机的气量总是大于管网中的气量，从而保证系统总是处在正常的工作状态。

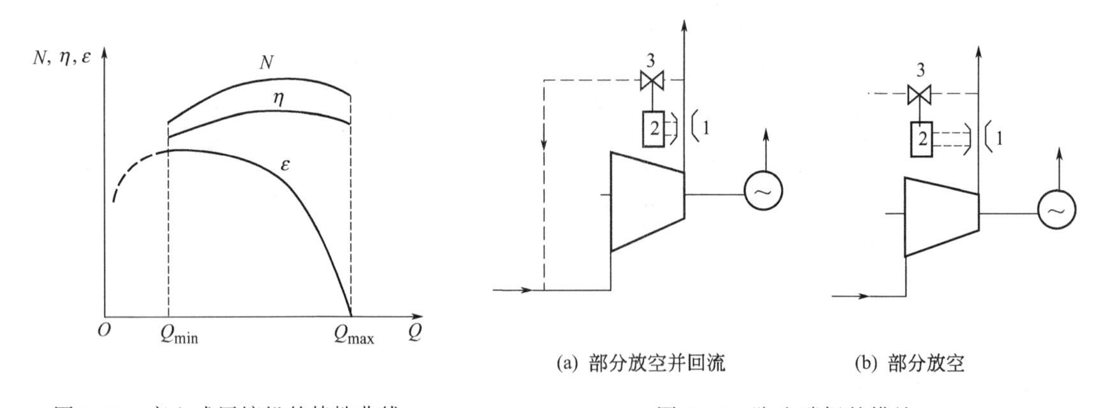

图 2-41　离心式压缩机的特性曲线

图 2-42　防止喘振的措施

1—文氏管流量传感器；2—伺服电动机；3—防喘振阀

（2）气量调节　离心式压缩机常用的气量调节方法有：调整进口或出口阀门的开启程度、改变压缩机转速等。

① 改变转速　此法最经济，调节范围广泛，无节流损失，适合于驱动机为汽轮机和燃气机的离心压缩机。

② 进口节流调节法　即调节进口阀的开启程度，此法简单、操作稳定，常用于转速固定的离心压缩机的流量调节。

③ 出口节流调节法　即调节出口阀的开启程度，此法操作简单，但由于气体节流带来

的损失太大，使整个机器的效率大大降低，不经济。

三、鼓风机

化工生产中使用的鼓风机，主要有罗茨鼓风机和离心式鼓风机，通常用在压强要求不高而流量较大的场合。

1. 离心式鼓风机

离心式鼓风机又称透平式鼓风机，其结构和工作原理与离心式压缩机相同。图 2-43 所示为一台五级离心鼓风机。气体由吸气口进入后，在第一级叶轮离心力的作用下使气体压力提高，由导轮将气体导入第二级叶轮，再依次通过以后各级的叶轮和导轮，最后由排出口排出。离心鼓风机的外壳直径和宽度都比较大，叶轮叶片数目较多，转速较高，送气量大，但产生的风压不高，出口表压力一般不超过 294kPa。由于离心式鼓风机的压缩比不高（为 1.15～4），压缩过程中气体获得的能量不多，温度升高不明显，无需设置冷却装置，各级叶轮的直径大小相同。

2. 罗茨鼓风机

罗茨鼓风机的结构、工作原理和齿轮泵相似，如图 2-44 所示，在一个跑道似的机壳内有两个“8”字形转子，两转子之间和转子与机壳之间留有很小的缝隙（0.2～0.5mm），两转子的旋转方向相反，将机壳内分成一个低压区和高压区，气体从低压区吸入，从高压区排出。如果改变转子的旋转方向，应将吸入口与排出口互换，因此在开车前应仔细检查转子的旋转方向。

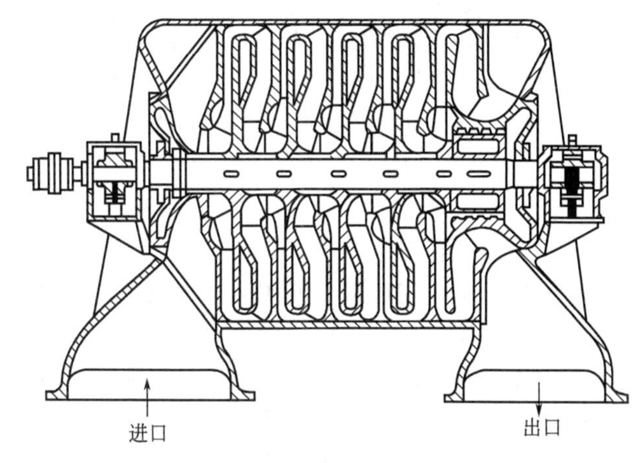

图 2-43　离心式鼓风机

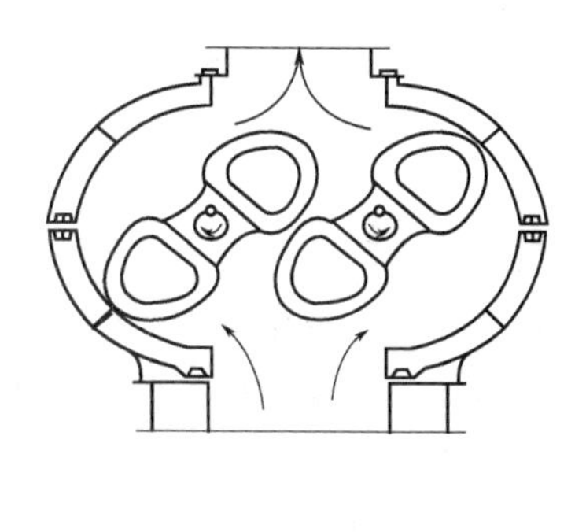

图 2-44　罗茨鼓风机

罗茨鼓风机属于正位移型，风量与转速成正比，采用安装回流支路（旁路）来调节气量，出口阀不可完全关闭。该风机出口装有气体稳压罐，并设安全阀。操作时，气体温度不能超过 85℃，否则转子会因受热膨胀而卡住。罗茨鼓风机常用在硫酸和合成氨等生产中。

四、通风机

通风机是一种在低压下沿管道输送气体的机械。工业上常用的通风机主要有轴流式和离心式两种类型。

1. 轴流式通风机

如图 2-45 所示，在机壳内装有快速旋转的叶轮，叶轮上固定有 12 片形状与螺旋桨相似的叶片，当叶轮转动时，叶片推动着空气，使之沿着与轴平行的方向流动，叶片将能量传递给空气，使排出时气体的压力略有提高，故其特点是压力不大而送风量大。由于其体积小，质量轻，常安装在墙壁或天花板上，也可以临时放置在一些需要送风的场合，主要用于车间通风换气，空冷器和凉水塔等的通风。

2. 离心式通风机

离心式通风机的结构和工作原理与单级离心泵相似，如图 2-46 所示，同样具有一个蜗壳，其中只有一个高速旋转的叶轮。蜗壳的作用是收集由叶轮抛出的气体并将部分动能转化为静压能。叶轮是将电动机的能量传递给气体的部件。为适应气体的可压缩性和大流量的要求，叶轮的直径和宽度比离心泵的叶轮要大得多，叶片数目较多、长度较短。

按产生的风压不同，离心式通风机可分为三类：低压通风机 $p_2<115$kPa；中压通风机 p_2 为 115～140kPa；高压通风机 p_2 为 140～300kPa。高压通风机的机壳通道断面形状为圆形，中、低压通风机则多为方形。中、低压离心式通风机主要作为车间通风换气用，高压离心式通风机则主要用在气体输送上。

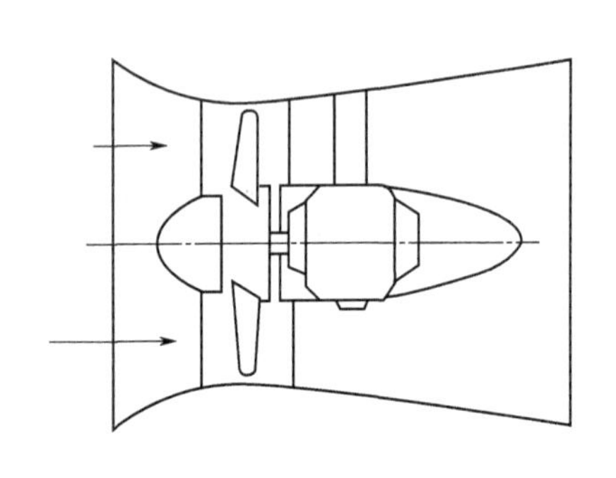

图 2-45 轴流式通风机

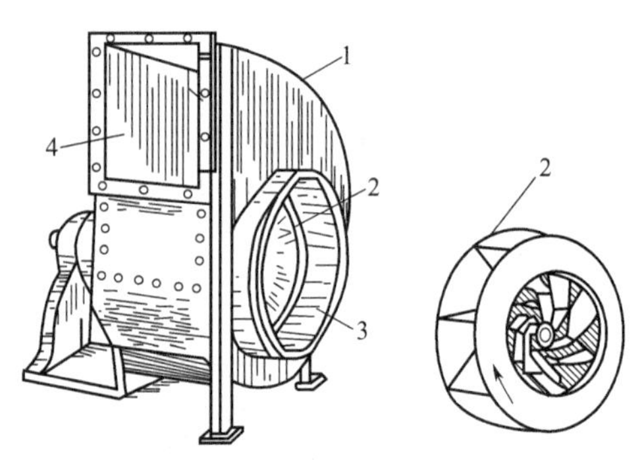

图 2-46 低压离心式通风机及叶轮

1—机壳；2—叶轮；3—吸入口；4—排出口

五、真空泵

从设备或系统中抽出气体，使其中的绝对压强低于大气压强，所用的抽气机械称为真空泵。本质上真空泵也是气体压送机械，只是它的进口压强低、出口为常压。

通常将真空泵分为干式和湿式两大类。干式真空泵只能从设备中抽出干燥气体，其真空度高达 96%～99%；湿式真空泵在抽气的同时，允许带走较多的液体，只能产生 85%～90%的真空度。从结构上分，真空泵有水环式、往复式和喷射式等形式。

1. 水环真空泵

水环真空泵如图 2-47 所示，外壳 1 内偏心地装有叶轮，叶轮上有辐射状叶片，泵壳内约充有一半容积的水，当叶轮旋转时，形成水环 3。水环具有密封作用，使叶片将空隙形成大小不同的密封小室。当小室增大时，气体从吸入口 4 吸入；当小室变小时，气体由排出口 5 排出。当被抽吸的气体不宜与水接触时，泵内可充以其他的液体，故又称为液环真空泵。

水环真空泵的特点是结构简单、紧凑，易于制造和维修，使用寿命长、操作可靠，适用于抽吸含有液体的气体。但其效率低，约为 30%～50%，所产生的真空度受泵内水温的控制。

2. 往复式真空泵

往复式真空泵的结构和工作原理与往复式压缩机相同，只是压缩机是为了提高出口气体压力；而真空泵是为了降低入口处气体压力，其排气压强为 101.3kPa（绝压）。为降低余隙气体的影响，真空泵在结构上采取了相应的措施，即汽缸左右两端设置一个平衡气道，如图 2-48 所示，在活塞终点时的汽缸内壁上加工出一个凹槽，当活塞排气过程刚完成时，能连通平衡气道，使余隙中部分残留气体从活塞一侧流向另一侧，降低余隙气体的压力，提高生产能力。真空泵和压缩机一样，汽缸外壁采用冷却装置，以除去汽体压缩和机件摩擦所产生的热量。

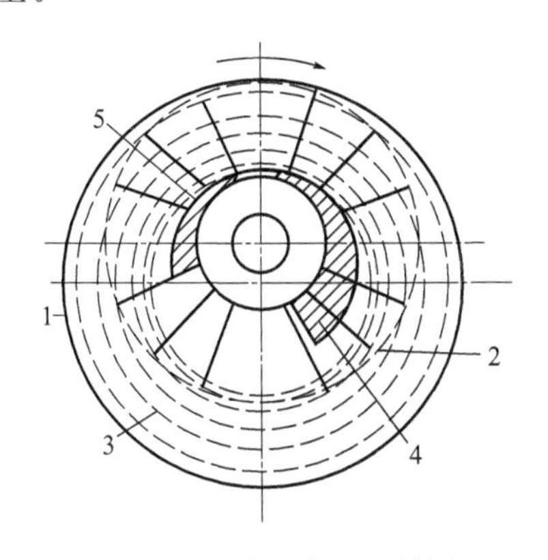

图 2-47　水环真空泵简图

1—外壳；2—叶片；3—水环；4—吸入口；5—排出口

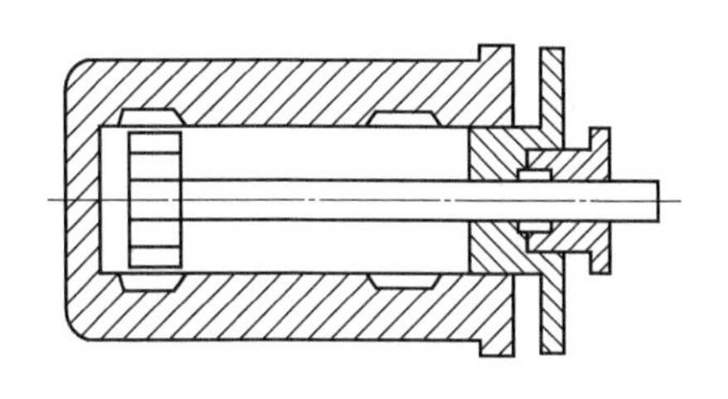

图 2-48　平衡气道

往复式真空泵属干式真空泵，操作时必须采取有效措施，确保真空泵的正常工作。例如，设置冷凝器，将湿气体中水蒸气冷凝下来，并与进入真空泵的干燥气分开；必要时还可配洗罐，以防所抽气体带液。否则可能造成严重的设备事故。往复真空泵的缺点是转速低、排气不均匀、结构复杂、运动部件多、易于磨损等，故有被其他真空泵替代的可能性。

3. 喷射泵

喷射泵是利用流体流动时静压能转换为动能而造成的真空来抽送流体的。它既可用来抽送气体，也可用来抽送液体。在化工生产中，喷射泵常用于抽真空，故它又称为喷射真空泵。喷射泵的工作流体可以是蒸汽，也可以是液体。图 2-49 所示的是单级蒸汽喷射泵，工作蒸汽以很高的速度从喷嘴喷出，在喷射过程中，蒸汽的静压能转变为动能，产生低压，而将气体吸入。吸入的气体与蒸汽混合后进入扩散管，使部分动能转变为静压能，从压出口排出。

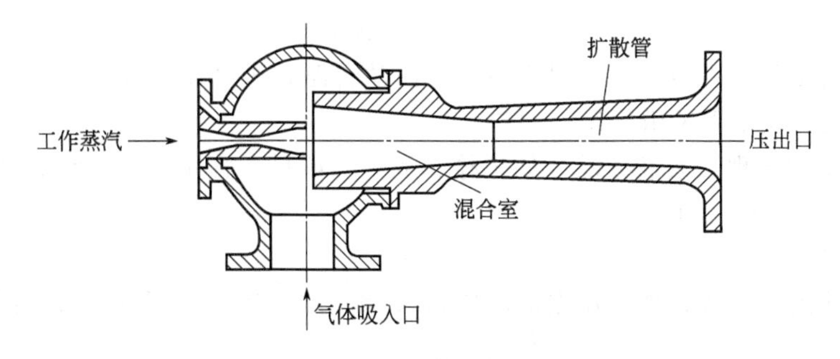

图 2-49　喷射式真空泵

喷射泵结构简单，无运动部件，但效率很低，工作流体消耗很大。由于抽送液体与工作流体混合，其应用范围受到一定的限制。单级蒸汽喷射泵可达到 90%的真空度，若要获得更高的真空度，可以采用多级蒸汽喷射。

第三节　离心泵操作技能训练

为保证生产的正常进行，减少和杜绝事故的发生，延长泵的使用寿命，操作人员必须正确使用和维护好离心泵。为此，技校学生应该在切实了解离心泵结构和性能的基础上，认真掌握泵的操作技能。

一、离心泵的操作技能训练

1. 技能训练目的

熟练掌握离心泵的试车、启动、停车、正常操作和事故处理技能。

2. 技能训练装置

训练装置如图 2-50 所示。

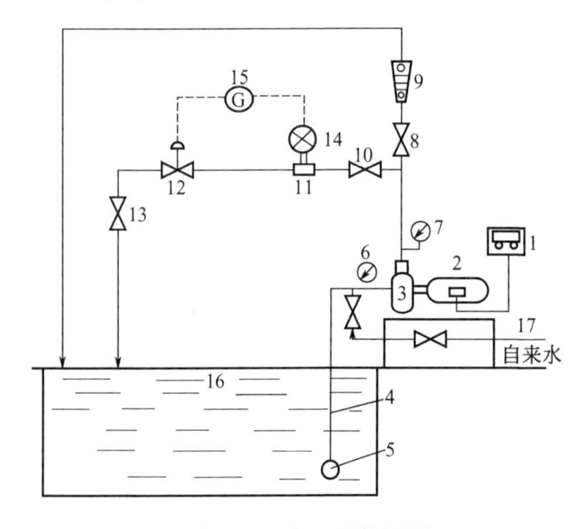

图 2-50　离心泵装置图

1—电源开关及功率表；2—电动机；3—离心泵；4—吸入管；5—底阀；6—真空表；7—压力表；8—出口阀；9—转子流量计；10,13—截止阀；11—涡轮流量计；12，15—电动调节阀；14—涡轮流量变送器；16—水池；17—加水管

将图 2-50 装置中的截止阀 10 关闭，这样就切除了离心泵流量自动调节系统。

3. 技能训练内容

（1）离心泵的试车　熟悉离心泵的试车程序，掌握试车操作步骤。

① 试车前的检查及准备　为了保证离心泵的试车安全，试车前必须认真地检查和准备。

a. 检查泵体及出入口管线、阀门、法兰、地脚螺栓、电机与泵之间的连接螺栓和泵轴承、螺钉是否紧固；

b. 检查泵与电动机联轴器的连接情况，用手搬动联轴器几圈（即盘车），观察泵轴转动是否灵活，有无不正常声响；

c. 检查轴承内润滑油是否足够；

d. 检查轴承水冷夹套的水管是否连接好，并通上冷却水，检查其循环系统是否畅通；

e. 检查轴封填料是否压紧，轴封中液封环内的管路是否已连接好；

f. 检查所用仪表是否灵敏好用；

g. 准备必要的修理工具及备品，如螺栓、扳子、填料、管路、法兰间的垫圈等。

检查合格后，即可进行试车。

② 试车步骤

a. 向泵内灌满水（或其他被输送的液体），排出泵内空气，直至泵壳顶排气嘴开启时有水冒出为止；

b. 关闭出口阀 8；

c. 启动电动机，当电动机转速正常后，打开出口阀 8，并根据需要调节流量。

（2）离心泵的开、停车　离心泵的开停车是常见的操作项目之一，应反复练习，熟练掌握开停车步骤。

① 离心泵开车步骤

a. 检查各个连接部分的螺栓是否有松动现象；

b. 检查泵的转动部分是否转动灵活，有无摩擦或卡死现象；

c. 检查轴承的润滑油量是否足够，油质是否干净；

d. 向泵内灌满水或被输送的液体，将泵及管道内的空气排净；

e. 检查轴封装置密封腔内是否充满液体，防止泵启动时，轴封装置干磨而发生烧损现象；

f. 关闭出口阀 8、压力表旋塞及真空表旋塞；

g. 启动电动机，并打开压力表 7 的旋塞，待泵以正常转速转动时，打开吸入管上真空表 6 的旋塞；

h. 当电动机达到正常转速后，打开出口阀 8，并根据需要调节流量。

② 离心泵停车步骤

a. 停泵时先关闭出口阀 8，以免停泵后出口管路中的高压流体倒流入泵内，使叶轮高速反转而造成事故；

b. 关闭真空表 6 的旋塞；

c. 切断电动机电源；

d. 关闭压力表 7 的旋塞，并停轴承冷却水和密封液系统；

e. 若长期停止使用泵，应将泵和管路内的液体排净，应拆卸开泵，将其零件上的液体擦干，涂上防腐油以妥善保存；

f. 泵冷却后，停冷却水及密封液系统。

（3）离心泵的正常操作　离心泵的正常操作，是指保持离心泵的正常运转，并将流量及时准确地调节到规定的范围内，在此主要练习离心泵的手动调节。

① 开大或关小出口阀，记录下阀门在不同开度情况下的流量，计算出口阀手轮旋转一周流量的变化值，从而掌握阀门的开度与流量的关系。在调节流量时，同时记录下真空表和压力表的读数，分析真空表，压力表的读数与流量的关系。

② 预先确定 4～5 个流量值，调节出口阀，将流量调节到规定的数值上。反复练习，直到能及时、平稳、准确地调节流量为止。

（4）离心泵常见故障及排除办法　在泵的流量调节练习过程中，若出现故障，应找出原因，及时排除，练习故障处理能力。

表 2-3　离心泵常见故障及排除方法

故障现象	产生故障的原因	排除故障
启动后不出水	① 启动前泵内灌水不足 ② 吸入管或仪表漏气 ③ 吸入管浸入深度不够 ④ 底阀漏水	① 停车重新灌水 ② 检查不严密处，消除漏气现象 ③ 降低吸入管路，使管口浸没深度大于 0.5～1m ④ 修理或更换底阀
运转过程中输水量减少	① 转速降低 ② 叶轮塞阻 ③ 密封环磨损 ④ 吸入空气 ⑤ 排出管路阻力增加	① 检查电压是否太低 ② 检查并清洗叶轮 ③ 更换密封环 ④ 检查吸入管路，压紧或更换填料 ⑤ 检查所有阀门及管路中可能阻塞之处
轴功率过大	① 泵轴弯曲，轴承磨损或损坏 ② 平衡盘与平衡环磨损过大，使叶轮盖板与中段磨损 ③ 叶轮前盖板与密封环、泵体相磨 ④ 填料压得过紧 ⑤ 泵内吸进泥沙及其他杂物 ⑥ 流量过大，超出使用范围	① 矫直泵轴，更换轴承 ② 修理或更换平衡盘 ③ 调整叶轮螺母及轴承压盖 ④ 调整填料压盖 ⑤ 拆卸清洗 ⑥ 适当关闭出口阀

续表

故障现象	产生故障的原因	排除故障
振动过大，声音不正常	① 叶轮磨损或阻塞，造成叶轮不平衡 ② 泵轴弯曲，泵内旋转部件与静止部件有严重摩擦 ③ 两联轴器不同心 ④ 泵内发生汽蚀现象 ⑤ 地脚螺栓松动	① 清洗叶轮并进行平衡矫正 ② 矫正或更换泵轴，检查摩擦原因并消除 ③ 找出两联轴器的同心度 ④ 降低吸液高度，消除产生汽蚀的原因 ⑤ 拧紧地脚螺栓
轴承过热	① 轴承损坏 ② 轴承安装不正确或间隙不适当 ③ 轴承润滑不良(油质不好，油量不足) ④ 泵轴弯曲或联轴器没找正	① 更换轴承 ② 检查并进行修理 ③ 更换润滑油 ④ 矫直或更换轴承，找正联轴器

二、离心泵的性能特性曲线测定

1. 技能训练目的

在图 2-50 装置上，熟悉离心泵的操作，测定单级离心泵在固定转速下的流量、扬程、功率和效率；以流量 Q 为横坐标，N、ε、η 为纵坐标，绘制该泵的特性曲线。

2. 离心泵性能的测定方法

在图 2-50 所示的装置中，将截止阀 10 关闭，利用出口阀 8 调节泵的流量，在一定转速下，测量出一个流量值，同时测出该流量下的扬程、功率和效率为一组数据，然后逐渐改变流量，测出 8 组数据。

(1) 流量 Q 测定　用出口阀 8 调节流量，用转子流量计 9 测量其流量，单位为 m^3/s。

(2) 扬程 H 的测定　用离心泵进口真空表、出口压力表分别测定 p_1 和 p_2，因泵进出口间的管路很短，忽略其阻力损失 $H_{f1-2}=0$，在泵进出口间列伯努利方程，则

$$H=Z_0+\frac{p_2-p_1}{\rho g}+\frac{u_2^2-u_1^2}{2g} \tag{2-20}$$

(3) 轴功率的测定　泵的轴功率一般较难测量，因此先测电动机的输入功率 $N_{电}$，电动机的输入功率由功率表 1 测出，再根据下式算出轴功率 N。泵的轴功率 N 与电动机输入功率 $N_{电}$ 之间的关系式为：

$$N=N_{电}\ \eta_{电}\ \eta_{传} \tag{2-21}$$

式中　N——泵的轴功率，kW；

$N_{电}$——电动机输入功率，kW；

$\eta_{电}$——电动机效率，一般取 0.9；

$\eta_{传}$——传动装置的机械效率，一般取 1。

(4) 效率的测定　泵的效率等于有效功率与轴功率之比。见本章中的式(2-2)、式(2-3)。

3. 性能参数测定步骤

① 打开充水阀向离心泵泵壳内充水。

② 关闭充水阀、出口流量调节阀，启动总电源开关，启动电机电源开关。

③ 打开出口调节阀至最大，记录下管路流量最大值，即控制柜上的涡轮流量计的读数。

④ 调节出口阀，流量由最小到最大测取 8 次，记录各次实验数据，包括压力表读数、真空表读数、孔板流量计的读数、功率表的读数。

⑤ 测取实验用水的温度。

⑥ 关闭出口流量调节阀，关闭电机开关，关闭总电源开关。

4. 数据处理（表 2-4）

水温：____℃，离心泵型号规格：____。

表 2-4　离心泵特性曲线定数据测及计算记录表

序号	直管流量 /(m^3/h)	泵的压头 /mH_2O	泵入口压力 /MPa	泵出口压力 /MPa	电机功率 /kW	有效功率 /kW	效率
1							
2							
3							
4							
5							
6							
7							
8							

第四节　离心式压缩机操作技能训练

离心式压缩机不仅转速高，而且排气量大，已成为生产中的关键设备，因此，操作人员除掌握其结构性能外，还要掌握正确操作要点，维护保养和异常现象及处理方法。

一、开车前准备工作

① 检查电气、仪表、安全防爆等装置，确保灵敏、准确、可靠。

② 检查油路系统。油箱内有无积水和杂物，油位为油箱高度的 2/3，阀门开关灵活，油泵和过滤器运行正常。

③ 检查水路系统。整个系统畅通无渗漏。

④ 检查进、排气系统。系统无堵塞现象和积水存液，排气系统所有阀门（排气阀、安全阀、止逆阀）动作灵活。

⑤ 启动油泵。使各润滑部位充分有油，检查油压量处于正常。

⑥ 检查轴位计是否处于零位，进出阀门是否打开。

二、正常操作

① 点车启动，空车运行 15min 以上，无异常，即可逐步关闭放空阀使压力上升，同时打开送气阀，向用户送气。

② 经常检查控制柜上的气体压力、轴承温度、电流大小或蒸汽压力、气体流量及主机转速等，发现问题，立即调整。

③ 经常察看和调节各级汽缸的排气温度和压力，防止过高或过低。

④ 经常用“摸、听”的方法，检查压缩机的转动声音和振动情况。

⑤ 严防压缩机抽空或倒转现象发生，否则会损坏设备。

三、维护和保养

① 保持设备清洁卫生，表盘干净清晰。

② 定时巡回检查轴承温度、油压、压缩气体的进出口压力和温度。

③ 保持所有零件整洁，油路系统、水路系统无滴漏现象。

④ 经常检查和测听各转动部位的响声和振动情况。

⑤ 定期清洗油过滤器、滤尘器和冷却器，保持油质合格。

四、停车操作

① 切断主机电源，关闭进排气阀门。

② 主机停稳后，停油泵和冷却水。

③ 盘动转子。停车后汽缸和转子温度都很高，为防止转子弯曲，故每隔 15min 将盘动转子 180°，直至温度降到 30℃为止。

④ 遇到下列情况之一时，应采取紧急停车：

a. 突然停电、停油或停蒸汽；

b. 轴位计超过指标，大于 0.4mm，保安装置不动作；

c. 油压急速下降且超过规定极限，连锁装置不动作；

d. 轴承温度超温报警，但仍继续上升；

e. 压缩机发出异常声响或发生剧烈振动；

f. 电机冒烟和有火花。

五、异常现象及处理方法

见表 2-5。

表 2-5　离心式压缩机操作技能训练

异常现象	原　　因	处 理 方 法
剧烈振动	① 发生喘振 ② 转子轴弯曲变形或偏离 ③ 轴承间隙量过大 ④ 轴承损坏 ⑤ 轴承或地脚螺栓松动 ⑥ 联轴器和机身转子找正误差大 ⑦ 转子动平衡破坏	① 增大吸入量或消振 ② 校正修理 ③ 调整瓦垫或换瓦 ④ 更换轴承 ⑤ 紧固螺栓 ⑥ 重新找正 ⑦ 重新找正平衡
轴瓦温度高	① 轴瓦间隙量小 ② 轴瓦来油温度高 ③ 供油不足,油内带水或太脏	① 调整间隙 ② 清理冷却器 ③ 检查油路系统和油质,加大供油量
转子轴向位移大	① 各级气体压力失去平衡值 ② 止推轴承磨损	① 调整或检修 ② 检查修理
润滑油压力降低	① 油路堵塞或泄漏 ② 过滤器堵塞 ③ 油箱内油位过低 ④ 油泵发生故障	① 检查油路,修理泄漏处 ② 清扫过滤器 ③ 增添新油 ④ 切换检修

本章小结

本章重点介绍了液体输送机械离心泵、往复泵的基本结构、工作原理、主要性能参数、特性曲线、流量调节方法、操作要求；气体输送机械往复式压缩机、离心式压缩机的基本结构、工作原理、主要性能参数、特性曲线、流量调节；鼓风机、通风机和真空泵的基本结构、工作原理；气缚、汽蚀、喘振现象产生的原因及预防措施；还简单介绍了其他类型的泵和气体输送机械的工作原理、结构、影响各种流体输送机械的主要因素、安装要求和适用场合等。通过离心泵和离心式压缩机的操作技能训练，使学生熟练掌握离心泵、离心式压缩机的启动、正常操作、停车的步骤和常见故障及排除方法。

阅读材料

蒸汽轮机与燃气轮机

1. 蒸汽轮机

利用蒸汽使叶轮转动的机器叫“蒸汽轮机”。蒸汽轮机是由一个中央很厚的钢盘和钢盘外沿弧形叶片所组成，当蒸汽喷射到叶片上时，轮机就转动起来，而且蒸汽速度越大，轮机转动得越快。

我们知道当气体从高压空间流向低压空间时，压差越大，气体流动速度就越大。蒸汽轮机内装有喷嘴，从锅炉过热管中送过来的过热蒸汽，通过蒸汽轮机内的喷嘴喷射到蒸汽轮机的叶片上，过热蒸汽从喷嘴喷出时，体积急剧膨胀、压强降低、速度增大，通过这一过程，蒸汽的内能转变为蒸汽的动能；蒸汽喷射到叶片上时，推动叶片转动，蒸汽的动能就又转化为机轴旋转的机械能。

蒸汽轮机重量轻、体积小，不需用曲柄和飞轮等机械来将移动改为转动，因此转动均匀，没有振动；转动速度高，每分钟可达 3000 转；它的缺点是只能沿一个方向转动，不能开倒车，蒸汽轮机必须和高压锅炉配套使用，故此它只能用在发电厂或巨型舰艇上。

2. 燃气轮机

燃气轮机是利用气体作为工质在燃烧室里燃烧，将燃料的化学能转变为气体的内能；在喷嘴里，气体的内能转变为气体的动能，燃气高速喷出，冲击叶轮转动。燃气轮机的基本原理与蒸汽轮机很相似，不同处在于工质不是蒸汽而是燃料燃烧后的烟气。

燃气轮机属于内燃机，所以也叫内燃气轮机。构造有四大部分：空气压缩机、燃烧室、叶轮系统及回热装置。压气机将空气压缩后送入燃烧室，再跟燃料混合后燃烧，产生大量的高温高压气体，高温高压燃气被送入封闭的轮机装置内膨胀，推动叶片使机轴转动。

燃气轮机的优点是不需连杆、曲柄、飞轮等装置，又不需锅炉，因此体积小、重量轻，功率大到 100～200MW，效率高达 60%，广泛地应用到飞机上，作为动力装置。但是喷射到叶轮上的汽体温度高达 1300℃，因此叶轮需昂贵的特殊耐热合金来制造，加工难、成本高；且耗油量大，在同样功率下比活塞式汽油机多 2 倍，故燃气轮机适宜于 735～2205kW（1000～3000 马力）以上的飞机和船舶上。

3. 空气喷气发动机

空气喷气发动机是利用气体从尾部高速喷出时所产生反冲的推力来推动机身前进的机械。

由于活塞式内燃机的螺旋桨叶转得越快，它所受到的阻力也越大，效率就越低，所以它的速度不能超过 211m/s。而且这种飞机只能在空气中飞行，因此飞行的高度及速度都受到限制。

喷气式发动机的燃料在燃烧室内燃烧后，产生高温和高压的气体，这种气体从尾部以极高的速度喷出，同时产生反作用力，推动机身向前运动。喷气机的作用是直接产生反冲推力，把燃料的内能转变为燃气的动能和飞机前进的机械能，而不需要通过能量转变的中间结构——活塞、螺旋桨等，减少了能量的损失，从而提高了飞机的飞行速度。

喷气式发动机可分为两大类，即空气喷气发动机和火箭喷气发动机。空气喷气发动机本身携带燃料，它需要利用外界的空气来帮助燃烧。因此它不适宜在空气稀薄的高空飞行。

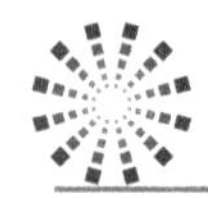

思考题与习题

2-1 简述离心泵的构造、各部件的作用及离心泵的工作原理。

2-2 离心泵的叶轮有哪几种类型？各适用于何种场合？

2-3 离心泵的泵壳为什么要制成蜗壳形？它有哪些作用？

2-4 离心泵在启动之前为什么要灌满液体？

2-5 离心泵启动后吸不上液体，你看是什么原因？怎样才能使泵吸上液体？

2-6 离心泵的性能参数有哪些？各自的定义、单位是什么？

2-7 气缚现象和汽蚀现象有何区别？

2-8 离心泵产生汽蚀现象的原因是什么？如何防止？

2-9 试绘出离心泵的特性曲线（示意图）。

2-10 试写出离心泵安装高度的计算公式。

2-11 何谓管路特性曲线？何谓工作点？

2-12 离心泵有哪几种调节流量的方法？各有何利弊？

2-13 离心泵的流量调节阀应装在泵的进口管路上还是出口管路上？阀门关小后，真空表和压力表的读数增加还是减小？

2-14 往复泵启动时是否需要灌液体？为什么？其流量如何调节？

2-15 往复式压缩机的余隙是什么？它对压缩过程有什么影响？

2-16 什么是压缩比？压缩机为什么要采用多级压缩？为什么要进行中间冷却？

2-17 某离心泵用20℃清水进行性能实验。测得其体积流量为580m^3/h，出口压力表读数为0.3MPa，吸入口真空表读数为0.03MPa，两表间垂直距离为400mm，吸入管和压出管内径分别为50mm和310mm。试求对应此流量的泵的扬程。

2-18 现测定一台离心泵的扬程。工质为20℃清水，测得流量为60m^3/h时，泵进口真空表读数为0.02MPa，出口压力表读数为0.47MPa（表压），已知两表间垂直距离为0.45m，若泵的吸入管与压出管管径相同。试计算该泵的扬程？

2-19 一台离心泵在转速为1450r/min时，送液能力为22m^3/h，扬程为25m H_2O。现转速调至1300r/min，试求此时的流量和压头。

2-20 一台离心泵在海拔1000m处输送20℃的清水，若吸入管中的动压头可以忽略，且全部能量损失为6.5m，泵安装在水面以上3.5m处，试问此泵能否正常工作？

2-21 某车间有一台离心泵，现欲用此泵将贮槽液面压力为157kPa、温度为40℃、密度为100kg/m^3的料液送至一设备中，其流量和扬程均满足要求。已知其允许上真空高度为5.5m，吸入管中液体的动压头和能量损失为1.4m。试确定其安装高度。

2-22 泵吸入管径为ϕ89mm×4.5mm，长为5m的钢管中有一个标准弯头（$\zeta=0.75$），一吸入底阀$\zeta=8.5$，摩擦系数$\lambda_1=0.025$。泵压出管径为ϕ68mm×4mm，长为15m，管路中装有一个全开截止阀（$l_e=19m$），两个标准弯头，摩擦系数$\lambda_2=0.03$。管路两端水面高差为12m，进口高于水面2m，流量为40m^3/h。试求：(1) 每1N流体从离心泵中获得的机械能为多少？(2) 如果高位槽中的水沿同样的管路流出，流量不变，问此时是否需要安装离心泵？

第三章　非均相物系的分离

学习目标

1. 掌握液-固、气-固相分离的基本概念、原理和主要方法。
2. 理解主要液-固、气-固相分离设备的结构、性能及操作特点。
3. 了解其他几种液-固、气-固相分离设备的操作和结构形式特点。

在化工生产中，大多数的原料、半成品、成品以及排放的“三废”均为混合物，一般分为均相混合物和非均相混合物。由相同相态组成的混合物系称为均相物系，例如清洁的空气、清水、苯与甲苯混合溶液等。由不同相态组成的混合物系称为非均相物系，主要有：气体非均相物系，即由气体与固体或液体组成的混合物；液体非均相物系，即由液体和固体组成的混合物。

在非均相物系中，通常有一相处于分散状态，称为分散相，例如悬浮在气体或液体中的固体尘粒；而另一相处于连续状态，称为连续相，例如包围在固体尘粒周围的气体和液体。分散相和连续相的密度一般存在很大的差异，密度较大的称为重相，密度较小的称为轻相。

非均相物系的分离主要依靠力学原理来实现混合物的分离，一般不涉及相变，主要有沉降、过滤、离心分离、固体流态化等。

非均相物系的分离在化工生产中应用很广。为了满足工艺条件的要求，要将多相混合物原料进行分离；为了得到合格的产品，需要将从反应器出来的生成物进行分离；回收有价值的物质，例如从流化床反应器出口的气体中回收催化剂颗粒；减少对环境的污染和保证生产安全，例如排放的“三废”中的废气，应将固体颗粒和有害物质在排放前进行分离。

第一节　沉　　降

沉降是指在某种力场中，使密度不同的两相物质发生相对运动，从而达到分离的目的。可分为重力沉降和离心沉降。

一、重力沉降

在重力作用下，使颗粒与流体之间发生相对运动而实现分离的操作过程，称为重力沉降。

1. 重力沉降速度及其影响因素

(1) 重力沉降速度　当固体颗粒在静止的流体中降落时，颗粒受到三个力的作用，即向下的重力、向上的浮力及与颗粒运动的方向相反的阻力(向上)，对于一定的流体和颗粒，重力与浮力是恒定的，而阻力却随颗粒的下降速度而变化（图 3-1）。

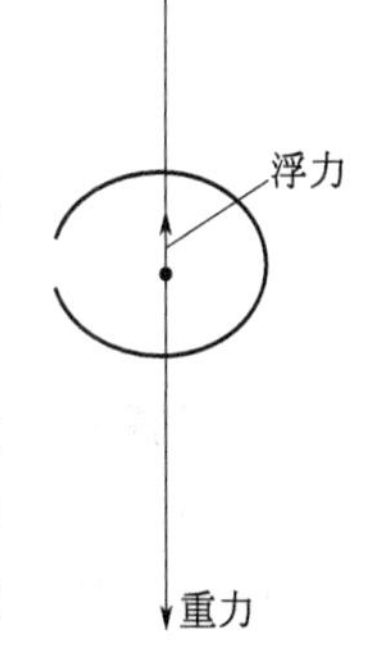

图 3-1　沉降颗粒的受力情况

颗粒下降过程中，当重力大于浮力与阻力之和时，颗粒作加速运动，随着速度的增大，阻力也相应增大。当三个力处于平衡状态时，颗粒匀速降落，此时的速度即称为重力沉降速度。可通过下式进行计算。

$$u_0=\sqrt{\frac{4d(\rho_s-\rho)g}{3\zeta\rho}} \tag{3-1}$$

式中 u_0——颗粒的沉降速度，m/s；

d——颗粒的直径，m；

ρ_s——颗粒的密度，kg/m^3；

ρ——流体的密度，kg/m^3；

ζ——阻力系数。

（2）影响重力沉降速度的因素　在沉降过程中，颗粒之间发生相互影响而使颗粒沉降的过程称为干扰沉降。实际沉降过程均为干扰沉降，在实际沉降操作中，影响沉降速度的因素如下：

① 颗粒的特性　对于同种颗粒，球形颗粒的沉降速度大于非球形颗粒的沉降速度。颗粒的直径越大，密度越大，则沉降速度越大，越容易进行分离。颗粒浓度越大，沉降时受周围颗粒的影响而使沉降速度减慢。

② 流体的性质　流体与颗粒的密度差越大，沉降速度越大；流体的黏度越大，沉降速度越小。因此，对高温含尘气体的分离，应先降低气体的温度，使黏度降低，以增加颗粒的沉降速度。

③ 流体的流动状态　流体应尽可能地处于稳定的低速流动状态，以减少干扰，提高分离效率。

④ 器壁的影响　器壁对颗粒产生摩擦而减小沉降速度。

2. 重力沉降设备

（1）降尘室　降尘室是利用重力沉降从气流中除去颗粒的设备，如图 3-2 所示。含有颗粒的气体进入降尘室气道后，因流通截面积扩大而速度减慢，只要颗粒能够在气体通过降尘室的时间内降至室底，便可从气流中分离出来。

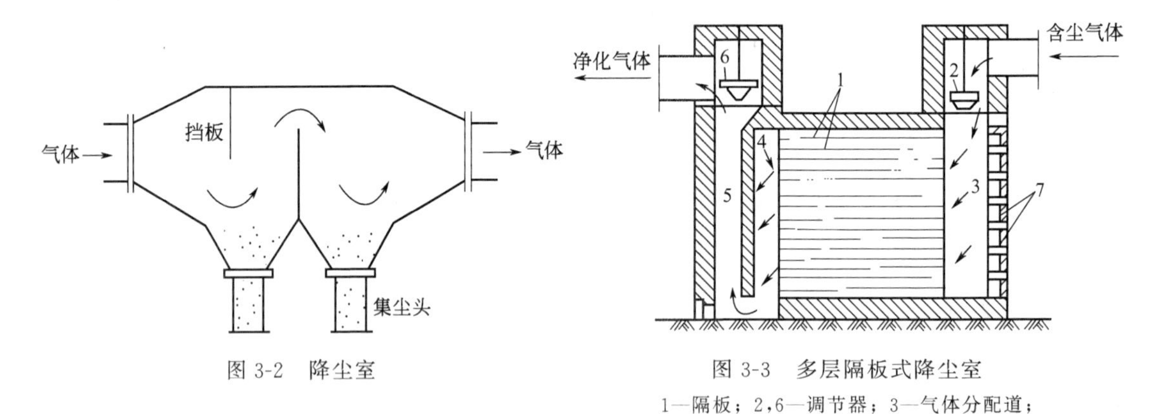

图 3-2　降尘室

图 3-3　多层隔板式降尘室

1—隔板；2,6—调节器；3—气体分配道；4—气体集聚道；5—气道；7—出灰口

为了提高分离效率，可采用多层（隔板式）降尘室，如图 3-3 所示。在砖砌的降尘室中放置很多水平隔板。含尘气体以很慢的速度，沿水平方向流动，灰尘便落在隔板上，经过一段时间后，从出灰口将降落在隔板上的灰尘取出。操作时气体流速一般为 1.2～3m/s，以免干扰颗粒的沉降或出现“返混”现象。多层降尘室虽然提高了分离效率，增大了处理量，能分离较细的颗粒，但清灰比较麻烦。

（2）沉降槽　利用重力沉降从悬浮液中分离固体颗粒的设备称为沉降槽。化工生产中常用的是连续沉降槽，如图 3-4 所示，它是一个底部呈锥形的圆槽，悬浮液连续地沿送液槽从上方中央进入，颗粒沉降到底部成为稠浆，稠浆由缓慢旋转的转耙将沉降颗粒收集到中心，然后从底部中心出口连续排出，澄清液经上口周缘的溢流槽连续地排出。沉降槽的操作连续，构造简单，处理量大，沉淀物的浓度均匀；但设备庞大，占地面积大，分离效率比较低。

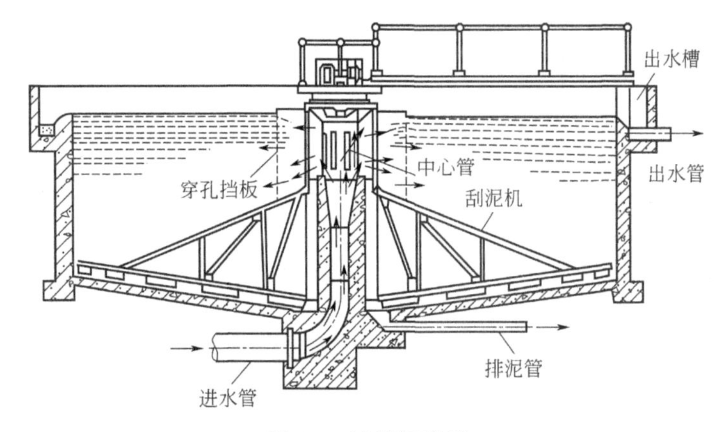

图 3-4　连续沉降槽

二、离心沉降

1. 离心沉降的原理

离心沉降是依靠惯性离心力的作用而实现的沉降过程。当固体颗粒随流体做圆周运动时，便形成惯性离心力场。颗粒在离心力场中受到三个力的影响：惯性离心力、向心力和指向旋转中心的阻力。若颗粒为球形，则在惯性离心力作用下，随介质旋转运动，并沿径向方向沉降。当颗粒在沉降方向上所受各种力互相平衡时，颗粒作等速沉降。即颗粒在径向上的相对运动速度就是颗粒在此位置上的离心沉降速度。

离心沉降的沉降速度大，分离效率高；但设备复杂，投资费用大，需要消耗能量，操作严格且操作费用高。

2. 离心沉降设备

（1）旋风分离器　旋风分离器是从气流中分离尘粒的离心沉降设备，又称为旋风除尘器，构造如图 3-5 所示。主体上部为圆筒形，下部为圆锥形。含尘气体由圆筒上部的切向入口进入。在器内形成一个绕筒体中心向下做螺旋运动的外旋流。在此过程中，颗粒在离心力的作用下，被甩向器壁与气流分离，并沿器壁滑落至锥底排灰口，定期排放；外旋流到达器底后（已除尘）变成向上的内旋流，最终，内旋流（净化气）由顶部排气管排出。

旋风分离器的结构简单，造价较低，没有运动部件，操作不受温度、压力的限制；但气体在器内流体阻力较大，对器壁的磨损较大，不适用于分离黏性的、湿含量高的粉尘和腐蚀性粉尘。

（2）旋液分离器　旋液分离器是利用离心沉降原理从悬浮液中分离固体颗粒的设备。设备主体是由直径较小的圆筒和较长的圆锥两部分组成，如图 3-6 所示。直径小的圆筒有利于增加惯性离心力，提高沉降速度；加长的圆锥部分可增大悬浮液的行程，增加了悬浮液在器内的停留时间，有利于分离。悬浮液经入口管沿切向进入圆筒，做螺旋形向下运动，形成下旋流。固体颗粒受惯性离心力作用被甩向器壁，随下旋流降至锥底的出口，由底部排出。排出的增浓液称为底流；清液或含有微细颗粒的液体则成为上升的内旋流，从顶部的中心管排出，称为溢流。

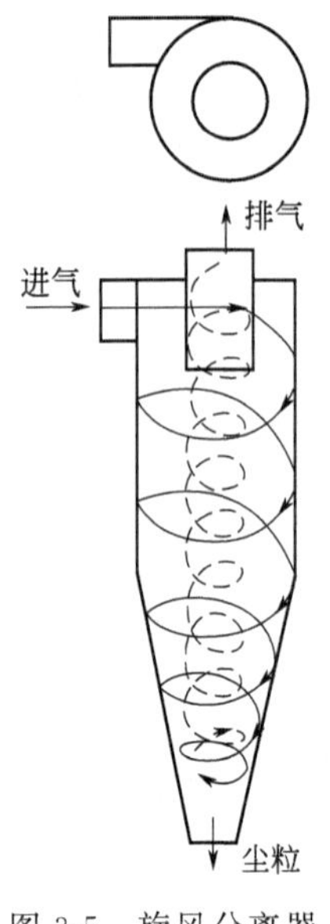

图 3-5　旋风分离器

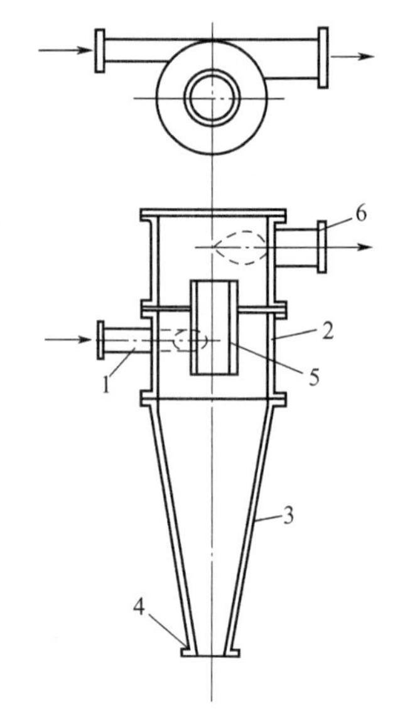

图 3-6　旋液分离器

1—悬浮液入口；2—圆筒；3—圆锥；
4—底流出口；5—中心管；6—溢流口

旋液分离器不仅可用于悬浮液的增浓，还用于不同粒径的颗粒的分级，也可用于不互溶液体的分离、气-液分离等操作中。

第二节　过　　滤

过滤主要是分离液-固非均相物系（悬浮液）的一种单元操作。利用过滤操作可以得到澄清的液体或固体产品。与沉降分离相比，过滤操作可使悬浮液的分离更迅速、更彻底。

一、过滤原理

过滤是在推动力的作用下，使悬浮液通过一种多孔性物质的隔层，流体从隔层的小孔中流过，固体颗粒被截留在隔层上，从而将悬浮液中的固体颗粒分离出来单元操作，如图 3-7 所示。在过滤操作中，所用的多孔性物质的隔层称为过滤介质；把需要分离的悬浮液称为滤浆或料浆；被截留在过滤介质上的固体颗粒层称为滤渣或滤饼；通过滤渣和过滤介质的澄清液称为滤液。

二、过滤介质和助滤剂

1. 过滤介质

工业上常用的过滤介质种类很多，选择合适的过滤介质，是过滤操作中的一个重要问题。对过滤介质的基本要求是：具有多孔性，阻力小，使液体易通过；具有化学稳定性、耐腐蚀性、耐热性；具有足够的机械强度，表面光滑，价格低廉。工业上常用的过滤介质有以下几种：

（1）织物状介质　是最广泛使用的一种过滤介质，如用棉、麻、羊毛、蚕丝或石棉等天然纤维以及各种合成纤维、玻璃纤维织成的滤布等，或用金属丝等织成的滤网。织物介质造价低，清洗、更换方便。

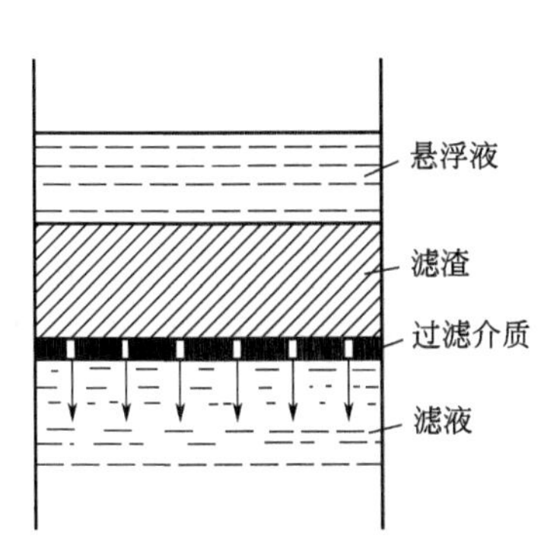

图 3-7　过滤操作简图

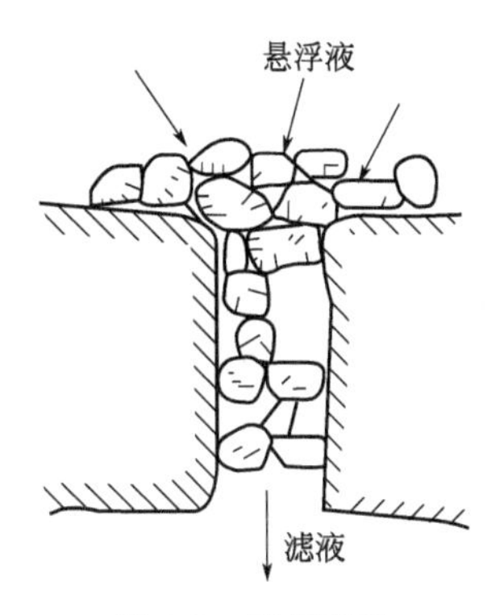

图 3-8　架桥现象

(2) 粒状介质　如细纱、石砾、玻璃碴、木炭屑、膨胀珍珠岩粉、石棉粉等固体颗粒堆积成一定厚度的床层结构。粒状介质多用于深层过滤。适用于过滤含滤渣较少的悬浮液。

(3) 多孔固体介质　多孔固体介质是具有很多微细孔道的固体材料制成的管或板等，如多孔陶瓷板、多孔塑料、多孔金属等。其优点是耐腐蚀、孔隙小、过滤效率高，适用于过滤含少量微粒的腐蚀性悬浮液。

在过滤操作中，随着操作的进行，滤饼的厚度和流动阻力都逐渐增加。若构成滤饼的颗粒是由不易变形的颗粒组成（如晶体物料）。当滤饼两侧的压差增大时，颗粒的形状和床层的空隙都基本不变。此类滤饼称为不可压缩滤饼。反之，若滤饼由无定形的颗粒组成（如一般胶体颗粒）。当压差增大时，颗粒的形状和床层的空隙都会有不同程度的改变。此类滤饼称为可压缩滤饼。

2. 助滤剂

在过滤开始阶段，会有一些细小颗粒穿过过滤介质，而使滤液浑浊，但是会有一部分颗粒不能通过介质而被截留。小于滤孔的粒子，由于在过滤中发生的“架桥”现象（如图 3-8 所示），也会被截留。对于由胶体颗粒组成的可压缩滤饼，因其形状易被压力所改变，往往容易堵塞滤孔。为了防止这一情况发生，通常使用助滤剂。可预敷于过滤介质表面，以防止介质孔道堵塞；也可加入到悬浮液中，在形成滤饼时使能均匀地分散在滤饼中，改变滤饼结构，增加滤饼刚性，使过滤速率得到提高。

对助滤剂的基本要求：具有较好的刚性，能与滤饼形成多孔床层，使滤饼具有良好的渗透性和较低的流动阻力；具有良好的化学稳定性，不与悬浮液反应，并且不溶解于液相中。

助滤剂一般是质地坚硬的细小颗粒。如硅藻土、石棉、炭粉等。

三、过滤速率及其影响因素

1. 过滤速率

过滤速率是指单位时间内通过单位过滤面积上的滤液体积，即：

$$u=\frac{dV}{A\,d\tau} \tag{3-2}$$

式中　u——瞬时过滤速率，$m^3/(m^2 \cdot s)$；

A——过滤面积，m^2；

dV——滤液体积，m^3；

$d\tau$——过滤时间，s。

实践证明，过滤速率与过滤的推动力成正比，与过滤阻力成反比。要想提高过滤速率，应增大过滤推动力，减小过滤阻力。

2. 影响过滤速率的因素

(1) 悬浮液的性质　悬浮液的黏度越小，过滤速率越快。因此，有时还将滤浆先适当预热，使其黏度下降。

(2) 过滤推动力　要使过滤操作得以进行，必须保持一定的推动力。即：在滤饼和介质的两侧之间保持有一定的压差。可采用加压或抽真空的方法获得较大压差。但只适用于不可压缩滤饼。

(3) 过滤介质和滤饼性质　过滤介质的影响主要表现在过程阻力和过滤效率上。例如金属网与棉毛织品的空隙大小相差很大，则生产能力和过滤效果差别也就很大。滤饼的影响因素主要为颗粒的形状、大小，滤饼的紧密度和厚度等。

四、过滤设备

过滤设备种类繁多，结构各不相同。若按操作方法不同，可分为间歇式和连续式过滤机；若按过滤设备产生的压差来分，可分为加压过滤、真空过滤和离心过滤。下面主要介绍板框压滤机和转筒真空过滤机。

1. 板框压滤机

板框压滤机是间歇操作过滤机中应用最广泛的、最早应用于工业生产过程的过滤设备，如图 3-9 所示。它主要由压紧装置、固定头、滤框、滤板、滤布等部分构成。每机所用滤板和滤框的数目，由生产能力和悬浮液的情况而定。

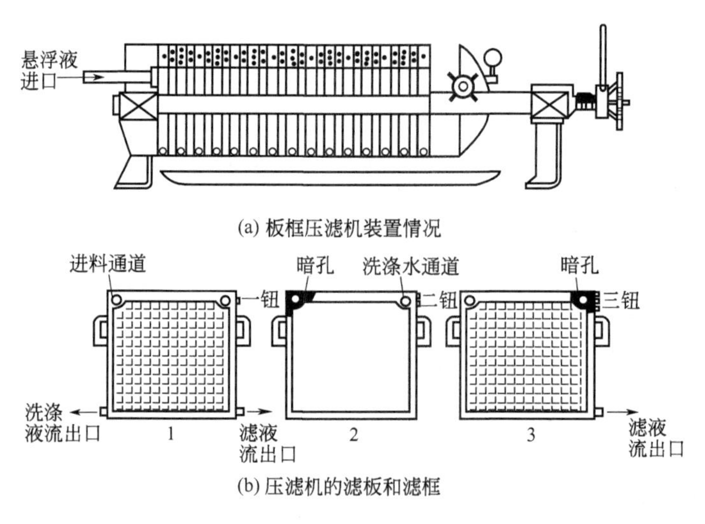

图 3-9　板框式压滤机的装置情况以及滤板和滤框的构造情况

1—过滤板；2—滤框；3—洗涤板

为了在装合时，不至于使板和框的次序排错，在铸造时常在板和框的外缘，铸有小钮。在滤板的外缘铸有一个钮的称为过滤板；在滤板的外缘铸有三个钮的称为洗涤板；在滤框的外缘铸有两个钮。由图 3-9 可以看出，1 是过滤板，2 是滤框，3 是洗涤板。板和框是按照钮的记号 1—2—3—2—1……的顺序排列的。滤板的表面上有棱状沟槽，其边缘略为突出。板与框之间隔有滤布。在板、框和滤布的两上角都有小孔。当装合后，就连接成为两条孔道。一条是悬浮液通道，另一条是洗涤水通道。此外，在框的上角有暗孔与悬浮液通道相通。在过滤板和洗涤板的下角（悬浮液通道的对角线位置）都装有滤液的出口阀。在洗涤板的上角有暗孔与洗涤水通道连通。在过滤板的另一下角（洗涤水通道的对角线位置）装有洗涤液出口阀。

操作前，应将板、框和滤布按前面所述的顺序排列，并转动机头，将板、框和滤布压紧。操作时，悬浮液在压力下经悬浮液通道和滤框的暗孔进入滤框的空间内，滤液透过滤布，沿板上沟槽流下，汇集于下端，经滤液出口阀流出。固体微粒在框内形成滤渣。待滤渣充满滤框后，就结束过滤阶段的操作，开始洗涤。洗涤时应先将悬浮液进口阀和洗涤板下角的滤液出口阀关闭，然后再送入洗涤水。洗涤水经洗涤水通道和暗孔进入洗涤板，透过滤布和滤渣的全部厚度，自过滤板下角的洗涤液出口阀流出。然后就放松机头旋钮，松动板框，取出滤渣。最后将滤框和滤布洗净，重新装合，准备下一次的过滤操作。

板框压滤机的操作是间歇的。装合、过滤、洗涤、卸渣、洗净等阶段为一个操作周期。板框压滤机的构造简单，制造方便，所需辅助设备少，过滤面积大，推动力大，操作压力高，便于检修；但劳动强度大、生产效率低，滤渣洗涤慢不均匀，滤布磨损严重。板框压滤机适用于过滤黏度较大的悬浮液、腐蚀性物料和可压缩物料。

2. 转筒真空过滤机

转筒真空过滤机是一种连续操作的过滤机械，依靠真空系统形成的转鼓内外压差进行过滤，如图 3-10 所示。

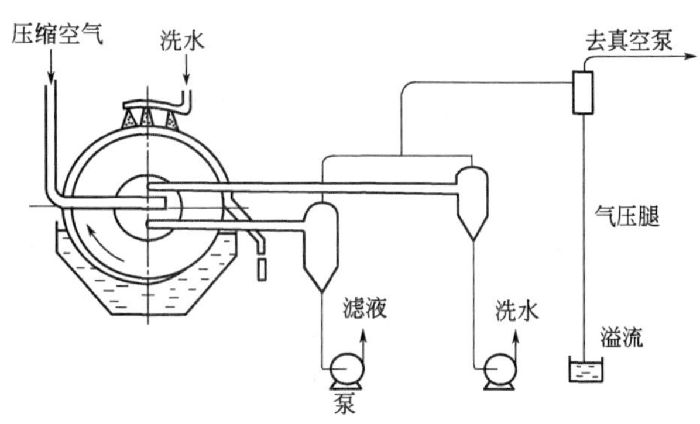

图 3-10 转鼓真空过滤机装置流程

过滤机的主要部分是一水平放置的回转圆筒（转鼓）。筒的表面上有孔眼，并包有金属网和滤布。它在装有悬浮液的槽内做低速回转，转筒的下半部分浸在悬浮液内。转筒内部用隔板分成互不相通的扇形格，如图 3-11 所示，这些扇形格经过空心主轴内的通道和分配头的固定盘上的小室相通。分配头的作用是使转筒内各个扇形格同真空管路或压缩空气管路顺次接通，如图 3-12 所示。转筒真空过滤机的转筒每回转一周就完成一个包括过滤、洗涤、吸干、卸渣和清洗滤布等几个阶段的操作。转筒在操作时可分成以下几个区域：

（1）过滤区域Ⅰ　当浸在悬浮液内的各扇形格同真空管路相接通时，格内为真空。在压

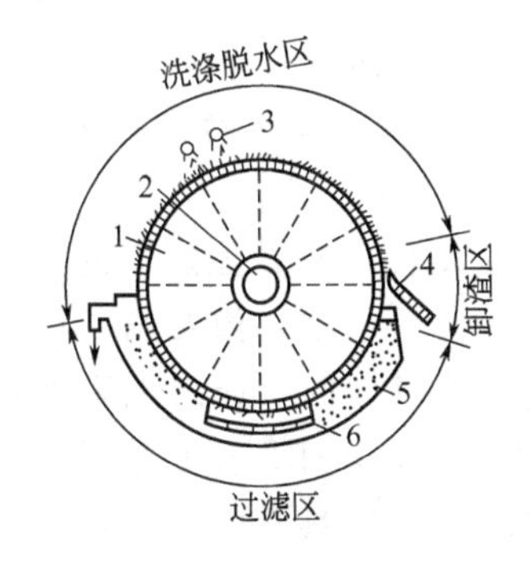

图 3-11 转筒真空过滤机操作示意图

1—转筒；2—分配头；3—洗涤液喷嘴；4—刮刀；5—滤浆槽；6—摆式搅拌器

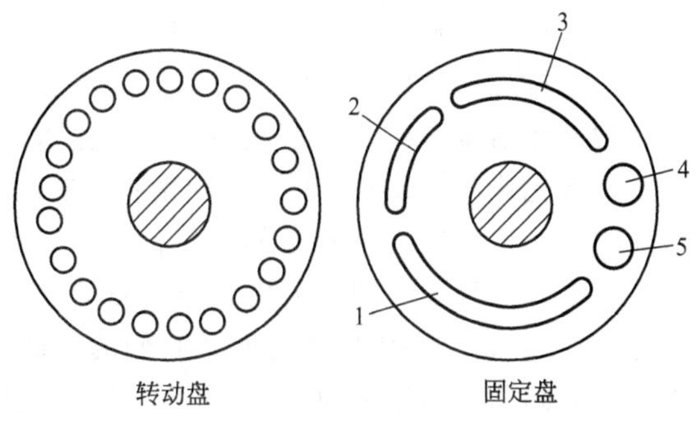

图 3-12 分配头示意图

1,2—与真空滤液相通的槽；3—与真空洗涤液罐相通的槽；4,5—与压缩空气相通的圆孔

差的作用下，滤液透过滤布，被吸入扇形格内，经分配头被吸出。在滤布上形成一层逐渐增厚的滤渣。

（2）吸干区域Ⅱ　当扇形格离开悬浮液时，格内仍与真空管路相接通，滤渣在真空下被吸干。

（3）洗涤区域Ⅲ　洗涤水喷洒在滤渣上，洗涤液同滤液一样，经分配头被吸出。滤渣被洗涤后，在同一区域被吸干。

（4）吹松区域Ⅳ　扇形格与压缩空气管相接通，压缩空气经分配头，从扇形格内部吹向滤渣，使其松动，以便卸料。

（5）滤布复原区域Ⅴ　这部分扇形格移近到刮刀时，滤渣就被刮落下来。滤渣被刮落后，可由扇形格内部通入空气或蒸汽，将滤布吹洗净，重新开始下一循环的操作。

转筒真空过滤机适用于过滤各种物料，也适用于温度较高的悬浮液，但温度不能过高。

第三节　固体流态化

固体流态化就是流体以一定的流速通过固体颗粒组成的床层时，大量固体颗粒悬浮于流动的流体中，呈现出某种类似于流体的状态，称为固体流态化。固体流态化广泛应用于化学工业以及其他行业（比如能源、冶金等）。在化学工业中主要用以强化传热、传质，亦可实现气-固反应、物理加工乃至颗粒的输送等过程。

一、基本概念

在容器内筛板上，放置一层固体颗粒，当气体或液体从筛板下部向上通过颗粒床层时，随着流速的改变，可以观察到三个不同的阶段：

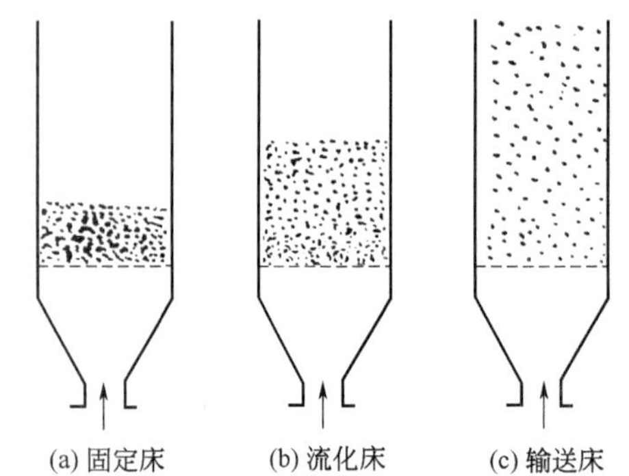

图 3-13　不同流速下床层状态的变化

（1）固定床阶段　当流速较低时，粒子静止不动，流体从颗粒间的空隙通过。这种情况称为固定床阶段，如图 3-13(a) 所示。

（2）流化床阶段　当流速增大时，颗粒开始松动，粒子的位置也在一定区间内进行调整，床层略有膨胀，空隙率增大，但颗粒还不能自由运动。当流速继续增大时，这时粒子全部悬浮在向上流动的流体中。流速增大，床层高度随之升高，空隙率也继续增大。这种情况称为流化床阶段，如图 3-13(b) 所示。

（3）输送床阶段　当流速升高到某一极限时，流化床上界面消失，粒子分散悬浮在流体中，被流体所带走。这种情况称为流体输送床阶段，如图 3-13(c) 所示。

在流化床阶段，气-固或液-固系统具有类似于液体的流动性。它是无定形的，随容器形状而改变，但床层有一明显的上界面。气-固系统的流化床，看起来好像沸腾着的液体，并且在很多方面呈现类似液体的性质。如图 3-14 所示，当容器倾斜时，床层上表面保持水平面［(a) 图］；当两床层连通时，它们的床面自行找平［(b) 图］；床层中任意两点的压力差大致等于此两点的床层静压差［(c) 图］；流化床层也像液体一样具有流动性，如容器壁上开孔，粒子将从孔口喷出，并可像液体一样由一个容器流入另一个容器［(d) 图］。由于流化床具有某些液体的性质，因此在一定的状态下，流化床层具有一定的密度、热导率、比热容和黏度等。流化床层有时也称为沸腾床或假液化床。

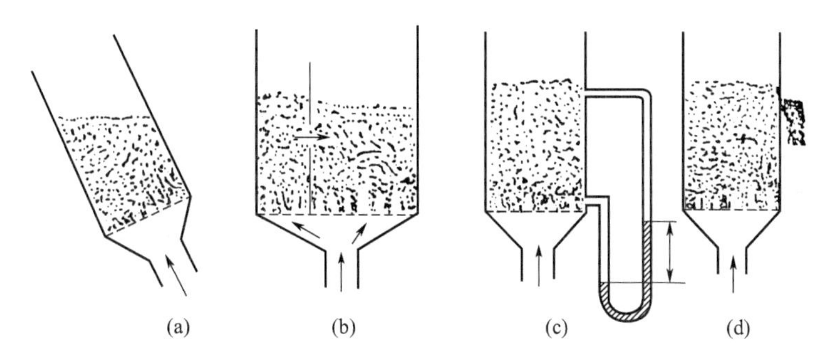

图 3-14　气体流化床类似于液体的状态

流化床与固定床比较，其主要优点是：①气-固或液-固之间传热和传质的速率较高，床层温度均匀。流化床所用的颗粒比固定床的小得多，颗粒的表面积很大。由于流体和颗粒的激烈搅动，使床层温度分布均匀。②床层与壁面间的传热膜系数大。流化床内固体颗粒冲刷换热面的激烈运动，促使壁面气膜变薄，表面不断更新，从而提高了床层对壁面的传热膜系数。通常流化床对壁面的传热膜系数比固定床的大 10 倍左右。③操作方便，可以实现操作的连续化和自动化。④设备的生产强度大，便于扩大生产规模。

主要缺点是：①气体返混和大气泡的存在使反应效率下降。采用多层流化床或在流化床内加设内部构件，可以减轻返混现象，抑制气泡成长。②固体颗粒磨损大、消耗多，对设备的磨损也大。

二、流化床中常见的不正常现象

1. 沟流现象

是指流体通过床层时形成短路，部分流体没有与固体颗粒很好接触而经沟道上升。出现沟流现象后，床层密度不均匀、气-固相接触不好，不利于传热、传质和化学反应，部分床层成为死床，不悬浮在流体中。当粒子很细并且气速过低时，易黏结、结团的潮湿物料，以及气体分布不均匀，都容易引起沟流。

2. 大气泡和腾涌现象

主要发生在气-固流化床中。如果床层高度和直径之比过大，气速过高时，就容易产生气泡的相互集聚，成为大气泡。在气泡直径长大到与床径相等时，就将床层分成几段，成为一段气泡一段颗粒层，相互间隔。颗粒层被气泡像推动活塞那样向上运动，达到某一高度后气泡突然破裂，引起大量颗粒的分散下落，这就是腾涌现象。床层发生腾涌现象，不仅使气-固相接触不良，器壁受颗粒磨损加剧，同时引起设备的震动。因此应该尽量避免。如果床层过高，可以增设挡板以破坏气泡的长大。

第四节　恒压过滤操作技能训练

一、训练目的

① 熟悉板框压滤机的构造和操作方法；
② 通过恒压过滤实验，验证过滤基本理论；
③ 了解过滤压力对过滤速率的影响。

二、训练内容

过滤含 $CaCO_3$ 10%～30%（质量分数）的水悬浮液。

三、训练装置与流程

本实验装置由空压机、配料槽、压力料槽、板框过滤机等组成，其流程如图 3-15 所示。

四、训练操作步骤

1. 实验准备

（1）配料　在配料罐内配制含 $CaCO_3$ 10%～30%（质量分数）的水悬浮液，碳酸钙事先由天平称重，水位高度按标尺示意，筒身直径 35mm。配置时，应将配料罐底部阀门关闭。

（2）搅拌　开启空压机，将压缩空气通入配料罐（空压机的出口小球阀保持半开，进入配料罐的两个阀门保持适当开度），使 $CaCO_3$ 悬浮液搅拌均匀。搅拌时，应将配料罐的顶盖合上。

（3）设定压力　分别打开进压力罐的三路阀门，空压机过来的压缩空气经各定值调节阀分别设定为 0.1MPa、0.2MPa 和 0.3MPa（出厂已设定，每个间隔压力大于 0.05MPa。若欲作 0.3MPa 以上压力过滤，需要调节压力罐安全阀）。设定定值调节阀时，压力罐泄压阀可略开。

（4）装板框　正确装好滤板、滤框及滤布。滤布使用前用水浸湿，滤布要绷紧，不能起皱。滤布紧贴滤板，密封垫贴紧滤布。（注意：用螺旋压紧时，千万不要把手指压伤，先慢慢转动手轮使板框合上，然后再压紧。）

（5）灌清水　向清水罐通入自来水，液面达视镜高度 2/3 高度左右。灌清水时，应将安全阀处的泄压阀打开。

（6）灌料　在压力罐泄压阀打开的情况下，打开配料罐和压力罐间的进料阀门，使料浆自动由配料桶流入压力罐至其视镜 1/2～1/3 处，关闭进料阀门。

2. 过滤过程

（1）鼓泡　通压缩空气至压力罐，使容器内料浆不断搅拌。压力料槽的排气阀应不断排气，但又不能喷浆。

（2）过滤　将中间双面板下通孔切换阀开到通孔通路状态。打开进板框前料液进口的两个阀门，打开出板框后清液出口球阀。此时，压力表指示过滤压力，清液出口流出滤液。

注意以下两项：

① 每次实验应在滤液从汇集管刚流出的时候作为开始时刻，每次 ΔV 取 800mL 左右。记录相应的过滤时间 $\Delta\tau$。每个压力下，测量 8～10 个读数即可停止实验。若欲得到干而厚的滤饼，则应每个压力下做到没有清液流出为止。量筒交换接滤液时不要流失滤液，等量筒内滤液静止后读出 ΔV 值。（注意：ΔV 约 800mL 时替换量筒，这时量筒内滤液量并非正好 800mL。要事先熟悉量筒刻度，不要打碎量筒。此外，要熟练双秒表轮流读数的方法。）

② 每次滤液及滤饼均收集在小桶内，滤饼弄细后重新倒入料浆桶内搅拌配料，进入下一个压力实验。注意若清水罐水不足，可补充一定水源，补水时仍应打开该罐的泄压阀。

3. 清洗过程

① 关闭板框过滤的进出阀门。将中间双面板下通孔切换阀开到通孔关闭状态。

② 打开清洗液进入板框的进出阀门（板框前两个进口阀，板框后一个出口阀）。此时压力表指示清洗压力，清液出口流出清洗液。清洗液速度比同压力下过滤速度小很多。

③ 清洗液流动约 1min，可观察浑浊变化判断结束。一般物料可不进行清洗过程。结束清洗过程，也是关闭清洗液进出板框的阀门，关闭定值调节阀后进气阀门。

4. 实验结束

① 先关闭空压机出口球阀，关闭空压机电源。

② 打开安全阀处泄压阀，使压力罐和清水罐泄压。

③ 冲洗滤框、滤板，滤布不要折，应当用刷子刷洗。

④ 将压力罐内物料反压到配料罐内，备下次实验使用，或将该二罐物料直接排空后用清水冲洗。

五、常见事故及处理方法

见表 3-1。

表 3-1　恒压过滤常见事故及处理方法

常见事故	原因	处理方法
板框漏液	① 板框变形 ② 滤布没上好	① 更换变形板框 ② 重新上滤布、压紧
滤液澄清度不合格	① 没做好循环调整 ② 滤布破损	① 重新进行循环调整 ② 检查滤布，如有破损，及时更换

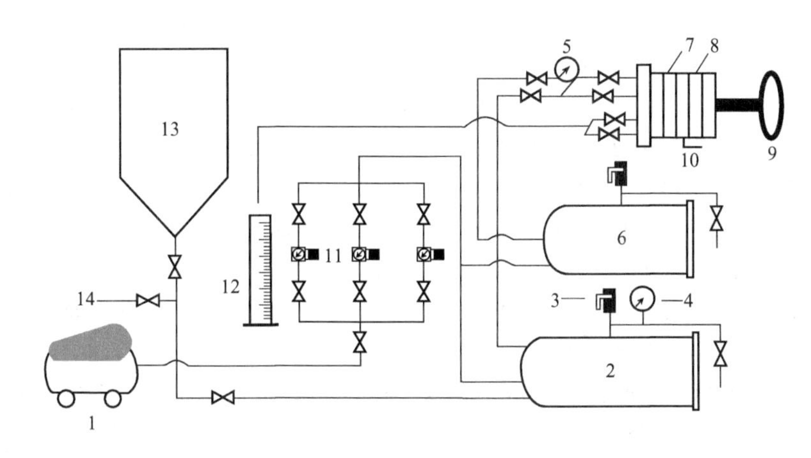

图 3-15　板框压滤机过滤流程

1—空气压缩机；2—压力罐；3—安全阀；4,5—压力表；6—清水罐；7—滤框；8—滤板；9—手轮；10—通孔切换阀；11—调压阀；12—量筒；13—配料罐；14—地沟

本章小结

非均相物系的分离为化工生产中应用极为广泛的单元操作，本章主要介绍了：重力沉降、离心沉降的基本概念，沉降设备降尘室、沉降槽、旋风分离器、旋液分离器的结构，操作原理；过滤的基本概念、常用过滤介质和助滤剂、过滤速率及其影响因素，过滤设备板框压滤机、转筒真空过滤机的结构；固体流态化的概念及流化床中常见的几种不正常现象。

气力输送

利用流体的流动可以输送固体颗粒。如使用的流体是气体，称为气力输送。气力输送在化工生产中应用很广。气力输送的优点：

① 系统密闭，可以防止被输送物料受潮、污损或混入异物，防止粉尘和有害气体对环境的污染。

② 在输送的过程中或终端，可以同时进行对物料的加热、冷却、混合、粉碎、干燥和分级除尘等操作。

③ 设备简单，占地面积小，可以任意选择输送线路。

④ 操作方便，容易实现自动化。

缺点：动力消耗较大，粒子尺寸限制在30μm以下，物料对管路的磨蚀较大，不适用于输送具有黏结性和易带静电而有爆炸性的物料。

气力输送有两种分类方法。

(1) 按气源压力分　可以分为吸引式和压送式输送器。

① 吸引式输送器　当输送管中压力低于常压时，称为吸引式输送器。当气源压力小于100mm H_2O (1mm H_2O=9.80665Pa) 真空度时，称为低真空式，常用在近距离小量细粉尘的除尘清扫。当气源压力小于5000mm H_2O 真空度时，称为高真空式，常用在输送粒度不大、密度为1000～1500kg/m^{3}的粒子。这类输送器的输送距离不超过50～100m，输送量也有限制。

② 压送式输送器　当输送管中压力大于常压时，称为压送式输送器。当气源压力小于5000mm H_2O 表压时，称为低压式，在一般工厂中用得较多，常用在粒状和粉状物料近距离输送。当气源压力为200～400kPa (约2～4atm) 时，称为高压式，常用在输送密度较大的粒状物料，输送距离最大可达1000m。

(2) 按气流中固相颗粒浓度分　可以分为稀相输送和密相输送。单位体积 (m^3) 气体中所含固体颗粒的体积 (m^3)，称为固相颗粒浓度。

① 稀相输送　当颗粒浓度在0.05m^3/m^{3}以下时，即气-固混合系统的空隙率大于95%，称为稀相输送，在工业上应用很广泛。要实现气力输送，气流速度 $u_{气}$ 必须大于自由沉降速度 u_0。如果颗粒由大小不等的粒子组成，则 $u_{气}$ 必须大于最大颗粒的 u_0。颗粒群稀相输送的最小气流速度就是悬浮速度。

由于输送管中气流速度不均匀和存在边界层，物料沿管截面在气流中分布也不均匀，有时颗粒可能聚集，对于粉状物料，这种聚集状态更易出现。因此，在实际气力输送管路中，粒状物料所用的气流速度常是 u_0 的几倍，而粉状物料甚至大几十倍。

气-固系统中固体与气体的质量之比，称为混合比，用符号 $R_{固}$ 表示，单位为kg固/kg气。当 $R_{固}$ 值高时，应取较大的 $u_{气}$ 值。

② 密相输送　当颗粒浓度在0.2m^3/m^{3}以上时，即气-固混合系统的空隙率小于80%，称为密相输送，常见于流化床反应器—再生器系统中。密相输送与稀相输送比较，其输送气速较小，粗颗粒的操作风速甚至可以在低于颗粒的带出速度下进行；混合比 $R_{固}$ 高，可以高达40～80kg固/kg气，甚至可达100kg固/kg气；单位料柱的压力降比稀相输送大。

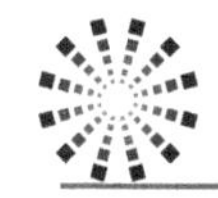

思考题与习题

3-1　什么是均相物系？什么是非均相物系？举例说明。

3-2　非均相物系的分离方法有那几种？

3-3　非均相物系的分离的目的有那些？

3-4　什么是重力沉降？写出重力沉降速度的表达式。

3-5　影响重力沉降速度的因素有那些？

3-6　离心沉降与重力沉降有何异同？

3-7　什么叫滤浆、滤饼、滤液、过滤介质、助滤剂？

3-8　常用的过滤介质有哪几种？

3-9　过滤操作中，对过滤介质有何要求？

3-10　对板框式过滤机，一个过滤周期包括几个阶段？

3-11　什么是固体流态化，有那几个阶段？

3-12　固体流态化在工业上有什么优点？

3-13　流化床中有那些不正常现象？

第四章　传热原理及换热器

学习目标

1. 掌握热量传递的基本原理，传热的基本方式，间壁式换热器、混合式换热器的传热过程，简单热量计算和传热速率方程的计算方法。

2. 理解换热器的种类、结构、性能和使用维护方法，保温的一般知识和保温意义。

3. 了解对流传热膜系数的物理意义及关联式，热辐射的基本原理。

第一节　概　　述

一、有关的基本概念

1. 传热

传热，即热的传递过程，是由于存在温度差而发生热传递的一种单元操作。凡是有温差存在的地方，必然有热的传递。

加热、冷却和保温都属于传热。加热和冷却是强化传热过程；保温是削弱传热过程。

化工生产中许多过程和单元操作都离不开传热。例如溶液的蒸发、湿物料的干燥、互溶液体混合物的精馏、溶液的结晶等单元操作，都有一定的温度要求；通常需要在特定温度范围内才进行的化学反应；以减少设备和管道热量损失为目的的保温；热能的合理利用和废热的回收。

2. 载热体

生产中的许多传热过程，通常是在两种流体之间进行的。凡是参与传热的流体称为载热体，温度较高并在传热过程中失去热量的流体称为热载热体；温度较低并在传热过程中得到热量的流体称为冷载热体。如果传热的目的是将冷载热体加热或汽化，则所用的热载热体称为加热剂；如果传热的目的是将热载热体冷却或凝结，则所用的冷载热体称为冷却剂或冷凝剂。

3. 稳定传热

在传热过程中，温度仅随传热面上各点的位置而改变，不随时间而变化，这种传热称为稳定传热。其单位时间内传递的热量不随时间而变，如多数连续生产中的传热过程。若在传热过程中，温度不仅随位置变化，而且随时间变化，这种传热称为不稳定传热。其单位时间所传递的热量随时间而变化，如化工生产中的间歇生产和连续生产中的开停车阶段。本章只讨论稳定传热。

二、传热的三种基本方式

传热有传导、对流、辐射三种基本方式。在实际的传热过程中，三种基本方式可以单独进行，亦可两种或三种同时进行。

1. 传导传热

传导传热又称为导热，是指当物体存在温度差时，依靠分子、原子和自由电子等微观粒子相互碰撞产生热传递，使热量从物体高温处传递到低温处，或传递到与之接触的温度较低的另一物体的过程。热传导时，物质并没有发生宏观的相对位移，所以导热是静止物质内的一种传热方式。它主要在固体和静止流体中进行。例如用火焰加热金属条，金属条在火焰上的一端很快就把热量传递到温度较低的另一端，马上又传递到人的手上并感知到。

2. 对流传热

流体内部质点的相对位移和混合而将热量从一处传到另一处的传热过程，称为对流传热，简称对流。

对流是流体传热的主要方式。对流实验如图 4-1 所示。按照引起质点发生相对位移的原因不同，可分为自然对流和强制对流。自然对流是流体内部各处温度不同引起密度差，而造成流体内各质点的相对运动。如水壶烧水过程、山口的大风都是因为下部流体温度高密度小上浮，上部流体温度低密度大下沉，而形成的自然对流。强制对流是由于外力（如风机、泵、搅拌器等）的作用而产生的对流传热。如反应釜内用搅拌器使液体产生对流。由于强制对流的传热效果较好，故工业生产中的对流传热多为强制对流。

3. 辐射传热

任何物体只要温度高于 0K，都能以电磁波的形式向外界发射能量，同时又会吸收来自外界物体发射来的辐射能。当物体向外界辐射的能量与其从外界吸收的辐射能不等时，该物体就与外界发生热量传递。这种借助电磁波以发射和吸收辐射线的形式进行的传热方式称为辐射传热，或热辐射。

热辐射不需要任何介质，可在真空中进行。如太阳的能量就是借助电磁波发射强大的辐射线，穿过接近真空的辽阔太空辐射到地面。

三、工业上的换热方法

由于换热的目的和工艺条件不同，工业生产中采用的换热方法有多种。按其工作原理和设备类型分为以下三种。

（1）直接混合式换热　直接混合式换热是冷、热流体在换热设备中通过直接混合接触的方式进行热量交换。它只适用于工艺上允许两种流体相互混合的情况，这种换热设备结构简单、传热效果好。常用的设备有凉水塔（图 4-2）、喷洒式冷却塔、混合式冷凝器（图 4-3）等。

（2）间壁式换热　间壁式换热是冷热流体被固体壁面隔开，它适用于冷、热流体不允许直接混合的场合。这类换热器的类型有夹套式、蛇管式、列管式、板翅式等。

（3）蓄热式换热　利用蓄热式换热方法的换热设备为蓄热器，它是由蓄热室和室内固体填充物（如耐火砖）构成，如图 4-4 所示。蓄热式换热是将冷、热流体交替通过同一蓄热室，先通入热流体将热量传给填充物贮存，然后改通冷流体，填充物释放出热量传给冷流体，来达到传热的目的。这类设备虽结构简单，传热效率高，但设备体积较大，两流体难免在交替时出现混合，故使用不多，主要用于气体余热和冷量的利用。

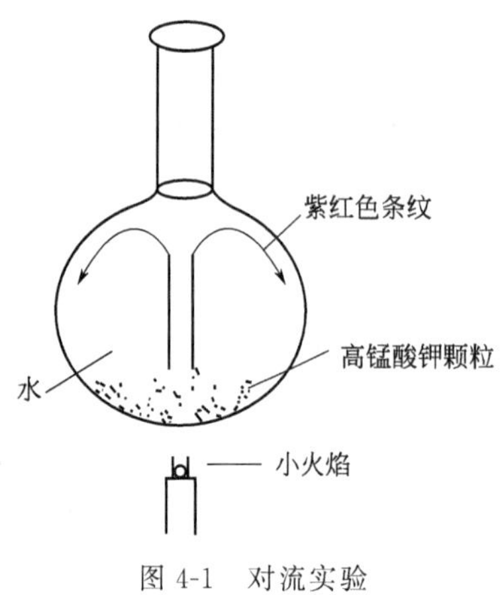

图 4-1　对流实验

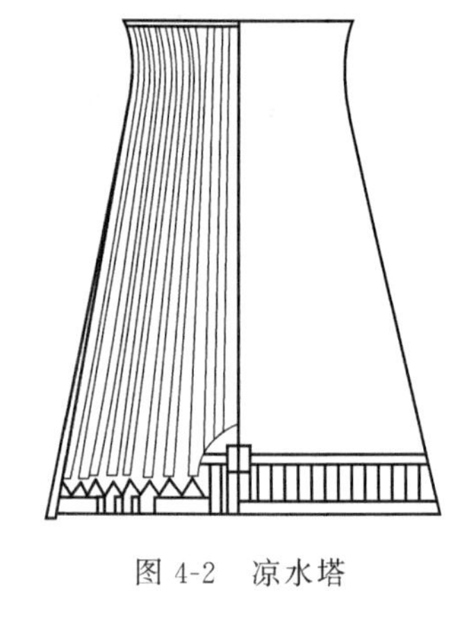

图 4-2　凉水塔

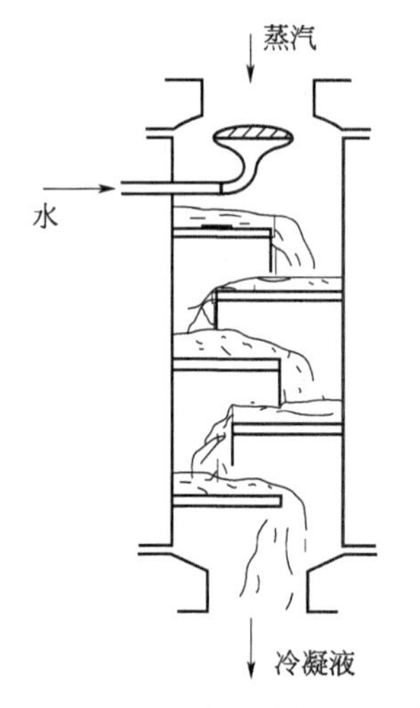

图 4-3　混合式冷凝器

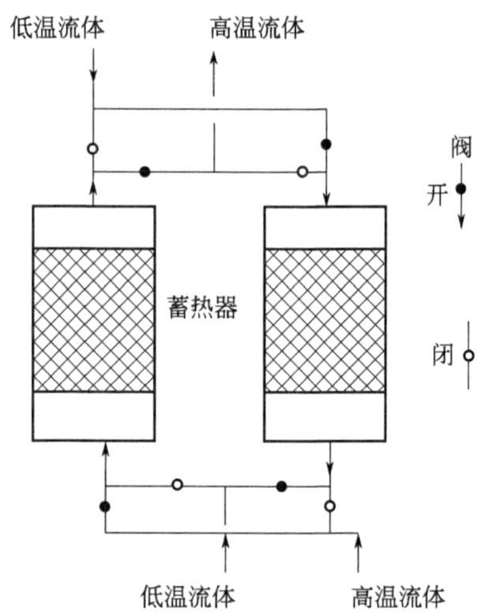

图 4-4　蓄热式裂解炉

第二节　热　传　导

一、傅里叶定律

1. 热导率

左手摸铁，同时右手摸木头，会感觉到左手比右手冷；在外界条件相同的情况下用铁锅和铝锅烧水，铝锅中的水先沸腾。这是为什么呢？这说明了三种物质的传热效果：铝最好，铁次之，木头最差。说明物质的导热性能好坏与其本身的某种物理性质有关。

物质导热性能好坏用热导率来表示。它的物理意义是：当导热面积为 $1m^2$，壁厚为 1m，两壁面之间的温度差为 1K 时，单位时间内以导热的方式所传递的热量。符号表示为 λ，单位为 J/(s·m·K) 或 W/(m·K)。

热导率是物质的物理性质之一，它是表示材料导热性能的一个参数，表征了物质传热能力的大小，它的数值越大，表示该材料的导热越快。通常用实验方法来测定物质的热导率，工程上常见的物质的热导率可由手册中查取。一般来说，金属的热导率最大，固体非金属次之，液体较小，而气体最小。

物质的热导率在化工生产中有着重要的实际意义。在需要传热的设备中，选用热导率大的材料，如换热器的换热管、锅炉中的水管。在需要阻止传热的设备中，则选用热导率小的材料，如设备和管路的保温层。

(1) 固体的热导率　在所有的固体中，金属的导热能力最强。纯金属的热导率一般随温度的升高而降低，随着纯度的降低而降低，所以合金的热导率要比纯金属要低。非金属建筑材料和绝热材料的热导率与温度、组成及密度有关。常见的固体热导率如表 4-1 所示。

表 4-1　某些固体在 273～373K 时的热导率

物料		λ/[W/(m·K)]	物料		λ/[W/(m·K)]	物料		λ/[W/(m·K)]
金属材料	铝	204	非金属材料	石棉	0.15	非金属材料	锯木屑	0.07
	青铜	64		混凝土	1.28		软木片	0.047
	黄铜	93		绒毛毯	0.047		硬橡胶	0.7～0.8
	铜	384		松木	0.14～0.38		玻璃	0.12
	铅	35		建筑用砖	0.7～0.8		石墨	151
	钢	46.5		耐火砖	1.05 (1073～1373K)			
	不锈钢	17.4						
	铸铁	46.5～93		保温砖	0.12～0.21			
	银	412		85%氧化铝粉	0.07			

(2) 液体的热导率　金属液体热导率较高，如水银；非金属热导率较低，在非金属液体中，水的热导率最大。一般来说，纯液体的热导率大于溶液的热导率。常见的液体热导率如表 4-2 所示。

表 4-2　某些液体在 293K 时的热导率

物料	λ/[W/(m·K)]	物料	λ/[W/(m·K)]	物料	λ/[W/(m·K)]
水	0.6	甲醇	0.212	邻二甲苯	0.142
30%氯化钙盐水	0.55	乙醇	0.172	间二甲苯	0.168
汞	8.36	甘油	0.594	对二甲苯	0.129
90%硫酸	0.36	丙酮	0.175	硝基苯	0.151
60%硫酸	0.43	甲酸	0.256	煤油	0.151
苯	0.148	甲苯	0.139	汽油	0.186(303K)
苯胺	0.175	醋酸	0.175	正庚烷	0.14

(3) 气体的热导率　气体的热导率很小，不利于导热，因此用来保温或隔热。如工业上用玻璃棉作保温隔热材料，就是因为其空隙率大而使里面有气体的缘故。常见的气体热导率如表 4-3 所示。

2. 傅里叶定律

在物体的内部，凡是在同一瞬间、温度相同的点所组成的面，称为等温面。在稳定导热时，对于平壁的导热，等温面为垂直于热流方向的平面；对于圆筒壁导热，等温面为半径相同的圆柱面。相邻两等温面之间的温度差 Δt 与这两个等温面之间的距离 Δn 的比值的极限，称为温度梯度，用 dt/dn 表示。

实践证明：单位时间里以导热方式传递的热量，与温度梯度和垂直于导热方向的导热面积成正比。其关系可用下式表示：

$$Q=-\lambda A\frac{dt}{dn} \tag{4-1}$$

式中　Q——导热速率，单位时间里以导热的方式传递的热量，W；

A——导热面积，m^2；

λ——热导率，$W/(m^2 \cdot K)$；

dt/dn——温度梯度，传热方上单位距离的温度变化率，K/m。

式中的负号表示热总是沿着温度降低的方向传递，热流方向与温度梯度方向相反。式(4-1) 称为导热的基本速率方程，也称为傅里叶定律。

$\frac{Q}{A}$称为热流密度，指单位时间单位传热面上所传递的热量，单位为 W/m^2。

表 4-3　某些气体的在大气压下热导率与温度的关系

T/K	$\lambda/[\times 10^{-3} W/(m \cdot K)]$									
	空气	N_2	O_2	蒸汽	CO	CO_2	H_2	NH_3	CH_4	C_2H_4
273	24.4	24.3	24.7	16.2	21.5	14.7	174.5	16.3	30.2	16.3
323	27.9	26.8	29.1	19.8	24.4	18.6	186		36.1	20.9
373	32.5	31.5	32.9	24.0		22.8	216	21.1		26.7
473	39.3	38.5	40.7	33.0		30.9	258	25.8		
573	46.0	44.9	48.1	43.4		39.1	300	30.5		
673	52.2	50.7	55.1	55.1		47.3	342	34.9		
773	57.5	55.8	61.5	68.0		54.9	384	39.2		
873	62.2	60.4	67.5	82.3		62.1	426	43.4		
973	66.5	64.2	72.8	98.0		68.9	467	47.4		
1073	70.5	67.5	77.7	115.0		75.2	510	51.2		
1173	74.1	70.2	82.0	133.1		81.0	551	54.8		
1273	77.4	72.4	85.9	152.4		86.4	593	58.8		

二、平面壁及圆筒壁的热传导

1. 单层平面壁的热传导

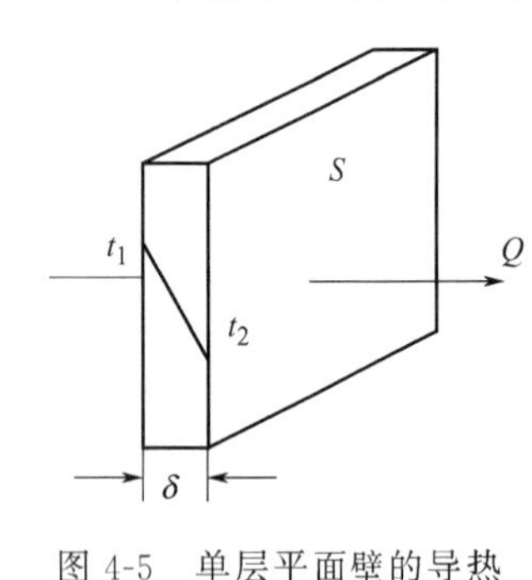

图 4-5　单层平面壁的导热

图 4-5 所示的是一个面积为 A，厚度为 δ，材料均匀，热导率为 λ 的单层平壁。两壁面为保持一定温度 t_1 和 t_2 的等温面 ($t_1 > t_2$)。由公式(4-1) 导出单层平面壁热传导速率方程式：

$$Q = \frac{\lambda}{\delta} A (t_1 - t_2) \tag{4-2}$$

式中　Q——单层平壁的热传导速率，W；

A——平壁的导热面积，m^2；

δ——平壁厚度，m；

λ——热导率，$W/(m \cdot K)$。

式(4-2) 两边同时除于 A，可变形为：

$$\frac{Q}{A} = \frac{t_1 - t_2}{\frac{\delta}{\lambda}} = \frac{\Delta t}{R} \tag{4-3}$$

Δt——平壁两侧壁面的温度差，为导热推动力，K；

R——导热热阻，$R = \frac{\delta}{\lambda}$，$m^2 \cdot K/W$。

式(4-2) 表明：导热速率 Q 与导热推动力 Δt 成正比，与导热阻力 R 成反比。温差 Δt、热导率 λ 越大，壁厚 δ 越小，传热速率越大，传热效果越好。

【例 4-1】　有一单层平面壁厚度为 500mm，一侧面壁温为 500K，另一侧壁温为 300K，已知平壁的平均热导率为 $0.95 W/(m^2 \cdot K)$，导热面积为 $2m^2$。试求：(1) 该平面壁的导热

速率 Q；（2）平面壁距高温侧 200mm 处的温度。

解 （1）已知 $\lambda=0.95\mathrm{W/(m^2\cdot K)}$、$A=2\mathrm{m^2}$、$\delta=500\mathrm{mm}=0.5\mathrm{m}$、$t_1=500\mathrm{K}$、$t_2=300\mathrm{K}$，根据公式(4-2) 得：

$$Q=\frac{\lambda}{\delta}A(t_1-t_2)=\frac{0.95\times2\times(500-300)}{0.5}=760\mathrm{W}$$

（2）由式(4-2) 可得：

$$t_2=t_1-\frac{Q\delta'}{A\lambda}=500-\frac{760\times0.2}{2\times0.95}=420\mathrm{K}$$

则该平面壁的导热速率是 760W；平面壁距高温侧 200mm 处的温度为 420K。

2．*多层平面壁的热传导*

在工程计算中，常遇到的是多层平壁导热，即由几种不同材料组成的平壁。如锅炉的炉壁，最内层为耐火材料层，中间层为隔热层，最外层为钢板。

图 4-6 表示一个由三层不同材料组成的平壁，壁厚分别为 δ_1、δ_2 和 δ_3，热导率分别为 λ_1、λ_2 和 λ_3。平壁的表面积为 A，各接触表面的温度分别为 t_1、t_2、t_3 和 t_4，且 $t_1>t_2>t_3>t_4$；为稳定传热，各层传热速为 Q。则根据导热方式可得三层平面壁的传热速率公式：

$$Q=\frac{t_1-t_4}{\dfrac{\delta_1}{\lambda_1A}+\dfrac{\delta_2}{\lambda_2A}+\dfrac{\delta_3}{\lambda_3A}} \tag{4-4}$$

式中 Q——多层平壁的热传导速率，W；

A——平壁的导热面积，$\mathrm{m^2}$；

λ_1，λ_2，λ_3——各层平壁的热导率，W/(m·K)；

δ_1，δ_2，δ_3——各层平壁的厚度，m；

t_1，t_4——多层平壁最内侧及最外侧的温度，K。

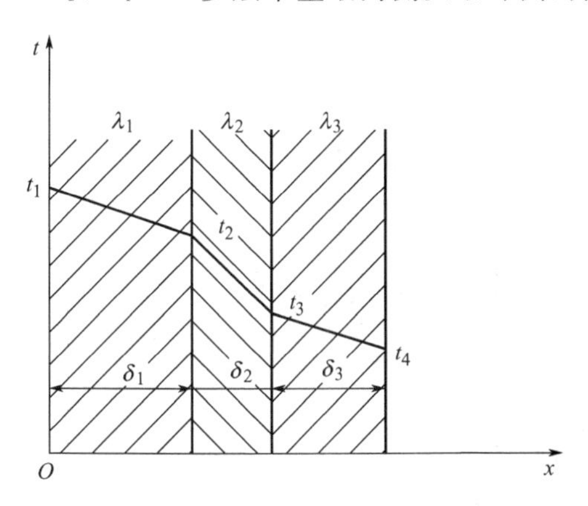

图 4-6 三层平壁热传导

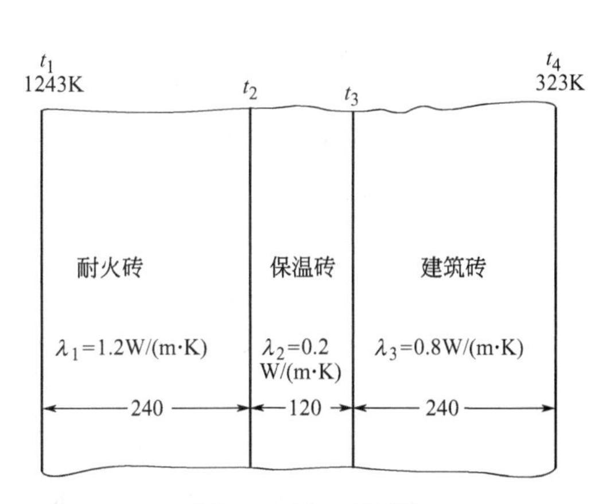

图 4-7 例 4-2 附图

若有 n 层平面壁，则导热速率方程式为：

$$\frac{Q}{A}=\frac{t_1-t_{n+1}}{\sum\limits_{i=1}^{n}\dfrac{\delta_i}{\lambda_i}} \tag{4-5}$$

从上面分析可知，多层平面壁热传导过程中，其推动力为总的温度差，总的热阻为各层热阻之和。

【例 4-2】 有一工业炉，如图 4-7 所示，其炉壁由以下三种材料由里往外组成：耐火砖，厚度为240mm，热导率1.2W/(m・K)；保温砖，厚度为120mm，热导率0.2W/(m・K)；建筑砖，厚度为240mm，热导率0.8W/(m・K)。已知耐火砖内壁表面温度为1243K，建筑砖外壁温度为323K。求单位面积的炉壁因导热所散失的热量，并求出各层砖接触面的温度。

解 （1）求单位面积的炉壁因导热所散失的热量，即Q/A。由公式(4-5）得：

$$\frac{Q}{A}=\frac{t_1-t_4}{\frac{\delta_1}{\lambda_1}+\frac{\delta_2}{\lambda_2}+\frac{\delta_3}{\lambda_3}}=\frac{1243-323}{\frac{0.24}{1.2}+\frac{0.12}{0.2}+\frac{0.24}{0.8}}=836\text{W/m}^2$$

（2）求接触面的温度t_2和t_3。由公式，依题意得：

$$1243-t_2=\frac{Q}{A}\times\frac{\delta_1}{\lambda_1}=836\times\frac{0.24}{1.2}=167.2 \qquad t_2=1075.8\text{K}\approx1076\text{K}$$

$$t_3-323=\frac{Q}{A}\times\frac{\delta_3}{\lambda_3}=836\times\frac{0.24}{0.8}=250.8 \qquad t_3=573.8\text{K}\approx574\text{K}$$

将各层热阻和温差分别列入表4-4。

表4-4 各层热阻和温差表

项　目	耐火砖	保温砖	建筑砖
热阻$\left(\frac{\delta_i}{\lambda_i}\right)$/($m^2$・K/W)	0.2	0.6	0.3
温差/K	167	502	251

结论：某一层的热阻越大，该层的温差越大，即温差与热阻成正比。

3. 单层圆筒壁的热传导

在化工生产中，经常会用圆筒壁进行导热，它的传热面积随半径变化，温度也随半径变，但传热速率在稳态时仍是常量。

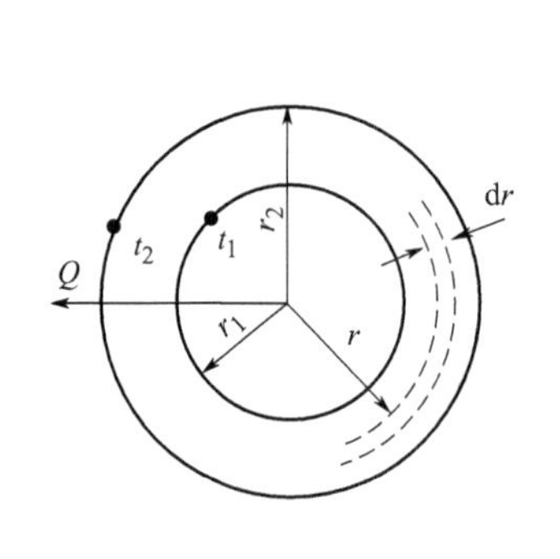

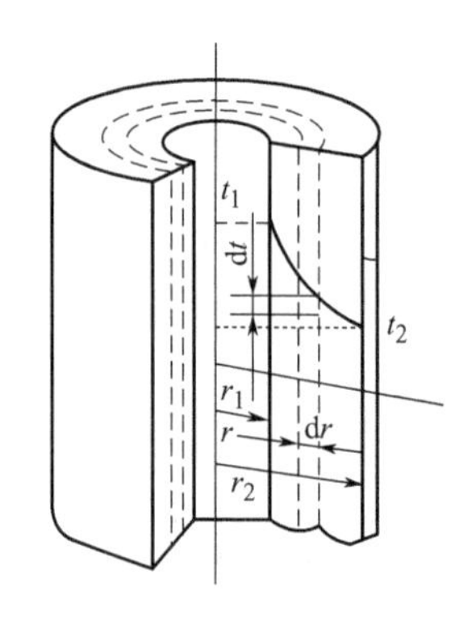

图4-8 单层圆筒壁的导热

如图4-8所示，圆筒的内径为r_1，外径为r_2，筒长为L，内表面的温度为t_1，外表面的温度为t_2，且$t_1>t_2$。圆筒壁的热导率为λ。若在圆筒壁半径r处沿半径方向厚度为dr的薄层圆筒，其传热面积$A=2\pi rL$可视为常量，同时通过该薄层的温度变化为dt，根据傅里叶定律，可导出单层圆筒壁的热传导速率方程式：

$$Q=\frac{2\pi L\lambda(t_1-t_2)}{\ln\frac{r_2}{r_1}} \tag{4-6}$$

式中　Q——单层圆筒壁的热传导速率，W；

r_1，r_2——圆筒壁的内、外半径，m；

t_1，t_2——圆筒壁内、外表面的温度，K；

L——圆筒长度，m；

λ——圆筒壁的热导率，W/(m·K)。

4. 多层圆筒壁的热传导

多层传热计算主要用在热力管道和设备的绝热保温上。如在高温或低温管道外部包一层或多层隔热材料，以减少热损失；换热器中换热管的内外表面形成的污垢阻碍传热等。多层圆筒壁的导热方程式可采用与多层平壁相同的方法来导出。但各层的平均面积和厚度要分层计算，不要相互混淆。

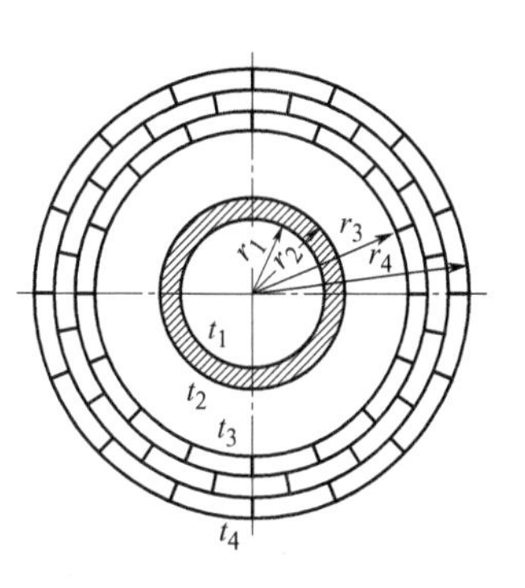

图 4-9 三层圆筒壁导热

如图 4-9 所示，假设三层圆筒间接触良好，由内向外各层材料的热导率分别为 λ_1、λ_2 和 λ_3，各层圆筒的半径分别为 r_1、r_2、r_3 和 r_4，长度为 L，各接触表面的温度分别为 t_1、t_2、t_3 和 t_4，且 $t_1>t_2>t_3>t_4$。为稳定传热，各层传热速为 $Q_1=Q_2=Q_3=Q$。根据傅里叶定律得出三层圆筒壁的热传导速率方程式：

$$Q=\frac{2\pi L(t_1-t_4)}{\frac{1}{\lambda_1}\ln\frac{r_2}{r_1}+\frac{1}{\lambda_2}\ln\frac{r_3}{r_2}+\frac{1}{\lambda_3}\ln\frac{r_4}{r_3}} \tag{4-7}$$

式中 Q——多层圆筒壁的热传导速率，W；

r_1——第一层圆筒壁内半径，m；

r_2——第一层圆筒壁外半径即第二层圆筒壁内半径，m；

r_3——第二层圆筒壁外半径即第三层圆筒壁内半径，m；

r_4——第三层圆筒壁外半径，m；

t_1——第一层圆筒壁的内侧温度，K；

t_4——第三层圆筒壁的外侧温度，K；

L——圆筒壁的长度，m；

λ_1，λ_2，λ_3——分别为第一层、第二层、第三层圆筒壁的热导率，W/(m·K)。

同理，可导出 n 层圆筒壁的热传导速率方程式：

$$Q=\frac{2\pi L(t_1-t_{n+1})}{\sum_{i}^{n}\frac{1}{\lambda_i}\ln\left(\frac{r_{i+1}}{r_i}\right)} \tag{4-8}$$

式中，下标 i 为多层圆筒壁的序号，$i=1,2,3,4,\cdots,n$。

【例 4-3】 有一 ϕ240mm×10mm 的蒸汽管道，管长为 50m，热导率为 46.5W/(m·K)。已知其内壁温度为 473K，内壁和外壁的温差为 10K，当管道上敷一层 80mm 的保温层，保温层的热导率为 0.06W/(m·K)，保温层外表面的温度为 298K，试求保温前后的热损失。

解 (1) 不保温时的热损失

由题知：$\lambda_1=46.5$W/(m·K)、$L=50$m、$t_1-t_2=10$K、$r_2=\frac{240}{2}$mm$=0.12$m、$r_1=120-10=110$mm$=0.11$m

根据公式(4-6)，得

$$Q=\frac{2\pi L\lambda(t_1-t_2)}{\ln\frac{r_2}{r_1}}=\frac{2\times3.14\times50\times46.5\times10}{\ln\frac{0.12}{0.11}}=1678056\text{W}$$

（2）计算保温时的热损失

由题知：$r_3=120+80=200\text{mm}=0.20\text{m}$、$\lambda_2=0.06\text{W}/(\text{m}\cdot\text{K})$、$t_1=473\text{K}$、$t_3=298\text{K}$

$$Q=\frac{2\pi L(t_1-t_3)}{\dfrac{1}{\lambda_1}\ln\dfrac{r_2}{r_1}+\dfrac{1}{\lambda_2}\ln\dfrac{r_3}{r_2}}=\frac{2\times3.14\times50\times(473-298)}{\dfrac{1}{46.5}\ln\dfrac{0.12}{0.11}+\dfrac{1}{0.06}\ln\dfrac{0.20}{0.12}}=6453\text{W}$$

则：$\dfrac{Q_1-Q_2}{Q_1}\times100\%=\dfrac{1678056-6453}{1678056}\times100\%=99.6\%$，可见保温之后的热损失大大减少。

第三节　对流传热

一、对流传热方程式

工业上冷、热流体之间的换热通常为间壁式换热。流体与固体壁面之间的传热属于对流传热。实质上对流传热是由流体主体的对流传热和层流内层的热传导共同作用来完成的。

1．对流传热的分析

我们知道流体的流动类型有层流和湍流两种：①流体流动时在靠近壁面处总有一层滞流层，各层流体只作平行流动，在垂直于流体的流动方向分子之间极少有相对位移，因此传热以传导的方式进行。由于流体的热导率较小，因此层流层中的热阻较大，该层中温差较大。温度曲线变化很大。②湍流主体内，由于流体质点间剧烈碰撞和混合，传热以对流形式进行，分子间的能量传递可以达到很完善的程度，各处热量传递比较充分，因此热阻小，温差小。温度曲线接近水平。③在层流内层与湍流主体之间有一过渡区，热量传递是传导和对流共同作用的结果，此过渡区的温度是逐步变化的。如图 4-10 所示。

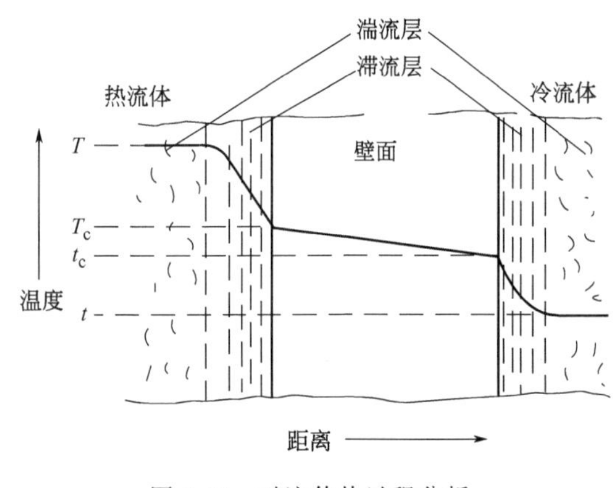

图 4-10　对流传热过程分析

由以上分析可知，对流传热的热阻主要集中在层流内层中，因此强化对流传热的重要途径之一是加大流体的湍流程度，减少层流内层的厚度。

2．对流传热速率

由上述分析可知，对流传热是一个复杂的传热过程，影响因素很多，因此，对流传热的纯理论计算是相当难的，为了简化计算，工程上采用处理方法是假设流体与壁面之间的传热热阻全部集中在靠近壁面处的层流层内，其厚度为 δ_t 的有效膜。该膜是集中了全部传热温差并以导热方式传热的虚拟膜，它的厚度随流体的流动状态而变化。

根据傅里叶定律，可用下式表示通过有效膜的传热速率方程式：

$$Q=\frac{\lambda}{\delta_t}A(T-T_w) \tag{4-9}$$

上述有效膜的厚度很难测定，所以在处理上，用 α 代替 λ/δ_t，得：

$$Q=\alpha A(T-T_w)=\alpha A\Delta T \tag{4-10}$$

式中　Q——对流传热速率，W；

α——对流传热膜系数，$W/(m^2 \cdot K)$；

A——传热壁面面积，m^2；

T——热流体温度，K；

T_w——热流体一侧壁面的温度，K；

ΔT——传热推动力，冷或热流体与壁面之间的温度差，K。

上式可改成如下形式：

$$\frac{Q}{A}=\frac{\Delta T}{\frac{1}{\alpha}}=\frac{\Delta T}{R} \tag{4-11}$$

式中　R——对流传热热阻，$R=1/\alpha$。

式(4-11) 表明对流传热速率与传热推动力 ΔT 成正比，与传热热阻 R 成反比。流体与壁面的温差 ΔT、对流传热膜系数 α 越大，对流传热速率越大，对流传热效果越好。

二、对流传热膜系数

从式(4-10) 中可知，传热膜系数表示当传热面积为 $1m^2$，流体与壁面之间的温度差 ΔT 为 1K 时，在单位时间内流体与壁面之间所交换的热量。传热膜系数越大，表明对流传热速率越高。显然，在对流传热中，传热膜系数越大越好。

实验表明，影响对流传热膜系数的因素很多，主要有：①流体的种类，如液体、气体或蒸汽，它们的传热膜系数各不相同；②流体流动的原因，故一般对性质相近的流体来说，强制对流的传热膜系数大于自然对流传热膜系数；③流体的流动形态，层流时传热膜系数 α 小，湍流时对流传热膜系数 α 较大；④流体的物理性质，影响流体传热的物性因素主要有密度 ρ、黏度 μ、热导率 λ、比热容 C；⑤流体的相态变化，一般情况下，有相变时的对流传热膜系数较大；⑥传热面的几何形态，传热面的几何形态是指传热面的形状，如管、板、翅片等；⑦换热面的布置，如水平、垂直及管子的排列方式等；⑧换热面的尺寸，如管径、管长、高度等。

三、有相变传热

1. 蒸汽冷凝

蒸汽冷凝是指当饱和蒸汽与低于饱和温度的壁面接触时，蒸汽放出潜热并冷凝为液体。蒸汽冷凝时有两种冷凝方式：膜状冷凝和滴状冷凝。

膜状冷凝是冷凝液能完全润湿壁面，在壁面上形成一层完整的液膜，如图 4-11(a) 所示。蒸汽冷凝放出的潜热只有通过液膜后才能传给冷壁面，因此这层冷凝液膜就成了膜状冷凝的主要热阻。若冷凝液膜在重力作用下连续向下运动，越往下液膜越厚，所以垂直壁面越高或水平放置的管径越大［如图 4-11(b) 所示］，整个对流传热系数就越小。

滴状冷凝是冷凝液不能把壁面全部润湿，在壁面上凝结成许多液滴并沿壁面落下，如图 4-11(c) 所示。由于滴状冷凝时大部分壁面直接暴露在蒸汽中供蒸汽冷凝，没有液膜阻碍传热，因此滴状冷凝的对流传热膜系数要比膜状冷凝高几倍至十几倍。

工业上遇到的大多数是膜状冷凝，人们尽管采用了一些促进滴状冷凝的措施，但仍不能持久地实现滴状冷凝。因此冷凝器的设计都按膜状冷凝来设计。

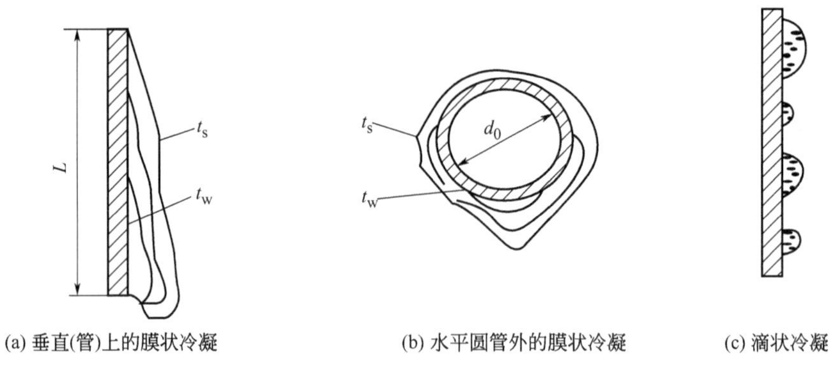

(a) 垂直(管)上的膜状冷凝　　(b) 水平圆管外的膜状冷凝　　(c) 滴状冷凝

图 4-11　蒸汽冷凝

2. 液体沸腾

液体沸腾是指液体在容器内被加热，其温度高于饱和温度时液体汽化而产生气泡的过程。在化工生产中，锅炉、蒸发器和精馏过程中使用的再沸器等都是将液体加热至沸腾并产生蒸气的设备。

工业上液体沸腾有两种情况：一种是流体在管内流动过程中受热沸腾，称为管内沸腾，由于管内沸腾的液体是在一定压差作用下，以一定的流速流经加热管时所产生的沸腾，又称强制对流沸腾，如蒸发器中管内料液的沸腾；另一种是将加热面浸入大容器的液体中，液体被壁面加热而引起的无强制对流的沸腾现象，称为大容器沸腾。

影响沸腾传热的决定性因素是传热壁与液体的温度差 Δt。随着 Δt 不同，会出现不同的沸腾状态，如图 4-12 所示。下面讨论 Δt 对传热膜系数 α 的影响。

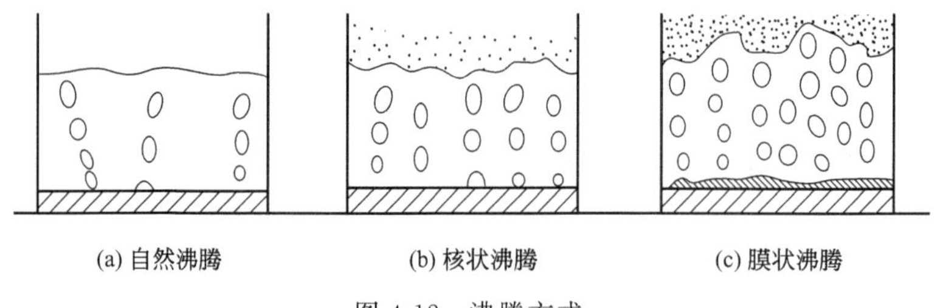
(a) 自然沸腾　　(b) 核状沸腾　　(c) 膜状沸腾

图 4-12　沸腾方式

当 Δt 较小（$\Delta t<5℃$）时，在传热壁上仅有少量的气泡产生，气泡对传热的影响不显著，以自然对流为主，对流传热膜系数和传热速率较小，对流传热膜系数 α 随温度差 Δt 变化较小，通常将此区称为自然对流区或自然沸腾区，如图 4-12(a) 和图 4-13AB 段所示。

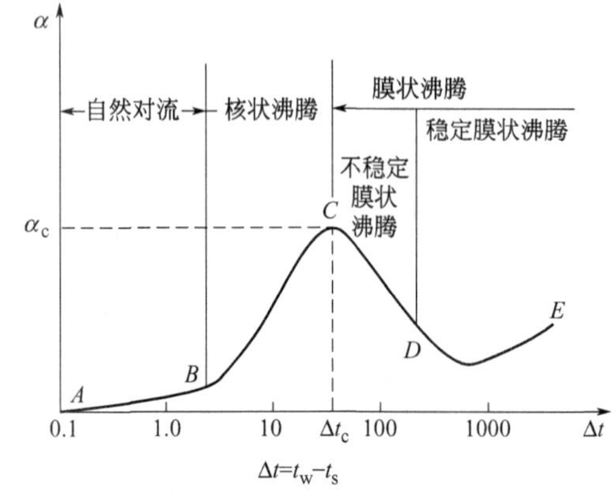

图 4-13　沸腾传热膜系数与温差的对数关系

随着 Δt 的增加（$5℃<\Delta t<25℃$）时，气泡核心数增多，气泡长大速度加快，原来被气泡占据的空间则由周围流过来的液体所补充，使容器内的液体受到强烈的搅动，使传热膜系数 α 随温度差 Δt 增大而显著增大，此区称为核状沸腾区，如图 4-12(b) 和图 4-13BC 段所示。

当 Δt 继续增大（$\Delta t>25℃$）时，加热面的汽泡核心数随着温度不断增大而快速增加，气泡产生的速度大于脱离液面的速度，气泡在加热面形成连续的气膜，将液体与加热面隔开，因为气体热导率比液体的小，使传热膜系数 α 急剧下降，由于气膜开始形成时是不稳定的，有时会形成大气泡脱离表面，所以此区称为不稳定膜状沸腾区，如图 4-13CD 段所示。由泡状沸腾向膜状沸腾过渡的转折点 C 称为临界点。当到达 D 点时，传热面上几乎形成了稳定的气膜。

Δt 很高（$\Delta t > 250$℃）时，由于加热面温度升高，此时热辐射对传热影响显著，此区为稳定膜状沸腾，如图 4-13DE 段所示。CDE 段统称为膜状沸腾，如图 4-12(c) 所示。

由于核状沸腾传热系数比膜状沸腾大，工业上一般将沸腾操作控制在核状沸腾区。此区间壁温度低，对流传热膜系数大。一旦温差高于临界温度就会变为膜状沸腾，导致传热过程恶化，传热膜系数急剧下降，还可能由于换热管壁温度过高而烧毁的严重事故。因此，在操作前确定液体临界点具有实际意义。

四、提高对流传热膜系数的途径

影响传热膜系数的因素很多，有流体的种类、性质、流动状态、设备的几何形状等。从理论上讲，改善这些因素都能提高对流传热的速率，但是在实际的生产条件下，有的因素是不能随意改变的。

1. 无相变时的对流传热

实践证明：当管径、流体和温度一定时，$\alpha = Bu^{0.8}/d^{0.2}$

可知，传热膜系数与 $u^{0.8}$ 成正比，与 $d^{0.2}$ 成反比，工程上以增大流速最为方便有效。例如，采用多管程结构等都能改变流体的流动方向，加快管程流体流速，使对流传热膜系数 α 得到提高；在换热管外加设挡板等迫使流体改变方向，提高流体的流速和湍流程度，可以提高壳程的对流传热膜系数 α。但随着流速的增加，流体的阻力损失也迅速增加，因此应控制适当的流量、程数选择合适的流速。也可以减小管径，但对于给定的换热器来讲，其管径固定。

2. 有相变时的对流传热

对于冷凝传热，要排除不凝性气体；在管壁上开一些纵向沟槽或放置一些金属丝，以阻止液膜的形成或减薄液膜的厚度；减少垂直方向上管排的数目，或将管束由直列改为错列，或装有去除冷凝液的挡板等。对于沸腾传热，实践证明，设法使传热面粗糙，或在液体中加添加剂，如乙醇、丙酮等，均能有效地提高对流传热膜系数。

第四节　辐射传热

一、热辐射的基本概念

1. 热辐射

前面已学过，热辐射是以电磁波的形式来传递热量。凡是温度在 0K 以上的物体都能发射辐射能，但是，只有当物体发射的辐射能被另一物体吸收后又重新转变为热能的过程才称为热辐射。

2. 黑体、白体、透热体和灰体

电磁波的波长范围是很广的，能够转变为热能的射线称为热射线，它只是其中的一部分，其波长为 0.4～40μm，介于可见光（波长为 0.4～0.8μm）与红外线（波长为 0.7～

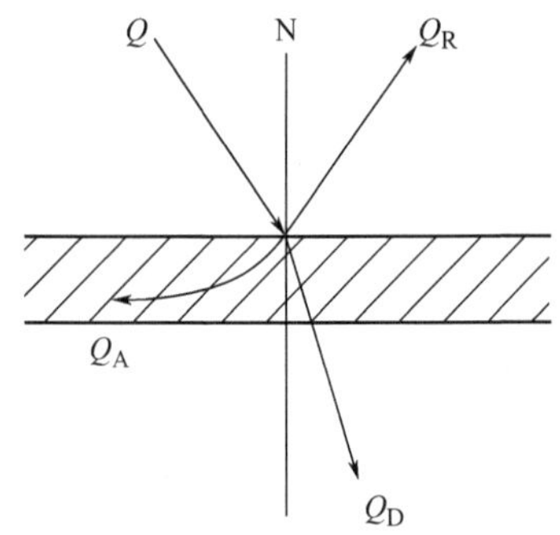

图 4-14 辐射的吸收、反射和透射

500μm）之间。它们的物理性质相似，热辐射线同样与可见光一样具有穿透、反射、折射的规律。

当来自外界的辐射能投射到一物体表面时，和可见光一样发生吸收、反射和穿透现象。假设投射的总能量为 Q，一部分能量 Q_A 被物体所吸收，一部分能量 Q_R 被反射，一部分能量 Q_D 透过物体。根据能量守恒定律：

$$Q=Q_A+Q_R+Q_D$$

或

$$\frac{Q_A}{Q}+\frac{Q_R}{Q}+\frac{Q_D}{Q}=1 \tag{4-12}$$

式中 Q_A/Q——称为吸收率，表示物体吸收辐射能的能力，用 A 表示；

Q_R/Q——称为反射率，表示物体反射辐射能的能力，用 R 表示；

Q_D/Q——称为透过率，表示物体透过辐射能的能力，用 D 表示。

故式(4-12) 也可写称为成

$$A+R+D=1 \tag{4-13}$$

能够全部吸收辐射能的物体（即 $A=1$）称为绝对黑体或黑体。在自然界中，绝对黑体是不存在的，实际物体只能是比较接近黑体，如没有光泽的黑漆表面，其吸收率 A 为 0.96～0.98。但黑体并不是指黑色的物体，如水的吸收率为 0.95～0.96。所以，物体对辐射线的吸收率高低并不取决于物体的颜色，而是决定于物体本身的性质和表面的粗糙程度，越粗糙的物体表面，对辐射能的吸收率越高。

能够全部反射辐射能的物体（即 $R=1$）称为绝对白体或镜体。实际上绝对白体也是不存在的，只能是比较接近白体，如磨光的铜表面，其反射率为 0.97。

能够透过全部辐射能的物体（即 $D=1$）称为透热体。一般来说，如 O_2、H_2、N_2 和 He 等单原子和对称的双原子分子构成的气体，可视为透热体。多原子分子和不对称的双原子气体，如 CO、CO_2、SO_2 等则能选择性地吸收和发射某一波长的辐射能。

工业上绝大部分物体，都是介于黑体和白体之间，即只能部分地吸收辐射能，一部分辐射能要反射回去，这样的物体称为灰体。

二、热辐射的基本定律

1. 黑体的辐射能力（斯蒂芬-玻耳兹曼定律）

物体在一定温度下，单位表面积、单位时间内所发射出来的全部波长的总能量，称为该温度下物体的辐射能力，用符号 E 表示，单位为 W/m^2。实践证明，黑体的辐射能力 E_0 与其表面的热力学温度 T 的四次方成正比，即

$$E_0=C_0\left(\frac{T}{100}\right)^4 \tag{4-14}$$

此式称为斯蒂芬-玻耳兹曼定律。

式中 E_0——黑体的辐射能力，W/m^2；

C_0——黑体的辐射常数，$C_0=5.7W/(m^2\cdot K^4)$；

T——黑体表面的热力学温度，K。

【例 4-4】 试计算黑体表面温度分别为 20℃及 800℃时辐射能力。

解 （1）黑体在 20℃时的辐射能力

$$E_{01}=C_0\left(\frac{T}{100}\right)^4=5.7\times\left(\frac{273+20}{100}\right)^4=420\mathrm{W/m^2}$$

（2）黑体在 800℃时的辐射能力

$$E_{02}=C_0\left(\frac{T}{100}\right)^4=5.7\times\left(\frac{273+800}{100}\right)^4=75557\mathrm{W/m^2}$$

由上题可见，同一黑体在热力学温度变化（273＋800）/（273＋20）＝3.66 倍，而辐射能力增加了 178.9 倍。说明了温度对辐射能力的影响在低温时影响较小，可忽略，而高温时则成为主要的传热方式。

2. 实际物体的辐射能力

黑体是一种理想化的物体，在工程上最重要的是确定实际物体的辐射能力。实际物体的辐射能力 E 恒小于同温度下黑体的辐射能力 E_0，通常用物体的黑度来表示物体接近黑体的程度，即实际物体的辐射能力与黑体的辐射能力之比，用 ε 表示。即

$$\varepsilon=\frac{E}{E_0} \tag{4-15}$$

所以，实际物体的辐射能力为

$$E=\varepsilon E_0=\varepsilon C_0\left(\frac{T}{100}\right)^4 \tag{4-16}$$

物体的黑度表示了实际物体辐射能力的大小，其值越大，物体的辐射能力越强。实际物体的黑度恒小于 1，黑体的黑度等于 1。黑度不是指物体的颜色，而是表明物体接近黑体的程度。影响物体的黑度 ε 的因素有物体的种类、表面温度、表面状况（粗糙度、表面氧化程度等）、辐射波长等。黑度是物体的一种性质，只与物体本身的情况有关，与外界因素无关，其值可用实验测定。表 4-5 列出了一些常用工业材料的黑度值 ε。

表 4-5 常用工业材料的黑度 ε 值

材料	温度/K	黑度 ε	材料	温度/K	黑度 ε
红砖	293	0.93	铜(氧化的)	473～873	0.57～0.87
耐火砖	—	0.8～0.9	铜(磨光的)	—	0.03
钢板(氧化的)	473～873	0.8	铝(氧化的)	473～873	0.11～0.19
钢板(磨光的)	1213～1373	0.55～0.61	铝(磨光的)	498～848	0.039～0.057
铸铁(氧化的)	473～873	0.64～0.78			

三、两固体间的辐射传热

工业上通常遇到两固体间相互辐射传热，由于实际物体多数属于灰体，从一个物体发射出来的辐射能只有一部分到达另一物体上，而这部分能量又只有一部分被吸收，其余部分被反射回去。被反射到原来物体上的能量又继续被部分吸收和反射，这样的吸收和反射在两固体表面之间多次反复地进行，直到继续被吸收和反射的能量很少，如图 4-15 所示。两物体间的辐射传热总的结果是热量从高温物体传向低温物体。

第五节 传热计算

一、间壁两侧冷热流体的热交换过程

化工生产中，冷、热流体间的热交换通常采用间壁式换热。在间壁式换热中，首先热流

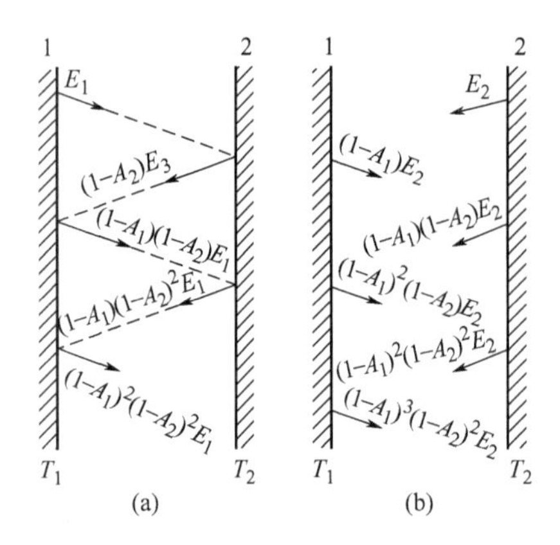

图 4-15 两平行灰体间的相互辐射

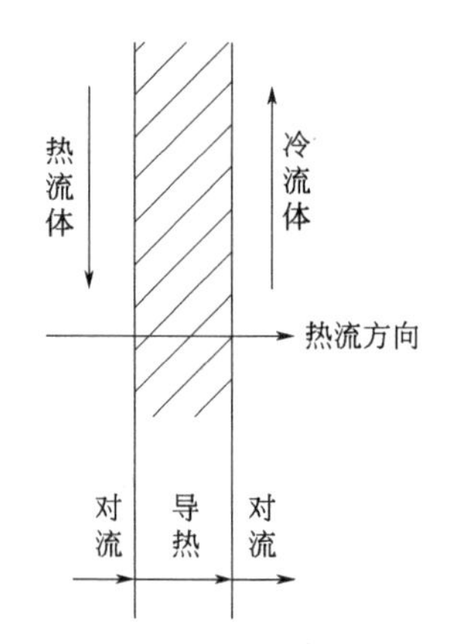

图 4-16 间壁两侧流体间的热交换

体通过对流传热将热量传给固体壁面，然后高温侧的固体壁面将热量以传导的方式传给低温侧的壁面，最后是低温侧固体壁面以对流传热将热量传给冷流体。也就是说，间壁两侧流体的传热方式为对流—传导—对流的传热过程，如图 4-16 所示。

二、热负荷的计算

1. 传热速率与热负荷

传热速率是指单位时间内通过传热面的热量，用符号 Q 表示，单位为 W（或 J/s）。换热器的传热速率表示换热器本身所具有的换热能力。工艺上要求换热器具有的换热能力，即换热器在单位时间内需要完成的传热量，称为换热器的热负荷，它取决于生产任务。

一个能完成生产任务的换热器，其传热速率必须等于或略大于它的热负荷。所以在换热器的选型或设计中，先用热负荷代替传热速率来计算出所需的传热面积，再考虑一定的安全量，这样确定的换热器就一定能满足生产要求。

2. 热量衡算

根据能量守恒定律，单位时间内热流体放出的热量等于冷流体吸收的热量加上损失的热量，用下式表示

$$Q_{热}=Q_{冷}+Q_{损} \tag{4-17}$$

式中 $Q_{热}$——单位时间内热流体放出的热量，kJ/s 或 kW；

$Q_{冷}$——单位时间内冷流体吸收的热量，kJ/s 或 kW；

$Q_{损}$——单位时间内损失的热量，kJ/s 或 kW。

3. 热负荷的计算

① 传热过程中没有相变，只有温度的变化。其放出或吸收的热量可用下式来计算。

$$Q_{热}=Q_{w热}c_{热}(T_1-T_2) \tag{4-18}$$

$$Q_{冷}=Q_{w冷}c_{冷}(t_2-t_1) \tag{4-19}$$

式中 $Q_{w冷}$，$Q_{w热}$——冷、热流体的质量流量，kg/s；

$c_{冷}$，$c_{热}$——冷、热流体在定性温度下的定压比热容，kJ/(kg·K)；

T_1，T_2——热流体的进、出口温度，K；

t_1，t_2——冷流体的进、出口温度，K。

② 传热过程中只有相变，没有温度的变化。其放出或吸收的热量可用下式来计算。

$$Q_{热}=Q_{w热}r_{热} \tag{4-20}$$

$$Q_{冷}=Q_{w冷}r_{冷} \tag{4-21}$$

式中　$Q_{w冷}$，$Q_{w热}$——冷、热流体的质量流量，kg/s；

$r_{冷}$，$r_{热}$——冷、热流体的汽化潜热，kJ/kg。

③ 若换热过程中既有温度变化又有相变化，如冷流体从低温到沸腾再到汽化；热流体从蒸汽冷凝到同温度再降到某一温度。其放出或吸收的热量（显热和潜热）可用下式来计算。

$$Q_{热}=Q_{w热}[c_{热}(T_1-T_2)+r_{热}] \tag{4-22}$$

$$Q_{冷}=Q_{w冷}[c_{冷}(t_2-t_1)+r_{冷}] \tag{4-23}$$

【例 4-5】 某列管式换热器中用100kPa的饱和水蒸气来加热苯，使其从293K加热至343K，苯走管内，蒸汽走管外，设已知苯的流量为$5m^3/h$，热损失按5%计算，。试求每小时蒸汽的消耗量。已知定性温度下苯的物性参数$c_{苯}=1.756kJ/(kg \cdot K)$、$\rho_{苯}=900kg/m^3$

解　$Q_{w苯}=\rho Q=900\times\frac{5}{3600}=1.25kg/s$

由$p=100kPa$，查附录七可得饱和水蒸气的汽化潜热值：$r_{热}=2259kJ/kg$

$$Q_{冷}=1.25\times1.756\times(343-293)=110kJ/s$$

$$Q_{热}=Q_{w热}\times2259kJ/s$$

$$Q_{损}=Q_{热}\times5\%$$

将$Q_{冷}$、$Q_{热}$和$Q_{损}$代入热量衡算式$Q_{热}=Q_{冷}+Q_{损}$得：

$$Q_{w热}\times2259\times(1-5\%)=110$$

$$Q_{w热}=0.0513kg/s=184.7kg/h$$

三、平均温度差的计算

冷热流体在间壁式换热器中各点的温度随着换热过程的进行而变化，两流体在各处的温度差可能不一样，因此只能取其平均值来计算，即平均温度差（Δt_m）。我们从流体的流动和温度变化的情况来计算两种流体主体的Δt_m。

1. 恒温传热

在传热过程中，冷、热流体的温度不随时间和换热器壁面的位置而变化，这种传热称为恒温传热。最典型的恒温传热过程是蒸发，如图4-17所示，在蒸发器中，器壁一侧是水蒸气冷凝为同温度的液体；另一侧是溶液沸腾汽化，温度也保持不变。

如图4-18所示，在传热过程中，热流体的温度T和冷流体的温度t都保持不变，故恒温传热的冷、热流体的平均温度差Δt_m为：

$$\Delta t_m=T-t \tag{4-24}$$

2. 变温传热

（1）变温传热　在传热过程中，冷、热流体一种或两种的温度沿换热器壁面的位置改变而不断变化，这种传热称为变温传热。变温传热有以下两种情况：一种是器壁两侧均无相变，如图4-19(a)所示，某冷却器，用冷水冷却高温油，高温油从403K逐渐冷却至313K，冷水由293K逐渐升至363K；另一种是器壁一侧有相变，如图4-19(b)所示，用饱和水蒸气加热冷流体，饱和水蒸气冷凝，冷流体被逐渐加热。

（2）流体的流向　换热器内两种流体的相互流动方向不同，对平均温度差的影响也不同。其流动方向主要有以下四种类型：

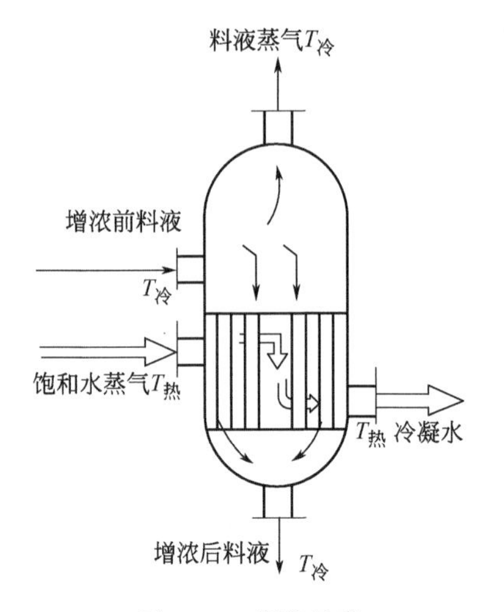

图 4-17　蒸发示意

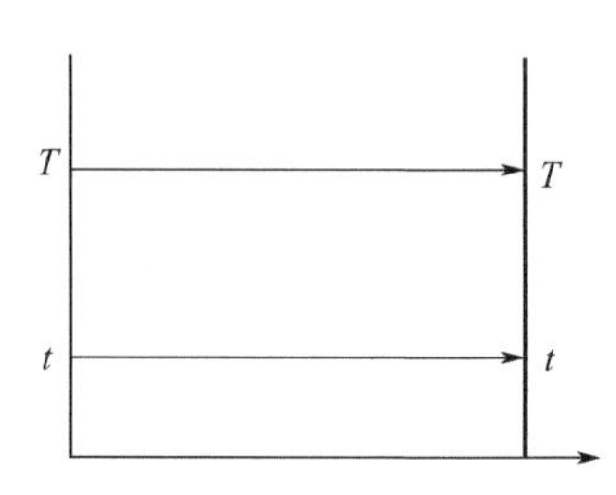

图 4-18　恒温传热示意图

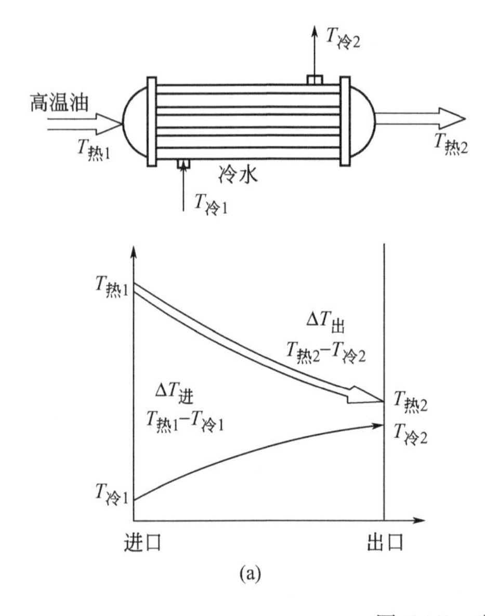

(a)

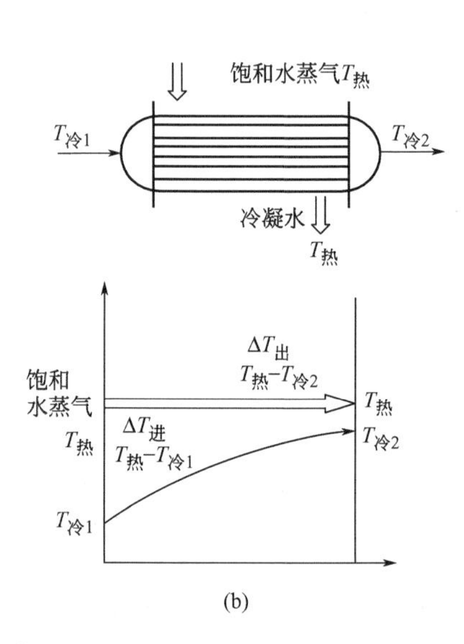

(b)

图 4-19　变温传热示意图

① 并流　冷、热流体在换热器内朝着相同的方向流动，称为并流，如图 4-20 所示。

② 逆流　冷、热流体在换热器内朝着相反的方向流动，称为逆流，如图 4-21 所示。

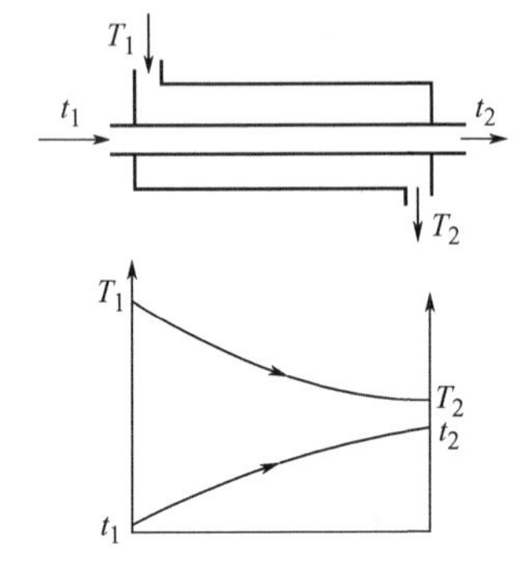

图 4-20　并流传热温度变化图

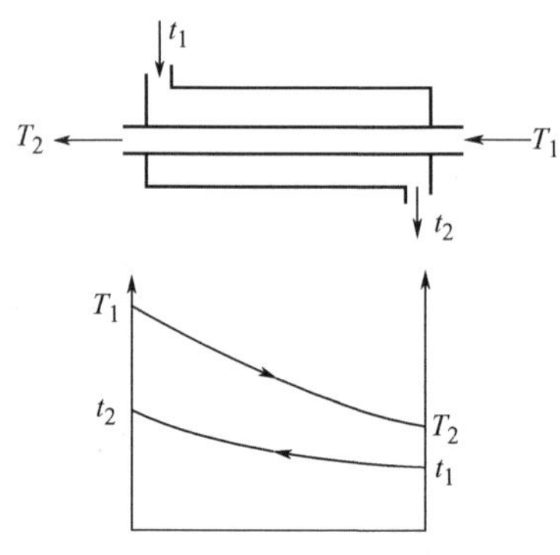

图 4-21　逆流传热温度变化图

③ 错流和折流　冷、热流体在换热器内的流动方向相互垂直，称为错流，如图 4-22(a) 所示。冷、热流体在换热器内的流动方向并流和逆流交替进行，称为折流，如图 4-22(b) 所示。

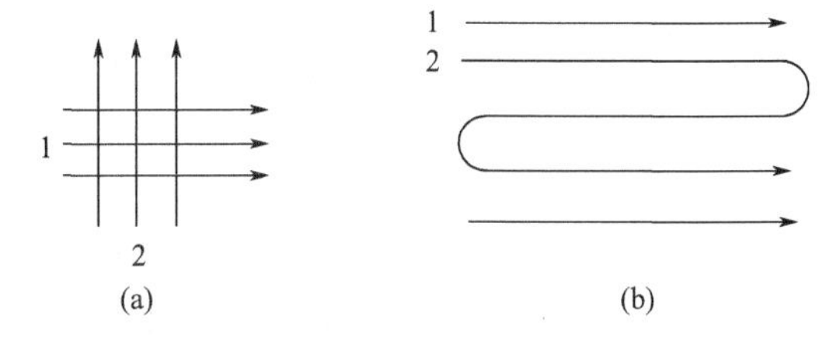

图 4-22　错流和折流流向图

(3) 并流和逆流时 Δt_m 的计算　设热流体的进、出口温度为 T_1 和 T_2，冷流体的进、出口温度为 t_1 和 t_2，并确定流动方向，首先算出换热器两端冷、热流体的温差值 Δt_1 和 Δt_2。然后将 Δt_1 和 Δt_2 求对数平均来计算 Δt_m

$$\Delta t_m = \frac{\Delta t_1 - \Delta t_2}{\ln \dfrac{\Delta t_1}{\Delta t_2}} \tag{4-25}$$

式中　Δt_m——冷热流体的平均温度差，K；

Δt_1，Δt_2——换热器两端冷、热流体的温度差，K。

当$\dfrac{\Delta t_1}{\Delta t_2} \leqslant 2$ 时，可按算术平均值计算，即 $\Delta t_m = \dfrac{\Delta t_1 + \Delta t_2}{2}$。

【例 4-6】 在某冷凝器内，以 298K 的冷却水来冷凝某精馏塔内上升的有机物的饱和蒸气，已知有机物蒸气的温度为 368K，冷却水的出口温度为 323K，试求冷、热流体的平均温度差。

解　已知：热流体的温度保持不变 $T_1 = T_2 = 368\text{K}$

冷流体的进口温度为 $t_1 = 298\text{K}$，出口温度 $t_2 = 323\text{K}$

热流体：　368K ⟶ 368K

冷流体：　298K ⟶ 323K

$\Delta t_1 = 368 - 298 = 70\text{K}$　　　$\Delta t_2 = 368 - 323 = 45\text{K}$

由于$\dfrac{\Delta t_1}{\Delta t_2} \leqslant 2$，故可以按算术平均值的求法来进行计算

$$\Delta t_m = \frac{\Delta t_1 + \Delta t_2}{2} = \frac{70 + 45}{2} = 57.5\text{K}$$

【例 4-7】 某冷、热两种流体在一列管换热器内换热。已知热流体进口温度为 473K，被降至出口温度为 413K，冷流体从 303K 的进口温度升至出口温度为 353K。试分别计算并流和逆流时冷、热流体的平均温度差，并比较两结果。

解　并流时　热流体：　473K ⟶ 413K

冷流体：　303K ⟶ 353K

$\Delta t_1 = 473 - 303 = 170\text{K}$　　　$\Delta t_2 = 413 - 353 = 60\text{K}$

则：

$$\Delta t_m = \frac{\Delta t_1 - \Delta t_2}{\ln \dfrac{\Delta t_1}{\Delta t_2}} = \frac{170 - 60}{\ln \dfrac{170}{60}} = 105.6\text{K}$$

逆流时　热流体：　473K ⟶ 413K

冷流体：　353K ⟵ 303K

$\Delta t_1 = 473 - 353 = 120\text{K}$　　　$\Delta t_2 = 413 - 303 = 110\text{K}$

由于$\frac{\Delta t_1}{\Delta t_2}\leqslant 2$，故可以按算术平均值的求法来进行计算：

$$\Delta t_m=\frac{\Delta t_1+\Delta t_2}{2}=\frac{120+110}{2}=115\text{K}$$

比较：逆流比并流的 Δt_m 大，当冷热流体进出口温度相同时，逆流传热推动力比并流时大。如果热负荷一定，则逆流所需的传热面积较小，设备费用较低。因此，实际生产中换热器一般选用逆流操作，但某些特殊情况时（工艺上要求被加热流体的终温不得高于某一定值或被冷却流体的终温不能低于某一定值时）利用并流则比较容易控制。

四、传热系数的测定和估算

要计算传热面积，必须先确定传热系数（K）的值。传热系数的测定和估算主要有三种方法。

1. 生产现场测定

在冷热流体的进出口管路上各装一温度计，在两种流体的出口处各装一流量计，根据计算出的热负荷 Q、平均温度差 Δt_m、实际测定的传热面积 A，通过传热速率方程式 $Q=KA\Delta t_m$ 即可计算出该设备的 K 值，即

$$K=\frac{Q}{A\Delta t_m} \tag{4-26}$$

【例 4-8】 列管式换热器中用热空气来加热冷水。其换热面积为 10m^2，实际测得冷流体的流量为 0.80kg/s，进口温度为 295K，出口温度为 338K；热流体进口温度为 370K，出口温度为 342K。查得水的平均比热容为 4.18kJ/(kg·K)，计算该换热器的传热系数。

解 （1）计算热负荷 Q

已知：$Q_{w冷}=0.80\text{kg/s}$、$c_{冷}=4.18\text{kJ/(kg·K)}$、$\Delta t=t_2-t_1=338-295=43\text{K}$

将以上代入式(4-19)，得

$$Q=0.80\times4.18\times43=143.79\text{kW}$$

（2）计算冷热流体的平均温差 Δt_m

热流体：　370K ⟶ 342K

冷流体：　338K ⟵ 295K

$$\Delta t_2=370-338=32\text{K} \qquad \Delta t_1=342-295=47\text{K}$$

因$\frac{47}{32}\leqslant 2$，故可以按算术平均值的求法来进行计算

$$\Delta t_m=\frac{\Delta t_1+\Delta t_2}{2}=\frac{32+47}{2}=39.5\text{K}$$

（3）计算传热系数 K　由式(4-26) 得：

$$K=\frac{Q}{A\Delta t_m}=\frac{143.79}{10\times39.5}=0.364\text{kW/(m}^2\text{·K)}=364\text{W/(m}^2\text{·K)}$$

2. 经验数据法

通过参阅工艺条件相仿、设备类似、比较成熟的生产经验数据来了解 K 值的大致范围。表 4-6 列出了常用换热器 K 值的大致范围。

3. 理论计算法

列管式换热器中的管子任一截面的管壁换热是由热流体的对流传热、间壁（包括垢层）

的导热、冷流体对流传热三个阶段组成。通过传热速率方程式可求得 K 值。其公式如下：

$$K=\frac{1}{\frac{1}{\alpha_1}+\frac{1}{\alpha_2}+\frac{\delta}{\lambda}+R_{垢}} \tag{4-27}$$

式中　α_1，α_2——冷、热流体的对流传热膜系数；

λ——换热管的热导率；

δ——换热管壁厚度；

$R_{垢}$——管壁垢层热阻。

常用的换热器大多为金属材料，λ 值较大，管壁较薄，δ 值较小，故 δ/λ 可以忽略不计。当 α_1 和 α_2 相差较大时，K 值接近于其中较小的数值，$K\approx\alpha_{小}$。所以提高 $\alpha_{小}$ 和降低 $R_{垢}$ 是提高 K 值的重要因素。

表 4-6　常用换热器 K 值的大致范围

换热器类型	流体种类及流动空间		$K/[W/(m^2\cdot K)]$
列管式换热器	内　管	外　管	
	气体(101.3kPa)	气体(101.3kPa)	5～30
	气体	气体(20～30MPa)	150～400
	液体(20～30MPa)	气体(101.3kPa)	15～60
	液体	气体(200～300atm)	200～600
	液体	液体	15～1000
	蒸汽	液体	30～1000
套管式换热器	内　管	外　管	
	气体(101.3kPa)	气体(101.3kPa)	10～30
	气体(20～30MPa)	气体(101.3kPa)	20～50
	气体(20～30MPa)	气体(20～30MPa)	150～400
	气体	液体	200～500
	液体	液体	30～1200
液膜式换热器	管　内	管　外	
	气体(101.3kPa)	冷水淋注	20～50
	气体(20～30MPa)		150～300
	液体		250～800
	冷凝蒸汽		30～1000
夹套式换热器	夹套侧	容器侧	
	冷凝蒸汽	液体	40～1200
	冷凝蒸汽	沸腾液	60～1500
	冷水、盐水	液体	150～300
板式换热器	气体-水		20～50
	液体-水		30～1000

五、传热面积的计算

1. 工艺上要求的传热面积

计算热负荷、平均温度差和传热系数的目的，都是为了确定换热器所需的传热面积，通过传热速率式 $Q=KA\Delta t_m$，得

$$A=\frac{Q}{K\Delta t_m} \tag{4-28}$$

为了安全可靠以及在生产发展时留有余地，实际生产中还往往考虑 10%～25%的安全

系数，即实际采用的传热面积应比计算得到的传热面积大10%～25%。

2. 换热器本身所具有的传热面积

若换热器为套管式或列管式换热器，计算公式为：

$$A_{换}=n\pi dL \tag{4-29}$$

式中 n——管子的根数；

d——管子的直径，一般取管子的平均直径，m；

L——管子的长度，m。

只有换热器本身的换热面积 $A_{换}$ 大于工艺上要求的换热面积时，换热器才能满足工艺任务。

【例 4-9】 现有一列管式换热器，由 3400 根规格为 ϕ25mm×2.5mm、长 6m 的无缝钢管组成，准备用作某车间的冷却器。管内走比热容 $c=4.2\text{kJ/(kg}\cdot\text{K)}$ 的某溶液，流量为 258kg/s，进口温度为 330K，出口温度为 310K。管外为冷却水，进口温度为 285K，出口温度为 300K，采用逆流换热。已知换热器的总传热系数 $K=657\text{W/(m}^2\cdot\text{K)}$，试问该换热器是否能用？

解 （1）计算换热器的热负荷 Q

$$Q_{热}=Q_{w热}c_{热}(T_1-T_2)=258\times4.2\times(330-310)=21672\text{kW}$$

（2）计算平均温度差

热流体 330K ⟶ 310K

冷流体 300K ⟵ 285K

$$\Delta t_1=330-300=30\text{K} \quad \Delta t_2=310-285=25\text{K}$$

由于 $\frac{\Delta t_1}{\Delta t_2}\leqslant2$，故可以按算术平均值的求法来进行计算

$$\Delta t_m=\frac{\Delta t_1+\Delta t_2}{2}=\frac{30+25}{2}=27.5\text{K}$$

（3）计算所需传热面积 $A_{理}$

$$A=\frac{Q}{K\Delta t_m}=\frac{21672\times10^3}{657\times27.5}=1200\text{m}^2$$

考虑 15%的安全因素，则 $A_{理}=1200\times(1+15\%)=1380\text{m}^2$

（4）计算现有换热器的传热面积 $A_{实}$

$$d_{内}=0.025-2\times0.0025=0.02\text{m}$$

$$d_{均}=\frac{d_{内}+d_{外}}{2}=\frac{0.02+0.025}{2}=0.0225\text{m}$$

$$A_{实}=n\pi dL=3400\times3.14\times0.0225\times6=1441\text{m}^2$$

因为 $A_{理}<A_{实}$，所以换热器是可以满足生产要求的。

第六节 强化传热的途径

强化传热，就是提高传热速率，提高换热器的生产能力。从传热速率方程式 $Q=KA\Delta t_m$ 可以看出，提高 K、A、Δt_m 中任何一项，都可以提高传热速率 Q，促进传热。

一、增大传热面积

对于间壁式换热器，单纯地增大传热面积（A），会造成设备增大，耗材增加，设备费用增加，操作和管理的难度相应增大，所以增大传热面积不应靠加大换热器的尺寸来实现。如果增加了单位体积的传热面，设备结构又更紧凑合理，那就达到强化传热的目的。

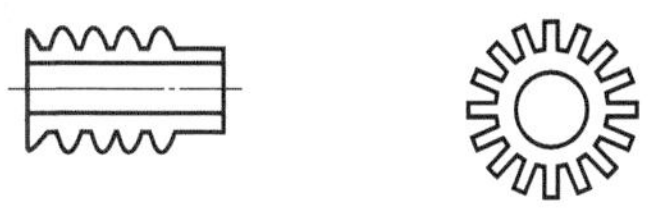

图 4-23　翅片管

目前采用的一些新型的换热器，如翅片管（图 4-23）、螺纹管、板式换热器等，都可增大单位体积的换热面积。实践证明，单位体积板式换热器提供的换热面积是一般列管式换热器的 6～10 倍。

二、增大平均温度差

传热平均温度差是传热过程的推动力，Δt_{m} 越大，传热过程进行得越快。生产中常用以下方法来增加 Δt_{m}。

① 流体进出口温度一定的情况下，采用逆流操作可获得较大的平均温度差 Δt_{m}。

② 在条件允许的情况下，尽可能提高热流体的温度，降低冷流体的温度。加热时，尽量采用温度较高的热源，如用高温烟道气、熔盐、高沸点有机物作加热介质，用水蒸气加热时，尽可能提高蒸汽压力；冷却时，应尽量降低冷流体进口温度和增大流量，如在氨冷器中，降低氨的蒸发压强，以使氨的蒸发温度降低。

但是不能仅单纯地提高传热推动力，还要从客观条件、经济角度以及节约能源等多方面综合考虑。如饱和水蒸气的温度一般不能超过 450K，否则蒸汽压强过高，对设备要求也高；增大冷却水的流量虽然可降低水出口的温度，增大温度差，但相应的操作费用也增加了。

三、增大传热系数

根据传热系数的关系式［式(4-27)］可以看出，要想提高传热系数（K）值，主要从提高传热膜系数 α_1、α_2 和 λ，降低 δ 和 $R_{垢}$。可以采用以下措施：

① 增大流体的湍流程度，减小层流内层的厚度，提高两流体的传热膜系数 α_1 和 α_2。如增加管程或壳程数，加装折流挡板可使流程加长，流速增大；增加搅拌，如夹套换热器加搅拌，可增大流速和湍流程度；在管内装入扰动元件，如金属螺旋圈、麻花铁等，改变流动方向，可以在较低的流速下达到湍流程度。例如板式换热器，流体在冲压成波形的板间流动，当 $Re=200$ 时即进入了湍流状态。但采用以上方法会增大流体的阻力，因而要综合考虑。

② 减小垢层的热阻。要防止结垢和及时清除垢层，因垢层的存在将使传热系数大大降低，特别是当换热器使用时间较长、垢层较厚时，垢层热阻将成为影响传热速率的重要因素。

③ 使用有相变、热导率较大的载热体。有相变的对流传热过程的对流传热膜系数较高；热导率较大的流体，可以降低层流内层的热阻，增大流体的传热膜系数。

④ 蒸汽的冷凝过程中，应采取一些积极的措施，使其成为滴状冷凝或减少冷凝液膜的厚度，可增大传热膜系数。例如，在蒸汽中加入微量的油酸，能促进滴状冷凝的形成。

⑤ 采用较薄和热导率较大的换热器。传热壁越薄，热导率越大，δ/λ 值越小，器壁的热阻越小，传热系数 K 就越大。

⑥ 改变传热面形状和增加粗糙程度。通过设计特殊的传热面，使流体不断地改变流动方向和提高流体的扰动程度，减小壁面层流体内的厚度，增大对流传热膜系数。

如把加热面加工成波纹状、螺旋槽状、纵槽状、翅片状等，既增大了传热膜系数，也增加了传热面积。

在具体的实施中应从实际的生产情况出发，考虑设备的结构、动力消耗、清洗和检修的难易以及经济效益等多方面综合考虑。

第七节 换 热 器

换热器就是实现冷、热流体之间热量交换的装置。由于生产规模、物料的性质、传热要求等各不相同，故换热器的类型也多种多样。现将几种常用的换热器介绍如下：

一、列管式换热器

1. 结构

列管式换热器是最典型的间壁式换热器，也是化工生产中使用最广的换热设备。列管式换热器主要由壳体、管束、管板、折流挡板、封头等组成，如图 4-24 所示。管束两端固定（焊接或胀接）在管板上，管板和封头当中的空间叫管箱，起到分配和汇集流体的作用。一种流体走管内，其行程为管程，由封头两端进出口管进入和流出；另一种流体在壳体与管束组成的管隙中流动，其行程为壳程，由壳体的进出口管进入和流出，两种流体通过管束的壁面进行传热。由于管板和壳体、管子都焊在一起，位置完全固定不变，所以称为固定管板式列管换热器。这是列管换热器中最简单的一种类型。

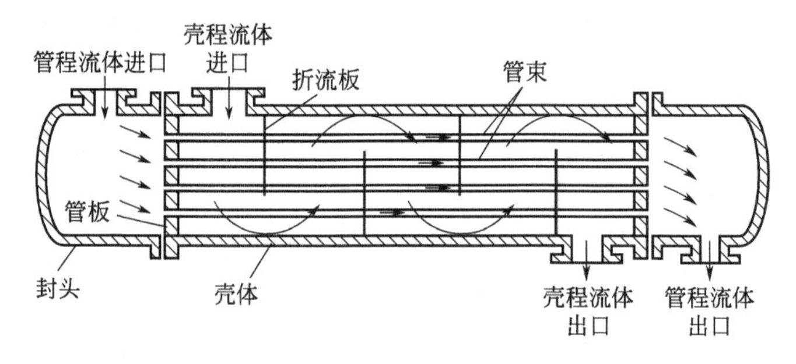

图 4-24 单管程单壳程固定管板式列管换热器

2. 管程数

管程流体每经过一次管束为一个管程。流体只经过管束一次称单管程。为了提高管程流体的流速，采用多管程，在封头内安装隔板即可，这样流体可以在换热器内往返多次。管程数多，增大了传热系数，但能量损失大，结构复杂。常见有双管程、四管程、六管程。如图 4-25 所示为双管程列管换热器。

3. 壳程数

壳程流体每通过一次壳体为一个壳程。流体只经过管隙一次称单壳程。若在壳体中加一纵向挡板，流体从一端进入，到另一端折回，再从进入端的另一侧流出，则称为双壳程。如图 4-26 所示为双管程双壳程列管换热器。换热器内安装一定数目与管束垂直的折流挡板，可使流体多次错流通过管隙，提高流体的流速，增加流体的湍流程度，从而提高壳程流体的对流传热系数。常用的折流挡板有圆缺形和圆盘形两种，如图 4-27 所示。

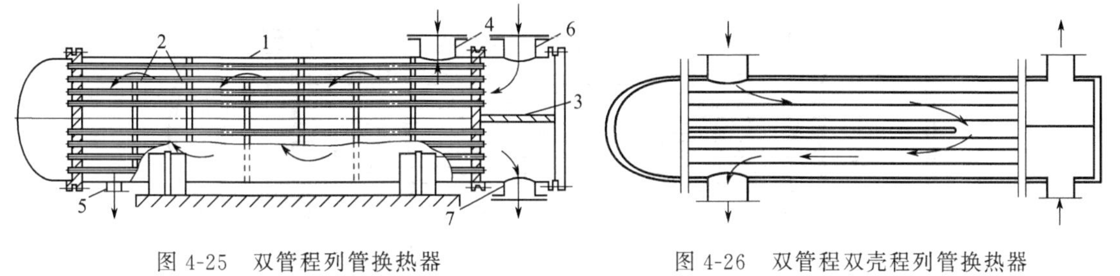

图 4-25　双管程列管换热器

1—壳体；2—挡板；3—隔板；4、5—走管隙流体的进出口管；6,7—走管内流体的进出口管

图 4-26　双管程双壳程列管换热器

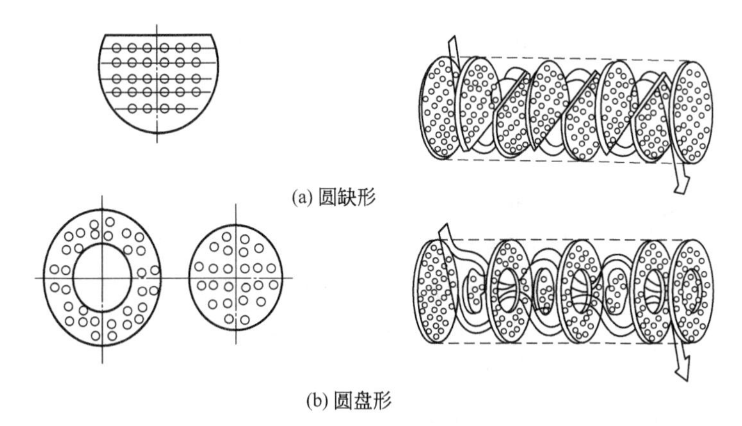

图 4-27　折流挡板的形式及流向示意图

4．热补偿装置

由于换热器内走管程和走壳程的两种流体的温度不同，使管束和壳体受热不同，其热膨胀程度就不同，当两者温差较大（50℃以上）时，会使管子变形，从管板上脱落，甚至可能毁坏换热器。因此采取措施来消除或减少它们热膨胀不同而带来的影响，这种措施称为热补偿。具有热补偿装置的列管式换热器主要有以下几种类型。

（1）具有补偿圈的固定管板式换热器　在普通的固定管板式换热器壳体和适当位置焊上一圈波形补偿圈（也叫膨胀节），依靠补偿圈的弹性变形来消除管子与壳体因膨胀程度不同引起的影响，如图 4-28 所示。它适用于温差小于 60K，壳程压力小于 0.6MPa 的场合。

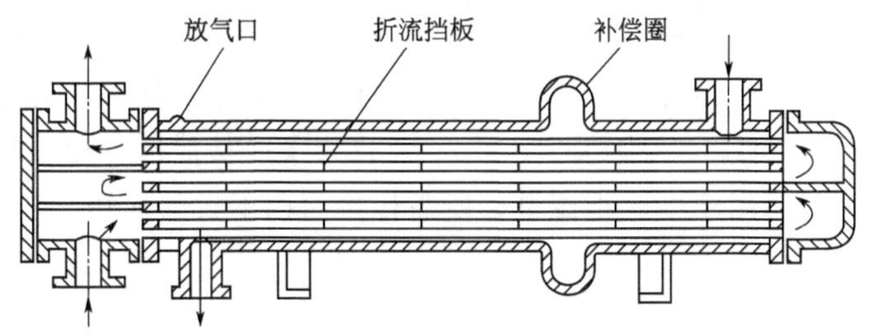

图 4-28　具有补偿圈的固定管板式换热器

（2）浮头式换热器　浮头式换热器中两端的管板有一端不与壳体相连，而是连接在一个可沿管长方向自由伸缩的封头上，这个封头称为浮头。如图 4-29 所示，为一单壳程双管程浮头式换热器。当壳体与管束的热膨胀不一致时，管束连同浮头可在壳体内自由伸缩，从而解决了热补偿问题。可用于温差较大（70～120K）的场合。它的特点是不仅具有热补偿的能力，而且在清洗和检修时整个管束可以从壳体中拆卸出来。

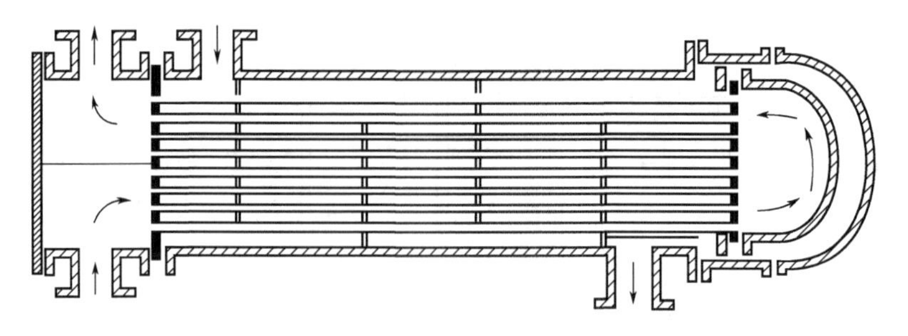

图 4-29 单壳程双管程浮头式换热器

(3) U 形管式换热器　U 形管式换热器的每根换热管都弯成 U 形，两端固定在同一管板上，如图 4-30 所示，为一双管程双壳程 U 形管式换热器。当管子受热或冷却时，每根管子可自由伸缩，解决热补偿问题。这种结构简单，但管内不易清洗，适用于高温、高压下的清洁流体。

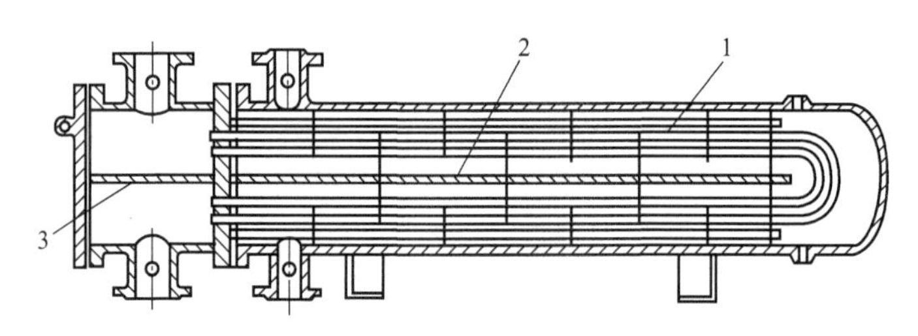

图 4-30 双管程双壳程 U 形管式换热器

二、套管式换热器

套管式换热器是由两种大小不同的直管制成的同心圆套管组成，并根据要求将上下内管用 U 形肘管连接，外管通过法兰相连，如图 4-31 所示。每一段套管为一程，每程的有效长度为 4～6m，程数根据换热要求而定。

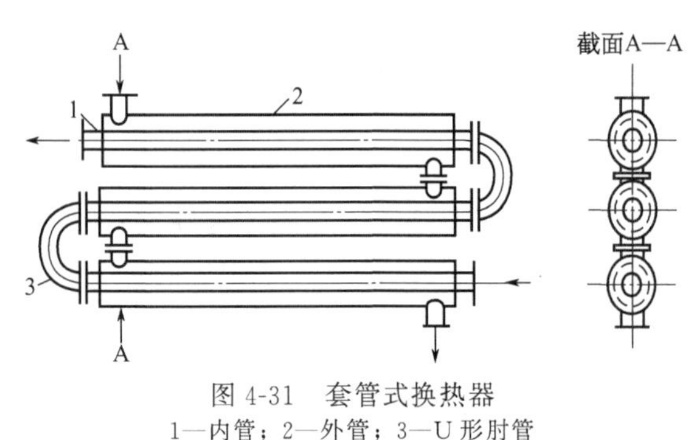

图 4-31 套管式换热器
1—内管；2—外管；3—U 形肘管

其优点是结构简单、耐高压；传热面积可根据需要增减；可适当选择管径，使流体有较高的流速，以提高传热膜系数；能保持逆流，使平均温度差较大。缺点是接头多而易泄漏，单位传热面的金属消耗量大但传热面积较小。适用于中、小流量，所需传热面积不大的换热。

三、蛇管换热器

1. 沉浸式蛇管换热器

沉浸式蛇管换热器是将金属管绕成不同形状沉浸在充满液体的容器内，其具体形状由容器而定，两种流体通过蛇管管壁进行换热，如图 4-32 所示。其优点是结构简单，制造方便，能承受高压，可选择不同材料以利于防腐，操作方便。缺点是蛇管外容器中的料液流动较差，传热系数小，所以常在容器内装设搅拌器。它适用于传热量不大的反应釜内的传热、高压传热、腐蚀性介质的传热。

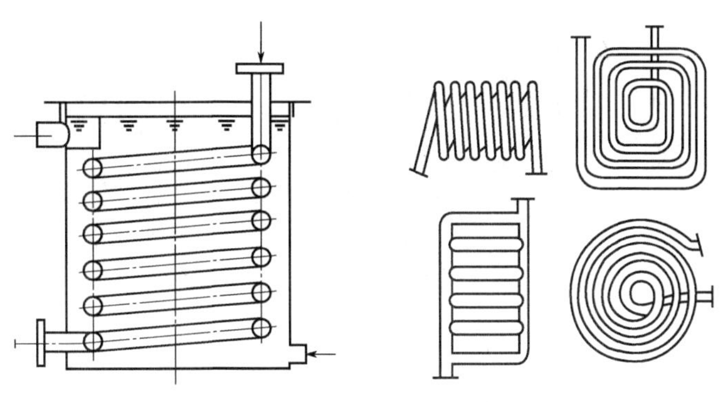

图 4-32　沉浸式蛇管换热器

2. 喷淋式蛇管换热器

喷淋式蛇管换热器是将蛇管固定在钢架上，热流体由蛇管的下部进入，上部流出，冷却水由上向下喷淋，流到底部可收集回收再利用，如图 4-33 所示。与沉浸式相比，喷淋式传热效果较好，便于检修和清洗。缺点是占地面积大，只能安装在室外，冷却水喷淋不易均匀。它适合于高压流体的冷却，如硫酸厂、合成氨厂较常用。

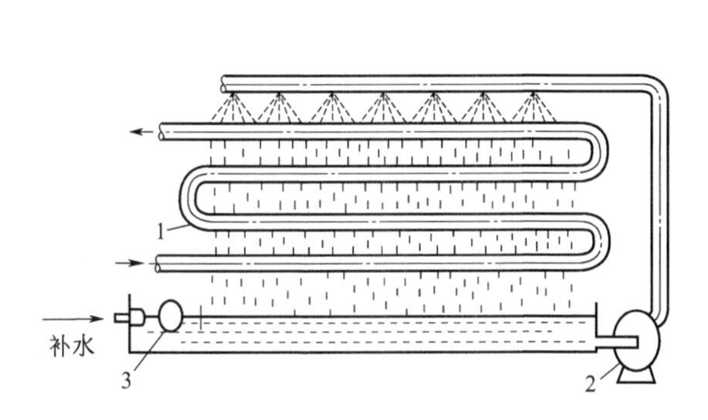

图 4-33 喷淋式蛇管换热器

1—蛇管；2—循环泵；3—控制阀

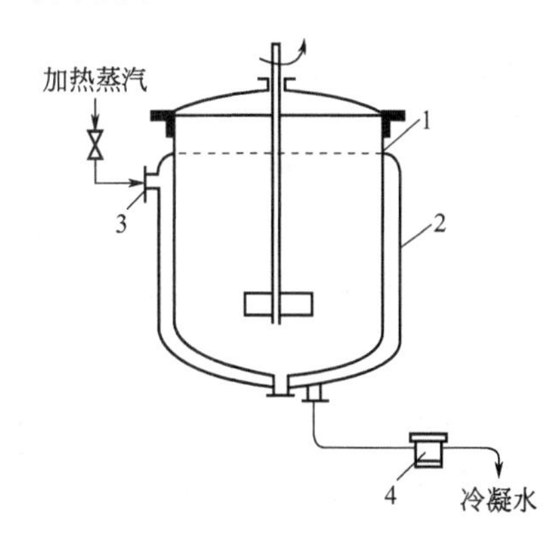

图 4-34　夹套式换热器

1—容器；2—夹套；3—蒸汽进口；4—疏水器

四、夹套式换热器

夹套式换热器的结构简单，加热剂或冷却剂在夹套和容器壁间的空间内流动，容器的器壁就是传热面，如图 4-34 所示。当用水蒸气加热时，为避免产生水击和阻塞蒸汽，应使水蒸气从上部进入，冷凝水从下部排出；冷却时，为保证套内充满液体，冷却水从下部进入，上部排出。

由于夹套内部清洗困难，故一般用不易结垢的水蒸气、冷却水、导热油、氨等不易结垢的流体作为载热体。由于套管式换热器的传热面积较小，且器内流体常处于自然对流状态，传热膜系数也较小，故在容器内装上搅拌器使器内流体处于强制对流状态，还有在器内加设蛇管来增加传热面积。当用冷却水冷却时，可以在夹套和容器壁之间空间内加设挡板提高流速，从而提高传热系数。

五、板式换热器

1. 平板式换热器

如图 4-35 所示。平板式换热器是由传热板片、垫片和压紧装置三部分组成。传热板片可

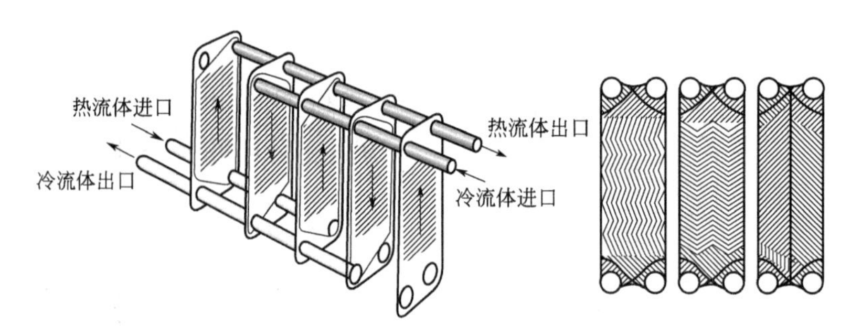

图 4-35　平板式换热器

被压制成多种形状的波纹，既可增加刚性，不易受压变形，同时也提高流体的湍流程度及增加了传热面积，还易于流体均匀分布。一组平行的金属板片用夹紧装置装在支架上，每两相邻板的周边用垫片（橡胶或压缩石棉）通过压紧装置压紧密封，使两块板面间形成了流体通道。板片的四角各开一圆孔，使两个对角方向的孔与板面上的流道相通，另两个孔与板面上的流道隔开，冷、热流体在板片的两侧流过，通过板片换热。

平板式换热式主要优点是传热系数大，结构紧凑，板面薄，单位体积的传热面积大，操作灵活，可根据需要调节板片数；安装、检修和清洗方便。但由于板片和垫片强度的限制，操作压强较低，因受垫片耐热性能的限制，操作温度不能太高；还有板间距小，受流道截面积的限制，所以处理量较小。

2. 螺旋板式换热器

螺旋板式换热器的结构如图 4-36 所示，它是由两张平行的薄钢板卷制而成，构成两条互不相通的螺旋通道。在换热器中心有设有中心隔板，使两个螺旋通道隔开。在顶部和底部分别安装有盖板或封头、出口和入口接管。为保证两板之间始终保持一定的间距，在两板间焊一定数量的定距柱，定距柱还具有增加螺旋板的刚度、扰动流体流动的作用。

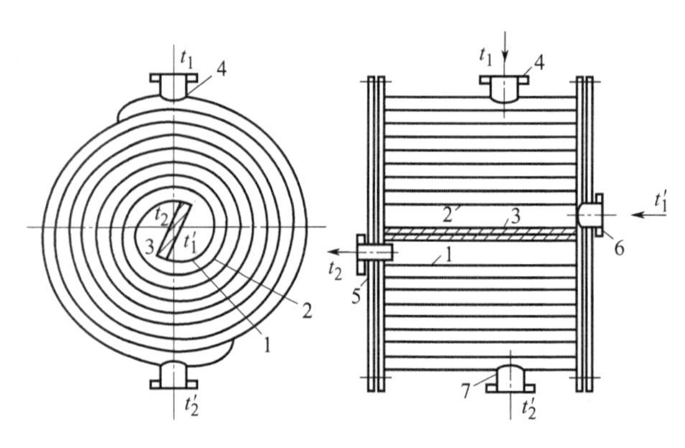

图 4-36　螺旋板式换热器

1,2—金属板；3—隔板；4,5,6,7—流体连接管

两种流体在换热器中作逆流方式流动。一种流体由螺旋通道外层的连接管进入，向中心流动，由中心接管流出；另一种流体则由中心另一端的接管进入，顺着螺旋通道向外流动，由外层另一接管流出。

螺旋板式换热器主要优点是结构紧凑，传热系数大；平均温度差大，传热效率高；不易堵塞，成本较低。但维修比较困难；操作压强和温度不能太高，流动阻力较大。

3. 板翅式换热器

板翅式换热器主要结构是由平隔板和各种形式的翅片构成板束组装而成。它的基本结构如图 4-37 所示。在两块平行金属板间夹入一块波纹（或其他形状）翅片，两边用侧条密封，用钎焊焊牢，即构成一个换热单元体。多个单元体以不同的方式叠积，构成适当的排列，并用钎焊固定成一个组装件，称为芯部或板束。然后将板束焊到带有进出口的集流箱上，就构成了具有逆流、错流等多种形式的换热器。如图 4-38 所示。

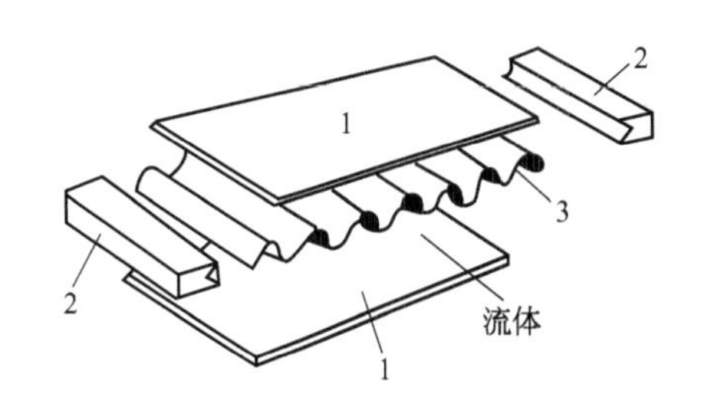

图 4-37 板翅式换热器单元体

1—平隔板；2—侧封条；3—翅片

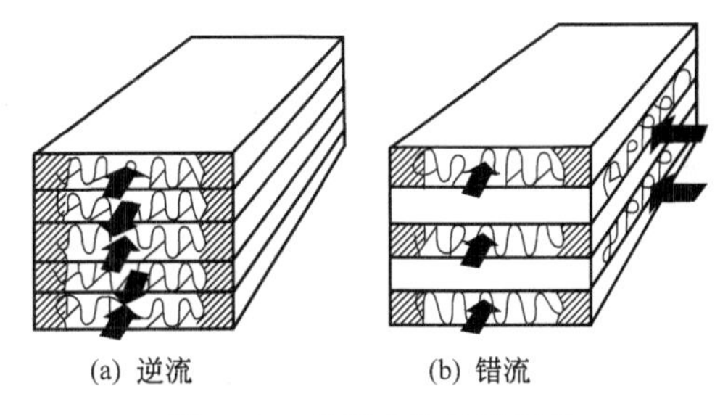

图 4-38 板翅式换热器板束

板翅式换热器轻巧紧凑，热导率高，结构牢固，传热系数高，适应性强。但板翅式换热器制造工艺复杂，焊接要求高；流道小，阻力大；易堵塞，检修和清洗困难。

六、热管换热器

热管是一种新型传热元件，如图 4-39 所示。它是一根装有毛细吸液芯网的金属管，其内充以一定量的某种工作液体，然后封闭并抽除不凝性气体。当加热段（即为蒸发段）受热时，工作液遇热沸腾，产生的蒸气流至冷却段（即为冷凝段）冷凝放液。冷凝液沿具有微孔结构的吸液芯网在毛细管力的作用下回流至加热段再次沸腾。如此反复循环，热量则由加热段传至冷却段。

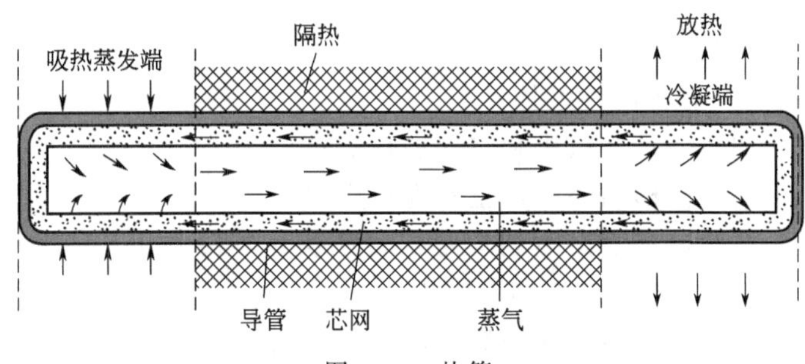

图 4-39 热管

在热管内部，热量的传递是通过沸腾和冷凝两过程组成，由于沸腾和冷凝传热系数皆很大，蒸气流动的能量损失很小，因此管壁温度相当均匀。故可利用热管的外表面作冷、热流体换热的热源和冷源。如果在外表面加翅片强化，则对传热系数很小的气-气传热过程也很有效。

这种新型的换热器具有传热能力大、应用范围广、结构简单、工作可靠等优点，已受到各方面的重视，它特别适用于低温差传热（如利用工业余热）以及要求迅速散热的场合。

第八节 传热操作技能训练

为了保证换热器安全高效地进行工作，操作人员必须掌握换热器的正确操作方法、常见故障和处理方法以及维护和保养。(以套管式换热器为例。)

一、套管式换热器操作技能训练

1. 技能训练目的

熟悉套管式换热器的开车、停车、正常操作和故障处理技能。

2. 技能训练装置

技能训练装置如图4-40所示，本设备由紫铜管为内管，无缝钢管为外管组成套管换热器。

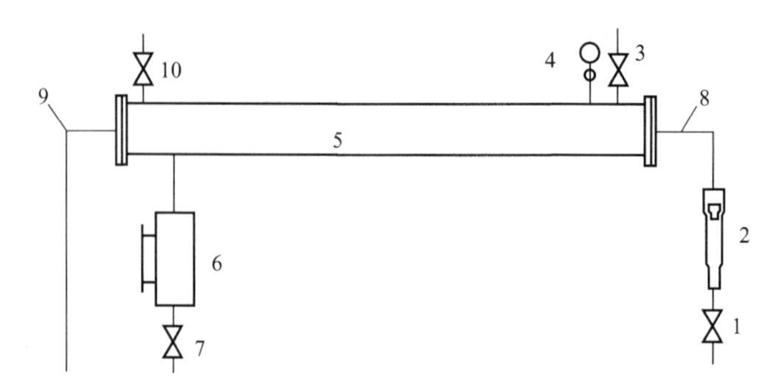

图4-40　套管换热器实验装置

1—空气流量调节阀；2—转子流量计；3—蒸汽调节阀；4—蒸汽压力表；5—套管换热器；6—冷凝水排放筒；7—旋塞；8—空气进口温度计；9—空气出口温度计；10—不凝气排放口

3. 技能训练内容

(1) 套管式换热器的开车　熟悉套管式换热器的开车程序，掌握开车操作步骤。

① 开车前先检查装置上的压力表、温度计、流量计等测量仪表、各阀门是否完好、齐全；

② 若用蒸汽加热，则打开冷凝水排放阀，排出换热器中污水和污垢；打开放空阀嘴，排放换热器中积存的空气和不凝性气体；

③ 若是用热空气加热，打开风机和空气加热器；

④ 打开上水阀，向高位槽内注水，至有溢流产生；

⑤ 先开冷流体入口阀，当液面达到规定位置或换热器冷水出口有液体流出时，缓慢开启热空气阀门或蒸汽阀门，做到先预热后加热；

⑥ 根据工艺要求调节冷、热流体的流量，使之达到所需温度。

(2) 套管式换热器的正常操作

① 经常保持各项指标符合工艺要求，换热器运行正常、稳定；

② 经常注意两种工作介质的进出口温度变化，定期测定流体的出口温度；

③ 经常注意两种介质的压力变化，尤其是蒸汽压力变化，发现异常时要查明原因，及时排除故障；

④ 在操作过程中，若一侧为蒸汽的冷凝过程，要定时排除冷凝液和不凝性气体；

⑤ 要保持主体设备外部整洁，保温层和油漆完好，要随时检查外部有无损伤，特别是覆盖在外部的防水层，检查外面的涂料的劣化情况；

⑥ 保持压力表、温度计、液位计等测量仪表齐全、灵敏、准确。按时填写操作记录表。

(3) 套管换热器的停车

① 先关闭蒸汽控制阀或其他热流体控制阀；

② 待套管中蒸汽（或空气）冷凝液排出温度与冷水进出口温度相同时，关闭冷水或冷流体控制阀，关闭上水阀。

③ 将换热器内冷凝液排除，以防换热器锈蚀及冻裂。

(4) 常用换热器的常见故障和处理方法　套管式换热器常见故障与处理方法列于表4-7。

表 4-7　套管式换热器常见故障与处理方法

故障名称	产生原因	处理方法
传热效率下降	①换热管结垢、堵塞 ②管外内不凝性气体或冷凝液增多 ③管路、阀门堵塞	①清洗换热器 ②排放不凝性气体或冷凝液 ③检查清理
发生振动	①壳程介质流速过快 ②管路振动 ③管束与折流板的结构不合理 ④机座刚度不够	①调节流量 ②加固管路 ③改进设计 ④加固机座

二、套管式换热器传热系数的测定

本次操作是利用套管换热器测定蒸汽与冷空气之间的总传热系数的训练。

1. 技能训练目的

熟悉各种温度、流量的数据测定方法；熟悉各种温度计、流量计的使用方法；能对测量数据的综合处理，并根据计算结果来判断该换热器的传热效果好坏。

2. 技能训练装置

同图 4-40。

3. 技能训练步骤

① 实验前要将饱和蒸汽发生器充至规定水位（要用蒸馏水）。

② 检查各阀门开启位置。

③ 通电升温维持饱和蒸汽压力 0.2kgf/cm^2（0.02MPa）。

④ 打开旁路阀，启动风机；适当关小旁路阀。

⑤ 实验开始时，先通空气，再通加热蒸汽，打开放气阀及冷凝水排出阀使套管中空气及积聚的冷凝水排出。

⑥ 调节空气的流量，从低流速开始（注意严禁将旁路阀关闭），做几个点，每点测量时必须待流速稳定、加热蒸汽压强维持稳定、空气出口温度不变后，方可记录相关数据。

⑦ 实验完毕后，应先停蒸汽。

⑧ 停空气，停空气泵时先将旁路阀打开。

⑨ 关闭电源。

4. 数据处理

紫铜管外表面积 S_0＝____________、蒸汽温度 T＝______℃

数据记录及处理结果表格见表 4-8 和表 4-9。

表 4-8　传热系数测定原始数据记录表

序号	冷流体流量计读数/(L/h)	冷流体温/K		热流体流量计读数/(L/h)	饱和蒸汽的压力/(kPa)
		进口($t_{冷1}$)	出口($t_{冷2}$)		
1					
2					
3					
4					

表 4-9 传热系数测定数据处理结果表

序号	冷流体质量流量/(kg/s)	热负荷/(J/s)	平均温度差/K	传热面积/m^2	传热系数/[W/(m^2·K)]
1					
2					
3					
4					

本章小结

传热是由于存在温差而发生热传递的一种单元操作。加热、保温、冷却都属于传热。它是自然界和工程技术领域中是极为普遍的一种传递过程。本章主要讲授了传热有关的基本概念，稳定传热和不稳定传热、恒温传热和变温传热、有相变的传热和无相变的传热；传热的三种基本方式：传导、对流和辐射；工业生产中采用的三种换热方法：直接混合式、间壁式和蓄热式换热；热传导的速率方程，热导率的概念；对流传热的传热速率方程，对流传热膜系数的概念、影响因素及提高对流传热膜的措施；简单介绍了热辐射的有关概念；讲授了间壁式传热过程的有关计算，热负荷、传热平均温度差、传热系数及传热面积的计算；介绍了常见换热设备的结构与性能、换热器的正确操作与护养，重点介绍了列管式换热器。

阅读材料

新型传热技术

现代工业发展的迫切任务之一是开展节能工作，在各种传热过程中设计新颖高效的传热设备和能改善传热性能的节能新技术。目前主要有以下几方面的研究。

(1) 无机热传导技术研究　无机热传导元件是以无机元素为导热介质，介质受热后，通过分子间的振荡、摩擦，将热能快速激发，热量沿元件的内壁快速传递，在整个传递过程中，元件的表面呈现无热阻、快速、波状导热的特性。无机热传导元件的优越性：启动迅速，导热速度快，热阻小（热导率是白银的 2.5 万～3.2 万倍）；均热性好（温差每米<0.1℃）；传热能力强；适用温度范围广，工质工作温度－60～1000℃；传热多向性，与材料相容性好，操作压力低，无爆管现象；形式多样，如管式结构、板式结构及各种结构组合；效率高，使用寿命长（无机工质寿命达 11 万小时以上）；适用行业面广，可用于如石油化工、冶金、电力、电子、建材等行业中的，空预器、省煤器、煤气预热器、余热锅炉、燃油燃气锅炉、原油加热器、水加热器、干燥器、散热器、电子电器元件散热器、太阳能热水器等。

(2) 纳米流体技术研究　随着换热器表面强化技术的发展，低热导率的换热工质来实现更高负荷的传热要求，它已成为新一代高效换热器。

(3) 微尺度换热器技术　它是一种在高新技术领域中具有广泛应用前景的前沿性新型超紧型凑换热器。

（4）模拟和可视化技术　换热过程与流体流动方式密切相关，在生产实践中人们往往根据生产要求和实践经验确定流体在换热器中的流动方式。考虑到流体介质、热负荷及设备规模的差异，通常难以比较哪种方式更有利于换热，加上强化管技术中因流动状态及通道几何形状的改变，使强化传热更难以全面、系统地阐述。但借助激光测速、全息摄影、红外摄像仪等“可视化技术”和CFD数值模拟软件等手段，就有可能对换热器的流场分布和温度分布的情况进行比较深入地了解，以弄清强化传热的机理。

（5）场协同效应技术　利用各种场，如速度场、超重力场、电场等对传热的协同效应，在此基础上开发新的传热技术。

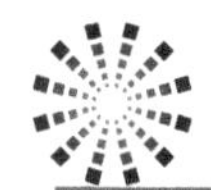

思考题与习题

4-1　什么是传热？举例说明传热在化工生产中的应用。

4-2　什么是显热和潜热？其符号和单位各是什么？

4-3　什么是传热速率？写出其表示符号和单位。

4-4　传热有哪三种基本方式？每种传热主要在什么物体中进行？

4-5　按工作原理和设备类型分，工业上的换热方法有哪三种？

4-6　写出热导率的物理意义、表示符号和单位，并比较气体、液体和固体的热导率。

4-7　写出傅里叶定律表示式，并写出式中各符号的含义。

4-8　由两层不同材料组成的平壁，温度分布如图4-41所示，试定性判断热阻的高低。

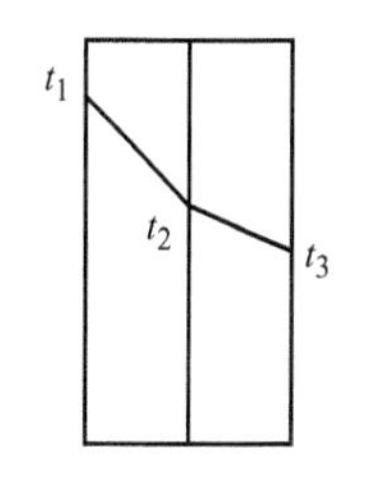

图4-41　思考题与习题4-8附图

4-9　写出稳定传热下单层圆筒壁和多层圆筒壁的导热速率方程式。

4-10　分析保温瓶的保温原理。

4-11　影响对流传热膜系数的因素有哪些？

4-12　工程上常在设备的表面涂以黑度大的黑漆或镀以黑度很小的铝，其作用是什么？

4-13　换热器的热负荷与传热速率有何区别。

4-14　强化传热的途径有哪些？

4-15　为什么换热器开车时先进冷流体后进热流体，停车时先停热流体再停冷流体？

4-16　常用的加热和冷却方法有哪些？

4-17　换热器的清洗方法有哪些？

4-18　简述套管式换热器常见的故障和处理方法。

4-19　有一单层平面壁，厚度为10mm，面积为1m²，内壁面温度为473K，外壁面温度为353K，设已知壁面物质在平均温度下的热导率为0.6W/(m·K)，试求该壁面的导热速率Q。

4-20　某燃烧炉由耐火砖、保温砖和建筑砖按顺序由内到外砌成，其壁厚分别为220mm、110mm和220mm，热导率分别为0.9W/(m·K)、0.2W/(m·K)和0.7W/(m·K)，燃烧稳定后，炉膛内壁温度为1320K，最外层温度为320K，试求单位时间单位面积炉壁所损失的热量，并求出各层砖接触面的温度。

4-21　若上题中耐火砖厚度为200mm，建筑砖的厚度、炉内外的温度以及传热速率等均保持不变，试求保温砖应要多厚？

4-22　某列管式换热器由ϕ25mm×2mm的600根加热管组成，管长4m，已知管内壁温为400K，外壁温为396K，试求该换热器的导热速率。

4-23　在换热器中，欲将3000kg/h的乙烯气体从120℃降至60℃，冷却水进口温度为30℃，进出口温差控制在10℃以内，试求该过程冷却水的消耗量。

4-24　在一列管换热器中，用300kPa的饱和水蒸气加热并汽化某溶液（水蒸气仅放出冷凝潜热）。液体的比热容为4.2kJ/(kg·K)，进口温度为50℃，其沸点为80℃，汽化潜热为2200kJ/kg，液体的流量为 1000kg/h，不计热损失，试求加热蒸汽消耗量。

4-25　在一列管换热器中，两流体呈并流流动，热流体进出口温度为 150℃和 70℃，冷流体进出口温度为 35℃和 52℃，求换热器的平均温度差。若将两流体改为逆流，维持两流体的流量和进出口温度不变，求此时换热器的平均温度差。

4-26　为了测定某甲苯冷却器的传热系数，测得实验数据如下：冷却器传热面积为 $3.2m^2$，甲苯的流量为 2000kg/h，由 80℃冷却至 40℃；冷却水从 20℃升高至 30℃，两流体呈逆流流动。试求所测的传热系数和水的流量。

4-27　在一并流换热器中，用水冷却油。换热管长为 2m。水的进出口温度为 15℃和 50℃；油的进出口温度为 130℃和 90℃，如油和水的流量及进口温度不变，需要将油的出口温度降至 70℃，则换热器应增长为多少米才可达到要求？(不计热损失及温度变化对物性的影响)

4-28　在一传热面积为 $3m^2$，由 $\phi 25mm \times 2.5mm$ 的管子组成的单程列管换热器中，用初温为 10℃的水将机油由 200℃降至 120℃，水走管程，油走壳程。已知水和机油的流量分别为 1000kg/h 和 1200kg/h，机油的比热容为 2.0kJ/(kg·K)，水侧和油侧的传热系数分别为 $2000W/(m^2 \cdot K)$ 和 $250W/(m^2 \cdot K)$，两流体呈逆流流动，忽略管壁和污垢热阻。已知水的平均比热容为 4.18kJ/(kg·K)。试求：(1) 该换热器是否适用；(2) 夏天当水温达到 30℃，而油和水的流量及油的冷却程度不变时，该换热器是否适用（假设传热系数不变）。

第五章　蒸　　发

学习目标

1. 掌握单效蒸发原理、流程，了解多效蒸发流程及特点。

2. 熟悉单效蒸发的操作方法和简单物料计算、热量计算。

3. 了解蒸发设备的种类和多种蒸发器的结构型式、性能特点及运用场合。

第一节　概　　述

一、蒸发的基本概念

蒸发是指将溶液加热至沸腾，使其中部分溶剂汽化并除去，以提高溶液中不挥发性溶质浓度的操作。蒸发过程中，只有溶剂汽化，溶质的质量始终保持不变，这是蒸发操作的显著特点。蒸发的目的是将溶剂从溶液中分离出去。

蒸发操作必须具备的两个条件：一是必须不断地供给使溶剂汽化的热量，使溶液保持沸腾状态；二是不断地排除已经汽化的蒸气。若溶液上方的蒸气压强增大到与溶液的饱和蒸气压强平衡时，蒸发过程就会停止。排除的方法通常是冷凝，就是将蒸汽引入到一个直接混合器冷凝器中，变成冷凝液排除。

工业上蒸发的物料大部分是水溶液，汽化出来的是水蒸气。蒸发一般也是采用饱和水蒸气来作为热源进行间壁加热溶液。为了区别这两种水蒸气，通常将作为热源用的蒸汽称为加热蒸汽或生蒸汽；将从溶液中汽化出来的蒸汽称为二次蒸汽。

二、蒸发的目的

蒸发单元操作广泛应用于化工及相近工业生产中，其主要目的有以下几方面。

(1) 浓缩稀溶液，制取产品或半成品　例如电解烧碱溶液，最初得到的是含 NaOH 10%左右的稀溶液，进行蒸发浓缩至 42%才能达到产品质量要求。

(2) 脱除杂质，制取纯净的溶剂　例如海水的淡化，就是用蒸发的方法将海水中的不挥性杂质分离出去，制成淡水。

(3) 与结晶联合，制取固体产品　通过蒸发将溶液浓缩至饱和状态，然后冷却使溶质结晶进行分离出来。如食盐的精制。

三、蒸发操作的分类

(1) 按效数分　根据二次蒸汽是否再利用，蒸发操作分为单效蒸发和多效蒸发。将对所产生的二次蒸汽不再利用，直接冷凝排除的蒸发操作，称为单效蒸发。如果把二次蒸汽引到另一个蒸发器内作为加热蒸汽，并将多个这样的蒸发器串联起来，这种操作称为多效蒸发。蒸发的效数由串联的蒸发器的个数决定，分为二效、三效、四效等。

（2）按蒸发模式分　可分为间歇蒸发和连续蒸发。工业上大规模的生产过程通常都采用连续蒸发。

（3）按操作压强分　根据蒸发操作压强不同，蒸发操作可分为常压蒸发、加压蒸发和减压（真空）蒸发三种类型。

常压蒸发操作最简单，操作压强等于外界大气压，采用敞口设备，二次蒸汽直接排到大气中。加压蒸发采用密闭设备，操作压强高于大气压。主要是提高了二次蒸汽的温度和压力，便于利用二次蒸汽的热量，提高热能的利用率。提高溶液的沸点，使溶液的流动性能增强，有利于改善传热的效果。对于减压蒸发，就是在密闭的设备内，低于外界大气压的情况下进行操作。

工业上的蒸发操作多采用减压蒸发。因为它具有以下优点：①降低了溶液的沸点，热负荷一定的情况下，可减小蒸发器的传热面积；②可利用低压蒸汽或废热蒸汽作为加热蒸汽；③适用于一些热敏性物料的蒸发；④由于操作温度低，热损失相应地减少了。同时减压蒸发也存在一些缺点：由于温度降低，使料液的黏度增加，造成传热系数下降；采用减压蒸发还要增加真空泵、缓冲罐、气液分离器等辅助设备。

第二节　单效蒸发

一、单效蒸发的原理和流程

单效蒸发的基本原理是用饱和的水蒸气通过蒸发器的间壁传热来加热料液，使料液保持在沸腾状态，将溶剂不断汽化排走，溶液的浓度逐渐提高，从而实现溶液增浓。

蒸发操作所用设备为蒸发器。它实质上是一个列管式换热器，由加热室和分离室组成。加热室的作用是加热蒸汽与料液进行换热；蒸发室是一个让气液分离的空间。其作用是使气液进行分离。加热室内由许多换热管组成，加热蒸汽进入加热管的管隙，料液进入管内，加热蒸汽冷凝放出热量传给管壁，管壁再将热量传给料液。料液受热后，部分溶剂汽化为二次蒸汽从分离室顶部排走，剩下的浓缩溶液称为完成液，由加热室的底部排入完成液贮槽。

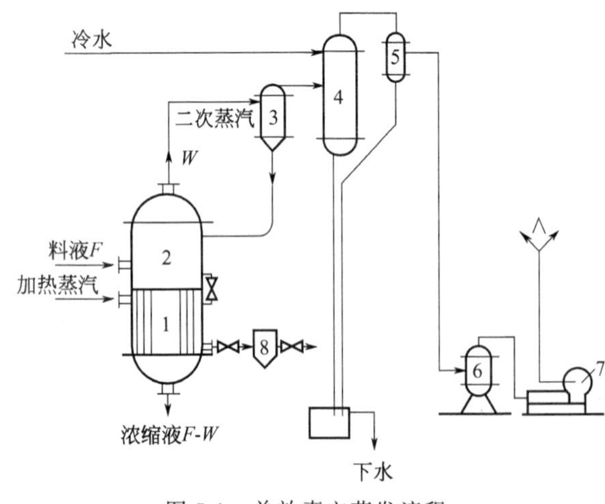

图 5-1　单效真空蒸发流程

1—加热室；2—蒸发室；3—气液分离器；4—混合冷凝器；5—气水分离器；6—缓冲罐；7—真空泵；8—冷凝水排除器

图 5-1 是一个典型的单效真空蒸发流程。加热蒸汽从蒸发器的加热室 1 上部进入，料液从蒸发器的蒸发室 2 进入，一部分溶剂吸收加热蒸汽通过加热室管壁传过的热量而汽化，浓缩溶液从器底排出，二次蒸汽从蒸发室 2 顶部排出，再经气液分离器 3 分离，液体返回到蒸

发室 2，蒸汽在混合冷凝器 4 中与冷却水混合冷凝后排出。空气等不凝性气体则经气水分离器 5、缓冲罐 6 和真空泵 7 排到大气中。

二、单效蒸发的计算

常用的蒸发计算主要包括计算溶剂蒸发量、加热蒸汽消耗量和蒸发器所需的传热面积等三项内容。计算的依据是物料衡算、热量衡算和传热速率方程式。由于工业上蒸发的溶液绝大多数是水溶液，以下讨论均以水溶液来计算。

1. 水的蒸发量计算——物料衡算

图 5-2 为单效蒸发时物料和热量的计算示意图。因为在蒸发的过程中，只有溶剂汽化，溶质的质量始终保持不变，根据物料守恒原则，则：

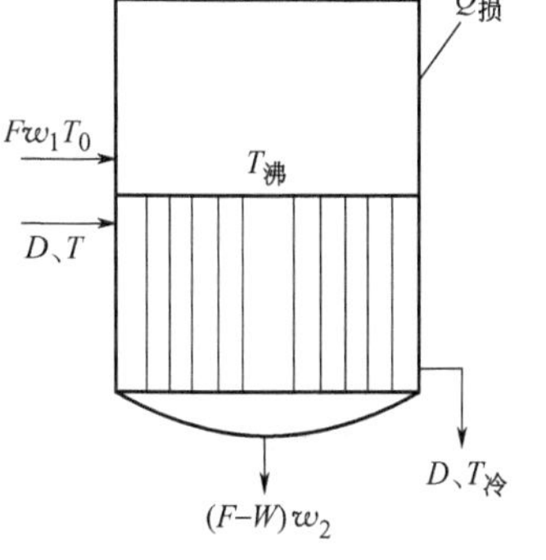

图 5-2 单效蒸发的计算

总物料守恒 $$F=D+W \tag{5-1}$$

溶质守恒 $$Fx_0=Dx_1 \tag{5-2}$$

由上式可得单位时间内水的蒸发量

$$W=F\left(1-\frac{x_0}{x_1}\right) \tag{5-3}$$

式中 F——原料液的质量流量，kg/h；

W——蒸发水量（即二次蒸汽的质量流量），kg/h；

D——完成液的质量流量，kg/h；

x_0——原料液中溶质的质量分数；

x_1——完成液中溶质的质量分数。

【例 5-1】 某车间用一单效蒸发器将质量分数为 10%的 NaOH 溶液浓缩至 42%，已知蒸发器每小时的处理量为 6t，试求所需要蒸发的水量和完成液的质量流量。

解 已知 $F=6\text{t/h}=6000\text{kg/h}$、$x_0=10\%$、$x_1=42\%$，

将已知代入公式(5-3) 得：

$$W=F\left(1-\frac{x_0}{x_1}\right)=6000\times\left(1-\frac{10\%}{42\%}\right)=4571\text{kg/h}$$

完成液的质量流量 $D=F-W=6000-4571=1429\text{kg/h}$

故所需蒸发的水量为 4571kg/h，完成液的质量流量为 1429kg/h。

2. 加热蒸汽消耗量的计算——热量衡算

加热蒸汽为饱和蒸汽，冷凝后在饱和温度下排出，加热蒸汽仅放出冷凝潜热 $Q_{放}=DR$；料液蒸发浓缩过程分为两个部分：料液加热至沸腾（低于沸点进料）和溶剂的汽化。原料液从初温 T_0 升至沸点 $T_{沸}$，所需的热量为 $Fc(T_{沸}-T_0)$，溶剂汽化所需的潜热为 Wr，那么料液所吸收的热量为：

$$Q_{吸}=Fc(T_{沸}-T_0)+Wr$$

散失于周围环境中的热量为 $Q_{损}$。根据热量衡算原则，加热蒸汽放出的热量=料液吸收的热量+热量损失，即

$$DR=Fc(T_{沸}-T_0)+Wr+Q_{损} \tag{5-4}$$

则加热蒸汽消耗量 D 的计算式为：

$$D=\frac{Fc(T_{沸}-T_0)+Wr+Q_{损}}{R} \tag{5-5}$$

式中　D——加热蒸汽的消耗量，kg/h；

T_0——原料液初温，K；

$T_{沸}$——原料液蒸发时的沸点，K；

c——原料液的比热容，kJ/(kg·K)；

R——加热蒸汽的冷凝潜热，kJ/kg；

r——二次蒸汽的汽化潜热，kJ/kg；

$Q_{损}$——损失于周围环境的热量，kJ/h。

原料液的比热容 c 的数值随着溶液的性质和温度的变化而不同，可从有关的手册中查到。

在不同的进料温度 T_0 下，加热蒸汽消耗量 D 的比较如下：

(1) 沸点进料　溶液预热到沸点再进入蒸发器，即 $T_0=T_{沸}$，溶液吸收的热量只供溶剂汽化。式(5-5) 可变为：

$$D=\frac{Wr+Q_{损}}{R} \tag{5-6}$$

若不计热损失，得 $D=\frac{Wr}{R}$，也可以写成：

$$\frac{D}{W}=\frac{r}{R} \tag{5-7}$$

式中，$\frac{D}{W}$称为单位蒸汽消耗量，表示每蒸发 1kg 溶剂（一般为水）所需要消耗加热蒸汽的质量（kg）。由于蒸汽的汽化潜热受压力变化影响较小，二次蒸汽与加热蒸汽的汽化潜热相差较小，故$\frac{D}{W}\approx 1$。但在实际生产中，会存在一定的热量损失，所以实际的单位蒸汽消耗量约为 1.1 或更大一些。即要蒸发 1kg 的水，则要消耗 1kg 以上加热蒸汽。

(2) 低于沸点进料　溶液在低于沸点温度进入蒸发器，即 $T_0<T_{沸}$。由于溶液吸收的热量首先要将原料液预热到沸点，然后再供给溶剂汽化，所以$\frac{D}{W}>\frac{r}{R}$，即$\frac{D}{W}>1$。

(3) 高于沸点进料　溶液温度高于沸点进入蒸发器，即 $T_0>T_{沸}$。这种情况主要发生在减压蒸发操作中。溶液进入蒸发器后，迅速降温到沸点，放出热量使一部分溶剂汽化。由于这一部分溶剂汽化不消耗加热蒸汽，所以单位蒸汽消耗量减少了，即$\frac{D}{W}<\frac{r}{R}$。

这种由于溶液的初温高于蒸发器压力下溶液沸点，放出热量使部分溶剂自动汽化的现象称为自蒸发。

【例 5-2】　设在例 5-1 中，原料液的比热容为 3.7kJ/(kg·K)，溶液的沸点是 377K，加热蒸汽的压强为 200kPa，忽略热量损失，试求下列三种进料情况下的加热蒸汽消耗量和单位蒸汽消耗量。(1) 原料液在 293K 时进入蒸发器；(2) 原料在沸点时进入蒸发器；(3) 原料液在 400K 进入蒸发器。

解　已知 $F=6000$kg/h、$W=4571$kg/h、$c=3.7$kJ/(kg·K)、$T_{沸}=377$K、$Q_{损}=0$。

查附录七得知：当 $p_{蒸汽}=200$kPa 时，加热蒸汽的汽化潜热 $R=2202$kJ/kg。

用比例计算法求取任意两温度或两压强间的汽化潜热：

从附录八中查得 $T=373$K，$r=2258$kJ/kg；$T=383$K，$r=2232$kJ/kg；则 $T=377$ 时，有

$$\frac{383-373}{2258-2232}=\frac{383-377}{r-2232}$$

可得 $r=2246$kJ/kg，

即 $T_{沸}=377K$ 时，二次蒸汽的汽化潜热 $r=2246kJ/kg$。

(1) $T_0=293K$

$$D=\frac{Fc(T_{沸}-T_0)+Wr+Q_{损}}{R}=\frac{6000\times3.7\times(377-293)+4571\times2246+0}{2202}=5509kg/h$$

$$\frac{D}{W}=\frac{5509}{4571}=1.21$$

(2) $T_0=377K$

$$D=\frac{Wr+Q_{损}}{R}=\frac{4571\times2246+0}{2202}=4662kg/h$$

$$\frac{D}{W}=\frac{4662}{4571}=1.02$$

(3) $T_0=400K$

$$D=\frac{Fc(T_{沸}-T_0)+Wr+Q_{损}}{R}=\frac{6000\times3.7(377-400)+4571\times2246+0}{2202}=4430kg/h$$

$$\frac{D}{W}=\frac{4430}{4571}=0.97$$

3. 蒸发器传热面积的计算

蒸发器的传热面积 A 可用传热速率方程式 $Q=KA\Delta t_m$ 来进行计算。即：

$$A=\frac{Q}{K\Delta t_m} \tag{5-8}$$

因加热蒸汽冷凝液是在饱和温度下排出，只放出的冷凝潜热，故 $Q=DR$；加热室间壁两侧的加热蒸汽和溶液均发生相变，温差保持不变，属于恒温传热。设 T_D 为加热蒸汽的温度，$T_{沸}$ 为溶液的沸点。则 $\Delta t_m=T_D-T_{沸}$。传热系数 K 一般由实验确定。所以，蒸发器的传热面积可表示为：

$$A=\frac{DR}{K(T_D-T_{沸})} \tag{5-9}$$

加热蒸汽的温度和二次蒸汽的温度都是由它们各自压力表的读数来确定，通过对照饱和水蒸汽表可查出加热蒸汽温度 T_D 和二次蒸汽温度 T_W。实践证明，二次蒸汽的温度总是比溶液的沸点 $T_{沸}$ 要低，我们把 T_W 和 $T_{沸}$ 之间的差值称为温度差损失。用 Δ 表示。若温度差 Δ 已知，则溶液的沸点 $T_{沸}$ 为：

$$T_{沸}=T_W+\Delta \tag{5-10}$$

造成温度差 Δ 损失的主要原因有以下几方面：①溶质的存在，一般溶液的沸点比水的沸点要高；②液柱静压力引起的溶液沸点升高，由于蒸发器中的溶液有一定的深度，液体的沸点由液面到底部逐渐升高；③导管中流体阻力的影响。

第三节　多效蒸发

一、多效蒸发的原理及流程

1. 多效蒸发原理

将加热蒸汽通入一蒸发器加热料液，蒸发器内汽化出的二次蒸汽，虽其温度和压力比原加热蒸汽低，但仍具有相当的压力和温度，还可以作为热源引入到后一蒸发器的加热室作为加热剂用，后一蒸发器相当于前一蒸发器的冷凝器。后一蒸发器产生的二次蒸汽又可以作为热源通入到第三个蒸发器加热室作为加热剂。这就是多效蒸发的工作原理。按以上方式，将这样多个蒸发器顺次串接，则称为多效蒸发。凡通入加热蒸汽的蒸发器称为第一效，用第一效的二次蒸汽作为加热剂的蒸发器称为第二效，以此类推。多效蒸发器中每一个蒸发器称为一效。

在多效蒸发中，作为加热蒸汽的温度必须高于所蒸发溶液的沸点，后一效蒸发器中的压力和沸点要比前一效蒸发器低。因此，多效蒸发的末效都和真空泵相连，形成减压蒸发，使整个蒸发系统的溶液沸点依次降低，换热器内两流体温差增大。

采用多效蒸发的目的就是节省加热蒸汽的消耗量，提高加热蒸汽的经济性。由于热损失的原因，1kg 加热蒸汽蒸发不出 1kg 的水来。据经验数据，每千克的加热蒸汽所蒸发的水的质量（kg），即单位蒸汽蒸发量$\frac{W}{D}$，单效为 0.91，双效为 1.76，三效为 2.5，四效为 3.33，五效为 3.71。由单效改为双效，节约蒸汽约 50%，四效改为五效，加热蒸汽只节约 10%。随着效数的增加，设备费用不断增加，当效数增加到一定程度时，节约的加热蒸汽的费用与设备费用的增加相比可能得不偿失，所以并不是蒸发器的效数越多越好。化工生产中采用的多效蒸发一般是 2～3 效。

2. 多效蒸发流程

根据原料液和加热蒸汽流动方向的不同组合，通常有以下三种多效蒸发流程。

（1）并流流程（亦称顺流流程） 并流流程是原料液和蒸汽的流向一致，都是从第一效流至末效。是工业上最常用的一种方法。图 5-3 为并流加料三效蒸发的流程。原料液和蒸汽都是从Ⅰ效→Ⅱ效→Ⅲ效。

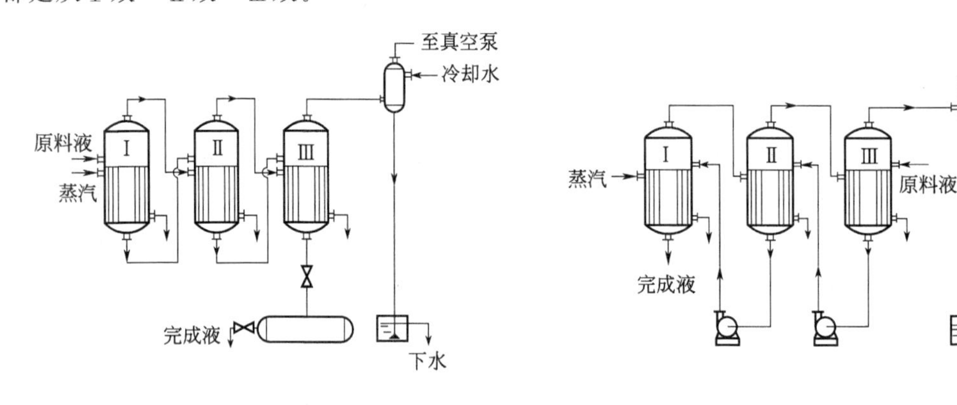

图 5-3 并流加料三效蒸发流程　　图 5-4 逆流加料三效蒸发流程

这种流程的主要优点是：①原料液不需泵输送，因为前一效蒸发器内的压强总比后一效要高，料液可借助相邻两效的压强差自动流入后一效蒸发器，②产生自蒸发，因为溶液是由高温的前一效流入到后一效，后一效的物料处于过热状态中，放出一部分热量来多蒸出一部分水分。该流程的缺点是：传热系数降低；因为溶液的温度逐渐降低，浓度逐渐增大，导致溶液的黏度逐渐增大。并流流程不适用于黏度随浓度增加而迅速增大的溶液。

（2）逆流流程 逆流流程是原料由末效加入，然后用泵送入前一效，与蒸汽的流向正好相反。图 5-4 为逆流加料三效蒸发流程。蒸汽流向是Ⅰ效→Ⅱ效→Ⅲ效，原料液流向为Ⅲ效→Ⅱ效→Ⅰ效。

逆流加料流程的优点是：传热系数大致不变，因为溶液的浓度增大使黏度增加了，但温度的升高降低了溶液黏度，两者大致抵消，所以溶液的黏度变化不大，各效的传热条件大致相同。其缺点是：①原料液必需泵输送，增加了动力的消耗，因为溶液是由从低压流向高压；②不能产生自蒸发，而且还要将溶液加热至沸点，多消耗一些热量，因为溶液是从低沸点流向高沸点，各效的进料温度比沸点低。该流程一般在溶液的黏度随温度变化较大的场合才被采用；并且不宜处理热敏性物料。

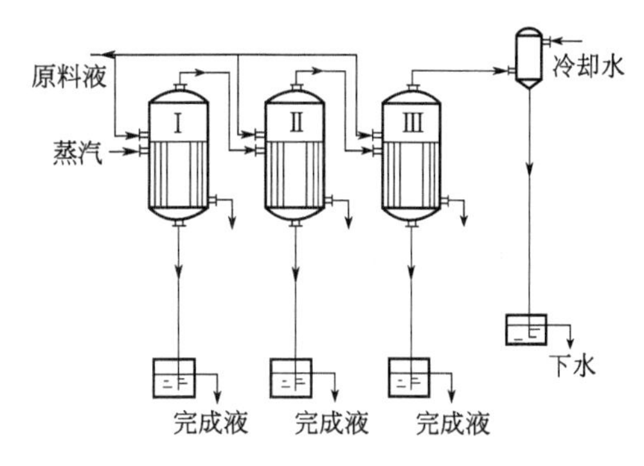

图 5-5　平流加料三效蒸发流程

(3) 平流流程　平流加料流程是蒸汽从第一效流向末效，各效分别进料并分别出料。图 5-5 为平流加料三效蒸发流程。这种流程适用于处理易结晶而不便在各效之间流动的物料。

二、提高蒸发器生产强度的措施

1. 蒸发器的生产强度

蒸发器的生产强度，简称为蒸发强度，是指单位时间内单位传热面积所蒸发的溶剂（一般为水）量。即：

$$U=\frac{W}{A} \tag{5-11}$$

式中　U——蒸发强度，$kg/(m^2 \cdot h)$；

W——各效蒸发器水的蒸发量总和，kg/h；

A——各效蒸发器的传热面积之和，m^2。

蒸发强度是评价蒸发器的优劣的一个重要指标。对于一定的蒸发任务而言，蒸发强度越大，则所需的传热面积越小，设备投资越低。故要提高蒸发器的蒸发强度，以获得更大的经济效益。

2. 提高生产强度的途径

由于蒸发是一个恒温传热过程，所以蒸发器实质上是个换热器。那么提蒸发器生产强度就是强化传热过程。其主要途径是提高传热温度差和总传热系数。

(1) 提高传热温度差　提高传热温度差除了与温度差损失有关外，还与加热蒸汽的压强和冷凝器的压强有关。但提高加热蒸汽的压强，受工厂具体供气条件限制。一般加热蒸汽的压强不超过 0.6～0.8MPa。若降低冷凝器的压强，即提高冷凝器的真空度，溶液的沸点降低，增大传热温度差。但沸点低，溶液的黏度增大，使总的传热系数下降，对溶液的沸腾不利，以及真空蒸发要增加辅助设备及动力消耗。为了控制沸腾在核状沸腾区，也不宜采用过高的传热温度差。所以，传热温度差的提高具有一定限度。

(2) 提高总传热系数　增大总传热系数的主要途径是减小各部分的热阻；合理设计蒸发器以实现良好的溶液循环流动，提高对流传热膜系数；及时排除加热蒸汽中的不凝性气体，如果加热蒸汽中含有 1% 的不凝性气体，传热系数就会下降 60%；及时清除污垢，管内溶液侧的污垢热阻对总传热系数影响很大，尤其是处理易结晶或结垢的物料，除定期清洗外，还可以采取除垢措施，如添加微量除垢剂以阻止污垢形成，保持良好的传热条件。

第四节　蒸 发 设 备

一、蒸发器的基本结构

蒸发过程是一个传热过程，与一般的换热器没有本质的区别，蒸发器是一种特殊形式的换热器，不同的是要不断排走加热过程中产生的二次蒸汽。蒸发器的类型有多种，其基本结构都是由加热室和和分离室（也叫蒸发室）两部分组成。如图 5-6 所示。

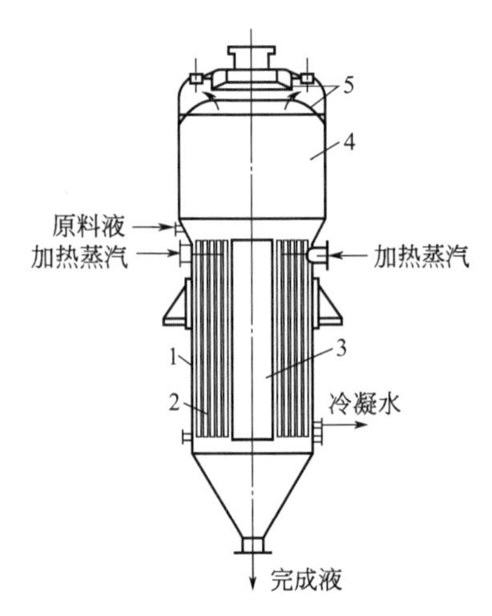

图 5-6　蒸发器的基本结构

1—外壳；2—沸腾管；3—中央循环管；4—分离室；5—除沫器

1. 加热室

加热室内装有直立的管束作为加热管，加热室外壁上装有加热蒸汽的入口管和不凝性气体排出管。和一般的间壁换热器相似，仅结构上有些差异。

2. 分离室

分离室是蒸发器中溶液和二次蒸汽分离的空间，将二次蒸汽所带的液沫加以分离。分离效率会直接影响蒸发操作，若二次蒸汽中夹带有大量的液体泡沫和雾滴，会造成产品的损失、污染环境、堵塞管道等。

二、蒸发器的种类和性能

目前工业生产中使用较多的蒸发设备是具有管式加热面的蒸发器。按照蒸发器中溶液循环流动情况，可分为自然循环、强制循环和不循环三大类。

1. 自然循环蒸发器

这类蒸发器的特点是溶液在加热室被加热过程中，由于加热程度和位置不同产生了密度差，不需外加动力就能在蒸发器内循环流动。它主要有以下几种结构。

(1) 中央循环管式蒸发器　中央循环管式蒸发器也叫标准式蒸发器，是最常见的蒸发器，其结构如图 5-7 所示。它主要由加热室、蒸发室、沸腾管、中央循环管和除沫器组成。蒸发器的加热室是由直立的管束组成，周围的细管称为沸腾管，中央有一大直径的管子称为中央循环管。

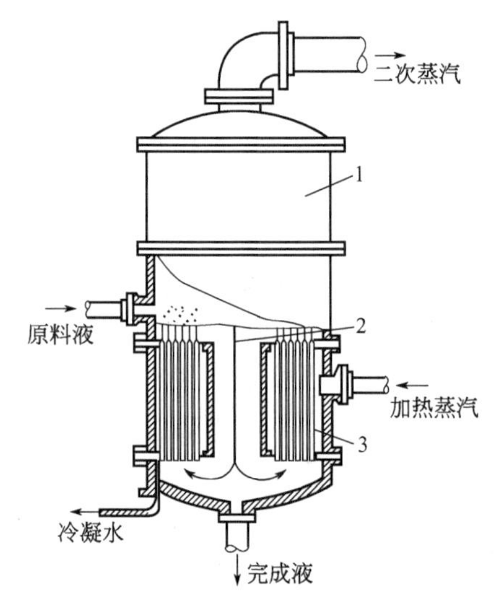

图 5-7　中央循环管式蒸发器

1—分离室；2—中央循环管；3-加热室

由于中央循环管管径比沸腾管大，管内液体量比沸腾管多，所以加热蒸汽在管隙冷凝放热时，中央循环管内单位体积溶液所获得的传热面积要比沸腾管小，中央循环管内液体的温度要比沸腾管低，沸腾管中溶液的相对汽化率大于中央循环管的汽化率，因此，沸腾管内的气液混合物的密度小于中央循环管中的气液混合物的密度，形成了密度差，再加上分离室二次蒸汽上升的抽吸作用，就构成了溶液在沸腾管中向上、在中央循环管向下的自然循环流动。

溶液的循环速率与密度差和管长有关。密度差越大、沸腾管越长，则循环速率越大。但这类蒸发器受总高的限制，通常加热管为1～2m，直径为25～75mm，长径比为20～40。

中央循环管蒸发器的主要优点是结构简单，制造方便，操作可靠，投资少。缺点是清理和检修麻烦；溶液循环速率低，一般在0.5m/s以下；传热系数小。它适用于黏度较大、易结垢的溶液。

(2) 悬筐式蒸发器　如图5-8所示，加热室悬挂在蒸发器壳体下部中央，像一个吊着的筐，故名叫悬筐式。溶液循环原理与中央循环管式蒸发器相同，但溶液循环通道是沿加热室与壳体形成的环隙下降，沿沸腾管上升不断循环流动。

其优点是加热室可以打开顶盖取出，检修方便；蒸发器外壳接触循环溶液，其温度比加热蒸汽低，热量损失小。缺点是结构复杂，金属消耗量大。它适用于处理易结垢或有结晶的溶液。

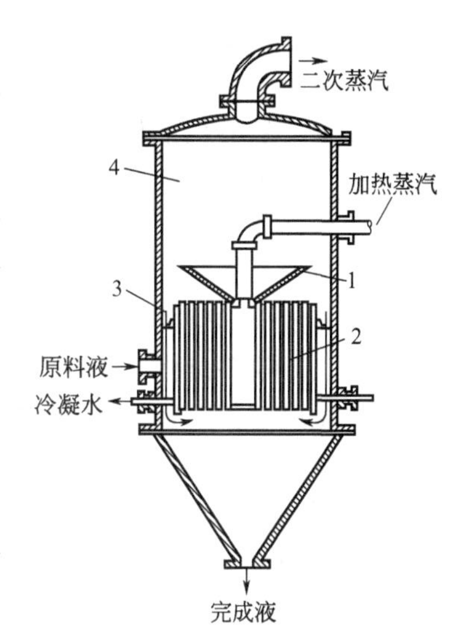

图5-8　悬筐式蒸发器
1—除沫器；2—加热室；
3—环形循环通道；4—分离室

(3) 外加热式蒸发器　如图5-9所示，它的结构特点是把管束较长的加热室与分离室分开安装，中间用管路连接。这样，一方面降低了整个蒸发器的总高度；另一方面由于加热管较长，且循环管又没有被蒸汽加热，故增大了循环管内与加热管内溶液的密度差，从而加快了溶液的自然循环速度。它既利于提高传热系数，也有利于减轻结垢；由于加热室在分离室外面，有利于清洗和更换。

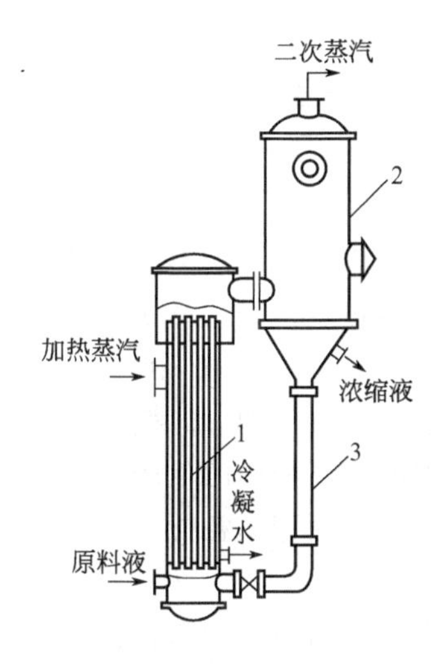

图5-9　外加热式蒸发器
1—加热室；2—蒸发室；3—循环管

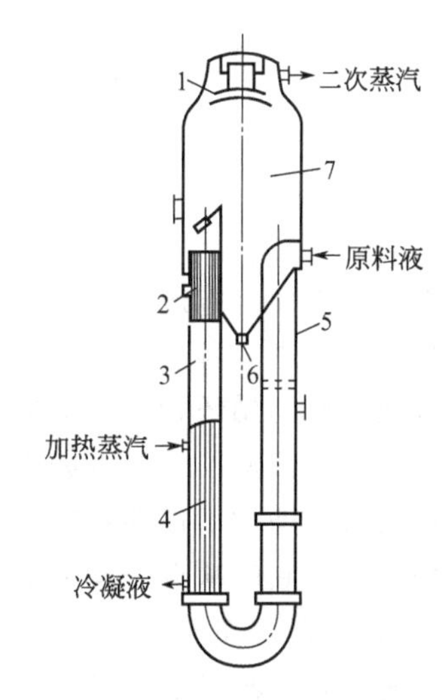

图5-10　列文蒸发器
1—捕沫室；2—沸腾室隔板；3—沸腾室；4—加热室；
5—循环管；6—完成液出口；7—分离室

(4) 列文蒸发器　如图5-10所示，它是自然循环蒸发器中较先进的一种蒸发器，主要由加热室、沸腾室、循环管、分离室、捕沫室组成。

这种蒸发器的特点是在加热室的上部增设了一直管作为沸腾室，也就是在加热管上部增加了一段液柱。由于附加液柱的作用，使加热管中的溶液受到较大压强而不沸腾。当溶液上升至沸腾室后，因其压强降低才开始沸腾。沸腾室上装有隔板，以防止溶液沸腾时气泡过大，隔板上方装有挡液板，使向上冲的气液混合物得以分离。由于循环管在加热室外部，温度差较大，形成较大的密度差使循环推动力增大。循环管的高度一般为7～8m，截面积约为加热总管截面积的200％～350％，使循环阻力减少。因而列文蒸发器循环速度比上述其他几种蒸发器要大得多。

列文蒸发器的优点是可以避免在加热管中析出晶体；加热管表面不易形成污垢；传热效果好。缺点是设备庞大，消耗金属材料多，需要高大的厂房，要求加热蒸汽的压强较大以保持较大的温度差。

2. 强制循环蒸发器

当处理高黏度、易结垢及易结晶的溶液时，循环速度较低的自然循环蒸发器很难达到要求，故可采用强制循环蒸发器，其结构如图5-11所示。

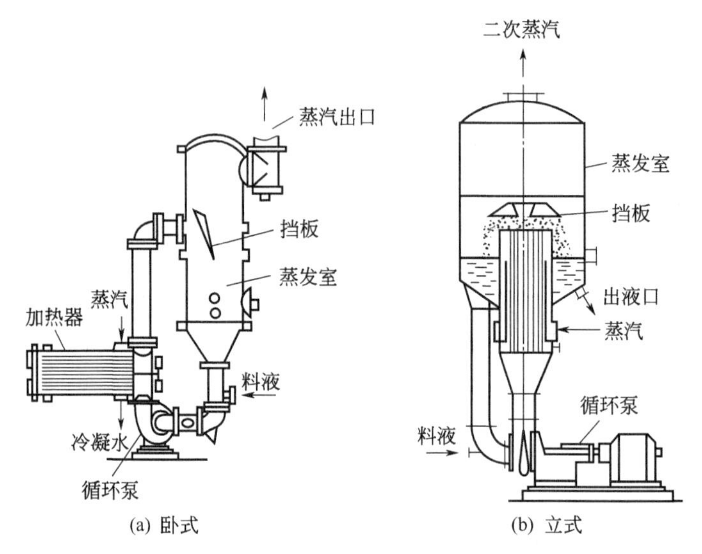

图5-11　强制循环蒸发器

溶液由泵自下而上输送到加热室，沿加热室自下而上在流动中受热沸腾，沸腾的气液混合物以较高的流速进入蒸发器，室内的除沫器使气-液进一步分离，二次蒸汽从上部排出，液体沿连接在左侧的循环管进行循环流动。

蒸发器中的溶液借助外力（如用泵）的作用，迫使溶液沿一定的方向循环流动，加快了溶液的循环速度，增大了传热系数，提高了设备的生产强度。在相同的生产任务下，蒸发器的传热面积较小。它的缺点是动力消耗较大，每平方米的传热面积约耗能0.4～0.8kW。

3. 膜式蒸发器（不循环蒸发器）

前面几种循环式蒸发器，它们的共同缺点是溶液在高温器内停留时间较长，容易造成一些热敏性物料分解或变质。膜式蒸发器（不循环蒸发器）是单程型蒸发器，避免了上述缺点。它的特点是溶液沿加热管壁呈膜状流动而进行传热和蒸发，不循环，仅通过加热管一次就达到所需的浓度。主要优点是传热效率高，蒸发速度快（数秒到数十秒），对处理热敏性物料特别适宜，也比较适用于黏度较大、易起泡的物料的蒸发。

按照物料在蒸发器内流动方向和成膜原因不同，膜式蒸发器又可分为升膜式蒸发器、降膜式蒸发器、升-降膜式蒸发器和刮板式液膜蒸发器。

(1) 升膜式蒸发器　如图 5-12 所示，它的加热室是一个由数根垂直加热长管组成的立式列管换热器。通常加热管径为 20～50mm，管长与管径之比为 100～150。料液预热后由蒸发器的底部进入加热管内，加热蒸汽走管外，料液受热沸腾后迅速汽化，生成的二次蒸汽在管内高速上升，带动溶液沿管内壁呈膜状上升，连续不断地被蒸发，气-液在顶部分离室内进行分离，二次蒸汽由顶部逸出，浓缩液由分离室底部排出。

它控制较复杂，因为在蒸发器内，随着汽速的变化，可能会出现不同的流动状态，但以膜状流动的传热系数最大，因此溶液应预热到接近沸点时进入蒸发器，以免出现显热段。它管束较长，清洗和检修不便，不易处理有结晶、易结垢及黏度大的溶液。适宜处理热敏性、黏度较小、易起泡沫的溶液。

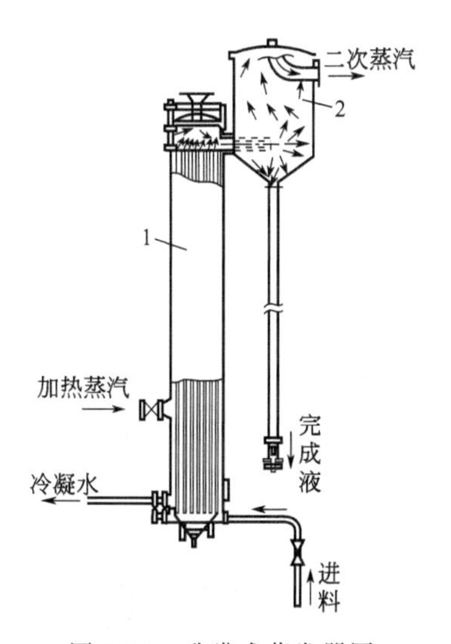

图 5-12　升膜式蒸发器图

1—加热室；2—分离室

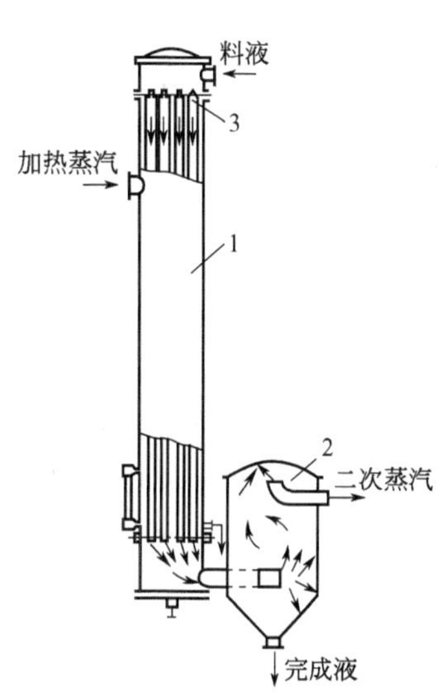

图 5-13　降膜式蒸发器图

1—蒸发室；2—分离室；3—液体分布室

(2) 降膜式蒸发器　如图 5-13 所示。它的结构与升膜式蒸发器相似，主要区别是原料液由加热室的顶部降加入，溶液经降膜分布器均匀地进入加热管，在重力作用下沿管内壁呈膜状下降，并在此过程中蒸发增浓，气液混合物由加热管底部进入分离器，二次蒸汽从分离器顶部逸出，完成液由分离器底部排出。

要防止二次蒸汽从加热管上端窜出，还要使原料在加热管内均匀分布，有效地成膜，所以在每根加热管的顶部必须安装降膜分布器。降膜分布器的好坏对传热效果影响很大，如果溶液分布不均匀，则有的管子会出现干壁现象。常见的降膜分布器如图 5-14 所示。图 5-14(a) 所示的分布器是用一根有螺旋形沟槽的导流柱使流体均匀分布到内壁上；图 5-14(b) 所示的分部器是利用下部是圆锥体且锥体底面向内凹的导流杆均匀分面液体，它可以避免沿锥体流下的溶液再向中央聚集；图 5-14(c) 所示的分布器是使液体通过齿缝分布到加热管内壁成膜状下流；图 5-14(d) 所示的分布器是使溶液经过旋液分配头来分配到换热管内壁上。

降膜蒸发器可适用于蒸发热敏性、黏度较大、浓度较高的溶液。由于液膜在管内不易形成均匀的液膜，传热系数不高，故不适用于处理易结晶和易结垢的物料。

(3) 升-降膜式蒸发器　如图 5-15 所示，这种蒸发器是将升膜加热管和降膜加热管装在同一个外壳中。原料经预热后进入蒸发器底部先经升膜加热管上升，再从降膜加热管下降，最后进入分离器中气液分离，二次蒸汽从分离器顶部逸出，完成液从分离器底部排出。

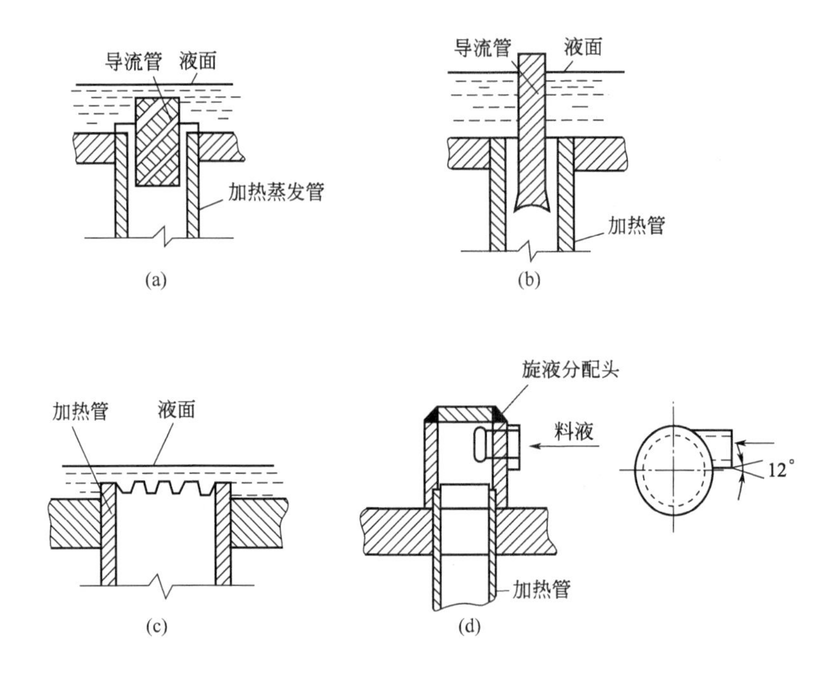

图 5-14 降膜分布器

在升膜管中产生的蒸汽，有利于降膜换热管中液体的分配，能加速和搅动下降的液膜，改善了传热效果，它的高度比升膜式或降膜式蒸发器都低。它适用于在蒸发过程中溶液黏度变化较大的溶液或厂房高度有限的场合。

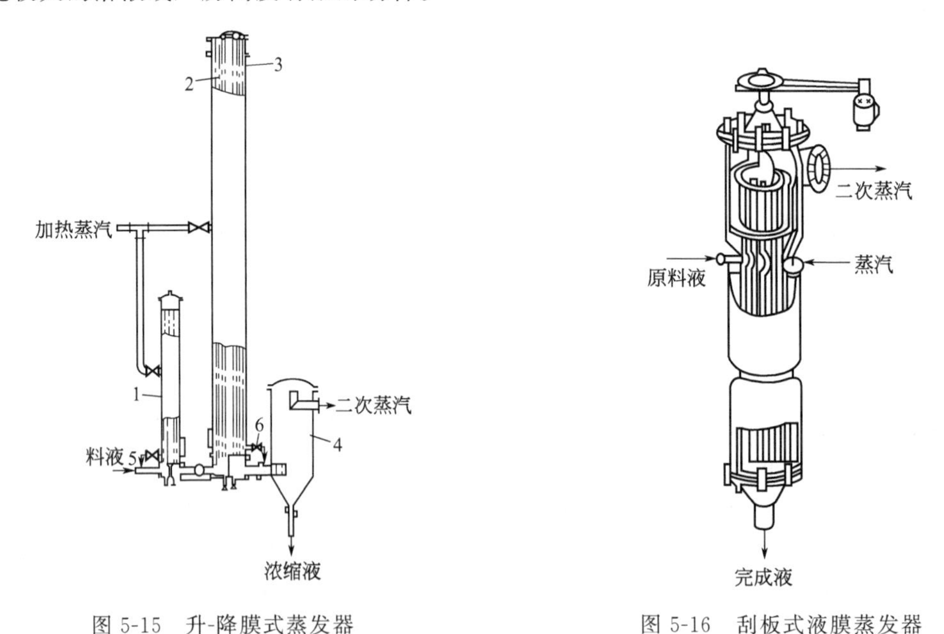

图 5-15 升-降膜式蒸发器

1—预热器；2—升膜加热室；3—降膜加热室；4—分离室；5—冷凝液排出口；6—冷凝水排出口

图 5-16 刮板式液膜蒸发器

(4) 刮板式液膜蒸发器　刮板式液膜蒸发器如图 5-16 所示，它是一种适应性很强的新型蒸发器，对高黏度、易结晶、易结垢和热敏性物料都适用。

这种换热器主要由加热夹套和刮板组成，壳体外装有加热夹套，夹套内通加热蒸汽，壳体内的中转轴上装有旋转的叶片——刮板。刮板和壳体内壁之间的间隙很小，通常为0.5～1.5mm。原料液由蒸发器上部沿切线方向进入器内，被叶片带动旋转。料液由于受到离心力、重力及旋转叶片的刮带作用，在器内壁上形成旋转下降的液膜，同时在此过程中被蒸发浓缩，完成液由器底排出，产生的二次蒸汽上升至器顶经气液分离后逸出。

它是一种外加动力成膜的不循环蒸发器，因此高黏度、易结晶、易结垢的物料也能获得较高的传热系数。在某些场合，这种蒸发器可将溶液蒸干，在底部直接得到固体产品。研究结果表明，影响这种蒸发器传热膜系数的最重要因素是物料的热导率。它的缺点是结构复杂，使制造要求高、安装和维修工作量大；动力消耗大；加热面积不大。

三、蒸发装置中的辅助设备

在蒸发装置中，除了加热室和分离室外，还有除沫器、冷凝器、真空泵、冷水排除器等。

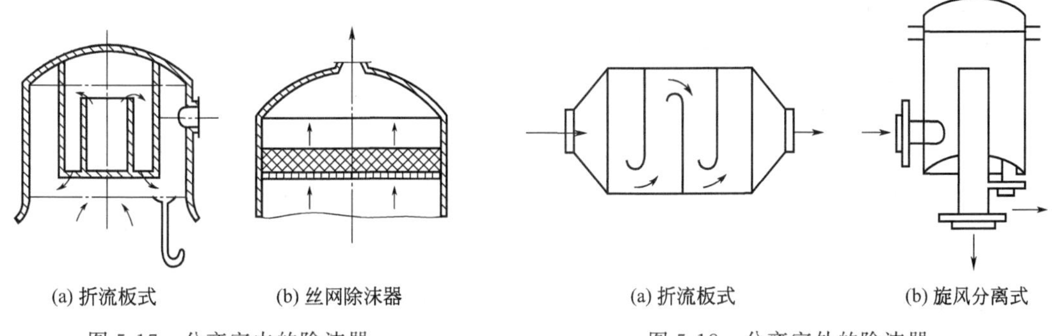

(a) 折流板式　(b) 丝网除沫器

图5-17　分离室内的除沫器

(a) 折流板式　(b) 旋风分离式

图5-18　分离室外的除沫器

1. 除沫器

除沫器的作用是将离开分离室的二次蒸汽中的液沫进一步分离。若蒸汽夹有大量的液体，不仅造成物料损失，而且可能腐蚀下一效的加热室中的换热管，影响蒸发操作。除沫器的形式很多，有的直接安装在蒸发器的顶盖下面，如图5-17所示；有的安装在分离室的外面，如图5-18所示。

2. 冷凝器

冷凝器的作用是冷凝二次蒸汽。它有间壁式和直接混合式两种。若二次蒸汽为需回收有价值的物料或会严重污染冷却水，则应采用间壁式冷凝器；若二次蒸汽为不需回收的水蒸气，可采用直接混合式冷凝器，它冷凝效果好，结构简单，操作方便，造价低廉。常用的多孔板冷凝器如图5-19所示。

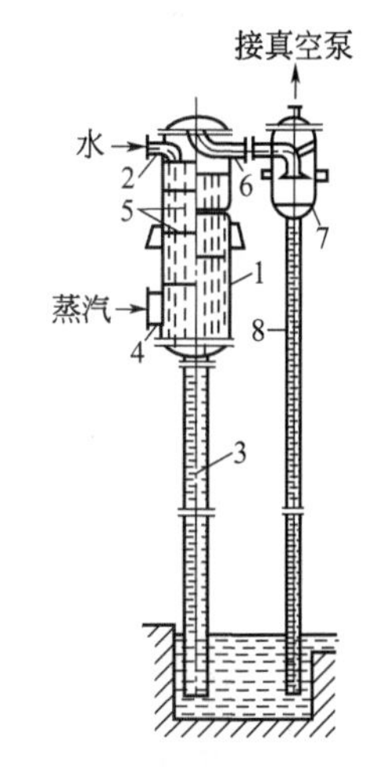

图5-19　多孔板冷凝器

1—外壳；2—水入口；3,8—气压管；4—蒸汽入口；5—淋水板；6—不凝性气体；7—分离罐

3. 真空装置

在多效蒸发的末效二次蒸汽的冷凝器均需安装真空装置。要保持冷凝器和和蒸发器减压操作，就必须用真空泵抽出冷凝器中的不凝性气体和冷却水饱和温度下的水蒸气。常用的真空装置有喷射真空泵、水环式真空泵、往复式或旋转式真空泵等。

本章小结

蒸发是指将溶液加热至沸腾，使其中部分溶剂汽化并除去，以提高溶液中不挥发性溶质浓度的操作。本章主要介绍了蒸发的概念、分类和在工业上的应用；一次蒸汽、二次蒸汽、单位蒸汽消耗量和蒸发器生产强度的概念；单效蒸发的概念、流程、单效蒸发（溶剂蒸发量、加热蒸汽消耗量和蒸发器所需的传热面积）的计算；多效蒸发的概念和流程（并流、逆流和平流）；提高蒸发器生产强度的途径；还介绍了蒸发设备：自然循环蒸发器（中央循环管式蒸发器、悬框式蒸发器、外加热式蒸发器、列文蒸发器），强制循环蒸发器，膜式蒸发器（升膜式、降膜式、升-降膜式蒸发器）的结构、性能和操作。

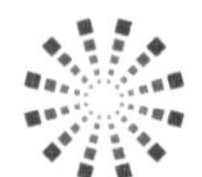

思考题与习题

5-1　蒸发操作必须具备哪两个条件？

5-2　蒸发在化工生产中的应用主要有哪些？

5-3　为什么工业中常采用减压蒸发？

5-4　单效蒸发与多效蒸发有何区别？

5-5　什么是单位蒸汽消耗量？不同温度进料对它有何影响？

5-6　多效蒸发的流程有哪几种？它们各适用于什么场合？工业上一般选择的效数是多少？

5-7　如何强化蒸发强度？

5-8　蒸发装置中的辅助设备有哪些？各有何作用？

5-9　用一单效蒸发器将某溶液从10%浓缩至30%（均为质量分数），每小时处理的原料量为4000kg。试求：(1) 每小时蒸发的溶剂量；(2) 如实际蒸发出的溶剂量为2000kg/h，浓缩后溶液的含量。

5-10　在一单效蒸发器中将30%的硝酸铵水溶液浓缩至70%，处理量为5000kg/h，沸点进料，加热蒸汽的压强约为400kPa，假定溶液沸点为343K，热损失为5%，试求蒸汽消耗量和单位蒸汽消耗量。

第六章　结　　晶

学习目标

1. 掌握结晶的基本概念和基本理论。
2. 理解结晶的常用方法及常见结晶设备的结构、类型。
3. 了解结晶在工业上的应用、结晶的特点和操作。

固体物质以晶体状态从蒸气、溶液或熔融的物质中析出的过程都称为结晶。在化工生产中，结晶指的是溶于液体中的固体物质从溶液中析出晶体的单元操作。

结晶在化工生产中的应用主要是分离和提纯。它是从溶液中提取固体物质或将溶质从杂质中分离出来。由于结晶制取的固体产品具有较高的纯度，且形状规则，生产方便经济，故结晶在化工、轻工、医药生产中都得到了广泛应用，例如尿素、硝酸铵、氯化钾的生产，盐、糖、味精的生产。近年来，在精细化工、材料工业，特别在高新技术领域，如生物技术中蛋白质的制造、材料工业中超细粉的生产以及新材料工业中超纯物质的净化等都用到结晶技术。

晶体是化学组成均一的固体，是结晶过程中形成的具有规则几何外形的固体颗粒。构成晶体的微粒（分子、原子或离子）按一定的几何规则排列，由此形成的最小单元称为晶格。微粒的规则排列可以按不同的方向发展，即各晶面可以按不同的速率生长，从而形成不同外形的晶体，这种习性以及最终形成的晶体外形称为晶习。同一晶系的晶体在不同结晶条件下的晶习不同，改变结晶温度、溶剂种类、pH 以及少量杂质或添加剂的存在往往因改变晶习而得到不同的晶体外形。也就是说，在溶液结晶中，若结晶条件不同，形成的晶体大小、形状、颜色都可能不一样，有时还会形成结晶水合物。例如 NaCl 从纯水中结晶时，是正立方形晶体；若水溶液中含有少量尿素，NaCl 则形成八角形晶体。

结晶常与蒸发、沉降、过滤、离心分离等操作结合进行，当溶液浓缩到一定程度后，加入晶种作为晶核，晶体不断长大，晶体就会从晶浆中析出，这时要立即采用以上方法使其与母液分离，期间用适当的溶剂对固体进行洗涤，以尽量除去由于黏附和包藏母液所带来的杂质。溶质从溶液中结晶出来的初期，首先要产生微观的晶粒作为结晶的核心，这些核心称为晶核；溶液在结晶器中结晶出来的晶体和剩余的溶液构成的悬浮液称为晶浆；晶种是指在过饱和溶液中加入少量微小颗粒的溶质晶体；母液就是分离出晶体后剩余的溶液。

第一节　结晶原理

一、固液体系相平衡

1. 溶解度与溶解度曲线

溶解度是指在一定的温度压力下，物质在一定量溶剂中溶解的最大量。固体的溶解度通常指在一定的温度下，100g 水（或其他溶剂）中溶解溶质的最多质量（g）。例如，在 293K 时，100g 水能溶解 KNO_3 的最大量为 31.5g，那么 KNO_3 在该温度下的溶解度就是 31.5g/100gH_2O。

实验证明，大多数物质的溶解度主要随温度影响而变化，受压强的影响很小，常可以忽略。表 6-1 为 KNO_3 在不同温度下的溶解度数值，图 6-1 为 KNO_3 的溶解度曲线图，从数字或曲线都可以看出，KNO_3 的溶解度随着温度的升高而迅速增大。同理也可以绘出其他无机盐的溶解度曲线，如图 6-2 所示。

表 6-1　KNO_3 的溶解度

T/K	273	293	313	333	353	373
溶解度/g/100gH_2O	13.5	31.5	63.9	110	169	246

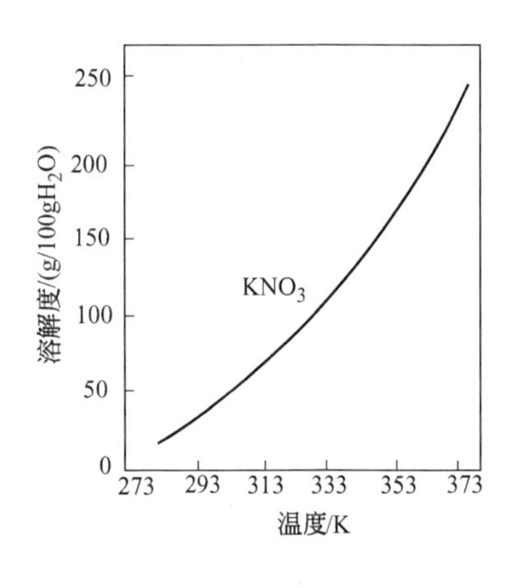

图 6-1　硝酸钾的溶解度曲线

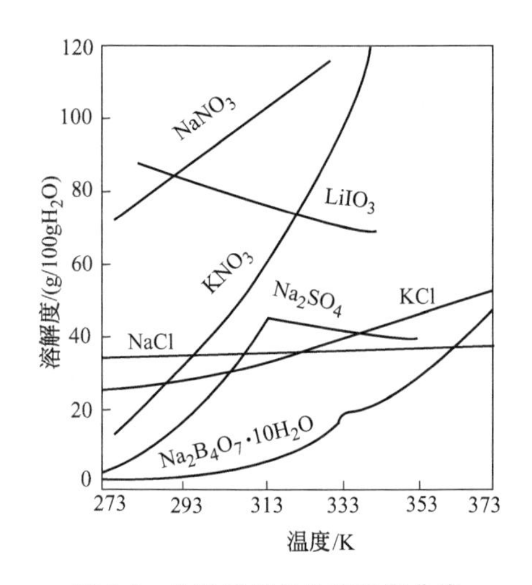

图 6-2　几种无机盐的溶解度曲线

一定温度下，溶解和结晶处于动态平衡的溶液叫饱和溶液。这时溶质溶解的速率和溶质从溶液中析出的速率相等。也就是说饱和溶液就是在一定的温度下，溶质在溶剂中溶解的量达到最大时的溶液，即达到溶解度的溶液。所以溶解度曲线即为饱和溶液曲线。

从图 6-2 可以看出，各种物质的溶解度曲线都不一样，即各物质溶解度随温度变化的趋势都不同。大多数物质溶解度随温度升高而增大，其中有的曲线很陡，有的坡度则较小；有的溶解度曲线接近水平线；也有个别物质溶解度随温度升高而下降；有的物质的溶解度在中间某一温度发生突变。

物质的溶解度曲线的特征对结晶方法的选择起着决定作用。例如，对于溶解度随温度变化大的物质，可采用变温的方法来结晶分离。对于溶解度随温度变化不大的物质，则采用蒸发结晶的方法较好。有关结晶方法内容将在本章第二节详细讲解。

溶解度是结晶过程最基本的参数，结晶操作中需经常进行溶解度的基本计算。下面我们举例学习溶解度的有关计算。

【例 6-1】 已知：在 313K 时，KNO_3 的溶解度为 63.9g。试求：(1) 在 313K 时，100g 的 KNO_3 饱和溶液中溶解了多少克 KNO_3？(2) 在 313K 时，溶解 100g 的 KNO_3 至少需要多少克水？

解　依题意知：313K 时，100g 水中能溶解 KNO_3 63.9g。

(1) 设100g饱和溶液中溶解了 xg KNO_3，那么溶液中含水量为 $100-x$。

则 $\frac{100}{63.9}=\frac{100-x}{x}$，$x=\frac{63.9\times 100}{100+63.9}=39$g

(2) 设溶解100g的 KNO_3 至少需水 yg。

则 $\frac{100}{63.9}=\frac{y}{100}$，$y=\frac{100\times 100}{63.9}=156.5$g

故在313K时，100g饱和溶液中溶解了39g KNO_3；溶解100g的 KNO_3 至少需水156.5g。

【例6-2】 在333K时，有 KNO_3 饱和溶液280g，如果把温度降至273K，能有多少克 KNO_3 晶体从溶液中析出？已知273K时 KNO_3 的溶解度为13.3g/100gH_2O，333K时 KNO_3 的溶解度为110g/100gH_2O。

解 (1) 设333K时280g饱和溶液中含水 xg，

$$\frac{110}{100}=\frac{280-x}{x},\quad x=\frac{280\times 100}{110+100}=133.3\text{g}$$

(2) 设273K时133.3g水能溶解 KNO_3 yg，

$$\frac{13.3}{100}=\frac{y}{133.3}$$

$$y=\frac{133.3\times 13.3}{100}=17.7\text{g}$$

(3) 设有 zg KNO_3 晶体析出，

$$z=280-133.3-17.7=129\text{g}$$

故温度降至273K，有129g KNO_3 晶体析出。

此题表明了冷却结晶过程。一些盐类的结晶就是采用此方法进行结晶操作。

2. 过饱和度与结晶

我们知道，在一定温度下，溶质的质量浓度等于溶解度的溶液为饱和溶液，低于溶质的溶解度的溶液为不饱和溶液；那么，溶液中所含溶质的量超过该物质溶解度的溶液就是过饱和溶液。用过饱和度来表示溶液呈过饱和的程度，即过饱和溶液与饱和溶液的浓度差，过饱和度是结晶过程的推动力。

实际生产中的结晶操作都是利用过饱和溶液来制取晶体。由于过饱和溶液很不稳定，只要有轻微的振动、搅拌或有固体掉入，立刻有晶体析出。所以过饱和溶液是将一个完全纯净的溶液，在不受外界扰动和刺激的状况下（如无搅拌、无振动、无超声波等作用），缓慢降温才能得到。

因为当盐类饱和溶液冷却时，并不是都能自发地把多余的溶质析出。例如，将温度为343K的1000g水溶解93g硼砂形成的溶液，小心谨慎不加摇动地冷却，自343K逐渐冷却到313K，由表6-2和图6-3可知这时的溶解度为6.6g/100gH_2O，那么1000g水最多能溶解硼砂66g，虽然溶液中所含溶质量已超过了溶解度，但并没有晶体析出，多余的溶质仍保留在溶液中，如果再继续降温，才开始有晶体析出。我们将这种要降到饱和温度以下才有晶体析出的溶液叫做过饱和溶液。这种低于饱和温度的温度差称为过冷度。

表6-2 硼砂的溶解度

温度/K	273	283	293	303	313	323	333
溶解度/(g/100gH_2O)	1.3	1.6	2.7	3.9	6.6	10.5	20.3

从图 6-3 中的点和曲线可以看出：

① 在溶解度曲线下方的点，为不饱和溶液。如点 D。

② 在溶解度曲线上的点，为饱和溶液。如点 B。

③ 在溶解度曲线上方的点，为过饱和溶液。如点 C。

过饱和度大小直接影响着晶核的生成和晶体的生长，但并不是过饱和度越大越好，只有制备适宜过饱和度的过饱和溶液，才能很好地完成结晶过程，得到高质量的结晶产品。下面讨论适合结晶操作的过饱和度区间。

根据实验表明，过饱和溶液的性质很不稳定，过饱和区内各状态点的不稳定程度不一样，靠近溶解度曲线时较为稳定，溶液不易自发地产生晶体；远离溶解度曲线时很不稳定，瞬间就会自发地产生晶体。将物质在不同温度下自发结晶的溶解度描成一条曲线，称之为过溶解度曲线，这条曲线将过饱和溶液分为两个区间，过饱和曲线上方区间为不稳区，过溶解度曲线与溶解度曲线之间的区间为亚稳区，如图 6-4 所示。两线和三区间的含义如下。

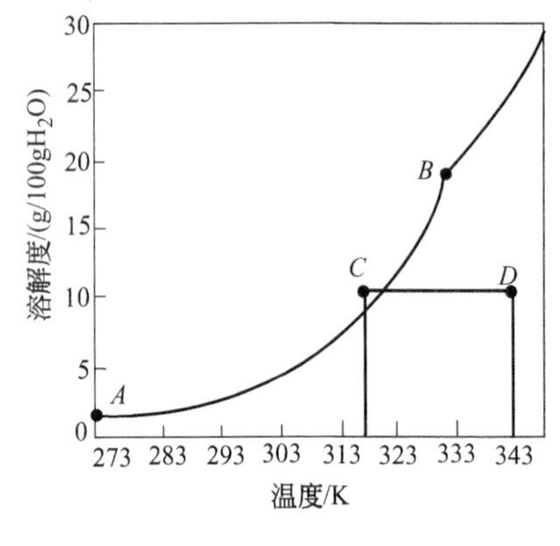

图 6-3　硼砂的溶解度曲线

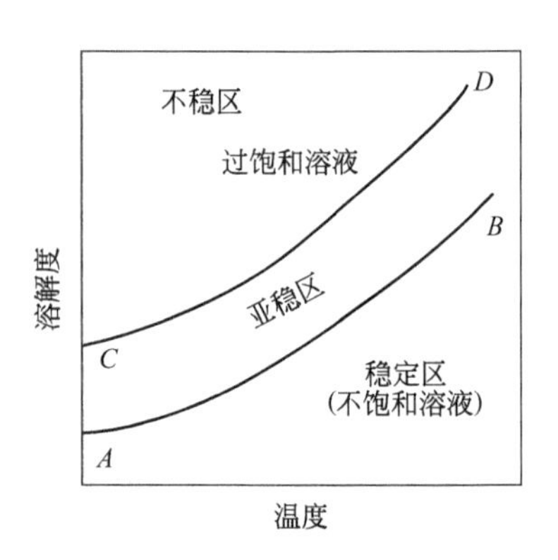

图 6-4　溶液的过饱和溶解度曲线

两线：AB 线为溶解度曲线；CD 线为过溶解度曲线。

三区间：CD 线上方为过饱和溶液不稳区，溶液在此区间会自发地产生晶体；AB 线与 CD 线之间为过饱和溶液的亚稳区（也叫介稳区），在此区间，若没有外界影响，溶液不会自发产生晶体。但向溶液中加入晶种（即溶质晶粒小颗粒）时，在晶种的作用下可使晶体长大。AB 线下方为不饱和溶液，为稳定区，溶液在此区间不可能有晶体产生。

二、结晶过程

1. 晶核的形成

晶核的形成就是在过饱和溶液中产生晶核的过程，也叫晶核生成，简称成核。它是结晶过程的第一个阶段。成核的方式有初级成核和二次成核。初级成核是溶液中不含溶质晶体时出现的成核现象；二次成核是溶液中含有被结晶物质的晶体时出现的成核现象。

二次成核的主要机理是接触成核，即在被结晶物质的晶体之间，或晶体与其他固体接触时发生碰撞而产生晶核。工业上的成核绝大多数是接触成核，即在处于亚稳区的澄清饱和溶液中加入一定数量的微小颗粒来实现接触成核。结晶操作要对成核过程进行控制，使之连续不断地在晶种作用下实现接触成核，制止自发成核。

2. 晶体的长大

过饱和溶液中已经形成的晶核逐渐长大的过程称为晶体生长，也叫晶体成长。晶体生长过程实质上是过饱和溶液中的过剩溶质向晶核黏附而使晶体逐渐长大的过程。在结晶操作中，必须对晶体生长过程进行有效的控制，才能生产出纯净而有一定粒度的晶体。关键是要掌握好成核速率与晶体生长速率的关系，因为它直接影响着晶体的粒度和内部质量。如果成核速率大于晶体生长的速率，则产生的晶体粒度小、数量多。这是因为晶核还来不及长大过程就结束了；如果成核速率小于晶体生长的速率，则产生的晶体粒度大、数量少，并且不易夹带母液，纯度高。因此结晶操作必须使晶体生长速率大于成核速率。由图 6-5 可知，只有过饱和溶液处于亚稳区时，才能保证晶体生长速率大于成核速率。

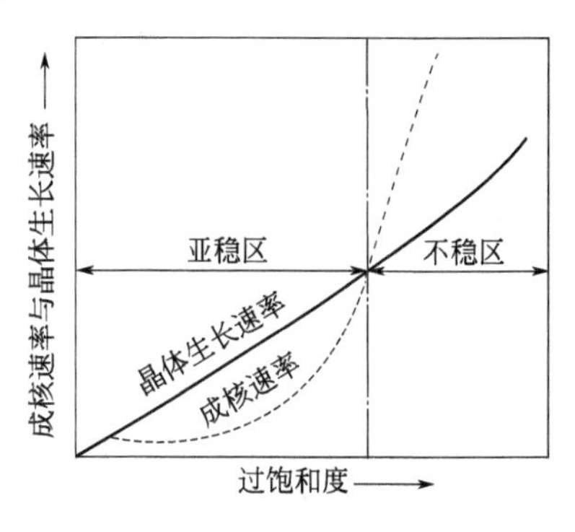

图 6-5 成核速率、晶体生长速率与过饱和度的关系

综上所述，结晶单元操作的原理是将过饱和溶液中的过剩溶质从液相转移到固相。首先是将整个结晶过程控制在亚稳区内，使溶液形成适宜的过饱和度；其次是实现在晶种作用下的接触成核，制止自发成核；最后是控制好晶体的生长速率要大于成核速率，使晶种充分地黏附过剩溶质，长成粒度粗大、粒度分布均匀、纯度符合要求的结晶产品，并得到较高的结晶收率。

第二节 结晶方法

使溶液形成适宜的过饱和度是结晶过程得以进行的首要条件。结晶方法则是使溶液形成适宜的过饱和度的基本方法。根据物质的溶解度曲线的特点，使溶液形成适宜过饱和度的方法主要有两类：一是冷却法，即通过降温形成适宜过饱和度的方法，适用于随温度降低溶解度下降幅度较大的物系；二是蒸发法，即移去部分溶剂的方法，适用于溶解度随着温度变化很小，或是溶解度与温度的变化相逆转的物系。

一、冷却法

冷却法也叫降温法，是指通过冷却降温使溶液达到过饱和的方法。这种方法适用于溶解度随温度降低而显著下降的物质，如硼砂、硝酸钾、结晶硫酸钠等。冷却的方式有自然冷却、间壁冷却和直接接触冷却。

自然冷却是使溶液在大气中冷却而结晶。其设备与操作均很简单，但冷却缓慢、生产能力低，较大规模的生产不适合采用。间壁冷却的原理和设备如同换热器，多采用水作冷却介质，也有用其他冷却剂（如冰冻盐水）做介质的。这种方式能耗少，应用广泛，但冷却传热速率低，冷却表面上常有晶体析出，黏附在器壁上形成晶垢或晶疤，影响冷却效果。直接接触冷却一般采用空气与溶液直接接触，或采用与溶液不互溶的碳氢化合物作为冷却剂，这种方法传热效率高，但设备体积庞大。

二、溶剂汽化法

溶剂汽化法是使溶剂在常压或加压、减压状态下加热蒸发，溶液浓度增加而达到过饱和的方法。这种方法适用于物质的溶解度随温度变化不大或相逆转的情形。如氯化钠，其溶解度曲线接近水平线，当温度下降 100K 时溶解度只下降 4.1g/100g H_2O。把它的饱和溶液从

363K 冷却到 293K，只能从每 100g 水中得到大约 7kg 的 NaCl。所以用冷却的方法来获得较多的晶体不可取的，必须采用蒸发的方法将溶液中的水蒸发出来，才能使产量增加。但这种方法能耗较大，并且也存在着加热面容易结垢的问题。为了节省热能，通常采用多效蒸发装置。

三、真空冷却法

真空冷却法是使溶剂在真空下闪急蒸发，一部分溶剂汽化并带走部分热量，其余溶液冷却降温达到饱和。它实质上是将冷却法和移去部分溶剂法结合起来，同时进行。此法适用于物质的溶解度随着温度升高而以中等速度增大的情形，如氯化钾、溴化镁等。这种方法所用主体设备较简单，操作稳定，器内无换热面，因而不存在结垢和结疤问题，设备防腐蚀易于解决，操作人员的劳动条件好，生产效率高，因而已成为大规模生产中使用较多的方法。

四、盐析法

盐析法是指向溶液中加入某种物质以降低原溶质在溶剂中的溶解度，使溶液达到过饱和状态的方法。盐析法加入的物质，要求能与原来的溶剂互溶，但不能溶解要结晶的物质。这种物质在溶剂中的溶解度要大于原溶质在该溶剂中的溶解度，且要求加入的物质和原溶剂要易于分离。加入的这种物质可以是固体，也可以是液体，通常叫做稀释剂或沉淀剂。NaCl 是一种在水溶液中常用的沉淀剂。例如在联合制碱法生产中，向低温的饱和氯化铵母液中加入 NaCl，使母液中的氯化铵尽可能多地结晶出来，以提高其收率。盐析法结晶直接改变固液相平衡，降低溶解度，工艺简单，操作方便，尤其适用于热敏性物料。

第三节　结 晶 设 备

结晶操作的主要设备是结晶器。结晶器的种类很多，按结晶的方法分为冷却式结晶器、蒸发式结晶器、真空式结晶器；按操作方式分为间歇式结晶器和连续式结晶器；按流动方式可分为混合型结晶器、多级型结晶器、母液循环型结晶器。近年来许多新型结晶器也陆续使用。表 6-3 列出了一些主要结晶器的类型。

表 6-3　结晶器的类型

类　型	间　歇　式	连　续　式
冷却结晶器	敞槽式结晶器	摇篮式结晶器、长槽搅拌连续式结晶器
蒸发结晶器		强制循环蒸发结晶器、多效蒸发结晶器
真空结晶器	分批式真空结晶器	连续式真空结晶器、多级真空结晶器
新型通用结晶器		导流筒挡板结晶器(DTB 结晶器)DP 型结晶器
其他类型结晶器	盐析结晶器、熔融结晶器、喷雾结晶器	

一、常用结晶设备

1. 冷却结晶器

(1) 搅拌冷却结晶器　如图 6-6 所示，搅拌冷却结晶器也叫管桶式结晶器，它实质上是一个夹套式换热器，其中装有锚式或框式搅拌器，配有减速机低速转动。可连续也可间歇操作。这种换热器生产能力小，换热面易结垢。在夹套内壁上装有许多组毛刷，既起到搅拌作用，加速冷却，使溶液各处的温度均匀，促进降温；又能促进晶核的生成，防止晶簇的形成；还能减缓结垢的速度。为了强化效果，许多结晶器内设有冷却蛇管，内通冷却剂（冷水或冷却盐水）。这种换热器所得的粒度均匀，颗粒较小。

（2）长槽搅拌连续式结晶器　这种设备也叫带式结晶器，如图 6-7 所示。它是以半圆形底的长槽为主体，槽外装有夹套冷却器，槽内装有低速带式搅拌器，热而浓的溶液从结晶器槽进入并沿槽沟流动，在与夹套中的冷却水逆向流动中实现过饱和并析出结晶，最后由槽的另一端排出。该结晶器生产能力大，占地面积小，但机械传动部分与搅拌部分结构复杂，冷却面积受到限制，溶液的过饱和度不易控制。它适合处理高黏度的溶液。

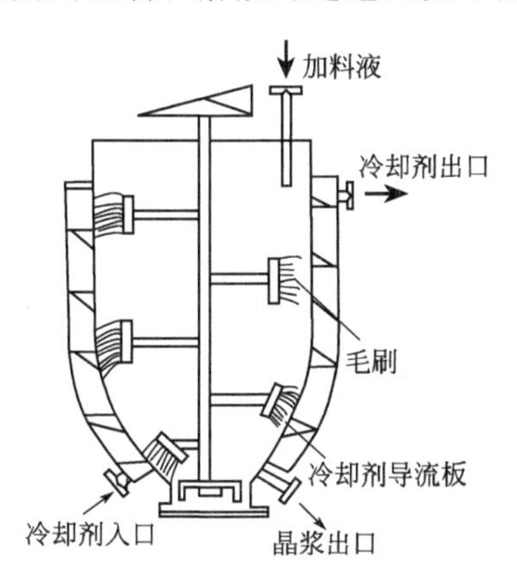

图 6-6　搅拌冷却结晶器

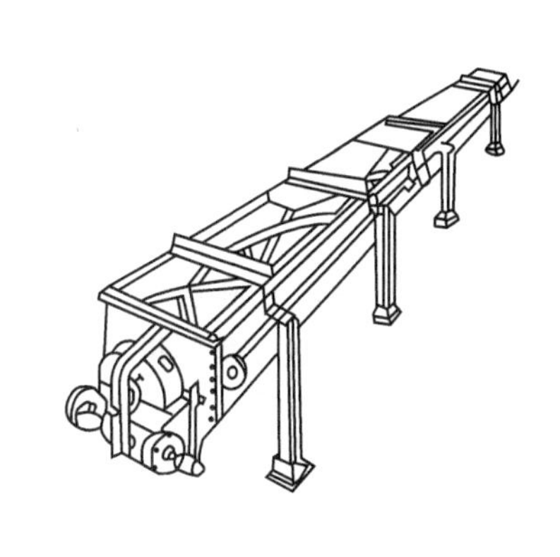

图 6-7　长槽搅拌连续式结晶器

（3）循环式冷却结晶器　循环式冷却结晶器是采用强制循环，冷却装置在结晶槽外。如图 6-8 所示是一种新型的循环式冷却结晶器。它的主要部件是结晶器和冷却器，其他结构还有循环管、循环泵、冷却器、中心管、细晶消灭器等。循环管的作用是连接结晶器和冷却器；细晶消灭器的作用是通过加热或水溶解将过多的晶核消灭，保证晶体逐步长大。其工作流程是：料液由进料管进入结晶器，和器内的饱和溶液一起进入循环管，再用循环泵送入冷却器，冷却后的料液又一次达到轻度的过饱和，最后经中心管再进入结晶器，实现溶液循环。

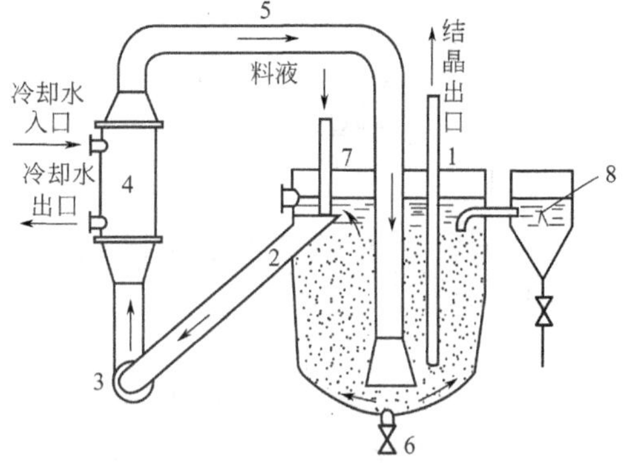

图 6-8　循环式冷却结晶器

1—结晶器；2—循环管；3—循环泵；4—冷却器；5—中心管；6—底阀；7—进料管；8—细晶消灭器

2. 蒸发结晶器

蒸发结晶器与冷却结晶器的不同之处在于前者需将溶液加热到沸点，并浓缩达到过饱和而产生结晶。蒸发结晶通常采用减压操作，这是为使溶液温度降低，产生较大的过饱和度。

除了膜式蒸发器之外，其他的蒸发器都可以作为蒸发结晶器。它的工作原理是靠加热使溶液沸腾，溶剂在沸腾状态下迅速蒸发，使溶液迅速达到饱和。由于溶剂蒸发得很快，局部位置（加热器附近）蒸发得更快，使溶液的过饱和度不易控制，因而难以控制晶体的大小，在对晶体粒度要求不高的加工中，使用这种结晶器是完全可以的。但如果必须对晶体粒度大小有所控制，最好先在蒸发器中将溶液蒸发到接近饱和状态，然后移入专门的结晶器中结晶。循环式蒸发结晶器能实现这一要求。

循环式蒸发结晶器有多种，较常用的为真空-冷却型循环式结晶器。图 6-9 所示的 Krystal-Oslo 型强制循环式蒸发结晶器就属于这种类型。它具有蒸发与冷却同时作用的效果。结晶器由蒸发室和结晶室两部分组成。原料液经外部换热器预热之后，在蒸发器内迅速被蒸发，溶剂被抽走，同时起到制冷作用，使溶液迅速进入亚稳区而析出结晶。

Krystal-Oslo 型蒸发结晶器优点是循环液中基本不含结晶颗粒，避免了发生叶轮与晶粒之间的碰撞而造成过多的二次成核，加上结晶室的分级作用，结晶产品粒大均匀。缺点是操作强性小，加热室内易出现结晶层而使传热系数降低。

3. 真空结晶器

真空结晶器的工作原理是结晶器中热的饱和溶液在真空绝热条件下溶剂迅速蒸发，同时吸收溶液的热量使溶液的温度下降。它既除去了溶剂又使溶液冷却，很快达到过饱和而结晶。

真空结晶器有间歇式和连续式两种，图 6-10 所示是连续式真空结晶器。料液从进料口连续加入，晶浆（晶体与部分母液）用泵连续排出，结晶器管路上的循环泵使溶液作强制循环流动，沿循环管均匀混合，并维持一定的过饱和度。蒸出的溶剂从结晶器顶抽出，在高位槽冷凝器中冷凝。

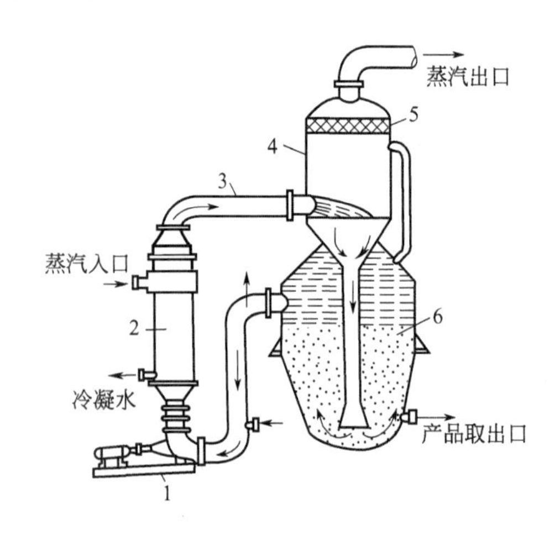

图 6-9 循环式蒸发结晶器

1—循环泵；2—加热室；3—回流管；4—蒸发室；5—网状分器；6—结晶室

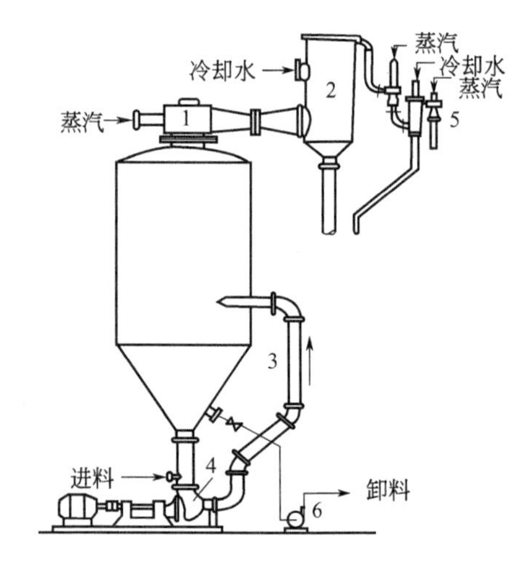

图 6-10 连续式真空结晶器

1—蒸汽喷射泵；2—冷凝器；3—双级蒸汽喷射泵；4,5—循环管；6—卸料泵

双级蒸汽喷射泵的作用是使冷凝器和结晶器内处于真空状态，不断抽出不凝性气体。因为真空结晶器内的操作温度一般都很低，所以产生的溶剂蒸汽不能在冷凝器中被水冷凝，此时用蒸汽喷射泵加压，将溶剂蒸汽在冷凝之前加以压缩，以提高它的冷凝温度。

真空结晶器的结构简单，无运动部件；器内可加里衬或用耐腐蚀性材料来处理腐蚀性溶液；溶液绝热蒸发而冷却，不需传热面，因此在操作过程中不易结垢；易操作和控制，生产能力大。但其蒸汽、冷水消耗大。

4. 导流筒挡板结晶器（DTB 结晶器）

图 6-11 所示是一种带导流筒和搅拌桨的真空结晶器。它内有一个圆筒形挡圈，中央有

一导流筒，其下端安有带螺旋桨的搅拌器，悬浮液靠它实现导流筒及导流筒与挡圈环隙通道内的循环流动。它把带有细小晶体的饱和溶液快速推升到蒸发表面，由于系统处于真空状态，溶剂产生了闪蒸而造成了轻度的过饱和，然后过饱和溶液沿环形面流向下部，使晶体长大。在器底部设有一个淘洗腿，这些晶浆又与原料液混合，再经中心导流管而循环。当晶体长大到一定大小后就沉淀在淘洗腿内，同时对产品也进行洗涤，保证了结晶产品的质量和粒度均匀，不夹杂细晶。

这种结晶器的优点是生产强度高，能生产出粒度大颗的结晶产品，器内不易结疤，可实现真空绝热冷却法、蒸发法、直接接触冷冻法及反应法等多种结晶操作。

5. 盐析结晶器

盐析结晶器是利用盐析法进行结晶操作的设备。图 6-12 所示是联碱装置所用的盐析结晶器。其工作原理与 Krystal-Oslo 型蒸发结晶器类似，溶液通过循环泵从中央降液管流出，与此同时，从套管中不断地加入食盐，加入盐量的多少是影响产品质量的关键。由于食盐浓度的变化，氯化铵的溶解度减小，形成一定的过饱和度并析出结晶。

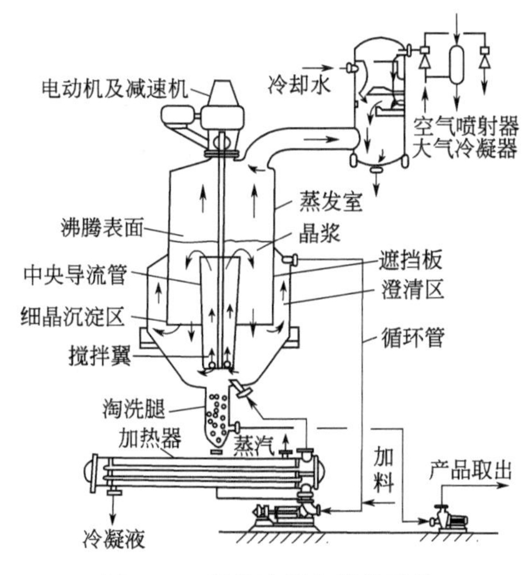

图 6-11　带导流筒和搅拌桨的真空结晶器（DTB 型）

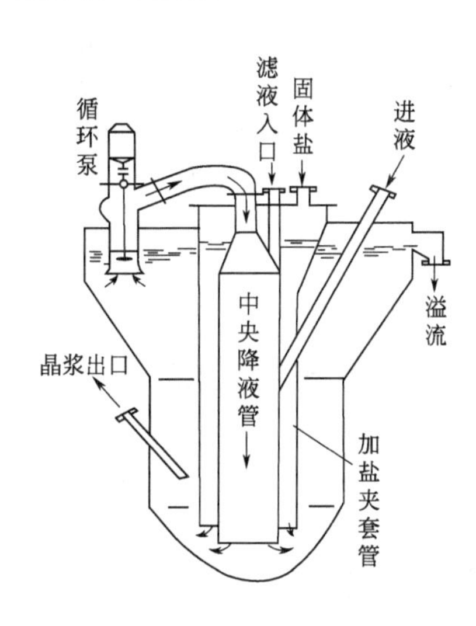

图 6-12　盐析结晶器

二、结晶设备的特点与选择

1. 结晶设备的特点

蒸发式结晶器和真空结晶器分别是通过加热和在溶液的沸点降低使溶液一部分溶剂沸腾汽化而达到过饱和状态而析出结晶的设备。适用于溶解度随温度的降低变化不大的物质（如 NaCl、KCl 等）的结晶。

冷却式结晶器是采用不断冷却降温的方法使溶液达到过饱和状态而析出结晶的设备。适用于溶解度随温度变化较大的物质（如 NH_4Cl、KNO_3 等）的结晶。

间歇式结晶器结构简单、易操作，结晶质量好、收率高；但设备利用率低，操作劳动强度大。连续式结晶设备利用率高，生产能力大；但结构较复杂，晶体粒度较细小，操作复杂，动力消耗大。

搅拌器是结晶设备中的附属设备，它的选用是使晶体颗粒悬浮和均匀分布于溶液中，以及提高溶质质点的扩散速度，加速晶体长大。

2. 结晶设备的选择

在结晶操作中应首先考虑处理的物质的性质（如溶解度与温度的关系）；其次是考虑产品的粒度和粒度分布要求；还须考虑杂质的影响、处理量的大小、能耗、设备费用和操作费用等综合因素来进行结晶设备的选择。

对于溶解度随温度降低而大幅度降低的物质，应考虑选择冷却结晶器或真空结晶器；对于溶解度随温度降低而降低很小、不变或少量上升的物质，则选择蒸发结晶器；要想得到颗粒较大而且均匀的晶体，可选用具有粒度分级作用的结晶器，这类结晶器生产的晶体颗粒也便于过滤、洗涤、干燥等后处理，从而获得较纯的结晶产品。

本章小结

结晶是固体物质以晶体状态从蒸汽、溶液或熔融物中析出的过程。结晶在工业中主要是用于从溶液中制取固体产品。本章主要讲授了有关结晶的基本概念：包括结晶、晶体、晶种、晶习、晶核、晶浆和母液，溶解度和溶解度曲线、过饱和度和过溶解度曲线、介稳区、不稳区等；结晶过程，包括晶核的形成和晶体成长过程；影响结晶的因素和结晶方法（冷却法、蒸发法、真空冷却法、盐析法）；结晶设备的类型（冷却结晶器、蒸发结晶器、真空冷却结晶器、盐析结晶器、喷雾结晶器）、特点及选择。

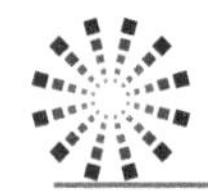

思考题与习题

6-1 举例说明结晶在化工生产中的应用。

6-2 名词解释：结晶、晶体、晶核、晶浆、母液。

6-3 结晶过程中控制成核有哪些条件？

6-4 过饱和度与结晶有何关系？

6-5 影响晶体的成长和结晶粒度的因素有哪些？

6-6 工业上有哪些常用的结晶方法？它们各适用于什么场合？

6-7 结晶设备有哪几种操作方式？各有什么特点？

6-8 在 293K 时，50g 的水最多能溶解 18.1g 食盐，求食盐在该温度下时的溶解度。

6-9 293K 时氯化钾的溶解度为 34g，将饱和溶液 82g 蒸发至干，能得到多少克氯化钾？

6-10 283K 的硝酸钾饱和溶液 50g，将温度升高至 353K，需加多少克硝酸钾才能成为饱和溶液（硝酸钾的溶解度 293K 时为 20.9g，353K 为 169g）？

6-11 将 313K 时的 KNO_3 饱和溶液 1.5kg 加热蒸发掉水分 30g，再降温至 283K，计算有多少 KNO_3 晶体析出（313K 和 283K 时溶解度分别为 61.3g 和 21.2g）？

第七章　吸　　收

学习目标

1. 掌握气体吸收的基本原理和填料吸收塔物料衡算的方法，吸收剂用量的确定，吸收设备的种类，填料塔的构造、性能和维护方法，填料塔的操作技能。

2. 理解相组成的表示方法、吸收的气-液相平衡关系、双膜理论、亨利定律、填料的类型。

3. 了解吸收的基本概念，吸收在工业上的应用及吸收的分类。

利用合适的液体吸收剂来处理气体混合物，使气体混合物中的一种或多种组分由气相转移到液相的操作，称为气体吸收。在吸收过程中，吸收所用的液体称为吸收剂或溶剂（B）；气体混合物中被吸收的组分称为吸收质或溶质（A）；没有被吸收的组分称为惰性气体或载体；吸收后得到的液体称为吸收液或溶液。

吸收的依据是气体混合物中各组分在液体吸收剂中溶解度的不同。气体混合物与液体吸收剂接触时，溶解度大的一种或几种组分溶解于液相中，溶解度小的组分则仍留在气相，从而实现了气体混合物的分离。例如，用水洗含 CO_2 的原料气，原料气中主要成分为 N_2、H_2、CO_2，而 CO_2 在水中的溶解度比 N_2、H_2 在水中的溶解度大得多；气液相接触后，大部分 CO_2 将从气相转入到液相，而 N_2、H_2 在气相中的组成基本保持不变。在这个吸收过程中，水称为吸收剂，CO_2 为吸收质，N_2、H_2 为惰性气体，吸收后含 CO_2 的液体称为吸收液。

吸收在化工生产中的应用广泛，可归纳为以下四个方面：

（1）制备某种气体的溶液　例如，用水吸收 NO_2 以制取硝酸；用水吸收甲醛以制取福尔马林；用水吸收 SO_3 以制取硫酸等。

（2）回收混合气体中的有用组分　例如，用硫酸处理焦炉气以回收其中的氨；用液态烃处理裂解气以回收其中的乙烯、丙烯等。

（3）除去有害组分以净化气体　例如，用醋酸铜氨液脱除合成氨原料气中少量的 CO、CO_2、H_2S 等，以防催化剂中毒；用丙酮脱除裂解气中的乙炔等。

（4）环境保护，对废气的治理　在工业生产中，排放的废气中常含有 CO_2、SO_2、NO 等有害成分。若直接排放到大气中，会产生温室效应、酸雨等现象，因此，在排放之前，要进行吸收处理。

在吸收过程中不伴有明显化学反应的，称为物理吸收，如用水吸收 CO_2；如果有明显的化学反应，则称为化学吸收，如用碱液吸收 CO_2。在吸收过程中，若只吸收混合气体中一种组分，称为单组分吸收，如用水吸收原料气（N_2、H_2、CO_2）中的 CO_2 气体；若吸收两种或两种以上的组分称为多组分吸收，如用醋酸铜氨液吸收原料气中的 CO、CO_2、H_2S。

在吸收过程中，体系温度没有显著变化的称为等温吸收；有显著温度变化的则称为非等温吸收。

本章重点讨论等温条件下的单组分物理吸收过程。

第一节 吸收的基本原理

一、相组成的表示方法

吸收是溶质由气相转移到液相的传质过程。随着吸收过程的进行，组分在气相和液相中的浓度均发生变化，为了研究吸收过程的基本原理，首先应掌握物质在气相或液相中浓度的表示方法。用 $x(X)$ 表示液相组成，用 $y(Y)$ 表示气相组成。相组成的表示方法常用的有以下几种形式：

1. 质量分数

混合物中某组分 i 的质量 m_i 与混合物的总质量 m 的比值，称为该组分的质量分数，用符号 x_{wi} 表示。则：

$$x_{wi}=\frac{m_i}{m} \tag{7-1}$$

显然，任何一种组分的质量分数都小于 1，而所有组分的质量分数之和等于 1。对于 n 个组分组成的混合物，则：

$$x_{w1}+x_{w2}+\cdots+x_{wn}=1 \tag{7-2}$$

2. 摩尔分数

混合物中某组分 i 的物质的量 n_i 与混合物的总物质的量 n 的比值，称为该组分的摩尔分数，用符号 x_i 表示。则：

$$x_i=\frac{n_i}{n} \tag{7-3}$$

混合物中任何一种组分的摩尔分数均小于 1，而所有组分的摩尔分数之和等于 1。对于 n 个组分组成的混合物，则：

$$x_1+x_2+\cdots+x_n=1 \tag{7-4}$$

设混合物中组分 i 的千摩尔质量为 M_i，则：

$$x_{wi}=\frac{M_i x_i}{\sum M_i x_i} \tag{7-5}$$

式中 $\sum M_i x_i=M_1 x_1+M_2 x_2+\cdots+M_n x_n$，称为混合物的平均千摩尔质量。

$$x_i=\frac{\dfrac{x_{wi}}{M_i}}{\sum\dfrac{x_{wi}}{M_i}} \tag{7-6}$$

3. 比质量分数和比摩尔分数

在吸收过程中，气体总量和溶液总量都随吸收的进行而改变，但惰性气体和吸收剂的量则始终保持不变，因此，常采用比质量分数或比摩尔分数表示相的组成，这样，可以简化吸收过程的计算。

(1) 比质量分数 混合物中某组分 i 的质量 m_i 与其他组分的质量 $(m-m_i)$ 的比值，

称为该组分的比质量分数，用符号 X_{wi} 表示。则：

$$X_{wi}=\frac{m_i}{m-m_i} \tag{7-7}$$

比质量分数与质量分率的换算关系为：

$$X_{wi}=\frac{x_{wi}}{1-x_{wi}} \tag{7-8}$$

或

$$x_{wi}=\frac{X_{wi}}{1+X_{wi}} \tag{7-9}$$

（2）比摩尔分数　混合物中某组分 i 的物质的量 n_i 与其他组分的物质的量（$n-n_i$）的比值，称为该组分的比摩尔分数，用符号 X_i 表示。则：

$$X_i=\frac{n_i}{n-n_i} \tag{7-10}$$

比摩尔分数与摩尔分数的换算关系为：

$$X_i=\frac{x_i}{1-x_i} \tag{7-11}$$

或

$$x_i=\frac{X_i}{1+X_i} \tag{7-12}$$

【例 7-1】 空气和 CO_2 的混合气中，CO_2 的体积分数为 20%，总压为 100kPa。试求 CO_2 的摩尔分数、分压和比摩尔分数。

解　CO_2 在混合气体中的摩尔分数，它在数值上等于其体积分数，则 $y_A=0.2$

CO_2 的分压可用道尔顿分压定律确定，即 $p_A=py_A=100\times0.2=20\text{kPa}$

CO_2 的比摩尔分数为：

$$X_A=Y_A=\frac{y_A}{1-y_A}=\frac{0.2}{1-0.2}=0.25$$

4. 体积分数 y_V 和压力分数 y_p

气体组成除了按上述各种方法表示之外，通常还用体积分数和压力分数表示。

气体混合物中某一组分的分体积与总体积的比值，称为该组分的体积分数；气体混合物中某一组分的分压与混合气体的总压的比值，称为该组分的压力分数。对于气体混合物来讲，某一组分的摩尔分数等于该组分的压力分数，亦等于该组分的体积分数。即：

$$y=y_V=y_p \tag{7-13}$$

二、气-液两相平衡关系

1. 平衡溶解度

在一定的温度和压力下，气液两相接触时，气体中的溶质便溶解在液相中，随着吸收过程的进行，溶质在液相中的浓度逐渐增加；与此同时，溶解在液相中的气体也可能返回到气相中去，这种已经被吸收的气体组分返回气相的过程，称为解吸。在操作初期，过程以吸收为主，但经过足够长的时间，溶质从气相进入液相和从液相返回气相的速率相等，气相和液相达到动态平衡，气液两相的组成亦不再变化，即液相中溶质的浓度达到最大值。气液平衡时，液相中溶质的浓度称为气体在液相的平衡溶解度，简称溶解度。溶解度的单位一般以 1000g 溶剂中溶解溶质的质量（g）表示，单位符号为 g（溶质）/1000g（溶剂）。气液平衡时，溶液上方溶质的分压称为平衡分压。

气体在液相中的溶解度与气体、液体的种类、温度、压强有关。在相同的温度和压力下，不同气体的溶解度是不同的；我们把常温下溶解度很大的气体，称为易溶性气体，溶解度很小的气体，称为难溶性气体。同一种气体，不同温度、不同压力则溶解度也不同，温度升高，溶解度减小；压力升高，溶解度增大。由此可知，低温、高压有利于吸收操作。

2. 亨利定律

在一定温度和总压不超过 506.5kPa 的情况下，多数气体溶解后形成的溶液为稀溶液。实验证明，一定温度下，气液平衡时，溶质在液相中的溶解度与其在气相中的平衡分压成正比，这一规律称为亨利定律。用数学表达式为：

$$p^{*}=Ex \tag{7-14}$$

式中　p^{*}——溶质在气相中的平衡分压，Pa；

x——溶质在液相中的摩尔分数；

E——亨利系数，Pa。

对于给定物系，亨利系数 E 随温度升高而增大。在同一溶剂中，易溶气体的 E 值很小，而难溶气体的 E 值很大。常见物系的亨利系数可从手册中查到。

为了将气相组成以摩尔分数表示，在式(7-14) 两边各除以总压 p，得：

$$y^{*}=mx \tag{7-15}$$

式中　y^{*}——平衡时溶质在气相中的摩尔分数；

m——相平衡常数，$m=\dfrac{E}{p}$。

对于一定的物系，相平衡常数与温度和压力有关。温度越高，m 越大；压力越高，m 越小。易溶性气体的 m 值小，难溶性气体的 m 值大。

若气液两相组成用比摩尔分数表示，则亨利定律的表达形式为：

$$Y^{*}=\frac{mX}{1+(1-m)X} \tag{7-16}$$

式中　Y^{*}——平衡时溶质在气相中的比摩尔分数；

X——平衡时溶质在液相中的比摩尔分数。

对于极稀溶液，式(7-16) 可以简化为：

$$Y^{*}=mX \tag{7-17}$$

【例 7-2】 某吸收塔内用清水逆流吸收混合气体中的低浓度甲醇，操作条件 $p=101.3\text{kPa}$，$T=300\text{K}$。气相中甲醇分压为 5kPa，气液平衡关系为 $Y^{*}=2.5X$。求溶液中甲醇的最大浓度为多少？

解　甲醇在气相中的比摩尔分数：$Y^{*}=\dfrac{y}{1-y}=\dfrac{\dfrac{p_1}{p}}{1-\dfrac{p_1}{p}}=\dfrac{p_1}{p-p_1}=\dfrac{5}{101.3-5}=0.052$

甲醇在溶液中的比摩尔分数：$X=\dfrac{Y^{*}}{m}=\dfrac{0.052}{2.5}=0.0208$

溶液中甲醇的最大浓度为 0.0208。

3. 平衡曲线

将式(7-16) 的关系绘于 Y-X 直角坐标系中，得到的图线为一条通过原点的曲线，如图 7-1(a) 所示，此线即为吸收平衡曲线。吸收平衡曲线反映了吸收过程达到平衡时气相组成和液相组成的关系曲线。显然，式(7-17) 所表示的吸收平衡线，为一条过原点的直线，斜率为 m，如图 7-1(b) 所示。

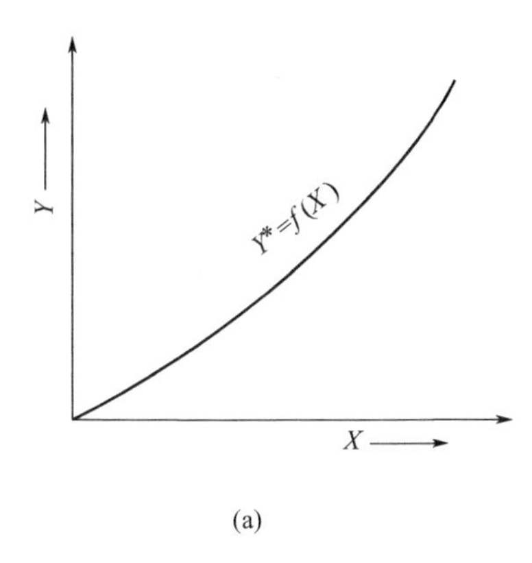

(a)

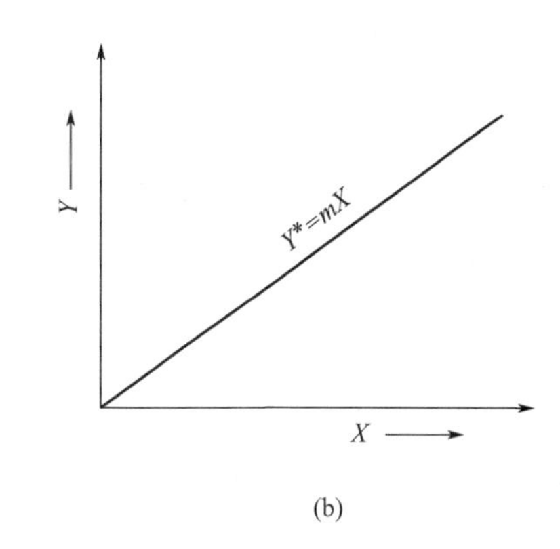

(b)

图 7-1　吸收平衡曲线

利用气液相平衡关系判断过程进行的方向和极限。当溶质在气相中实际组成大于溶质的平衡组成时，即$Y>Y^*$或$p>p^*$时，为吸收过程，则$Y-Y^*$称为以比摩尔分数表示的气相吸收推动力，$p-p^*$称为以分压表示的气相吸收推动力，状态点位于平衡曲线上方；随着吸收过程的进行，气相中被吸收组分的含量不断降低，溶液浓度不断上升，其平衡组成也随着上升，当气相中溶质的实际组成等于溶质的平衡组成时，即$Y=Y^*$或$p=p^*$时，吸收达到平衡，状态点落在平衡曲线上；当溶质在气相中实际组成小于溶质的平衡组成时，即$Y<Y^*$或$p<p^*$时，为解吸过程，则Y^*-Y称为以比摩尔分数表示的气相解吸推动力，p^*-p称为以分压表示的气相解吸推动力，状态点位于平衡曲线下方。

利用气液相平衡关系可以判断吸收操作的难易程度，当操作状态点距平衡线越远，气液接触的实际状态偏离平衡状态的程度越远，吸收的推动力就越大，在其他条件相同的条件下，吸收越容易进行；反之，吸收越难进行。

三、吸收机理——双膜理论

吸收过程的机理很复杂，人们已对其进行了长期的、深入的研究，先后提出了多种理论。目前比较公认的仍是双膜理论，其应用较广，也简明易懂。双膜理论的模型如图 7-2 所示。

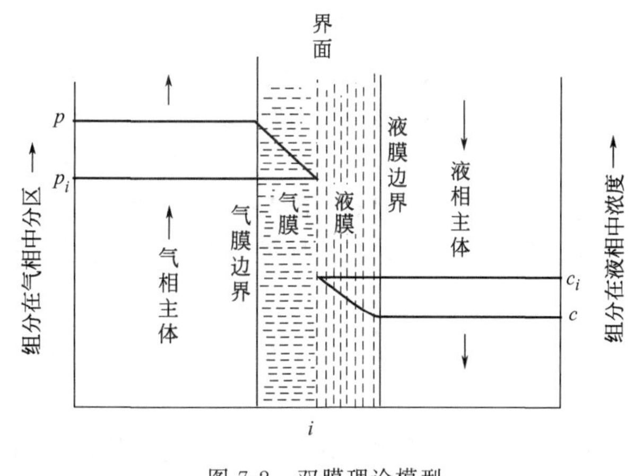

图 7-2　双膜理论模型

双膜理论的基本要点如下：

① 吸收过程中，气、液两流体相共有一个相界面（简称界面）。在相界面的两侧分别为气膜和液膜，膜内流体做层流流动。双膜以外的区域为气相和液相主体。在两相主体中，流体做湍流流动。

② 相界面上，气、液两相中溶质的浓度处于平衡状态。界面上不存在传质阻力。

③ 气、液两相主体内部流体处于充分的湍流状态，无传质阻力，不存在浓度差。过程传质阻力全部集中在两膜（气膜和液膜）内。

由双膜理论可知吸收过程的机理为：吸收质从气相主体以对流扩散的方式到达气膜边

界，又以分子扩散的方式穿过气膜到达相界面，在界面上按平衡关系溶解在液相中，然后又以分子扩散的方式穿过液膜到达液膜边界上，最后以对流扩散方式转移到液相主体。在以上的传质过程中，溶质在界面上及气、液相主体中的传质阻力很小，可忽略，其阻力主要集中在气膜和液膜中。因此要想强化吸收，就要设法减小两膜的厚度，减小传质阻力。前面已讲过，流速越大，气膜和液膜的厚度越薄，故增大流速，可以减少传质阻力，提高吸收速率。

四、吸收速率方程式

1. 吸收速率方程式

吸收速率是指单位时间内，单位传质面积上吸收的溶质量。吸收过程的速率关系式可以仿照传热速率来表示，即：过程速率＝系数×推动力。

（1）穿过气膜的吸收速率

$$N_A = k_Y (Y - Y_i) \tag{7-18}$$

式中　N_A——吸收速率，kmol 吸收质/($m^2 \cdot s$)；

k_Y——气膜吸收分系数，kmol 吸收质/($m^2 \cdot s$)；

Y——气相主体中溶质的比摩尔分数；

Y_i——相界面处溶质的气相比摩尔分数。

（2）穿过液膜的吸收速率

$$N_A = k_X (X_i - X) \tag{7-19}$$

式中　k_X——液膜吸收分系数，kmol 吸收质/($m^2 \cdot s$)；

X——液相主体中溶质的比摩尔分数；

X_i——相界面处溶质的液相比摩尔分数。

（3）总吸收速率

$$N_A = K_Y (Y - Y^*) \tag{7-20}$$

$$N_A = K_X (X^* - X) \tag{7-21}$$

式中　K_Y——气相吸收总系数，kmol 吸收质/($m^2 \cdot s$)；

K_X——液相吸收总系数，kmol 吸收质/($m^2 \cdot s$)；

Y^*——与液相浓度 X 成平衡的气相比摩尔分数；

X^*——与气相浓度 Y 成平衡的液相比摩尔分数。

气膜吸收推动力为（$Y-Y_i$）；液膜吸收推动力为（X_i-X）；以气相组成表示的总吸收推动力为（$Y-Y^*$）、以液相组成表示的总吸收推动力为（X^*-X）。以上各式如果写成推动力除以阻力的形式，经推导可得吸收的总阻力表达式为

$$\frac{1}{K_Y} = \frac{1}{k_Y} + \frac{m}{k_X} \tag{7-22}$$

或

$$\frac{1}{K_X} = \frac{1}{mk_Y} + \frac{1}{k_X} \tag{7-23}$$

式(7-22)、式(7-23) 表明，吸收过程的总阻力等于各分过程阻力的叠加，与传热过程相似。

2. 气体溶解度对吸收系数的影响

（1）溶解度较大的情况　当吸收质在液相中的溶解度较大时，则亨利系数 E 值很小。当总压一定时，相平衡常数 $m\left(=\frac{E}{p}\right)$ 也很小，由式(7-22) 得

$$\frac{1}{K_Y} \approx \frac{1}{k_Y} \text{或} K_Y = k_Y$$

即吸收过程的总阻力 $1/K_Y$ 主要由气膜阻力 $1/k_Y$ 所组成。控制气膜吸收系数的大小，对吸收总过程的速率具有决定性的影响，故称为气膜控制。要提高气膜控制过程的吸收速率关键在于降低气膜阻力，增加气体总压，加大气体流速，减少气膜厚度。

（2）溶解度较小的情况　当吸收质在液相中的溶解度较小时，则亨利系数 E 值很大。当总压一定时，相平衡常数 $m\left(=\frac{E}{p}\right)$ 也很大，由式(7-23) 得

$$\frac{1}{K_X} \approx \frac{1}{k_X} \text{或} K_X = k_X$$

即吸收总阻力 $1/K_X$ 主要由液膜吸收阻力 $1/k_X$ 所组成。控制液膜吸收系数的大小，对吸收总过程的速率具有决定性的影响，故称为液膜控制。要提高液膜控制的吸收速率关键在于加大液体流速和湍动程度，减少液膜厚度。

（3）溶解度适中的情况　当吸收质在液相中的溶解度适中时，气、液两相阻力都较显著，不容忽略。吸收总阻力由气膜阻力和液膜阻力共同组成，此时的吸收过程称为双膜控制过程。要想提高吸收速率，就要同时提高气相和液相的湍流程度，即气相和液相的流速。

在化工生产中，若能判断出吸收过程属于气膜控制或液膜控制时，给计算和强化吸收操作带来很大的方便。表 7-1 中列举了一些吸收过程的控制因素。

表 7-1　吸收过程的控制因素

气膜控制	液膜控制	气膜和液膜同时控制
用氨水或水吸收氨气	用水或弱碱吸收二氧化碳	用水吸收二氧化硫
用水或稀盐酸吸收氯化氢	用水吸收氧气或氢气	用水吸收丙酮
用碱液吸收硫化氢	用水吸收氯气	用浓硫酸吸收二氧化氮

第二节　吸收过程的计算

一、全塔的物料衡算——操作线方程式

1. 全塔的物料衡算

在气体吸收过程中，工业上一般都采用逆流连续操作。其流程如图 7-3 所示。

图中　V——单位时间内通过吸收塔的惰性气体量，kmol 惰性气体/h；

L——单位时间内通过吸收塔的吸收剂量，kmol 吸收剂/h；

Y，Y_1，Y_2——分别为任一截面、塔底（气体入口）、塔顶（气体出口）的气相组成，kmol 溶质/kmol 惰性气体；

X，X_1，X_2——分别为任一截面、塔底（液体出口）和塔顶（液体入口）的液相组成，kmol 溶质/kmol 吸收剂。

在稳态操作下，对全塔作物料衡算，由质量守恒得：

$$VY_1 + LX_2 = VY_2 + LX_1 \tag{7-24}$$

或依据混合气体中溶质的减少量等于液相中溶质的增加量，可得：

$$N_A = V(Y_1 - Y_2) = L(X_1 - X_2) \tag{7-25}$$

N_A 称为吸收塔的吸收负荷，表示了单位时间内吸收塔吸收溶质的能力。

吸收过程中，经过吸收塔后，被吸收的溶质量与进塔气体中溶质的量之比，称为吸收率，用 η 表示。

$$\eta=\frac{Y_1-Y_2}{Y_1}\times 100\% \tag{7-26}$$

如果规定了吸收率，则气体出塔时的组成 Y_2 为：

$$Y_2=Y_1(1-\eta) \tag{7-27}$$

【例 7-3】 在一填料吸收塔，用纯水来吸收空气中 CO_2，已知混合气中 CO_2 的含量为 6%（体积），所处理的混合气中的空气量为 $1400m^3/h$，操作在 293k 和 101.3kPa 下进行，要求 CO_2 的吸收率达 98%。若吸收剂用量为 154kmol/h，试问吸收塔溶液出口浓度为多少？

解 进塔气体组成 $Y_1=y_1/(1-y_1)=0.06/(1-0.06)=0.0638$

出塔气体组成 $Y_2=Y_1(1-\eta)=0.0638\times(1-0.98)=0.00128$

进塔吸收剂组成 $X_2=0$（纯水）

入塔空气流量 $V=\frac{1400}{22.4\times 10^{-3}}\times\frac{273}{293}=58.2\times 10^3 mol/h=58.2kmol/h$

溶液出口浓度由全塔物料衡算 $VY_1+LX_2=VY_2+LX_1$，求出

即 $X_1=\frac{V}{L}(Y_1-Y_2)+X_2=\frac{58.2}{154}(0.0638-0.00128)+0=0.0236$

故溶液出口浓度为 0.0236kmol CO_2/kmol 水。

2. 吸收操作线方程

如图 7-3 所示，在吸收塔任一截面 m—n 与塔底间进行物料衡算，得出吸收操作线方程

$$Y=\frac{L}{V}X+\left(Y_1-\frac{L}{V}X_1\right) \tag{7-28}$$

它表明塔内任一截面上的气相组成与液相组成之间的关系。把它反应到 Y-X 图上是一条直线，其斜率为 L/V，且通过 $B(X_1,Y_1)$ 和 $A(X_2,Y_2)$ 两点，如图 7-4 所示，直线 AB 即为吸收的操作线。

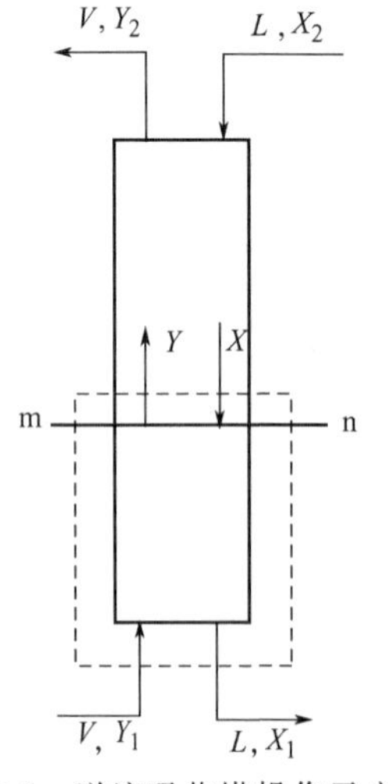

图 7-3 逆流吸收塔操作示意图

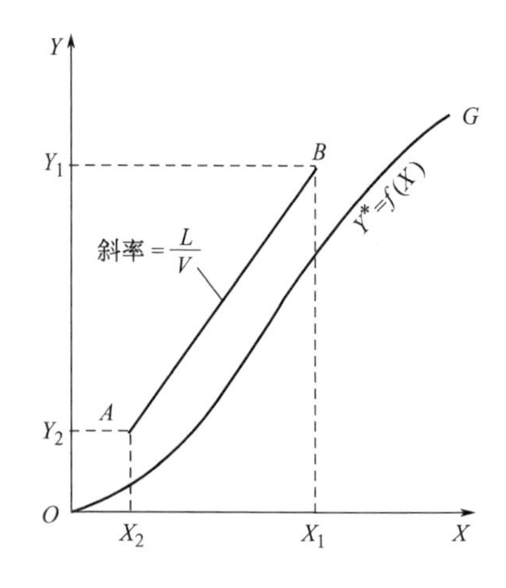

图 7-4 操作线与平衡线

二、实际吸收剂用量的确定

在吸收操作中，所处理的气体量 V、气相的初始浓度 Y_1、吸收剂的初始浓度 X_2 是给定

的，气相的最终浓度 Y_1 由工艺要求决定。如果出塔溶液的浓度 X_1 已知，则可直接计算出吸收剂的用量 L。而出塔液体的浓度与吸收剂的用量有着密切的关系。因此，应合理的选择吸收剂用量。

1. 液气比 $\left(\frac{L}{V}\right)$

液气比是指吸收剂与惰性气体的摩尔流量之比，表示处理单位惰性气体所需要的吸收剂量。

2. 最小液气比

由于 X_2、Y_2 是给定的，所以操作线的端点 A 已固定，另一端点 B 则可在 $Y=Y_1$ 的水平线上移动。B 点的横坐标将随吸收剂用量的不同而变化。

当 V 值一定时，L 减少，斜率$\frac{L}{V}$变小，点 B 便沿水平线 $Y=Y_1$ 向右移动，操作线靠近平衡线，出塔液相组成 X_1 增大，吸收的推动力减小，吸收速率减小。当吸收剂用量继续减小，操作线与平衡线相交于点 F，塔底气液相组成平衡，如图 7-5 所示，此时吸收过程的推动力为零。为了达到最高组成，两相接触面积无限大，塔高无限高，设备费用增大，在实际操作中是办不到的，它是一种极限状况。这时的液气比称为最小液气比，以$\left(\frac{L}{V}\right)_{\min}$表示，相应的吸收剂耗用量 $L_{\min}$ 称为最小吸收剂耗用量，这时的液相出口浓度最大，以 X_1^*（$=Y_1/m$）表示。

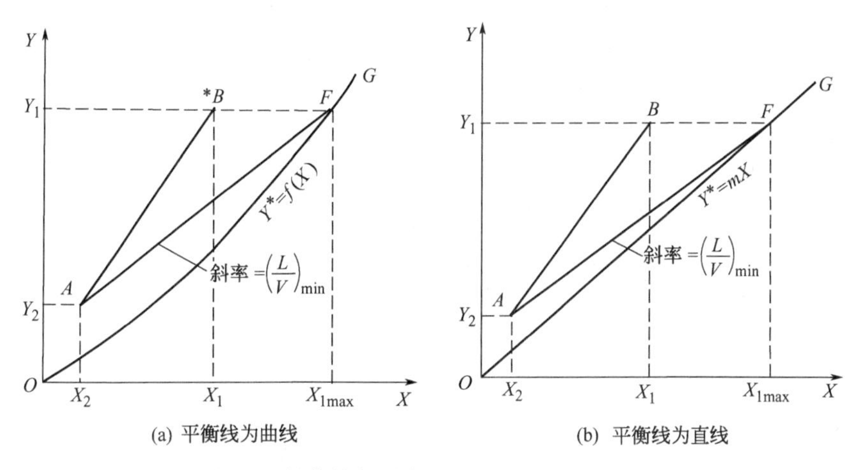

图 7-5　操作线与平衡线相交时的最小液气比

最小液气比可用图解法求得。操作线与平衡曲线相交时，根据交点的横坐标，代入操作线方程可求得最小液气比。即

$$\left(\frac{L}{V}\right)_{\min}=\frac{Y_1-Y_2}{X_1^*-X_2} \tag{7-29}$$

3. 实际吸收剂用量的确定

实际吸收剂用量的选择是要考虑多方面的因素。当 V 值一定的情况下，吸收剂用量减少，液气比减小，操作线靠近平衡线，吸收过程的推动力减小，吸收速率下降，为达到一定的吸收效果，则吸收塔必须增高，设备费用就很大；反之，吸收剂用量增大，液气比增大。操作线远离平衡线，吸收过程的推动力增大，吸收速率增大，为达到同样的吸收效果，吸收塔尺寸可以减小，设备费用降低。但是，由于吸收剂用量的增大，操作费用增加，而且造成塔底吸收液浓度的降低，将增加解吸的难度。因此，必须将操作费用和设备费用进行权衡，

选择一适宜的液气比，以使二者费用之和为最小。在实际操作中，一般选择适宜的液气比为最小液气比的1.2～2.0倍，即

$$\frac{L}{V}=(1.2\sim2)\left(\frac{L}{V}\right)_{\min} \tag{7-30}$$

在实际计算中，还应考虑到吸收剂用量能否保证填料的充分润湿，否则，一部分填料的表面起不到气液传质的作用，一般情况下应保证液体的喷淋密度在5～12$m^3/(m^2\cdot h)$以上，喷淋密度即单位时间单位塔截面上液体的喷淋量。

【例7-4】 在填料塔中用洗油吸收煤气中的轻油。塔底送入煤气量为1000m^3/h，压力为107.0kPa，温度为298K。煤气中含轻油2%（体积分数），吸收率为95%。洗油的消耗量为最小用量的1.65倍。已知$X_2=0$，平衡关系为$Y^*=0.0949X$。求洗油的消耗量和出塔液体中轻油的含量。

解 （1）气体进口组成：$Y_1=\frac{y_1}{1-y_1}=\frac{0.02}{1-0.02}=0.0204$

气体出口组成：　$Y_2=Y_1(1-\eta)=0.0204\times(1-95\%)=0.00102$

吸收剂进口组成：　$X_2=0$

惰性气体摩尔流量：　$V=\frac{1000\times(1-0.02)}{22.4\times10^{-3}}\times\frac{273}{298}\times\frac{107}{101.3}=42.335\text{kmol/h}$

由$Y^*=0.0949X$，得：　$X_1^*=\frac{Y_1}{0.0949}=\frac{0.0204}{0.0949}=0.215$

则：　$\left(\frac{L}{V}\right)_{\min}=\frac{Y_1-Y_2}{X_1^*-X_2}=\frac{0.0204-0.00102}{0.215-0}=0.09$

最小吸收剂用量：　$L_{\min}=42.335\times0.09=3.81\text{kmol/h}$

实际洗油的消耗量：$L=1.65L_{\min}=1.65\times3.81=6.3\text{kmol/h}$

（2）溶液出口浓度可由全塔的物料衡算求得　$V(Y_1-Y_2)=L(X_1-X_2)$

即　$X_1=\frac{V}{L}(Y_1-Y_2)+X_2=\frac{42.335}{6.3}(0.0204-0.00102)+0=0.1302$

溶液出口组成为0.1302kmol（轻油）/kmol（洗油）

第三节　吸收流程

一、部分吸收剂再循环的吸收流程

当吸收剂喷淋密度很小（1～1.5m^3/m^2h），不能保证填料的完全湿润，或者塔中需要排除的热量很大时，工业上就采用部分吸收剂再循环的吸收流程，如图7-6所示。此流程的操作方法是：用泵2从吸收塔1抽出吸收剂，经过冷却器3再打回此塔中；从塔底取出其中一部分作为产品；同时加入新鲜吸收剂，其流量等于引出产品中的溶剂量，与循环量无关。吸收剂的抽出和新吸收剂的加入，不论在泵前或泵后进行都可以，不过应先抽出而后补充。在这种流程中，由于部分吸收剂循环使用，因此，吸收剂入塔组分浓度较高，致使吸收平均推动力减小，同时，吸收率降低。另外，部分吸收剂的循环还需要额外的动力消耗。但是，它可以在不增加吸收剂用量的情况下增大喷淋密度，并且可由循环的吸收剂将塔内的热量带入冷却器中移去，以减小塔内升温。因此，可保证在吸收剂耗用量较小下的吸收操作正常进行。

二、多塔串联吸收流程

当所需塔的尺寸过高，或从塔底流出的溶液温度太高，不能保证塔在适宜的温度下操作时，可将一个大塔分成几个小塔串联起来使用，组成吸收塔串联的流程。

图 7-7 所示为一串联的逆流吸收流程。操作时，用泵将液体从一个吸收塔抽送至另一个吸收塔，并不循环使用，气体和液体则互成逆流流动。

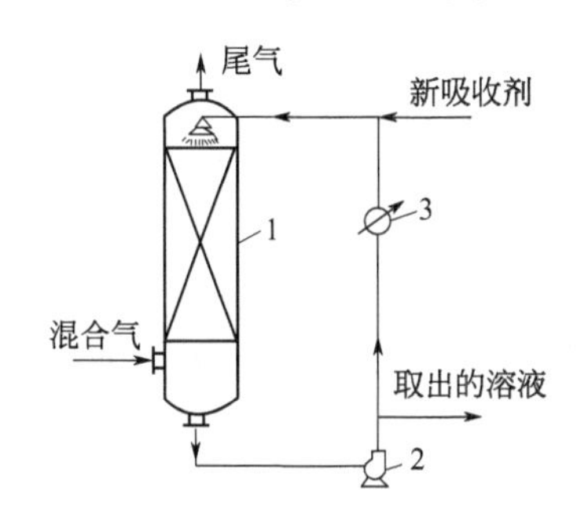

图 7-6　部分吸收剂循环的吸收流程

1—吸收塔；2—泵；3—冷却器

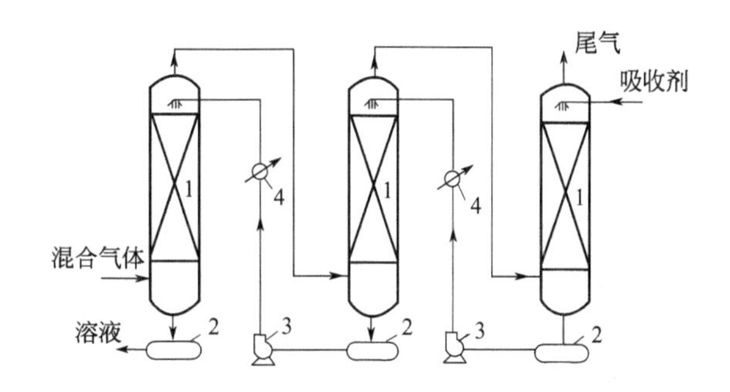

图 7-7　吸收塔串联流程

1—吸收塔；2—贮槽；3—泵；4—冷却器

在吸收塔串联流程中，可根据操作的需要，在塔间的液体（有时也在气体）管路上设置冷却器，或使吸收塔系的全部或一部分采取带吸收剂部分循环的操作。

在生产上，如果处理的气量较多，或所需塔径过大，还可考虑由几个较小的塔并联操作，有时将气体通路作串联，液体通路作并联；或者将气体通路作并联，液体通路作串联，以满足生产要求。

三、吸收-解吸联合操作流程

在工业生产中，吸收与解吸常常联合进行，这样，可得较纯净的吸收质气体，同时可回收吸收剂。如图 7-8 所示为吸收剂重复使用的一种最简单的吸收—解吸联合流程。此流程系用 $NaCO_3$ 水溶液净化除去气体中的 H_2S。从吸收塔 1 底部引出的溶液用泵 4 送入解吸塔 2，在此，用惰性气体（空气）进行解吸。经解吸后的溶液（吸收剂）再用泵回送至吸收塔顶部喷淋。此流程中，吸收与解吸均在常温下进行，为了有效地进行解吸，空气的消耗量很大，这样，从解吸塔顶排出的解吸气中，被解吸的吸收质（H_2S）浓度很低，一般不再回收利用。因此，这种方法仅适用于气体净化以除去回收价值不大并且含量很低的组分。

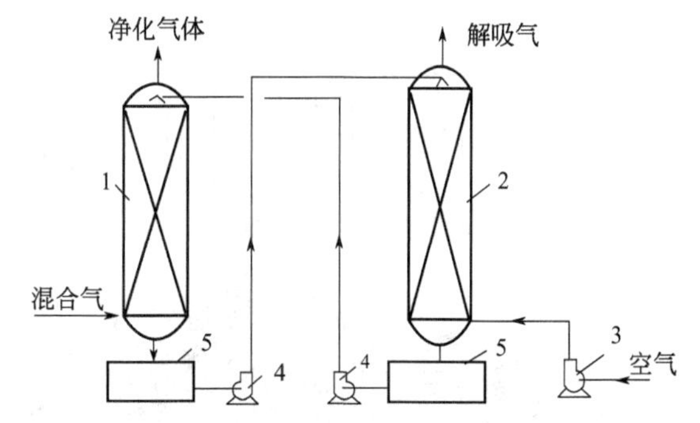

图 7-8　用空气吸收-解吸 H_2S 的联合流程

1—吸收塔；2—解吸塔；3—风机；4—泵；5—贮槽

第四节　吸 收 设 备

工业生产中，使用的吸收设备即吸收塔的主要类型有板式塔、填料塔及其他一些塔设备。在精馏操作中，主要介绍了板式塔的内容，本节主要介绍填料塔的主要构造与性能特点，并简要介绍其他类型的塔设备。

一、填料塔

1. 选择填料的原则

选择填料正确与否，对填料塔的操作有很大的影响。为了使填料塔高效率地操作，所用填料一般应具备下列条件：

① 单位体积填料的表面积必须大，即比表面积必须大。比表面积以 a_t(m^2/m^3) 表示。

② 单位体积填料层具有的空隙体积必须大，即空隙率必须大，空隙率以 ε(m^3/m^3) 表示

③ 在填料表面有较好的液体均匀分布性能，以避免液体的沟流及壁流现象。

④ 气流在填料层中均匀分布，以使压降均衡，无死角，对于填料层阻力较小的大塔特别值得注意。

⑤ 制造容易，造价低廉。

⑥ 具有足够的机械强度。

⑦ 对于液体及气体均须具有化学稳定性。

2. 填料类型

填料的种类很多（图 7-9），大致可以分为实体填料和网体填料。实体填料包括环形填料（如拉西环、鲍尔环、阶梯环等），鞍形填料（如弧鞍形、矩鞍形）以及栅板填料和波纹填料等。网体填料主要是由金属丝网制成的各种填料，如鞍形网、θ 网、波纹网等。介绍几种常见的填料。

（1）拉西环　拉西环是工业上最老的应用最广泛的一种填料。它的构造如图 7-9(a) 所示，是外径和高度相等的空心圆柱。在强度容许的情况下，其壁厚应当尽量减薄，以提高空隙率并减小堆积的重度。拉西环结构简单，价格低廉，但液体的沟流及壁流现象较严重，操作弹性范围较窄，气体阻力较大等。

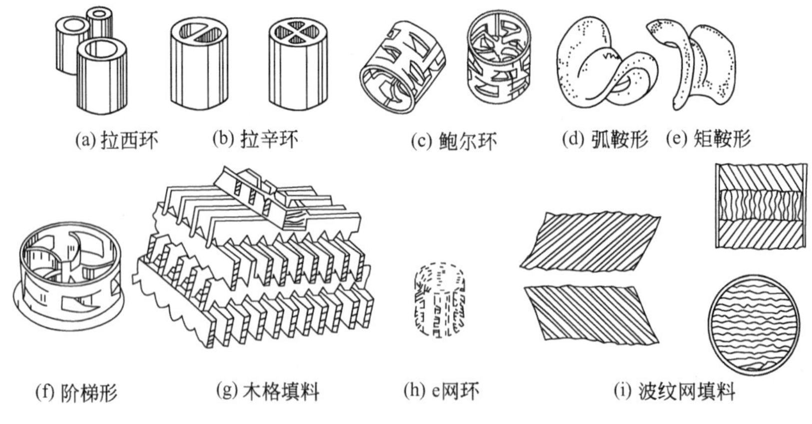

图 7-9　填料的类型

（2）鲍尔环　在普通的拉西环壁上开有上下两层长方形窗孔，窗孔部分的环壁形成叶片向环中心弯入，在环中心相搭，上下两层小窗位置交叉，如图 7-9(c) 所示，其气体阻力小，压降低，液体分布较均匀，填料效率较高，操作弹性范围较大。

（3）阶梯环　阶梯环是在鲍尔环的基础上进行了进一步的改进。阶梯环的总高为直径的

5/8，圆筒的一端有向外翻卷的喇叭口，如图 7-9(f) 所示。阶梯环的空隙率大，而且填料个体之间呈点接触，可使液膜不断更新，传质效率高，压力降小。

(4) 矩鞍形填料　如图 7-9(e) 所示。是一种敞开形填料，填装于塔内则互相处于套接状态，因而稳定性较好，表面利用率较高，并且，因液体流道通畅，不易被固体悬浮物堵塞；并能用价格便宜又耐腐蚀的陶瓷和塑料制造。因此，更具有发展前途。其优点就是具有较大的空隙率，阻力较小，效率较高。

(5) 波纹填料　是由许多层波纹薄板制成，各板高度相同但长短不等。搭配排列而成圆饼状，波纹与水平方向成 45°倾角，相邻两板反向叠靠，使其波纹倾斜方向互相垂直。圆饼的直径略小于塔壳内径，各饼竖直叠放于塔内。相邻的上下两饼之间，波纹板片排列方向互成 90°角。如图 7-9(i) 所示。其优点就是结构紧凑，比表面积大，流体阻力小，流体分布均匀，传质效果好。但造价较高，易堵塞。

(6) 丝网波纹填料　丝网波纹填料是用丝网制成一定形状的填料。这是一种高效率的填料，其形状有多种，例如 θ 网环、鞍形网等。优点：丝网细而薄，做成填料体积较小，比表面积和空隙率都比较大，因而传质效率高。缺点：造价昂贵，易堵塞，清理不方便。

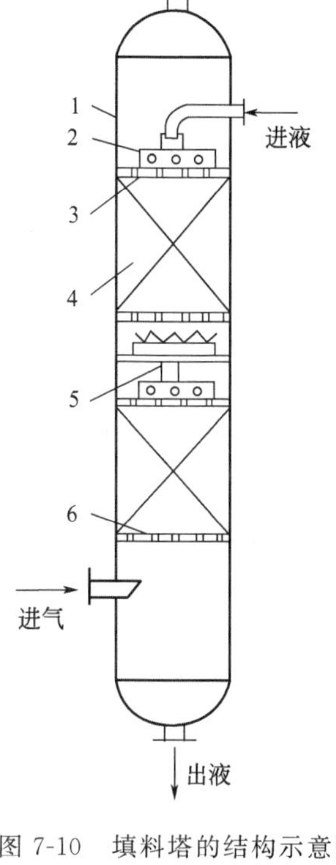

图 7-10　填料塔的结构示意图
1—塔壳体；2—液体分布器；
3—填料压板；4—填料；
5—液体再分布器；
6—填料支承装置

3. 填料塔

填料塔是吸收操作中使用最广泛的一种塔型。填料塔由填料、塔内件及塔体构成，它的构造如图 7-10 所示。填料塔的结构简单，塔体内充填有一定高度的填料层，填料层的下面为支承板，上面为填料压板及液体分布装置，必要时需将填料层分段，在段与段之间设置液体再分布装置。操作时，液体经过顶部液体分布装置分散后，沿填料表面流下，润湿填料表面；气体自塔底向上与液体作逆流流动，气、液两相间的传质通过填料表面上的液层与气相间的界面进行。填料塔的结构简单、造价低、易用耐腐蚀材料制作、生产能力大、分离效率高、阻力小、操作弹性大。但当塔径较大时，气、液两相接触不均匀，效率低。

4. 填料塔的辅助设备

(1) 支承板　在填料塔中，支承板的作用是为了支承填料和填料上的持液量。因此支承板首先要有足够的强度和刚度；另外还要具有大于填料层空隙率的开孔率，保证气体和液体能自由通过，以免在此首先发生液泛。

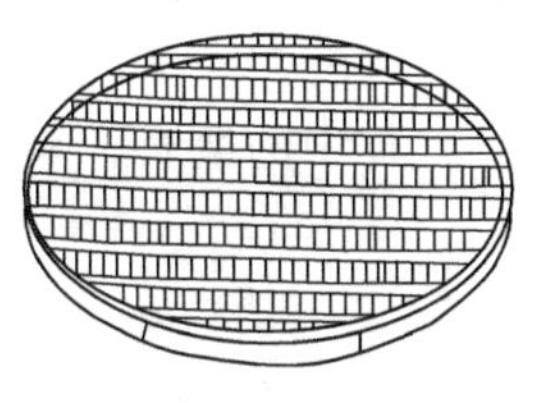

(a) 栅板

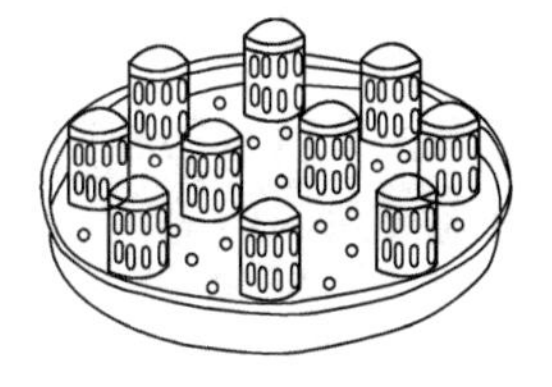

(b) 生气管式

图 7-11　填料支承装置

常用的支承板有栅板、生气管式等，如图 7-11 所示，选择哪种支承装置，主要根据塔径、使用的填料种类及型号、塔体及填料的材质、气液流量等而定。

(2) 液体分布器　液体分布器的作用是把液体均匀地分布在填料表面上。如果液体分布不均，会减少填料的有效传质面积，促使液体发生沟流，从而降低吸收效果。常用液体分布器有莲蓬式、管式、盘式、槽式等多种形式。

莲蓬头式喷洒器如图 7-12(a) 所示，一般用于直径小于 600mm 的塔中。其结构简单；但是小孔易于堵塞，因而不适用于处理污浊液体，当气量较大时，会产生并夹带较多的液沫。

盘式分布器如图 7-12(b)、(c) 所示。液体加至分布盘上，盘底开有筛孔的称为筛孔式；盘底装有许多直径及高度均相同的溢流短管的，称为溢流管式。筛孔式的分布效果较溢流管式好，但溢流管式的自由截面积较大，且不易堵塞。

槽式液体分布器如图 7-12(d) 所示。其特点是具有较大的操作弹性和极好的抗污堵性，特别适合于大气液负荷及含有固体悬浮物、黏度大的液体的分离场合，应用范围非常广泛。

管式分布器如图 7-12(e)、(f) 所示。由不同结构形式的开孔管制成。管式分布器有排管式、环管式等不同形状。其结构简单，供气体流过的自由截面大，阻力小；但小孔易堵塞，弹性一般较小。管式液体分布器多用于中等以下液体负荷的填料塔中。在减压精馏中，由于液体负荷较小故常用之。

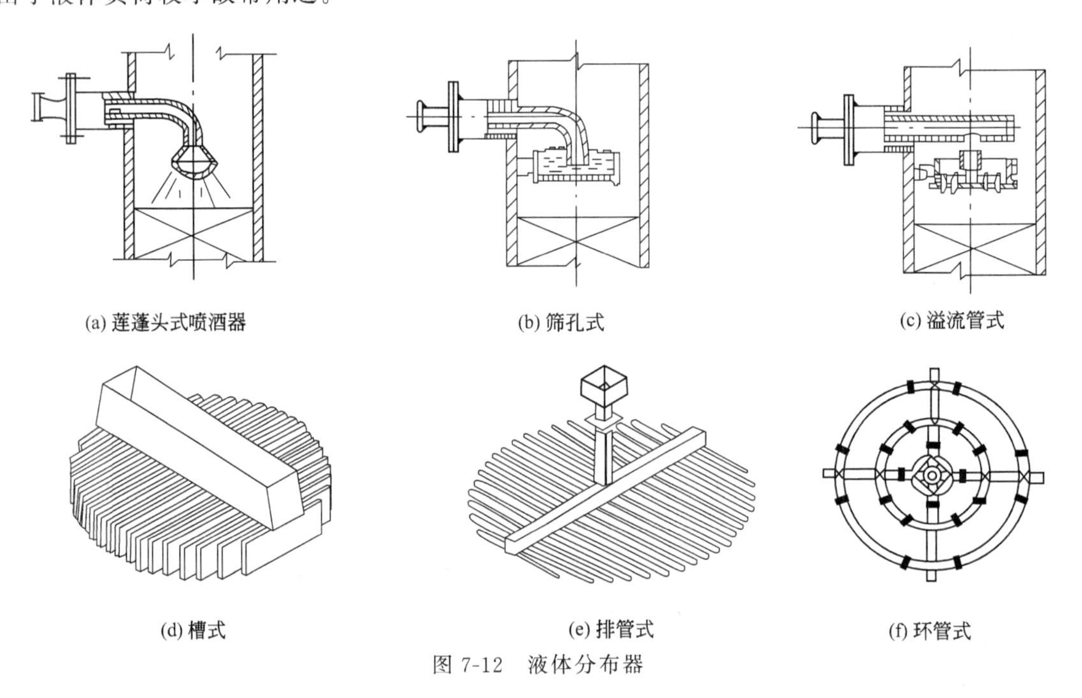
(a) 莲蓬头式喷洒器　(b) 筛孔式　(c) 溢流管式

(d) 槽式　(e) 排管式　(f) 环管式

图 7-12　液体分布器

(3) 液体再分布装置　液体再分布装置作用是用来改善液体在填料层中向塔壁流动的效应的，一般设置在填料的段与段之间。

(4) 气、液体进口及出口　液体的出口装置既要便于塔内排液，又要防止夹带气体，可采用水封装置。填料塔的气体的进口装置应具有防止塔内下流的液体进入管内，又能使气体在塔截面上分布均匀。

(5) 除沫装置　除沫装置的作用：是用来除去由填料层顶部逸出的气体中的液滴。常用的除沫装置有：折板除沫器、丝网除沫器、旋流板除沫器等。

二、其他类型吸收设备

1. 湍球塔

湍球塔也是吸收操作使用较多的一种塔型，它的结构如图 7-13 所示。它的主要构件有支承栅板、球形填料、雾沫分离器、液体喷嘴等。操作使用时把一定数量的球形填料放在栅板上，气体由塔底引入，液体由塔顶引入经喷嘴喷洒而下。当气速达到一定值时，便使小球悬浮起来并形成湍动旋转和相互碰撞的任意方向的三相湍流运动和搅拌作用，使液膜表面不断更新，从而加强了传质作用。此外，由于小球向各个方向做无规则运动，球面互相碰撞而又起到自己清洗自己的作用。湍球塔结构简单，气、液分布均匀，操作弹性及处理能力大，不易被固体和黏性物料堵塞，由于传质强化而使塔高可以降低。但其小球无规则湍动会造成一定程度的返混，另外因小球常用塑料制成，操作温度受到一定限制。

2. 喷射式吸收器

喷射式吸收器是目前工业生产中应用十分广泛的一种吸收设备，它的结构如图 7-14 所示。操作时吸收剂靠泵的动力送到喉头处，由喷嘴喷成细雾或极小的液滴，在喉管处由于吸收剂流速的急剧变化，使部分静压能转化为动能，在气体进口处形成真空，从而使气体吸入。喷射式吸收器的优点：吸收剂喷成雾状后与气相接触，这样两相接触面积增大，吸收速率高，处理能力大；此外，吸收剂利用压力流过喉管雾化而吸气，因此不需要加设送风机，效率较高。缺点是吸收剂用量较大，但循环使用时可以节省吸收剂用量并提高吸收液中吸收质的浓度。

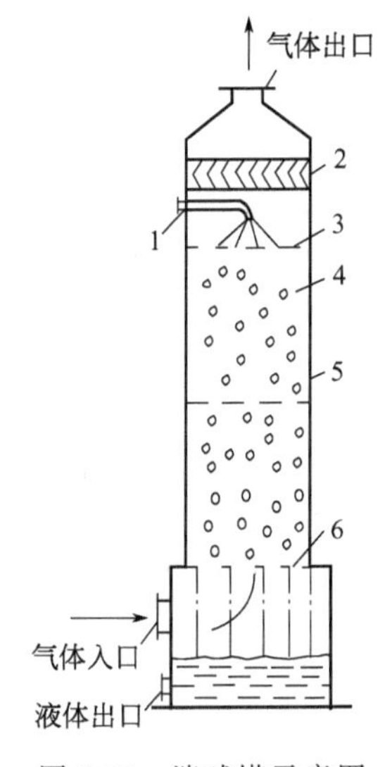

图 7-13　湍球塔示意图

1—液体喷嘴；2—雾沫分离器；3—上栅板；
4—球形填料；5—塔体；6—下栅板

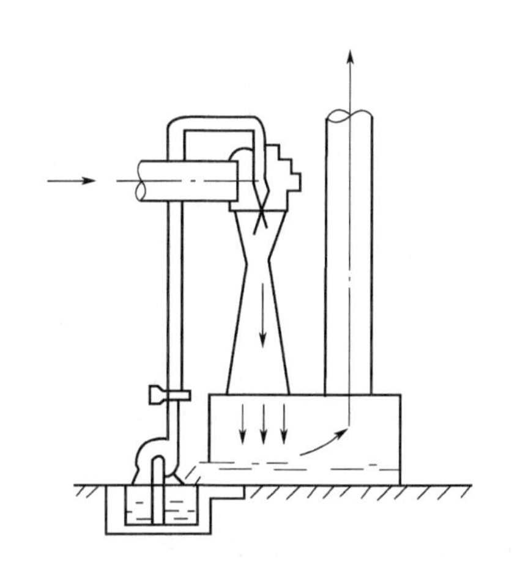

图 7-14　喷射式吸收器

第五节　吸收操作技能训练

一、训练目的

① 了解填料塔吸收装置的基本结构及流程。

② 掌握总体积传质系数的测定方法。

③ 了解气相色谱仪和六通阀的使用方法。

二、训练内容

用水吸收空气中的 CO_2 组分。一般 CO_2 在水中的溶解度很小，所以应预先将一定量的 CO_2 气体通入空气中混合以提高空气中的 CO_2 浓度。

三、训练装置

吸收操作技能训练装置如图 7-15 所示，由吸收塔、规整填料、气体混合罐转子流量计、压差计、压力表、二氧化碳钢瓶、气相色谱仪等组成。

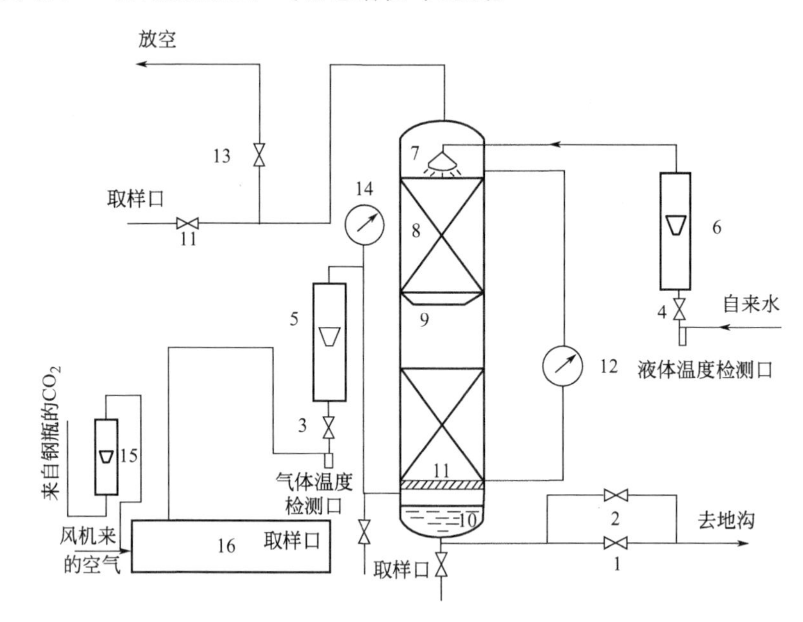

图 7-15　吸收装置流程图

1,2,13—球阀；3—气体流量调节阀；4—液体流量调节阀；5—混合气体转子流量计；6—水转子流量计；7—喷淋头；8—填料层；9—液体再分布器；10—塔底；11—支撑板；12—压差计；14—气压表；15—二氧化碳转子流量计；16—气体混合罐

四、训练操作步骤与注意事项

1. 操作步骤

① 熟悉实验流程，弄清气相色谱仪及其配套仪器结构、原理、使用方法及其注意事项。

② 打开混合罐底部排空阀，排放掉空气混合贮罐中的冷凝水。

③ 打开仪表电源开关及空气压缩机电源开关，进行仪表自检。

④ 开启进水阀门，让水进入填料塔润湿填料，仔细调节液位转子流量计，使其流量稳定在某一实验值。塔底液封控制：仔细调节阀门 2 的开度，使塔底液位缓慢地在一段区间内变化，以免塔底液封过高溢满或过低而泄气。

⑤ 启动风机，打开 CO_2 钢瓶总阀，并缓慢调节钢瓶的减压阀。

⑥ 仔细调节风机出口阀门的开度，并调节 CO_2 调节转子流量计的流量，使其稳定在某一值。

⑦ 待塔中的压力靠近某一实验值时，仔细调节尾气放空阀 13 的开度，直至塔中压力稳定在实验值。

⑧ 待塔操作稳定后，读取各流量计的读数及通过温度、压力表、压差计上读取各温度、压力及塔顶、塔底压差读数，通过六通阀在线进样，利用气相色谱仪分析出塔顶、塔底气相组成。

⑨ 实验完毕，关闭 CO_2 钢瓶和转子流量计、水转子流量计、风机出口阀门，再关闭进水阀门及风机电源开关。实验完成后一般先停止水的流量再停止气体的流量，这样做的目的是为了防止液体从进气口倒压破坏管路及仪器。清理实验仪器和实验场地。

2. 注意事项

① 固定好操作点后，应随时注意调整以保持各量不变。

② 在填料塔操作条件改变后，需要有较长的稳定时间，一定要等到稳定以后方能读取有关数据。

五、常见事故及处理方法

见表 7-2。

表 7-2 吸收操作常用事故及处理方法

常见事故	发生原因	处理方法
出塔气中 CO_2 含量高	①入塔吸收剂量不够 ②入塔气中 CO_2 含量高 ③吸收温度过高或过低 ④填料堵塞	①加大吸收剂用量 ②降低入口 CO_2 含量 ③适当调节吸收剂入塔温度 ④停车检修或清洗
出塔气带液	①吸收剂量过大 ②吸收塔液面太高 ③原料气量过大 ④吸收剂脏，黏度大 ⑤填料堵塞	①减少吸收剂量 ②将液面控制在合适的范围 ③减少入塔原料气量 ④更换新鲜吸收剂，并进行过滤 ⑤停车清洗
塔内压差过大	①进塔原料气量大 ②进塔吸收剂量大 ③填料堵塞	①降低原料气量 ②降低吸收剂量 ③清洗或更换填料
吸收塔液位波动	①吸收剂用量变化 ②原料气压力波动 ③液位调节器发生故障	①稳定吸收剂用量 ②稳定原料气压力 ③及时检查和修理
吸收剂用量突然降低	①自来水压力不够或断水 ②溶液槽液位低，泵抽空 ③溶液泵损坏	①启用备用水源或停车 ②补充溶液 ③启动备用泵或停车检修

本章小结

气体吸收用于分离气体混合物，它是化工生产中常用的单元操作，在其他行业中也得到了广泛应用。本章主要讲授了吸收操作的基本概念、分类及应用；吸收的基本原理：相组成的表示方法、溶解度及影响溶解度的因素、气液相平衡关系和相平衡曲线；吸收机理（双膜理论）；吸收速率方程（穿过气膜的、液膜的和总的吸收速率）、气体溶解度对吸收系数的影响、吸收的过程控制（气膜控制、液膜控制和双膜控制过程）；吸收过程的基本计算及实际吸收剂用量的确定；几种常见的吸收流程；了解填料的类型及填料塔的结构及分离原理。

阅读材料

亨利定律的发现人

凡是不和溶剂起化学作用的气体的溶解度，是由这种气体在液面上的压强来决定的，溶解度和气体的分压成正比。例如，氢、氧、氮、甲烷等在水中的溶解度就是这样的。因为这种现象是由一位姓亨利的人发现的，所以在化学书上称之为亨利定律。

发现亨利定律的亨利，是一位英国人，他的名字是威廉·亨利。亨利家中祖孙三代都是医师兼有名的化学家。亨利定律是在1802年，由威廉·亨利在英国皇家学会上宣读的一篇论文里，加以详细说明的，从此以后，这个定律就被命名为亨利定律了。威廉·亨利于1774年12月12日出生在英国的曼彻斯特市。在1795年威廉·亨利进入爱丁堡大学学习。一年之后，因为他父亲医务工作上需要助手，他离开了大学，在家里做实习医师。到1805年他又回到爱丁堡大学，继续学业。1807年他完成了医学博士学位。他当时的研究课题是关于尿酸的。后来，他主要是个泌尿科医生，同时发表了不少关于泌尿疾病的论文。可是，他一直没有放弃化学方面的实验工作。

杰出的化学家约翰·道尔顿是威廉·亨利同时代的人。他们两人是很好的朋友，他们两人都是曼彻斯特从事化学研究的科学家，都是早期曼彻斯特文学和哲学学会的会员；所以他们过从甚密，相互学习，在原子学说的建立上起了重要作用。亨利在1804年曾经说过：“每一种气体对于另一种气体来说，等于是一种真空。”他的这句话当时曾经引起一些科学家的反对。道尔顿用实验证明了亨利的意见是正确的；同时也由此为道尔顿的分压定律，建立了可靠的基础。他在1805年进行了大量的研究工作，主要是关于气体烷烃的混合物的分析，他这方面的研究工作，帮助了道尔顿原子学说的迅速推广。

从1809年起，亨利利用他的分析技术，证明氨里面并不含有氧，这就推翻了当时戴维的错误见解，认为氨里含有氧元素。1824年亨利利用了他的实验技术，证明了盖·吕萨克定律的正确性；同时他又用实验证明了氮有好几种氧化物。从1824年亨利发表最后一篇论文以后，因为身体日渐衰弱，已经不能再从事化学研究了。可是，后来亨利还是就杀菌问题做了一些实验，可惜他的工作并没有受到当时人们的注意。一直到几十年后，巴斯德证明了病菌可以通过加热被消毒，从而成为医学上极重要的发明。实际上，亨利是最早发明消毒方法的人，可是被人们忽视了。

威廉·亨利除了发表过一些论文外，还编著过两部书。第一部书名《化学三部曲》，初版于1801年，先后经过四版之多。第二部书名是《实验化学纲要》，初版于1802年，前后修订达十一版，到1830年才停止再版。这可以说是19世纪初期，风行于英美的一部化学实验书。

亨利晚年因为严重的头痛和失眠，几乎无法工作，于1836年9月2日离开人世，终年62岁。

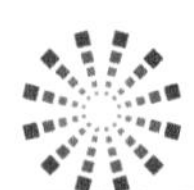

思考题与习题

7-1　什么是吸收？吸收在化工生产中的应用有那些？

7-2　什么是溶解度？气体在液体中的溶解度与那些因素有关？

7-3 什么是亨利定律？写出其表达式。亨利系数、相平衡常数与操作温度、压力有何关系，如何根据它们的大小判断吸收操作的难易？

7-4 双膜理论的要点是什么？根据双膜理论，如何强化吸收速率？

7-5 什么是吸收率？写出其表达式。

7-6 气体溶解度对吸收系数有那些影响？

7-7 吸收的推动力是什么？写出常用的几种表达式。

7-8 什么是液气比？液气比的大小对吸收操作有何影响？

7-9 常用填料类型有那些？选择填料的原则有那些？

7-10 填料塔由那些主要部分组成？简述各部分的作用，如何保证过程的实现。

7-11 在空气中，O_2 的体积分数为 21%，总压为 100kPa。试求 O_2 的分压、摩尔分数和摩尔比。

7-12 100g 纯水中含有 2g 二氧化硫，试以摩尔比表示该水溶液中二氧化硫的组成。

7-13 在某填料塔中，用清水处理含二氧化硫 10%（体积分数）的混合气，操作条件是：总压为 101.3kPa，温度为 30℃。二氧化硫的气液相平衡关系为 $Y^*=47.9X$。试求二氧化硫溶液的最大浓度是多少？

7-14 总压 101.3kPa、含氨 5%（体积分数）的混合气体，在 293K 下气液相平衡关系 $Y^*=93.9X$。试求氨溶液的最大浓度是多少？

7-15 在填料吸收塔中，用清水吸收烟道气中的 CO_2，烟道气中 CO_2 含量为 13%（体积分数），其余为空气，要求吸收率为 90%。进塔惰性气体量为 36.2kmol/h（操作温度 293K、操作压力 101.3kPa），若吸收剂用量为 59300kmol/h。试问吸收塔溶液出口浓度为多少？

7-16 某工厂欲用水洗塔吸收某混合气体中的 SO_2，原料气的流量为 100kmol/h，SO_2 的含量为 10%（体积分数），并允许尾气中 SO_2 含量大于 1%。试求吸收率和所需设备的吸收负荷。

7-17 混合气体中含丙酮为 10%（体积分数），其余为空气。现用清水吸收其中丙酮的 95%，已知进塔空气量为 50kmol/h。试求尾气中丙酮的含量和所需设备的吸收负荷。

7-18 从矿石焙烧炉送出气体含 9%（体积分数）SO_2、其余为空气，冷却后送入吸收塔用清水吸收其中所含 SO_2 的 95%。吸收塔操作温度为 303K，压力为 100kPa，处理的炉气量为 1000m^3/h，水用量为 1000kg/h。求塔底吸收液浓度。

7-19 在一填料塔中，用洗油逆流吸收混合气体中的苯。已知混合气体的流量为 1500m^3/h，进塔气体中含苯 5%（体积分数），要求吸收率为 90%，洗油中不含苯。操作温度为 298K，操作压力为 101.3kPa，相平衡关系为 $Y^*=26X$，操作液气比为最小液气比的 1.5 倍。求吸收剂用量和出塔洗油中苯的含量。

7-20 在某填料吸收塔中，用清水处理含 SO_2 的混合气体，进塔气体中含 SO_2 18%（质量分数），其余为惰性气体。惰性气体的千摩尔质量为 28kg/kmol。吸收剂用量是最小用量的 1.65 倍，要求每小时从混合气体中吸收 2000kg 的 SO_2，在操作条件下，气液平衡关系为 $Y^*=26.7X$。试计算每小时吸收剂用量为若干立方米？

7-21 在常压填料吸收塔中，用清水分离氨和空气的混合气体，以回收其中的氨。已知，混合气体氨含量为 13.2%（体积分数），要求吸收率不低于 99%。进入吸收塔的惰性气体量为 220kmol/h，若吸收剂用量为最小用量的 1.5 倍。操作条件下，平衡关系为 $Y^*=1.2X$。试计算每小时吸收剂用量并求溶液出口浓度。

第八章　蒸　馏

学习目标

1. 掌握蒸馏的概念、分类；挥发度和相对挥发度；精馏原理及精馏流程；精馏塔的物料衡算；实际回流比的确定；常用板式塔的结构。

2. 理解理想二元溶液的气液平衡关系；T-$x(y)$ 图和 y-x 图；精馏塔板数的确定。

3. 了解特殊精馏的概念和分离原理；蒸馏在工业上的应用。

蒸馏是利用互溶液体混合物中各组分沸点不同而分离出较纯组分的一种操作。如从乙醇-水溶液中分离出较纯的酒精；从原油中分离出汽油、煤油和柴油。

蒸馏操作的依据在于液体混合物中各组分的沸点不同，或者说，在于同温度下饱和蒸气压的不同，在于它们挥发性的不同。饱和蒸气压较大的组分，沸点较低，容易汽化，称为易挥发组分或轻组分；饱和蒸气压较小的组分，沸点较高，不易汽化，称为难挥发组分或重组分。例如，在容器中加热苯和甲苯的混合液，使其部分汽化，由于苯的沸点（353K）比甲苯的沸点（383K）低，苯比甲苯易挥发，则汽化出来的蒸气里苯的含量比原混合液中的含量高，当气液达到平衡后，将蒸气引出来并使之冷凝，便可以得到苯含量较高的冷凝液，称为馏出液或塔顶产品；留下的液体，称为残液或塔底产品，残液中甲苯的组成则比原混合液中要高。这样苯和甲苯的混合液得到了初步的分离。

根据蒸馏操作中的不同特点，可以有不同的分类方法：

（1）按蒸馏操作方式分类　可分为简单蒸馏、精馏和特殊精馏。将溶液加热使其部分汽化，然后将蒸气引出冷凝，这样的操作称为简单蒸馏，简称蒸馏。将混合液进行多次部分汽化和多次部分冷凝，使溶液分离成较纯组分的操作，称为精馏。特殊精馏是在混合液中加入第三种组分，以扩大原料液中不同组分沸点的差异，从而达到有效分离的目的，包括水蒸气蒸馏、恒沸蒸馏、萃取蒸馏，用在一般精馏不能进行分离的场合。

（2）按操作流程分类　可分为间歇蒸馏和连续蒸馏。间歇蒸馏是将物料一次加入釜内，蒸馏操作过程中釜内液体易挥发组分的浓度逐渐降低，直至符合生产要求为止，然后再加料，再蒸馏操作，多应用于小规模生产或某些有特殊要求的场合。连续蒸馏是连续不断进料，同时也不断地从塔顶、塔底获得产品。工业生产中多应用于处理大批量物料的场合。

（3）根据原料的组分数目分类　可分为双组分蒸馏和多组分蒸馏。在蒸馏操作中，如果处理的溶液仅有两种组分组成，称为双组分蒸馏或二元蒸馏，通常用 A 表示易挥发组分，B 表示难挥发组分；如果溶液中含有两种以上的组分，则称为多组分蒸馏。

（4）按操作压强分类　可分为常压蒸馏、加压蒸馏和减压蒸馏。工业生产中多采用常压蒸馏；对在常压下某些高沸点或高温易分解的液体，则采用减压蒸馏；对在常压下是气态的液体混合物，应采用加压蒸馏，例如空气分离等。

本章只讨论常压下二元溶液的连续精馏过程。

第一节　蒸馏过程的气液平衡

一、理想二元溶液的气液平衡关系

气液平衡关系是指一定条件下，溶液与其上方的蒸气达到平衡时气液相组成之间的关系。

1. 理想溶液

溶液中不同组分分子之间的吸引力和纯组分分子之间的吸引力完全相同的溶液称为理想溶液。理想溶液各组分混合时，既没有体积的变化，也没有热效应。

真正的理想溶液并不存在，一般我们把性质极其相似的物质所组成的溶液（如烃类同系物等所组成的溶液）认为是理想溶液。如苯和甲苯、甲醇和乙醇。

2. 拉乌尔定律

拉乌尔定律是指在一定温度下，溶液上方蒸气中某一组分的分压，等于该纯组分在该温度下的饱和蒸气压乘以该组分在液相中的摩尔分数。其表达式为：

$$p_A = p_A^\circ x_A \tag{8-1}$$

$$p_B = p_B^\circ x_B = p_B^\circ (1 - x_A) \tag{8-2}$$

式中　p_A，p_B——平衡时，溶液上方组分 A、B 的蒸气分压，Pa；

p_A°，p_B°——在同一温度下，纯组分 A、B 的饱和蒸气压，Pa；

x_A，x_B——组分 A、B 在液相中的摩尔分数。

3. 理想二元溶液的平衡关系式

理想溶液的蒸气是理想气体，服从道尔顿分压定律，即总压等于各组分分压之和。即：

$$p = p_A + p_B \tag{8-3}$$

式中　p——气相的总压，Pa；

p_A，p_B——A、B 组分的分压，Pa。

将式(8-1) 和式(8-2) 代入式(8-3)，得：

$$x_A = \frac{p - p_B^\circ}{p_A^\circ - p_B^\circ} \tag{8-4}$$

若气相组成用摩尔分数表示，则：

$$y_A = \frac{p_A}{p} = \frac{p_A^\circ x_A}{p} = \frac{p_A^\circ x_A}{p_A^\circ x_A + p_B^\circ (1 - x_A)} \tag{8-5}$$

式(8-4) 和式(8-5) 均称为理想二元溶液的气液相平衡关系式。通过这两个公式，可以求得在一定操作温度和压力下，各个组分在液相和气相的平衡组成。

【例 8-1】 试计算压力为 101.33kPa，温度为 110℃时正庚烷（A）-正辛烷（B）物系平衡时，正庚烷与正辛烷在液相和气相中的组成。已知 $t = 110$℃ 时 $p_A^\circ = 140.3$kPa，$p_B^\circ = 64.5$kPa。

解　根据公式(8-4)、式(8-5) 得：

$$x_A = \frac{p - p_B^\circ}{p_A^\circ - p_B^\circ} = \frac{101.33 - 64.5}{140.3 - 64.5} = 0.486$$

$$y_A=\frac{p_A^\circ x_A}{p}=\frac{140.3\times0.486}{101.33}=0.673$$

由于是二元溶液，故正辛烷的组分为：

$$x_B=1-x_A=1-0.486=0.514、y_B=1-y_A=1-0.673=0.327$$

二、T-x(y) 图和 y-x 图

1. 沸点-组成图[T-x(y)图]

从式(8-4) 和式(8-5) 可以看出，气液相平衡时，气液相组成 y、x 只与组分的饱和蒸气压有关，各组分的饱和蒸气压只与温度有关，故气液相组成只取决于温度，随温度的变化而变化。沸点-组成图 [T-x(y) 图] 可以将这种变化关系清晰地表示出来。

T-x(y) 图是以溶液的沸点温度 T 为纵坐标，以易挥发组分的液相组成 x（或气相组成 y）为横坐标。T-x(y) 关系数据通常由实验测得。例如，表 8-1 列出了 $p=101.3$kPa 时，不同温度下，苯和甲苯的饱和蒸气压以及按式(8-4) 和式(8-5) 逐点计算出各温度下相应的 x_A、y_A 值，依据表中给出的数据，即可绘出苯-甲苯溶液的 T-x(y) 图，如图 8-1 所示。

表 8-1　苯-甲苯的气液平衡组成

沸点/K	饱和蒸气压/kPa		$x_A=\frac{p-p_B^\circ}{p_A^\circ-p_B^\circ}$	$y_A=\frac{p_A^\circ x_A}{p}$	沸点/K	饱和蒸气压/kPa		$x_A=\frac{p-p_B^\circ}{p_A^\circ-p_B^\circ}$	$y_A=\frac{p_A^\circ x_A}{p}$
	苯 p_A°	甲苯 p_B°				苯 p_A°	甲苯 p_B°		
353.2	101.3	40.0	1.000	1.000	373.0	179.4	74.6	0.225	0.452
357.0	113.6	44.4	0.830	0.930	377.0	199.4	83.3	0.155	0.304
361.0	127.7	50.6	0.693	0.820	381.0	221.2	93.9	0.058	0.128
365.0	143.7	57.6	0.508	0.720	383.4	233.0	101.3	0.000	0.000
369.0	160.7	65.7	0.376	0.596					

图 8-1 中有两条曲线，其中下面的实线代表平衡时液相组成 x 与温度 T 的关系，称为液相线；上面的虚线表示平衡时气相组成 y 与温度 T 的关系，称为气相线。这两条曲线把图形划分成三个区域：①液相区，也称过冷液相区，处于液相线以下，溶液呈未沸腾状态；②气液共存区，处于气相线与液相线之间，气液两相同时存在；③气相区，也称过热蒸气区，处于气相线以上，溶液全部汽化。

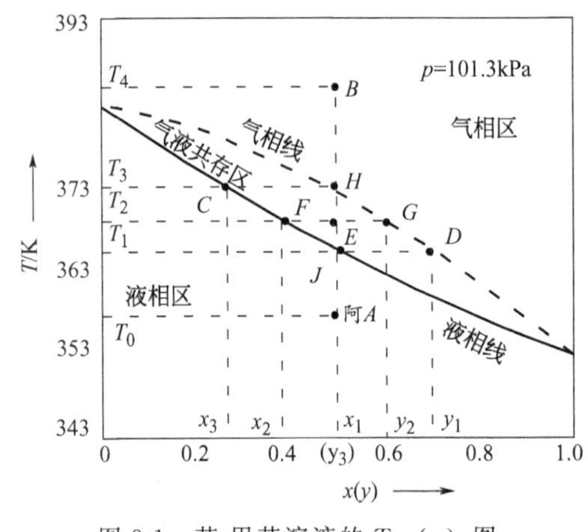

图 8-1　苯-甲苯溶液的 T-x(y) 图

从图 8-1 上看出，组成为 x_1、温度为 T_0（A 点）的溶液为过冷液体。将此溶液加热升温至 T_1（J 点）时，溶液开始沸腾，产生第一个气泡，相应的温度称为泡点。同样，将组成为 $y_3(y_3=x_1)$、温度为 T_4（B 点）的过热蒸气冷却，降温至 T_3（H 点）时，混合气开始冷凝，产生出第一个液滴，相应的温度称为露点。显然，在一定的外压下，泡点、露点与混合液的组成有关。液相线又称泡点曲线，气相线又称露点曲线。

T-x(y) 图对精馏过程的研究具有重要作用，主要体现在以下三方面：

① 借助 T-x(y) 图，可以清晰地说明蒸馏原理。这一点将在本章精馏原理中给予介绍。

② 可以很简便地求得任一沸点下汽液相的平衡组成。例如，从图 8-1 可以看出，沸点为 T_3 时的液相组成即为 C 点所对应的值（$x=0.27$），而气相组成即为 H 点所对应的值（$y=0.50$）。反之，若已知相的组成，也能从图上查得两相平衡时的沸点温度。

③ 可以看出液体混合物的沸点范围。例如，纯苯的沸点 $T_A=353K$，纯甲苯的沸点 $T_B=383K$，混合液的沸点则介于 T_A 与 T_B 之间，并且随着组成的不同而变化。一般液体混合物没有固定的沸点，只能有一个沸点范围。易挥发组分含量增加时，混合液的沸点降低；反之则增高。

【例 8-2】 利用苯-甲苯溶液的 $T\text{-}x(y)$ 图（图 8-2），对 357K 含苯的摩尔分数为 0.5 的苯-甲苯混合液进行分析，在 101.3kPa 下恒压加热，试求：（1）此溶液的泡点温度 $T_{泡}$；（2）第一个气泡的组成；（3）露点温度 $T_{露}$；（4）最后一滴液体的组成；（5）当溶液加热到 369K 时混合液的状态和组成。

解 由苯-甲苯混合液的 $T\text{-}x(y)$ 图知，$T=357K$，$x_A=0.5$（A 点）位于液相区。然后从图上逐个查得所求的数值。

（1）恒压加热，A 点上移至 B，即泡点，相应温度 $T_{泡}=365.5K$。

（2）沿 $T_{泡}=365.5K$ 时等温线与气相线交点 D 的组成，$y_D=0.69$，即为第一个汽泡组成。

（3）H 点为露点，温度 372K。

（4）沿 $T_{露}=372K$ 等温线与液相线的交点 C 的组成 $x_C=0.29$，即为最后一滴液体的组成。

（5）当加热到 369K 时，即状态点 E，位于气液共存区，其液相组成 $x_E=0.38$，其气相组成 $y_E=0.59$。

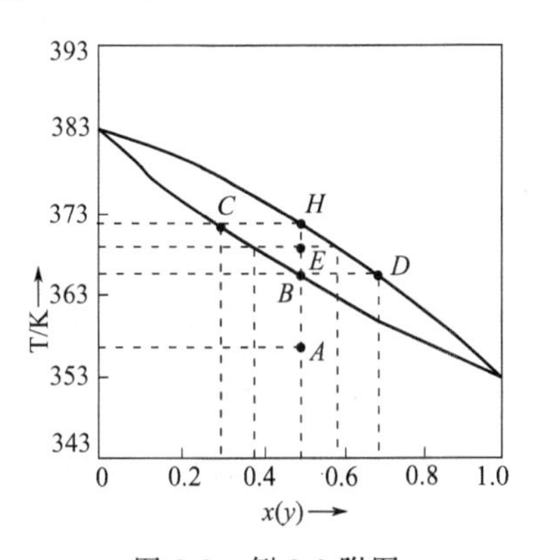

图 8-2 例 8-2 附图

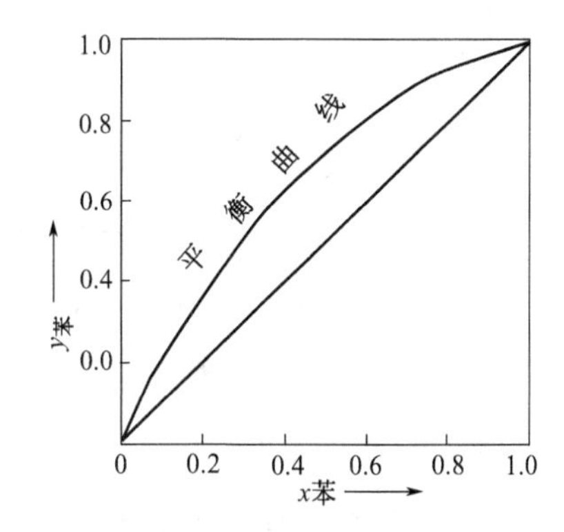

图 8-3 气液平衡曲线图（$y\text{-}x$ 图）

2. 气液平衡曲线（$y\text{-}x$ 图）

为了计算方便，工程上常把气相组成 y 和液相组成 x 的平衡关系绘成相图，这种相图称气液平衡曲线图（$y\text{-}x$ 图）。图 8-3 所示的 $y\text{-}x$ 图是利用表 8-1 的数据绘成的苯-甲苯混合液的气液平衡曲线。图中的平衡线，反映了混合液中易挥发组分苯的液相组成与气相组成之间的关系。例如，若液相组成 $x=0.4$，则与其平衡的气相组成 $y=0.62$。图中的对角线称为参考线，参考线上的任一点的气液相组成都相等，即 $x=y$。

多数混合液，平衡线位于对角线之上。这就是说，在沸腾时，气相中易挥发组分含量总是大于液相中易挥发组分含量，即 $y_A>x_A$，这就进一步补充说明了蒸馏操作的依据。显然，平衡线离对角线越远，该溶液越容易分离。

三、非理想二元溶液的气液平衡

实际生产中要处理的混合液，大多数都不是理想溶液，即不同种分子间的吸引力与同种分子间的吸引力不相等，不符合拉乌尔定律，我们把这种实际溶液称为非理想溶液。根据不同特点，非理想溶液有以下两种：

1. 具有正偏差的非理想溶液

具有正偏差的非理想溶液是指混合液中不同种分子间的作用力小于同种分子间作用力的溶液。在这种溶液中不同种分子间存在相互排斥的倾向，因而同温度下，溶液上方各组分的蒸气分压值均高于拉乌尔定律的计算值，故称为有正偏差。这种溶液上方的蒸气压在较低温度下即能与外界压力相等，于是溶液沸腾，沸点降低，在 T-$x(y)$ 图上则表现为泡点曲线比理想溶液的低。乙醇-水溶液就属于这类（图 8-4）。

当不同组分分子间的排斥倾向大到一定程度时，在 T-$x(y)$ 图上会出现一个气相线和液相线相切的最低点 M，在 y-x 图上则出现一个气液平衡线与对角线的交点 M'，如图 8-4 和图 8-5 所示。在该点上，溶液的沸点最低，气相组成与液相组成相同，$y=x$，故该点的温度称为最低共沸点，又称为最低恒沸点，气液相组成称为共沸组成，这种组成下的混合液称为共沸物。乙醇和水组成的溶液是具有最低恒沸点的典型溶液，乙醇的共沸组成 $x_M=0.894$，最低恒沸温度为 351.15K。具有最低共沸组成的还有：水和苯、水和二氯乙烷、乙醇和正己烷等的混合液。

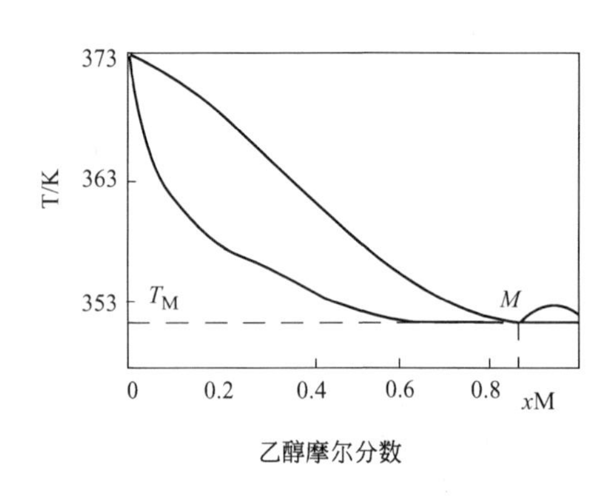

图 8-4　乙醇-水溶液的 T-$x(y)$ 图

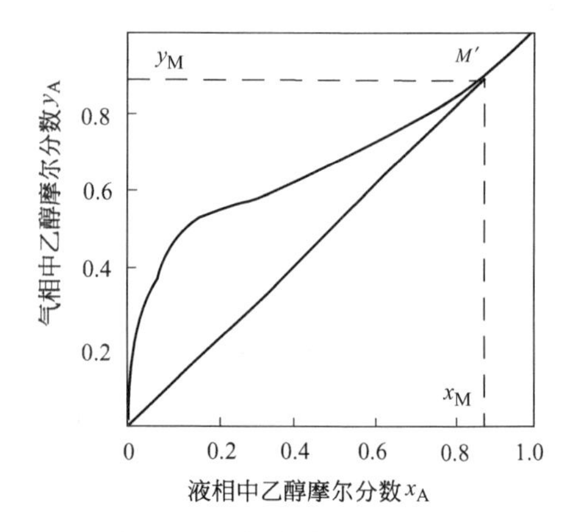

图 8-5　乙醇-水溶液的 y-x 图

2. 具有负偏差的非理想溶液

具有负偏差的非理想溶液是指混合液中不同种分子间的作用力大于同种分子间作用力的溶液。这种溶液中不同种分子存在互相吸引的倾向，使组分的分子难于汽化。因而，同温度下溶液上方各组分的蒸气分压值均低于拉乌尔定律的计算值，故称其为负偏差。在 T-$x(y)$ 图上，则表现为泡点曲线比理想溶液的高。如硝酸-水溶液即属于这类（图 8-6）。

同理，当不同组分分子间的吸引倾向大到一定程度时，也会出现最低蒸气压和相应的最高共沸点。如图 8-6 所示，硝酸-水溶液的 T-$x(y)$ 图中的 E 点就是该溶液的最高共沸点，温度为 395K，从图 8-7 可以看出，硝酸的共沸组成 $x_E=0.383$。具有最高共沸组成的还有：水和盐酸、水和甲酸、丙酮和氯仿等的混合液。

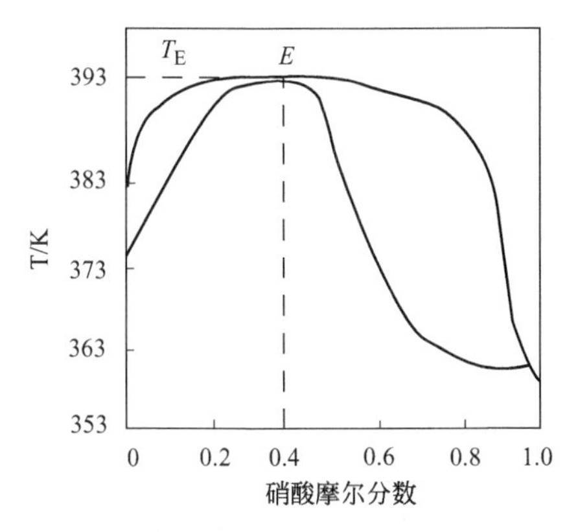

图 8-6　硝酸-水溶液的 T-$x(y)$ 图

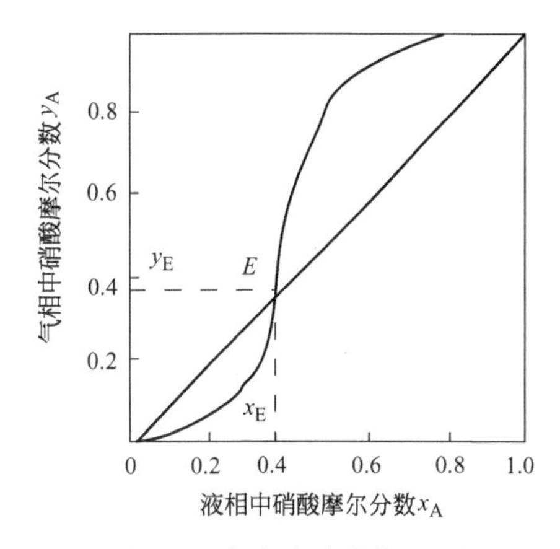

图 8-7　硝酸-水溶液的 y-x 图

总之，具有最大正偏差或最大负偏差的溶液，若采用普通精馏，浓度只能提高到共沸点。到了共沸点，其组分直至蒸干也不会改变，因平衡时气液两相已没有组成差，即 $y_A=x_A$。显然，由于共沸物沸腾时气液相组成相同，故不能用一般的蒸馏方法分离。我们必须采用特殊蒸馏或其他方法。

四、挥发度和相对挥发度

利用 T-$x(y)$ 图、y-x 图可以判别溶液中两组分是否能分离和分离的难易程度，但必须要有溶液各组分的平衡数据，还要作图，比较麻烦。用相对挥发度来断别分离的难易程度就相对简单得多。

1. 挥发度

挥发度是表示某种物质（组分）挥发的难易程度。气液平衡时，某组分在气相中的分压与其在液相中的摩尔分数之比，称为该组分的挥发度，用符号 ν 表示，单位为 Pa。

$$\nu_A=\frac{p_A}{x_A} \tag{8-6}$$

$$\nu_B=\frac{p_B}{x_B} \tag{8-7}$$

式中　ν_A，ν_B——组分 A、B 的挥发度，Pa；

p_A，p_B——组分 A、B 在平衡气相中的分压，Pa；

x_A，x_B——组分 A、B 在平衡液相中的摩尔分数。

2. 相对挥发度

混合液中两组分的挥发度之比，称为相对挥发度，用 α 表示。对于双组分溶液，组分 A 对组分 B 的相对挥发度记作 α_{AB}。

$$\alpha_{AB}=\frac{\nu_A}{\nu_B}=\frac{\dfrac{p_A}{x_A}}{\dfrac{p_B}{x_B}}=\frac{p_A}{p_B}\times\frac{x_B}{x_A} \tag{8-8}$$

若操作压强不高，气体遵循分压定律，$p_A=py_A$，$p_B=py_B$，则由式(8-8) 得：

$$\alpha_{AB}=\frac{y_A}{y_B}\times\frac{x_B}{x_A} \tag{8-9}$$

对于理想溶液，$p_A=p_A^{\circ}x_A$、$p_B=p_B^{\circ}x_B$，则有：

$$\alpha_{AB}=\frac{p_A}{p_B}\times\frac{x_B}{x_A}=\frac{p_A^\circ}{p_B^\circ} \tag{8-10}$$

式(8-10) 说明理想溶液中两组分的相对挥发度等于两纯组分的饱和蒸气压之比。

3. 用相对挥发度表示相平衡关系

对于二元溶液 $x_B=1-x_A$、$y_B=1-y_A$，将式(8-9) 整理可得：

$$y_A=\frac{\alpha_{AB}x_A}{1+(\alpha_{AB}-1)x_A} \tag{8-11}$$

式(8-11) 称为用相对挥发度表示的气液平衡关系，它是相平衡关系的另一种表达形式。用相对挥发度可以判别混合液分离的难易程度。以理想溶液为例，当 $\alpha>1$ 或 $\alpha<1$ 时，说明 p_A° 与 p_B° 相差较大，即两组分的沸点相差较大，这种液体混合物能够分离。当 $\alpha=1$ 时，$y_A=x_A$，无法用普通蒸馏和精馏的方法分离。α 值越大，说明两组分的沸点差越大，越容易分离；α 值越接近 1，则越难分离。

【例 8-3】 今有正庚烷与正辛烷的混合液，已知在总压为 101.33kPa、温度为 110℃条件下，正庚烷的饱和蒸气压为 140.3kPa、正辛烷的饱和蒸气压为 64.50kPa，试求该溶液的相对挥发度、正庚烷与正辛烷在液相和气相中的组成。

解 已知 $p_A^\circ=140.3\text{kPa}$，$p_B^\circ=64.5\text{kPa}$。

由例 8-1 计算可知 $x_A=0.486$、$x_B=0.514$、$y_A=0.673$、$y_B=0.327$，

$$\alpha_{AB}=\frac{y_A}{y_B}\times\frac{x_B}{x_A}=\frac{0.673}{0.327}\times\frac{0.514}{0.486}=2.177$$

又因正庚烷和正辛烷混合液可视为理想溶液，故其相对挥发度

$$\alpha_{AB}=\frac{p_A^\circ}{p_B^\circ}=\frac{140.3}{64.5}=2.18$$

由计算可知，用两种方法计算 α 值基本相等。

第二节　精馏原理

借助沸点-组成 T-$x(y)$ 图，可以说明简单蒸馏和精馏操作的原理。

一、简单蒸馏的原理

使混合液在蒸馏釜中逐渐地部分汽化，并不断地将蒸气导出并冷凝成液体，按不同馏分收集起来，从而使液体混合物初步分离，这种方法称为简单蒸馏。如图 8-8 所示，将组成为 x_F 的混合液加热，在温度 T_b 时部分汽化，产生互成平衡的组成为气相 y_1 和液相 x_1。这时把蒸气引入冷凝器中冷凝，就得到易挥发组分含量较高的馏出液；而与之平衡的液相中所含易挥发组分相应减少，难挥发组分较高，这就是简单蒸馏的原理。

但随着操作的进行，釜中液相的浓度不能始终保持 x_F 不变，而是逐渐降低，馏出液的浓度也逐渐减小，因此，通常用几个容器把不同范围的馏出液收集起来，如图 8-9 所示。但简单蒸馏不可能得到高纯度的馏出液，因为馏出液的最高浓度也不会超过料液泡点时的气相浓度 $y_{泡}$。因此，简单蒸馏在工业上只适用于沸点相差较大、分离程度要求不高的双组分混合液的分离，例如原油或煤焦油的粗馏。

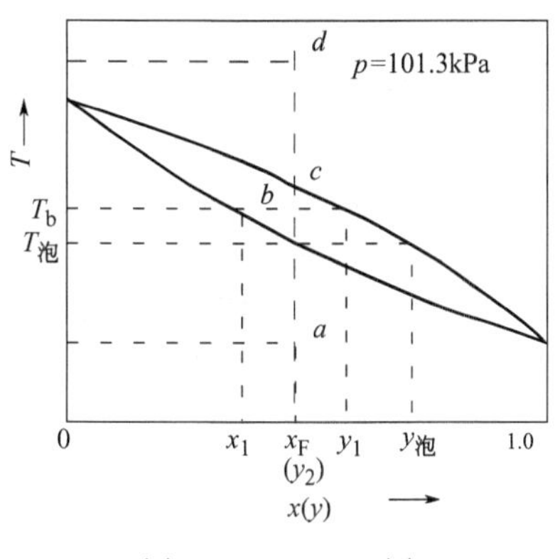

图 8-8 T-x（y）图

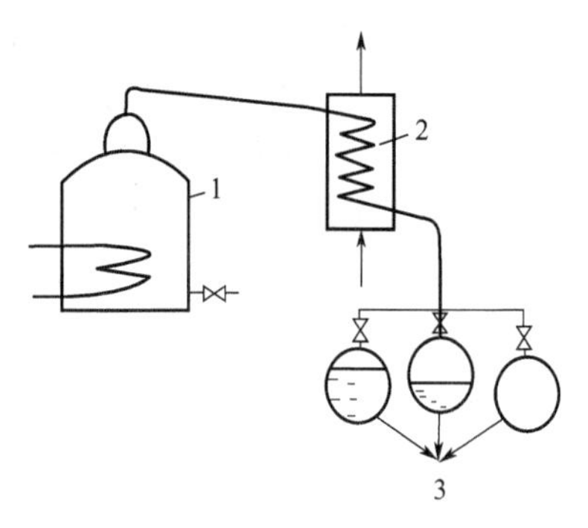

图 8-9 简单蒸馏装装置

1—蒸馏釜；2—冷凝器；3—馏出液贮槽

如果不把蒸气引出，继续升温，到 C 点时则全部汽化，气相组成 y_2 与原始组成 x_F 相同，即 $y_2=x_F$，这说明全部汽化不可能达到分离混合物的目的。故必须及时将蒸气引出，实现部分汽化。同理，如果将 d 点混合汽在密闭系统中降温至 a 点则全部冷凝，组成和原来并没有改变，即 $x_F=y_2$。这就是说，全部汽化或全部冷凝都不能实现混合物的分离，而部分汽化和部分冷凝是将溶液分离，实现精馏操作的根本手段。

二、精馏原理

图 8-10 所示为一套假设的苯-甲苯溶液的多级蒸馏釜，用它可以清晰地揭示多次部分汽化和部分冷凝的基本过程。

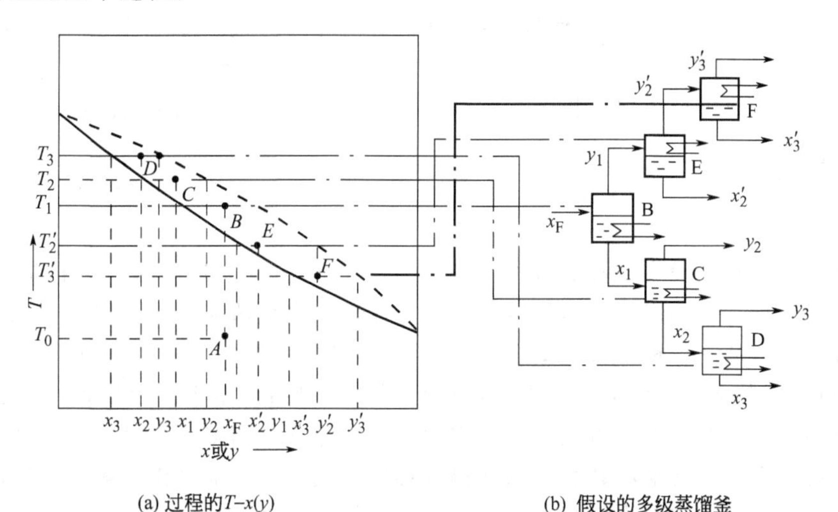

图 8-10 多次部分汽化和多次部分冷凝基本过程示意图

如图 8-10(a)，(b) 所示，在 B 釜中，将液相组成为 x_F，温度为 T_0（A 点）的苯-甲苯混合液加热汽化，进行到两相平衡区内的 B 点即停止。这时平衡温度为 T_1，气相组成为 y_1，液相组成为 x_1。此次部分汽化，造成了气-液两相组成差，即 $y_1>x_1$。把组成为 x_1 的液体引至C釜，在C釜中加热到平衡温度 T_2（C 点），再次部分汽化，得到残液中的易挥组分再次降低（$x_2<x_1$）。再将组成为 x_2 的残液引到D釜，仍照此进行，得到易挥组分含量更低的残液（$x_3<x_2$）。依次类推，部分汽化反复多次，直到液相中易挥发组分含量降至很

低，釜底可得到近乎纯净的难挥发组分甲苯。

将在B釜加热汽化产生的组成为 y_1 的气体引到E釜，进行部分冷凝，温度降至平衡温度 T_2'（E点）时中止。此时液相组成为 x_2'，气相中易挥发组分含量增多，即 $y_2' > y_1$。再将组成为 y_2' 的气体引入F釜，照此继续进行部分冷凝。这样的部分冷凝反复多次后，气相中易挥发组分的含量越来越多，最后可以得到接近纯净的易挥发组分苯。

以上这种将部分汽化与部分冷凝分开进行的多级釜蒸馏，虽能将液体混合物进行高纯度分离，但这种方法设备庞杂，能耗很大，而且抽出很多中间馏分，产品的收率很低。

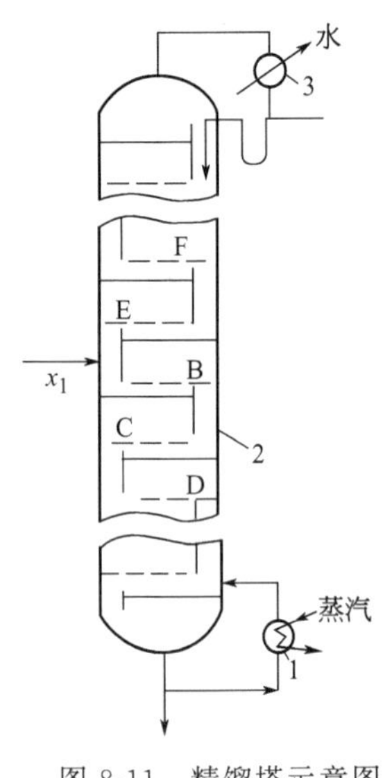

图8-11　精馏塔示意图

1—再沸器；2—精馏塔；3—冷凝器

为了改善这种状况，如图8-10所示，以C釜为例，我们把下釜D产生的组成为 y_3 的蒸气与上釜B产生的组成为 x_1 的液体直接在C釜混合，高温（T_3）的蒸气 y_3 将低温（T_1）的液体 x_1 加热并部分汽化，而 y_3 蒸气又被 x_1 的液相所部分冷凝，这样既节省了加热与冷凝的设备，又使能量得到充分的利用。工业上实际采用的精馏塔就是根据这一原理而设计的。如图8-11所示，塔内装有若干块塔板，自塔顶引出的蒸气经冷凝器全部冷凝为液体，一部分回流到塔顶的第一块塔板，然后逐板下降，每经过一块塔板，就与由塔底加热釜所产生，与液相逆向上升的蒸气接触，完成一次部分汽化和部分冷凝的过程。如果气、液相接触良好，并有足够的时间，气、液两相可达到平衡。

将一部分塔顶馏出液返回塔内的过程，称为回流。回流液是各块板上使蒸气部分冷凝的冷凝剂，是维持精馏塔连续而稳定操作的必要条件，没有回流，整个操作将无法进行。

同理，为了使操作连续稳定地进行，塔底还必须装有再沸器，提供自最下一块塔板起并逐板上升的蒸气，是使回流液部分汽化的汽化剂。

三、精馏流程

1. 连续精馏流程

连续精馏的进料口设在塔中部某一块塔板上，这块板称为进料板。进料板把塔分成两段，进料板以上称为精馏段，进料板以下称为提馏段。连续精馏流程，如图8-12所示。

原料液不断地从高位槽6流出，经预热器7预热到需要的温度，从进料板加入精馏塔1。原料液与精馏段下降的回流液体汇合后逐板下流，最后流至塔底再沸器。在逐板下流的同时，液体与塔釜上升的蒸气直接接触，实现多次部分汽化和多次部分冷凝，易挥发组分向气相转移，难挥发组分向液相转移。塔釜得到难挥发组分，一部分作为塔釜产品，连续从塔釜采出；另一部分在再沸器中加热汽化产生蒸气，依次上升通过各层塔板。塔顶蒸气进入冷凝器全部冷凝，并用泵或靠位差将部分冷凝液回流塔顶，其余部分作为塔顶产品送出，流入馏出液贮槽5。在连续精馏过程中，原料液不断加入塔内进行精馏，塔顶和塔底也连续不断采出产品。在操作达到稳定状态时，每层塔板上液体与蒸气组成都保持不变。

2. 间歇精馏流程

间歇精馏，也叫分批精馏，其流程与连续精馏有许多不同的地方。如间歇精馏的加料不是在塔中某一块板上，而是将原料液一次性地加入蒸馏釜中；其精馏塔只有精馏段没有提馏段，如图8-13所示。

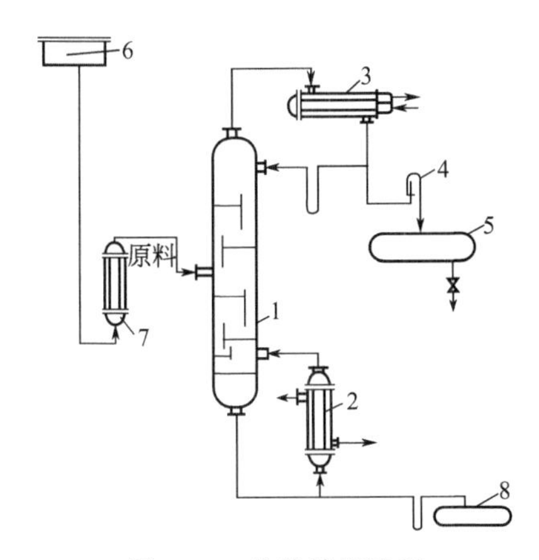

图 8-12　连续精馏流程

1—精馏塔；2—再沸器；3—冷凝器；4—观察罩；5—馏出液贮槽；6—高位槽；7—预热器；8—残液贮槽

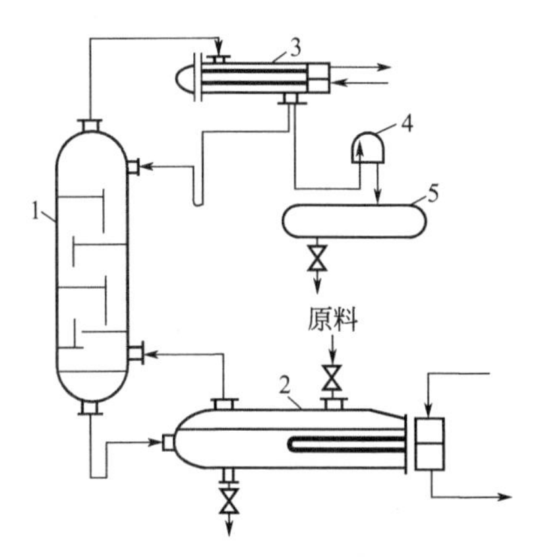

图 8-13　间歇精馏流程图

1—精馏塔；2—蒸馏釜；3—冷凝器；4—观察罩；5—馏出液贮槽

原料液加入蒸馏釜中，用间接蒸汽加热沸腾，蒸馏釜既起原料预热器的作用，又是残液贮槽。由蒸馏釜 2 产生的蒸汽进入精馏塔 1 内，经塔中各板与回流液接触，易挥发组分逐渐增浓，塔顶蒸汽引入冷凝器 3 冷凝，冷凝液一部分送回塔顶作回流液，一部分送至馏出液贮槽 5 作为产品。

间歇精馏中，由于原料液是一次性加入釜内的，所以在精馏过程中釜内的易挥发组分越来越少，当操作进行到釜内易挥发组分含量达到规定值时，即停止加热，排出残液。然后再投入新的一批原料液，重新开始精馏。另外，间歇精馏塔顶馏出液的浓度也随着操作进行而改变。因此，常常设置几个馏出液贮槽，以收集不同浓度范围的馏出液。

第三节　精馏过程的基本计算

二元连续精馏过程的计算主要包括物料衡算和操作线方程式、进料状况的影响、理论塔板数和实际塔板数的计算、回流比的影响和选择以及热量衡算等内容。

精馏过程比较复杂，影响因素很多，为了简化连续精馏的计算，特作如下假设：

① 恒摩尔汽化　精馏段内每块塔板上升的蒸气量（kmol/h）相等，以 V 表示。提馏段内每块塔板上升的蒸气量也相等，以 V'表示。但 V 和 V'不一定相等。

② 恒摩尔溢流　精馏段内每块塔板下降的液流量相等，以 L 表示，提馏段内每块塔板下降的液流量也相等，以 L'表示。但 L 和 L'不一定相等。

恒摩尔汽化和恒摩尔溢流成立的条件是：a. 各组分的千摩尔汽化潜热相等；b. 塔板上物料的混合热、相邻两塔板之间物料显热的变化及全塔的热损失，与各组分的千摩尔汽化潜热相比，都可以忽略不计。

③ 塔顶采用全凝器　自塔顶引出的蒸气在冷凝器中全部冷凝。所以，馏出液与塔顶蒸气的组成相同。

④ 塔釜或再沸器采用间接蒸汽使釜液汽化。

一、物料衡算及操作线方程

1. 全塔物料衡算

应用全塔物料衡算可以找出精馏塔顶、底的产品与进料量及各组成之间的关系。对如图

8-14 所示的连续稳定操作的精馏装置进行物料衡算，以单位时间为衡算基准。

对总物料衡算：

$$F=D+W \tag{8-12}$$

对轻组分衡算：

$$Fx_{F}=Dx_{D}+Wx_{W} \tag{8-13}$$

式中 F——进塔的原料流量，kmol/h 或 kg/h；

D——塔顶馏出液流量，kmol/h 或 kg/h；

W——塔底残液流量，kmol/h 或 kg/h；

x_F——进料中轻组分摩尔分数或质量分数；

x_D——馏出液中轻组分摩尔分数或质量分数；

x_W——残液中轻组分摩尔分数或质量分数。

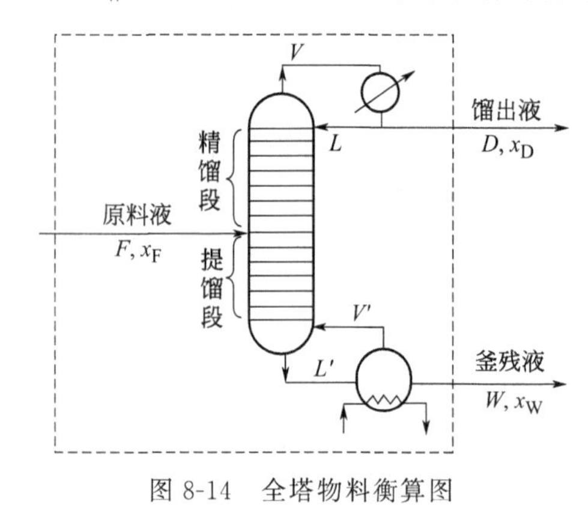

图 8-14　全塔物料衡算图

式(8-12) 和式(8-13) 中的六个量，通常 F 和 x_F 为已知，若给定两个参数，就可求出另外两个参数。

【例 8-4】 一连续操作的精馏塔，将15000kg/h含苯 40%和甲苯 60%的混合液分离为含苯 97%的馏出液和含苯 2%的残液（以上均为质量分数），操作压力为 101.3kPa，试计算馏出液和残液的流量（kg/h）。

解 馏出液和残液的量可以根据全塔的物料衡算式(8-12)、式(8-13) 求得

$$F=D+W、Fx_{F}=Dx_{D}+Wx_{W}$$

即 $$15000=D+W、15000\times0.4=D\times0.97+W\times0.02$$

得 $$D=6000\text{kg/h}、W=9000\text{kg/h}$$

2. 精馏段的物料衡算——精馏段操作线方程式

在图 8-15 虚线范围内，经由塔顶往下数到第 $n+1$ 板以上包括冷凝器在内的一段塔板进行物料衡算。

总物料衡算：
$$V=L+D \tag{8-14}$$

易挥发组分：
$$Vy_{n+1}=Lx_{n}+Dx_{D} \tag{8-15}$$

式中 V——精馏段内上升蒸气的流量，kmol/h；

L——精馏段内下降液相（回流液）的流量，kmol/h；

D——塔顶馏出液流量，kmol/h；

y_{n+1}——自第 $n+1$ 板上升到第 n 板的蒸气中易挥发组分的摩尔分数；

x_n——自第 n 块板回流到第 $n+1$ 块板的液相中易挥发组分的摩尔分数。

由式(8-14)、式(8-15) 得：
$$y_{n+1}=\frac{L}{L+D}x_{n}+\frac{D}{L+D}x_{D} \tag{8-16}$$

将上式右边各项分子和分母同除以 D，且令 $R=\frac{L}{D}$，可得：

$$y_{n+1}=\frac{R}{R+1}x_{n}+\frac{x_{D}}{R+1} \tag{8-17}$$

式中，R 称为回流比，即回流液量与塔顶馏出液量之比，回流比的影响将在后边介绍。

式(8-17) 称为精馏段的操作线方程式，它表示精馏段内自任一塔板（第 n 板）下降的液相组成 x_n 与相邻的下一塔板（第 $n+1$ 板）上升的蒸气组成 y_{n+1} 之间的关系。为了方便可将下标省略，但其意义不变。

$$y=\frac{R}{R+1}x+\frac{x_D}{R+1} \tag{8-18}$$

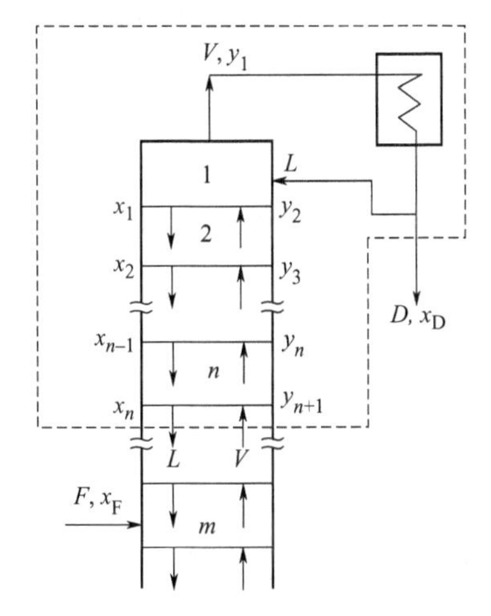

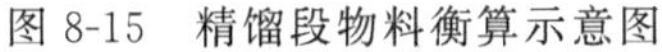

图 8-15　精馏段物料衡算示意图

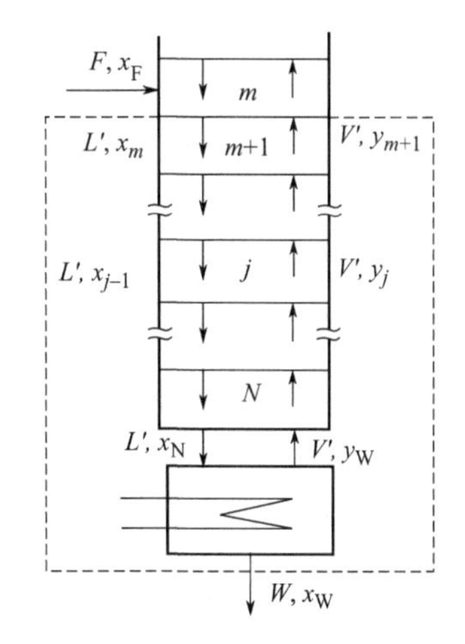

图 8-16　提馏段物料衡算示意图

3. 提馏段的物料衡算——提馏段操作线方程式

在图 8-16 中虚线范围内，对 m 板以下包括蒸馏釜在内的一段塔板作物料衡算。

总物料衡算：

$$L'=V'+W \tag{8-19}$$

对易挥发组分：

$$L'x_m=V'y_{m+1}+Wx_W \tag{8-20}$$

式中　W——残液的流量，kmol/h；

V'——提馏段内上升蒸气的流量，kmol/h；

L'——提馏段内下降液相（回流液）的流量，kmol/h；

y_{m+1}——自第 $m+1$ 板上升到第 m 板的蒸气中易挥发组分的摩尔分数；

x_m——自第 m 板回流到第 $m+1$ 板的液相中易挥发组分的摩尔分数。

由式(8-19)、式(8-20)，得：

$$y_{m+1}=\frac{L'}{L'-W}x_m-\frac{W}{L'-W}x_W \tag{8-21}$$

式(8-21) 称为提馏段操作线方程式。它表示提馏段内自任一塔板（第 m 板）下降的液相组成 x_m 与自相邻的下一塔板（第 $m+1$ 板）上升的蒸气组成 y_{m+1} 之间的关系。

为了方便可将下标省略，但其意义不变。

$$y=\frac{L'}{L'-W}x-\frac{W}{L'-W}x_W \tag{8-22}$$

4. 进料状况对操作线的影响——操作线交点的轨迹方程

(1) 进料状况　在精馏塔实际操作过程中，进料状况共有五种情况：①低于沸点的冷液进料；②饱和液体进料；③气、液混合进料；④饱和蒸气进料；⑤过热蒸气进料。

进料状态的不同将直接影响进料板上、下两段上升蒸气和下降液体的流量。所以，引入

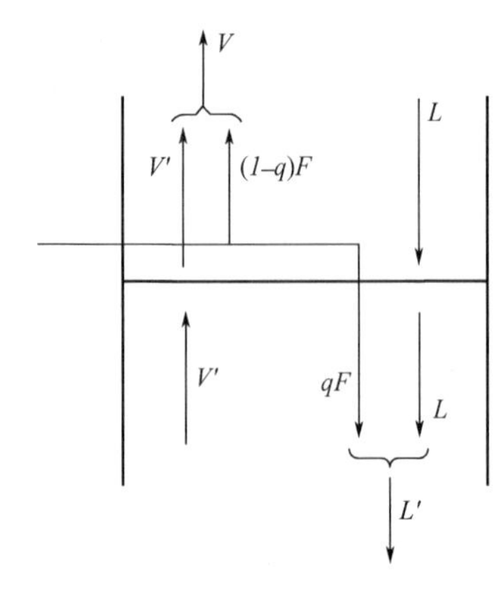

图 8-17 加料板流量关系

液化分数 q：

$$q=\frac{\text{原料中液相的物质的量(kmol)}}{\text{原料的物质的量(kmol)}} \tag{8-23}$$

若总进料量为 F，则引入加料板的液体量为 qF，所以提馏段的回流量比精馏段增加 qF，同时进入精馏段的上升蒸气量比提馏段增加了 $F(1-q)$，如图 8-17 所示。则：

$$L'=L+qF \tag{8-24}$$

$$V=V'+(1-q)F \tag{8-25}$$

式中，q 又称为进料热状态参数，不同进料状况，q 值不同，q 值可由热量衡算得出。令进料、饱和蒸气、饱和液体的焓分别为 I_F、I_V、I_L（kJ/kmol，从 0℃的液体算起），因进料带入的总焓为其中气、液两相各自带入的焓之和，即：

$$FI_F=(qF)I_L+(1-q)FI_V$$

对于 1kmol 进料，将上式除以 F，整理得：

$$q=\frac{I_V-I_F}{I_V-I_L}=\frac{I_V-I_F}{r_c}=\frac{\text{1kmol 原料变为饱和蒸气所需热量}}{\text{原料的平均千摩尔汽化潜热}} \tag{8-26}$$

式中 I_F，I_V，I_L——分别为原料液、进料板上饱和蒸气、进料板上饱和液体的焓，kJ/kmol。

由式(8-26) 知，q 真正的物理意义为：1kmol 进料变成饱和蒸气所需的热量与进料的平均千摩尔汽化潜热之比。表 8-2 列出了不同进料热状况的 q 值。

表 8-2 不同进料热状况的对比

进料热状况	q 值	q 线斜率$\frac{q}{q-1}$	进料热状况	q 值	q 线斜率$\frac{q}{q-1}$
冷进料	$q>1$	+	饱和蒸气	$q=0$	0
饱和液体	$q=1$	∞	过热蒸气	$q<0$	+
气液混合物	$0<q<1$	—			

当进料为过冷液体时，q 可用下式计算：

$$q=1+\frac{c_p(t_S-t_F)}{r_c} \tag{8-27}$$

式中 r_c——按进料组成计算的平均千摩尔汽化潜热，kJ/kmol；

c_p——进料比热容，kJ/(kmol·K)；

t_S——进料沸点，K；

t_F——进料温度，K。

(2) 操作线交点的轨迹方程——q 线方程式 在两操作线交点处，气、液相间的关系既符合精馏段操作线方程式，也符合提馏段操作线方程式。可将两操作线方程式(8-18) 和式(8-22) 联立求得交点的轨迹。

$$y=\frac{q}{q-1}x-\frac{x_F}{q-1} \tag{8-28}$$

式(8-28) 称为操作线交点的轨迹方程式。将式(8-28) 标在 y-x 图上是过点 (x_F，x_F)

的一条直线，其斜率是$\frac{q}{q-1}$，在 y 轴上的截距是$-\frac{x_F}{q-1}$，式(8-28) 也称为 q 线方程式。图 8-18 表示了 5 种不同进料热状况下的 q 线的位置。

5. 操作线在 y-x 图上的作法

（1）精馏段操作线的作法　由精馏段操作线方程 $y=\frac{R}{R+1}x+\frac{x_D}{R+1}$，在稳定操作条件下，$R$ 和 x_D 都是定值，将其标绘在 y-x 图上，是一条过点（x_D，x_D）的直线，即图（8-19）中的点 a；在 y 轴上的截距为$\frac{x_D}{R+1}$，即图（8-19）中点 b，直线 ab 即为精馏段操作线。

（2）提馏段操作线的作法　由提馏段操作线方程 $y=\frac{L'}{L'-W}x-\frac{W}{L'-W}x_W$，在稳定操作条件下，$L'$、$W$ 和 x_W 都是定值，将其标在 y-x 图上是一条过点（x_W，x_W）直线，即图（8-19）中的点 c；在 y 轴上的截距是$-\frac{Wx_W}{L'-W}$，即图（8-19）中的点 g。则直线 cg 即为提馏段操作线。由图（8-19）可见，精馏段操作线和提馏段操作线相交于点 d。

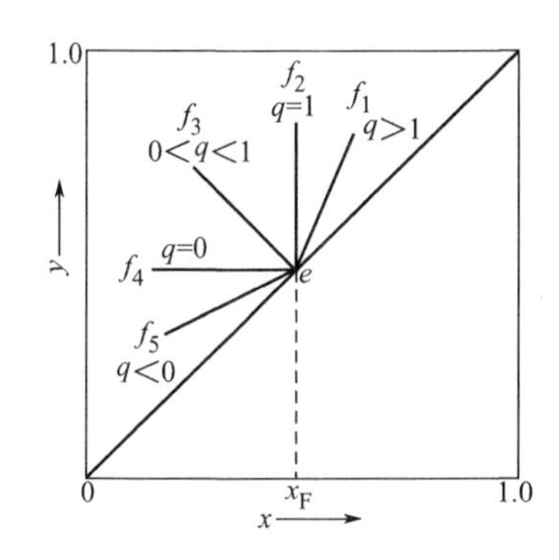

图 8-18　不同进料状况下的 q 线

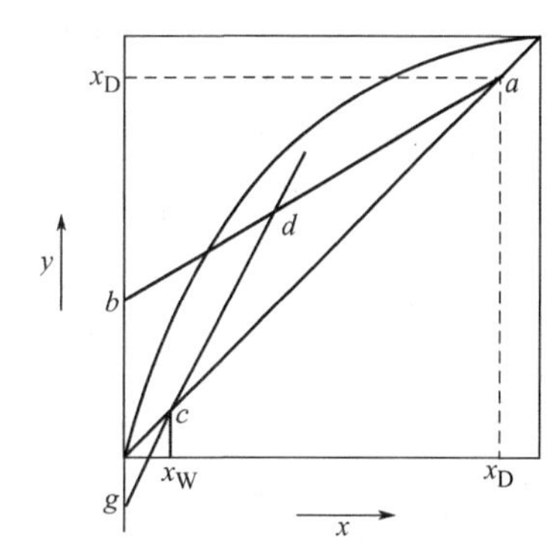

图 8-19　精馏塔的操作线

【例 8-5】　一连续操作的精馏塔，将 175kmol/h 含苯 44%和甲苯 56%的混合液分离为含苯 97.4%的馏出液和含苯 2.35%的残液（以上均为摩尔分数）。操作压力为 101.3kPa。试求原料液在以下三种进料情况下的 q 线方程式：（1）进料为泡点的液体；（2）进料为 293K 的液体；（3）进料为气、液各半的混合物。已知 293K 进料液体比热容为 1.843kJ/(kg·K)，甲苯汽化潜热为 360kJ/kg，苯汽化潜热为 390kJ/kg。

解　（1）饱和液体进料时，$q=1$，则 q 线方程为：$x=x_F=0.44$

（2）293K 液体进料时，原料液的平均摩尔质量为：

$M_{均}=\sum M_i x_i=78\times0.44+92\times0.56=85.84\text{kg/kmol}$

进料千摩尔比热容为：$c_p=85.84\times1.843=158.2\text{kJ/(kg·K)}$

由苯-甲苯 T-$x(y)$ 相图，求得进料液的沸点为：$t_S=366\text{K}$，

$$r_{苯}=390\times78=30420\text{kJ/kmol},\quad r_{甲}=360\times92=33120\text{kJ/kmol}$$

$$r_c=0.44\times30420+0.56\times33120=31932\text{kJ/kmol}$$

所以
$$q=1+\frac{c_p(t_S-t_F)}{r_c}=1+\frac{158.2\times(366-293)}{31932}=1.362$$

则
$$y=\frac{q}{q-1}x-\frac{x_F}{q-1}=\frac{1.362}{1.362-1}x-\frac{0.44}{1.362-1},\quad y=3.76x-1.22$$

（3）若进料为气、液各半的混合物时，根据液化分数物理意义，可得 $q=0.5$，

则：$y=\frac{q}{q-1}x-\frac{x_F}{q-1}=\frac{0.5}{0.5-1}x-\frac{0.44}{0.5-1}$，　$y=-x+0.88$

二、精馏塔塔板数的确定

1. 理论塔板

理论塔板是指自该塔板上升的蒸气与下降的液体经过充分接触，气液两相在离开塔板时达到平衡状态的塔板称为理论塔板或平衡塔板。

实际生产中，在精馏塔板上，气液两相的接触面积和接触时间是有限的，因此在任何形式的塔板上气液两相难以达到平衡状态，即理论塔板实际上是不存在的。理论塔板仅用作衡量实际塔板分离效率的依据和标准。在生产中，先求得理论板层数，用塔板效率予以校正，即可求得实际塔板层数。引入理论塔板的概念，对精馏过程的分析和计算是十分有用的。

求理论塔板数通常有两种方法：逐板计算法和简易图解法，但它们的基本依据是共同的：一是同一块塔板上的气液相平衡关系（平衡曲线）；二是相邻两塔板间气液相间的操作线关系（操作线方程式）。

（1）逐板计算法求理论塔板数　因为塔顶装有全凝器，塔顶馏出液与塔内上升蒸气组成相同，即 $y_1=x_D$。从第 1 板上升的蒸气组成 y_1 与从该板下降的液相组成 x_1 符合平衡关系。利用 y-x 相平衡关系式 $y_A=\frac{\alpha_{AB}x_A}{1+(\alpha_{AB}-1)x_A}$，可由 y_1（即 x_D）求得 x_1。又因 x_1 与 y_2 符合操作线方程，利用精馏段操作线方程 $y=\frac{R}{R+1}x+\frac{x_D}{R+1}$ 可求出 y_2，依次类推。即：

$$x_D=y_1\xrightarrow{\text{平衡关系}}x_1\xrightarrow{\text{操作线方程}}y_2\xrightarrow{\text{平衡关系}}x_2\xrightarrow{\text{操作线方程}}y_3\cdots\cdots$$

当 $x_n\leqslant x_F$ 时，说明第 n 板是加料板，习惯上把进料板作为提馏段的第一块塔板，故精馏段需要 $n-1$ 块理论塔板。在上述过程中，每用一次平衡关系即为一个理论板。

提馏段所需理论塔板的求取方法与精馏段相同，平衡关系不变，只是改用提馏段操作线方程，一直计算到液相组成 $x_m\leqslant x_W$ 为止。提馏段需要 m 块理论板（包括塔釜在内）。间接加热的蒸馏釜相当于最后一块理论板，如不将蒸馏釜计算在内，提馏段需要 $m-1$ 块理论板。

逐板计算法求理论塔板数较准确，同时可得每块塔板上气液相组成，但计算比较烦琐，采用计算机计算就很方便。

【例 8-6】 常压下用连续精馏塔分离含苯 0.44（摩尔分数，下同）的苯-甲苯混合物。进料为泡点液体，进料流量为 100kmol/h。要求馏出液中含苯不小于 0.94，釜液中含苯不大于 0.08。设该物系为理想溶液，相对挥发度为 2.47，塔顶设全凝器，泡点回流，选用的回流比为 3。试计算精馏塔两端产品的流量及所需的理论塔板数。

解　由全塔物料衡算知：$100=D+W$，$100\times0.44=D\times0.94+W\times0.08$

得：$D=41.86\text{kmol/h}$　$W=58.14\text{kmol/h}$

精馏段操作线方程为：$y=\frac{R}{R+1}x+\frac{x_D}{R+1}=\frac{3}{3+1}x+\frac{0.94}{3+1}=0.75x+0.235$

提馏段操作线方程为：$y=\frac{L+qF}{L+qF-W}x-\frac{Wx_W}{L+qF-W}$

$L=RD=3\times41.86=125.58\text{kmol/h}$，泡点进料时，$q=1$，故提馏段操作线方程为：

$$y=\frac{125.58+100}{125.58+100-58.14}x-\frac{58.14\times0.08}{125.58+100-58.14}=1.347x-0.0278$$

平衡线方程为：$y=\dfrac{\alpha x}{1+(\alpha-1)x}=\dfrac{2.47x}{1+1.47x}$

由塔顶第1板开始计算，第1板上升蒸气组成 $y_1=x_D=0.94$。第1板下降的液体组成 x_1 由平衡线方程确定：$x_1=\dfrac{0.94}{2.47-1.47\times0.94}=0.8638$

第2板上升蒸气组成 y_2 由精馏段操作线方程确定：$y_2=0.75\times0.8638+0.235=0.8829$

第2板下降的液体组成 x_2。由平衡线方程确定 $x_2=0.7532$

如此往下逐板计算，得：

$$y_3=0.8 \qquad x_3=0.618$$
$$y_4=0.6985 \qquad x_4=0.484$$
$$y_5=0.598 \qquad x_5=0.376$$

由于 $x_5<x_F=0.44$，所以第5板为进料板，精馏段有4块理论板。从第5板开始改用提馏段操作线方程式，由 x_5 求下一层塔板上升的蒸气组成 y_6。

$$y_6=1.347\times0.376-0.0278=0.4787$$

如此往下逐板计算，得：

$$y_7=0.3373 \qquad x_7=0.1709$$
$$y_8=0.2024 \qquad x_8=0.09316$$
$$y_9=0.0977 \qquad x_9=0.042$$

由于 $x_9<x_W=0.08$，所以总塔板数为9块（包括塔釜），提馏段为 $9-4=5$ 块理论板（包括塔釜）。

（2）图解法求理论塔板数　图解法求理论塔板数的步骤如下，如图8-20所示。

① 根据物系的相平衡数据，在直角坐标纸上绘出要求分离的双组分物系的 y-x 平衡曲线，并作出参考线——对角线。

② 在 y-x 图上画出操作线。画精馏段操作线，从 $x=x_D$ 处引垂线与对角线交于 a 点（x_D，x_D），再由精馏段操作线的截距 $\dfrac{x_D}{R+1}$ 在 y 轴上定出 c 点，连接 ac，得精馏段操作线；画 q 线，从 $x=x_F$ 处引垂线与对角线交于 e 点（x_F，x_F），由进料状态计算出 q 线的斜率，过 e 点以 $\dfrac{q}{q-1}$ 为斜率绘出 q 线，与精馏段操作线 ac 交于 d 点（图8-20中为泡点进料情况 $q=1$，$\dfrac{q}{q-1}=\infty$ 即 q 线为过 e 点的垂线）；画提馏段操作线从 $x=x_W$ 处引垂线与对角线交于 b 点（x_W，x_W），连接 bd，得提馏段操作线。

③ 从 a 点开始，在精馏段操作线与平衡线画直角梯级。当梯级跨过两操作线交点 d 时，改在提馏段操作线与平衡线画直角梯级，直到梯级跨过 b 点为止。

所画的每一个直角梯级代表一块理论塔板。图8-20中，梯级总数为9，表示共需9块理论板。第5梯级跨过两操作线交点 d，即第5板为加料板，精馏段理论塔板数为4块，提馏段的理论塔板数为5块。由于气、液两相在蒸馏釜（再沸器）内的接触充分，气液相达到平衡，故蒸馏釜（再沸器）相当于最后一块理论板。若提馏段不包括蒸馏釜，则理论塔板数为4块。

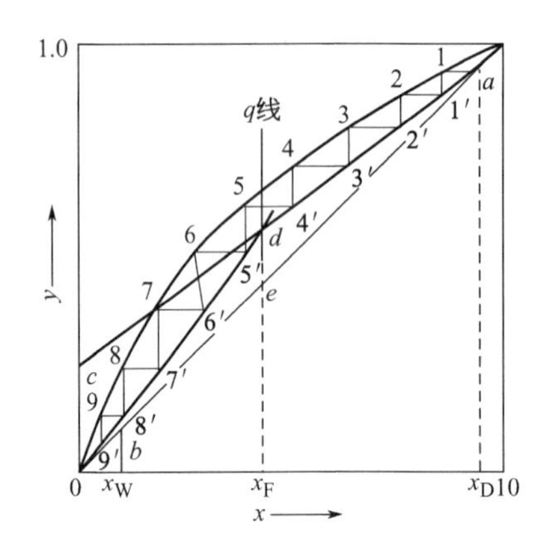

图 8-20　图解法求理论塔板数

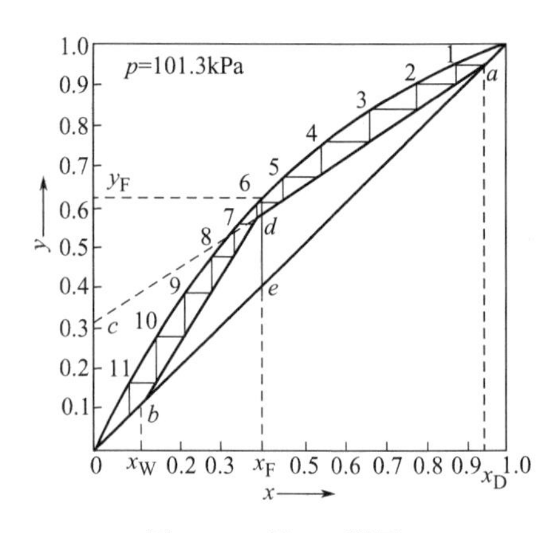

图 8-21　例 8-7 附图

【例 8-7】 苯和甲苯的 y-x 相图如图 8-21 所示，若将含苯为 0.4 的饱和液体分离为含苯为 0.95 的馏出液，含苯为 0.1（均为摩尔分数）的残液。回流比为 2，求所需的理论塔板数和理论进料板位置。

解　画出操作线。在相图上依 x_D、x_F、x_W 作三条垂线，与对角线分别交于 a、e、b 三点，按精馏段操作线在 y 轴上的截距为$\dfrac{x_D}{R+1}=\dfrac{0.95}{2+1}=0.317$，定出 c 点，连接 ac，得精馏段操作线。因为是饱和液体进料，$q=1$，故 q 线为通过 e 点的垂线，与精馏段操作线交于 d 点。连接 bd，得提馏段操作线。从 a 点开始，在平衡线和操作线之间作直角梯级。第 6 梯级的水平线跨过 d 点，此后在提馏段操作线和平衡线之间作梯级，直到第 11 梯级与平衡线的交点的横坐标 x 值小于 x_W 为止。从梯级数目可知，需要理论塔板 11 块（包括塔釜），其中精馏段为 5 块理论塔板，提馏段（除塔釜外）为 5 块理论塔板，理论加料板为第 6 块理论塔板。

2. 全塔效率

实际塔板的分离效率比理论板差，所需要的实际板数比理论板数多。理论塔板数与实际塔板数之比，称为全塔效率，用 η 表示，即：

$$\eta=\frac{N_T}{N}\times 100\% \tag{8-29}$$

式中　η——全塔效率；

N_T——完成一定分离任务所需的理论板数（不包括塔釜）；

N——完成一定分离任务所需的实际板数。

由于影响板效率的因素很多且复杂，如物系性质、塔板类型与结构和操作条件等。故目前对板效率还不易做出准确的计算。实际计算时一般采用来自生产及中间实验的数据或用经验公式估算，读者可参看其他书籍。

三、回流比的影响与选择

回流比是保证精馏塔连续稳定操作的基本条件。从精馏段操作线方程中不难看出，对于一定的分离任务，在确定 x_D、x_W 和 x_F 及进料状态条件下，q 线一定，则回流比的大小直接影响操作线的位置，那么回流比的大小对精馏操作有怎样的影响，怎么样选择一个合适的回流比呢？下面我们来讨论这个问题。

1. 全回流

精馏塔塔顶上升的蒸气进入全凝器冷凝后，冷凝液全部回流至塔内的操作称为全回流。

全回流时，塔顶产品 $D=0$，回流比 $R=L/D=\infty$，精馏段操作线的斜率$\frac{R}{R+1}=1$，在 y 轴上的截距为 0。精馏段操作线和提馏段操作线与 y-x 相图的对角线重合。显然，这时平衡线和操作线之间作梯级的跨度最大，所需要的理论塔板数为最少，以 $N_{\min}$表示。但是一个塔没有任何产品的操作，对正常生产没有实际意义。全回流主要应用在：①精馏塔开工阶段，为迅速在各塔板上建立逐板增浓的液层暂时采用；②实验或科研为测定实验数据方便，采用全回流；③操作中因意外而使产品浓度低于要求时，进行一定时间的全回流，能够较快地达到操作正常。

2. 最小回流比

当回流比从全回流逐渐减小时，操作线的位置将逐渐向平衡线靠拢，气液两相间的传质推动力减少，所需的理论塔板数逐渐增多。当回流比减少到某一数值时，精馏段操作线和提馏段操作线的交点 d 落在平衡线上时，气液相处于平衡状态，传质推动力为零，不论画多少梯级都不能越过交点 d，即所需理论塔板数为无穷多，如图 8-22 所示，此时的回流比称为最小回流比，以 $R_{\min}$表示。

最小回流比 $R_{\min}$的计算，可以根据进料状况 x_F、x_D 及相平衡关系等来确定。常用方法可参看图 8-22。根据图中的几何关系看出，精馏段操作线的斜率：

$$\frac{R_{\min}}{R_{\min}+1}=\frac{x_D-y_q}{x_D-x_q},$$

解出最小回流比为

$$R_{\min}=\frac{x_D-y_q}{y_q-x_q} \tag{8-30}$$

式中，x_q、y_q 为 q 线与平衡线交点（d_1 点）坐标值。

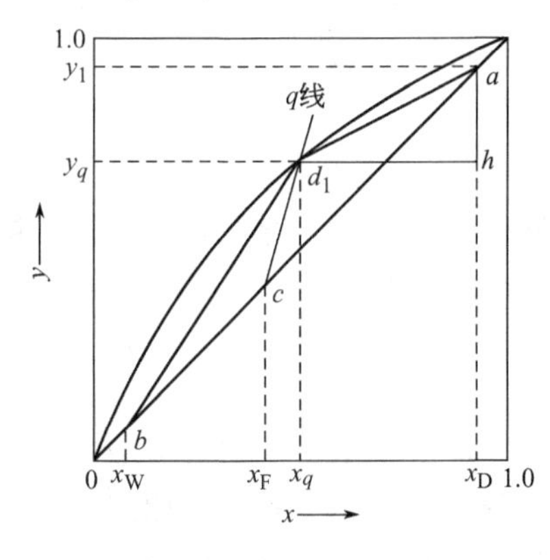

图 8-22 最小回流比的确定

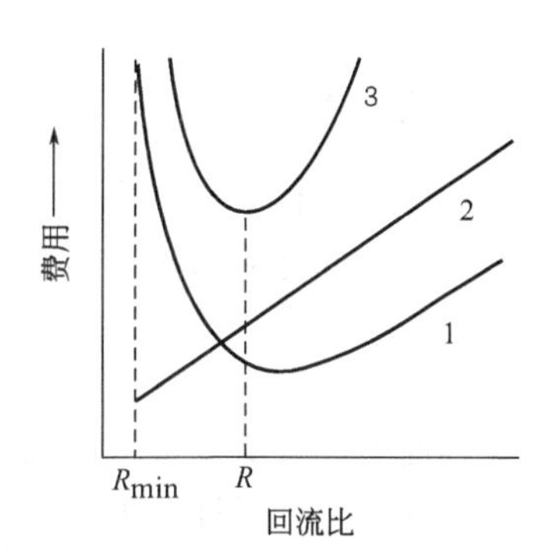

图 8-23 最适宜回流比的确定

1—设备费用线；2—操作费用线；3—总费用线

3. 实际操作回流比

实际回流比应在全回流和最小回流比之间。最适宜的回流比应通过经济核算确定。操作费用和设备费用的总和为最小时的回流比称为适宜回流比。

精馏过程的操作费用主要包括塔底加热蒸汽的消耗量和塔顶冷凝水的消耗量。这两项都决定于塔内上升蒸气量。而 $V=L+D=(R+1)D$、$V'=V+(q-1)F$，R 增大，V 和 V'增大，则加热和冷却介质用量随之增加，操作费用增加，由图 8-23 中线 2 表示。

精馏装置的设备包括精馏塔、再沸器和冷凝器。当设备类型和材料确定后，设备费用决定于设备尺寸。当回流比为最小回流比时，需无穷多块理论板，精馏塔无限高，故费用无限大。回流比略增加，所需的理论板数便急剧下降，设备费用迅速回落，随着 R 的进一步增大，V 和 V' 加大，使塔径、塔釜和冷凝器的尺寸增加，设备费用又回升，其关系由图 8-23 中曲线 1 表示。总费用为设备费和操作费之和，由图 8-23 中曲线 3 所示，其最低点对应的回流比为相应的最适宜回流比。由于最适宜回流比的影响因素很多，一般最适宜回流比的数值为最小回流比的 1.1～2 倍，即：

$$R=(1.1\sim2)R_{\min} \tag{8-31}$$

【例 8-8】 在常压连续精馏塔中分离苯-甲苯混合液。原料液组成为 0.4（苯的摩尔分数，下同），馏出液组成为 0.95，釜残液组成为 0.05。操作条件下物系的平均相对挥发度为 2.47。求最小回流比。(1) 饱和液体进料；(2) 饱和蒸气进料。

解 (1) 饱和液体进料：$x_q=x_F=0.4, y_q=y_F=\dfrac{\alpha x_F}{1+(\alpha-1)x_F}=\dfrac{2.47\times0.4}{1+(2.47-1)\times0.4}=0.622$

将数据代入公式(8-30) 得：$R_{\min}=\dfrac{0.95-0.622}{0.622-0.4}=1.48$

(2) 饱和蒸气进料时：$y_q=x_F=0.4$，$x_q=\dfrac{y_q}{\alpha-(\alpha-1)y_q}=\dfrac{0.4}{2.47-1.47\times0.4}=0.213$

$$R_{\min}=\frac{0.95-0.4}{0.4-0.213}=2.94$$

第四节 特殊蒸馏简介

生产中若需要分离的混合液中两组分的相对挥发度非常接近，或者是恒沸物，或者是为了避免被蒸馏物受高温分解的情况，需要采用特殊蒸馏，以便经济合理地获得目的产物。在工业上应用较广的特殊蒸馏有恒沸蒸馏、水蒸气蒸馏、萃取蒸馏等。

一、水蒸气蒸馏

水蒸气蒸馏就是将水蒸气直接通入塔釜内的混合液中，水蒸气的存在降低了被蒸馏液的蒸气分压，降低了混合液的沸点，从而使混合液得到分离的蒸馏操作。水蒸气蒸馏常用于热敏性物料或高沸点混合液的分离，这种方法只能适用于所得产品完全（或几乎）不与水互溶的情况。

水蒸气蒸馏为什么能降低被蒸馏物的沸点呢？其主要原因是水蒸气与被蒸馏物完全或几乎不互溶而分为两层，当混合液受热汽化时，其中各组分的蒸气压分别等于相同温度下纯组分的饱和蒸气压，其大小与混合物的组成无关，只与其温度有关。根据道尔顿分压定律，混合液液面上方的蒸气总压等于该温度下各组分蒸气分压之和。在操作压力一定时，只要混合液上方两组分的蒸气压之和达到操作压力，该混合液就沸腾，这时的温度就是混合液的沸点，而且比混合液中任一组分的沸点都要低。所以，在常压下采用水蒸气蒸馏，水和与其完全不互溶组分所形成混合液，其沸点总要低于水的沸点，而不论被分离组分的沸点有多高。这就是水蒸气蒸馏的原理。

例如用水蒸气蒸馏使松节油与杂质分离。在常压下松节油的沸点高达 458K，若采用水蒸气蒸馏，只需要 368K 就可以把松节油蒸馏出来，因为在 368K 时，水的饱和蒸气压为 85.3kPa，松节油的饱和蒸气压为 16kPa，总压为 101.3kPa，水和松节油就沸腾了。把蒸出的松节油蒸气和水蒸气冷凝，并经过静置分层，就可以得到高纯度的松节油。

二、恒沸蒸馏

恒沸蒸馏就是在混合液中加入的第三组分（或称共沸剂、挟带剂），与原混合液中的一个组分或多个组分形成新的最低恒沸物，使组分间的相对挥发度增大，其新的恒沸点比原物系中恒沸点低得多，从而使原混合液用普通的精馏方法进行分离。蒸馏时新形成的最低恒沸物从塔顶蒸出，经过冷凝分离后所得挟带剂送回塔内循环使用。塔底则为纯组分。恒沸蒸馏适用于分离恒沸混合物和沸点相近的混合液。

用苯作为挟带剂，从工业酒精制取无水乙醇是具有明显工业价值的恒沸蒸馏的典型例子。在工业酒精中加入适量的挟带剂苯，形成苯、乙醇与水的三元非均相最低恒沸液，在常压下相应的沸点为 337.85K，比苯、乙醇、水三者的沸点都低，在精馏操作时从塔顶馏出。三元恒沸组成的摩尔分数为：苯 0.539、乙醇 0.228、水 0.223，其中水对乙醇的摩尔比为 0.98，比乙醇-水恒沸物中水对乙醇的摩尔比 0.12 要大得多。只要有足量的苯作为挟带剂，在精馏操作时水将全部集中于三元恒沸物中从塔顶馏出，而塔底产品为无水酒精。

用恒沸蒸馏的方法由工业酒精制取无水乙醇的流程示意见图 8-24。将工业酒精和苯送入恒沸精馏塔 1 中进行精馏操作，塔釜得到的是无水酒精。塔顶蒸气在冷凝器 4 中冷凝后，部分回流到塔 1，余下的引入分层器 5，分为轻、重两层。轻层液含苯较多，全部返回塔 1 做补充回流；重层液送入苯回收塔 2 的顶部以回收其中的苯。在塔 2 中也形成和塔 1 相同的三元非均相恒沸液，它的蒸气由塔顶引出与来自塔 1 的蒸气汇合共同进入冷凝器 4。塔 2 底部出来的釜液引到乙醇回收塔 3 中，塔顶得到的是乙醇-水二元恒沸液，即工业酒精，送到塔 1 作为原料。底部引出的几乎是纯水。苯在系统中循环使用。最初加苯量应使原料中的水分几乎全部进入三元恒沸物中为最佳。操作中，间隔一定时间补充适当数量的苯，以弥补过程中的损失。

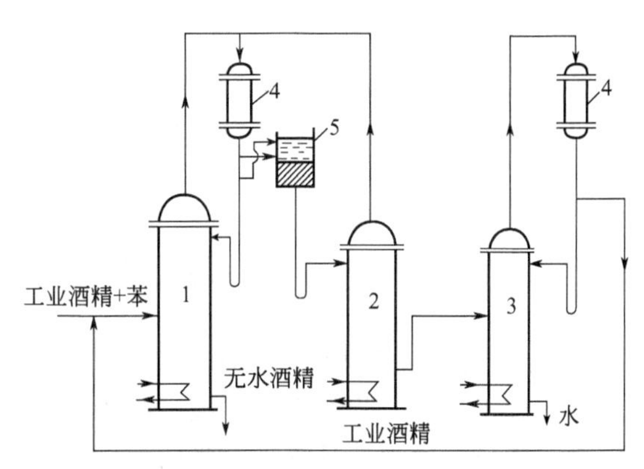

图 8-24 恒沸蒸馏流程示意

1—恒沸精馏塔；2—苯回收塔；3—乙醇回收塔；4—冷凝器；5—分层器

三、萃取蒸馏

在混合液中加入第三组分——萃取剂，以增加被分离组分间的相对挥发度，从而使混合液易于用普通精馏的方法分离的操作，称为萃取蒸馏。

萃取蒸馏中所加入的萃取剂与原溶液中组分的分子间作用力不同，能有选择地改变组分的蒸气压，从而增大相对挥发度；混合液中原有的恒沸物也被破坏。这样的第三组分其沸点应比原组分都高得多，又不形成恒沸物，故精馏中从塔底排出而不消耗汽化热，而且易于与原组分分离完全。

为了保证所有塔板上都有足够浓度的萃取剂，萃取剂在靠近塔顶处引入塔内，混合液在萃取剂入口以下几块塔板另外引入。因此，萃取精馏塔分三段：进料板以下称为提馏段，主要用以提馏回流中的易挥发组分；进料板至萃取剂入口之间称为吸收段，其作用主要是用萃

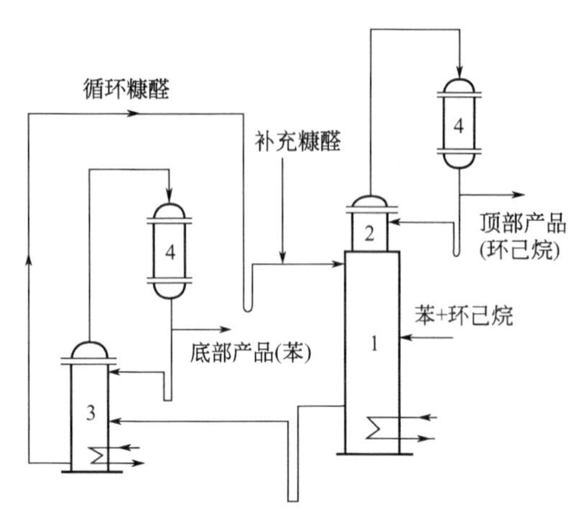

图 8-25 环己烷-苯萃取精馏流程

1—萃取精馏塔；2—萃取剂回收塔；3—苯回收塔；4—冷凝器

取剂来吸收上升蒸气中的难挥发组分；萃取剂进口以上称为萃取剂回收段，其作用是回收萃取剂。这也是与一般蒸馏和恒沸蒸馏不同的地方。

例如，在常压下，苯的沸点为 353.1K，环己烷的沸点是 353.73K，苯和环己烷的混合液很难用普通蒸馏方法分离。但在混合液中加入糠醛之后，混合液中两组分的相对挥发度就发生了显著变化，而且糠醛加入的越多，变化越显著。

以糠醛为萃取剂用萃取蒸馏的方法分离苯和环己烷的流程，如图 8-25 所示。糠醛从萃取精馏塔 1 的顶部加入，原料液从塔 1 的中部进入塔内。塔顶蒸气主要是环己烷，其中含少量的糠醛蒸气在回收段 2 中进行回收。糠醛和苯结合成的难挥发组分从塔底引出，并到苯回收塔 3 用普通蒸馏方法将高沸点的糠醛（沸点 434.7K）与苯分离，从塔 3 底部分出并循环使用，塔 3 顶部分离出的是产品苯。

*第五节　液-液萃取简介

液-液萃取是利用液体混合物各组分在溶剂中溶解度的不同，将液体混合物分离的单元操作。它属于传质过程的操作，经常用于石油、化工、医药等工业生产中。

萃取操作的原理选择一种适当的溶剂（称为萃取剂）加到要处理的液体混合物中，液体混合物中各组分在萃取剂中具有不同的溶解度，要分离的组分能溶解到萃取剂中，其余组分则不溶或微溶，从而使混合液得到分离。例如，煤气厂和某些化工厂的废水中含有苯酚，需要回收，常选取苯作萃取剂加入废水中，使它们充分地混合接触，由于苯酚在苯中的溶解度比在水中大，大部分苯酚就从水相转移到苯相中，再将水相和苯相分离，并将苯相中的苯进一步回收，这样就达到了回收苯酚的目的。

在萃取操作中，混合液中被萃取的物质称为溶质（如上例中的苯酚），其余部分称为原溶剂（如上例中的水），加入的第三组分（如苯）称为萃取剂。萃取剂的基本要求是对混合物中的溶质有尽可能大的溶解度，而与原溶剂互不相溶或部分互溶。当萃取剂与混合液混合后就成为两相，其中，一相以萃取剂为主，溶有溶质，称为萃取相；另一相则以原溶剂为主，含萃取剂较少，称为萃余相。除去萃取相中溶剂的剩余液体称为萃取液；除去溶剂后的萃余相液体称为萃余液。

萃取剂的选择是萃取操作的关键，它直接影响萃取操作能否进行以及萃取产品的质量、产量和经济效益。选用的萃取剂应对被萃取组分有较大的溶解能力，而对其余组分溶解能力很小。萃取剂与原料液要有较大的密度差，以有利于两液相的分层。萃取剂要有较高的化学稳定性和较低的腐蚀性，价格低廉，回收方便。

液-液萃取的主要设备有萃取塔、混合澄清槽、萃取剂回收塔、离心萃取机等。萃取塔以筛报塔使用最为广泛，此外还有喷洒塔，填料塔等。

第六节　精 馏 设 备

完成精馏操作的塔设备，称为精馏塔。其基本功能是为气液两相提供充分接触的机会，使传热和传质过程迅速而有效地进行；使接触后的气液两相及时分开，互不夹带。根据塔内气液两相接触部件的结构形式，精馏塔分为板式塔和填料塔两大类。

精馏操作可以采用板式塔，也可采用填料塔。通常板式塔用于生产能力较大或需要较大塔径的场合。板式塔中，蒸气与液体接触比较充分，传质良好，单位容积的生产强度比填料塔大。本节中主要介绍板式塔。

一种好的塔板结构，应当在较大程度上满足如下的要求：

① 塔板效率高，对于难以分离、要求塔板数较多的系统尤其重要。

② 生产能力大，即单位截面积上所能通过的气、液量大，可以在较小的塔中完成较大的生产任务。

③ 操作稳定，操作弹性大，即塔内气液相负荷有较大变化时，仍能保持较大的生产能力。

④ 气流通过塔板的压降小。

⑤ 结构简单，制造和维修方便，造价较低。

一、板式塔的基本结构

板式塔通常是由一个呈圆柱形的壳体及沿塔高按一定的间距水平设置的若干层塔板所组成，如图 8-26 所示。它主要由塔体、溢流装置和塔板构件等组成。

1. 塔体

通常为圆柱形，一般用钢板焊接而成。全塔分成若干节，塔节间用法兰盘联结。

2. 溢流装置

包括出口堰、降液管、进口堰、受液盘等部件。

(1) 出口堰　为保证气液两相在塔板上有充分接触的时间，塔板上必须贮有一定量的液体。为此，在塔板的出口端设有溢流堰，称出口堰。塔板上的液层厚度或持液量由堰高决定。生产中最常用的是弓形堰，小塔中也有用圆形降液管升出板面一定高度作为出口堰的。

(2) 降液管　降液管是塔板间液流通道，也是溢流液中所夹带气体分离的场所。正常工作时，液体从上层塔板的降液管流出，横向流过塔板，翻越溢流堰，进入该层塔板的降液管，流向下层塔板。降液管有圆形和弓形两种，弓形降液管具有较大的降液面积，气液分离效果好，降液能力大，因此生产上广泛采用。

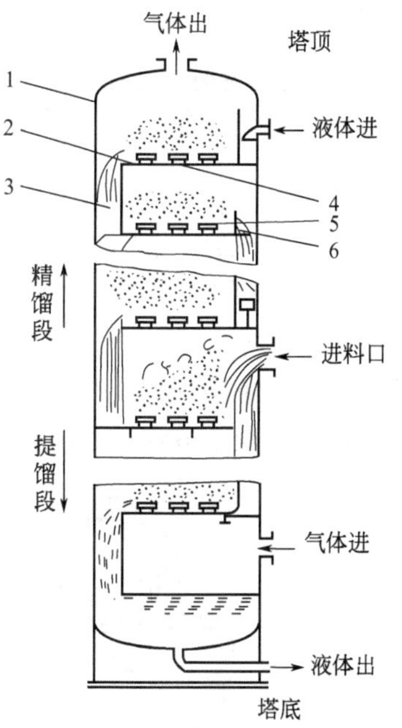

图 8-26　板式塔的典型结构

1—塔壳；2—塔板；3—降液管道；4—升气管；5—泡罩；6—溢流堰

为了保证液流能顺畅地流入下层塔板，并防止沉淀物堆积和堵塞液流通道，降液管与下层塔板间应有一定的间距。为保持降液管的液封，防止气体由下层塔板进入降液管，此间距应小于出口堰高度。

（3）受液盘　降液管下方部分的塔板通常又称为受液盘，有凹形及平形两种，一般较大的塔采用凹形受液盘，平形则就是塔板面本身。

（4）进口堰　在塔径较大的塔中，为了减少液体自降液管下方流出的水平冲击，常设置进口堰。为保证液流畅通，进口堰与降液管间的水平距离不应小于降液管与塔板之间距。

3. 塔板及其构件

塔板是板式塔内气液接触的场所，操作时气液在塔板上接触的好坏，对传热、传质效率影响很大。在长期的生产实践中，人们不断地研究和开发出新型塔板，以改善塔板上的气液接触状况，提高板式塔的效率。目前工业生产中使用较为广泛的塔板类型有泡罩塔板、筛孔塔板、浮阀塔板等几种，但泡罩塔已越来越少。

二、几种典型的板式塔

1. 泡罩塔

泡罩塔是工业上应用最早的气液传质设备之一。它是由装有泡罩的塔板和一些附属设备构成。每层塔板上都有蒸气通道、泡罩和溢流管等基本部件。如图 8-27 所示，上升蒸气通道 3 为一短管，它是气体从塔板下的空间进入塔板上空间的通道，短管的上缘高出板上的液面，塔板上的液体不能沿管向下流动。短管上覆以泡罩 2，泡罩周围下端开有许多齿缝浸没在塔板上的液层中。操作时，从短管上升的蒸气经泡罩齿缝变成气泡喷出，气泡通过板上的液层，使气、液接触面积增大，两相间的传热和传质过程得以有效进行。泡罩的形式多种多样，应用最为广泛的有圆形泡罩和条形泡罩两种，见图 8-28。

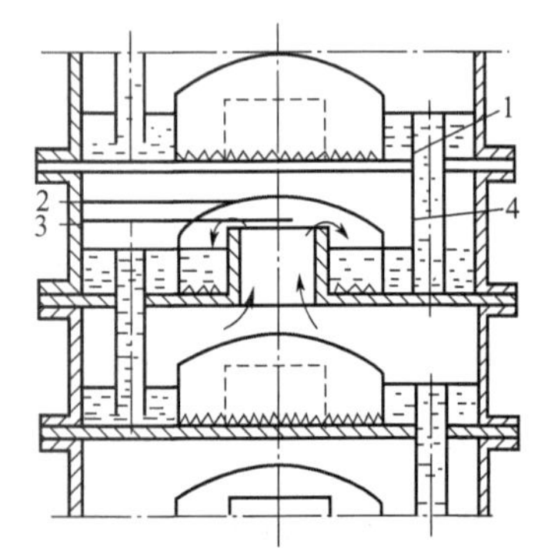

图 8-27　泡罩塔结构示意图

1—塔板；2—泡罩；3—蒸气通道；4-溢流管

2. 筛板塔

筛板塔是一种应用得较早的板式塔。筛板塔的塔板由开有大量呈正三角形均匀排列筛孔的塔板和溢流管构成，如图 8-29 所示。筛孔的直径一般为 3～8mm，常用孔径为 4～5mm，近年来 12～25mm 大孔径的筛板塔也应用相当普遍。正常操作时，上升气流通过筛孔分散成细小的气流，与塔板上液体接触，进行传热和传质过程。上升气流阻止液体从筛孔向下泄漏，全部液体通过溢流管逐板下流。

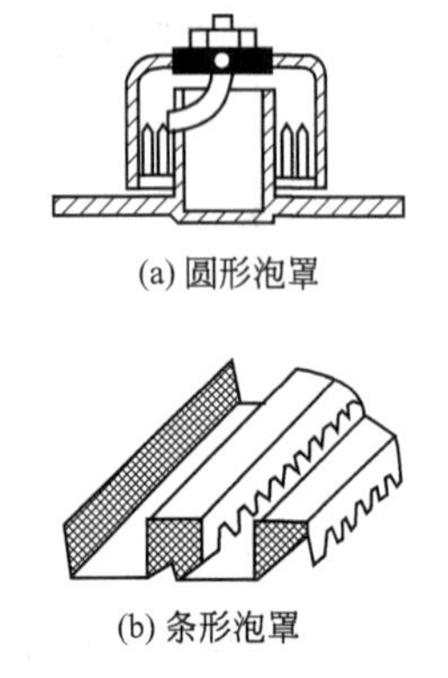

图 8-28　泡罩结构示意图

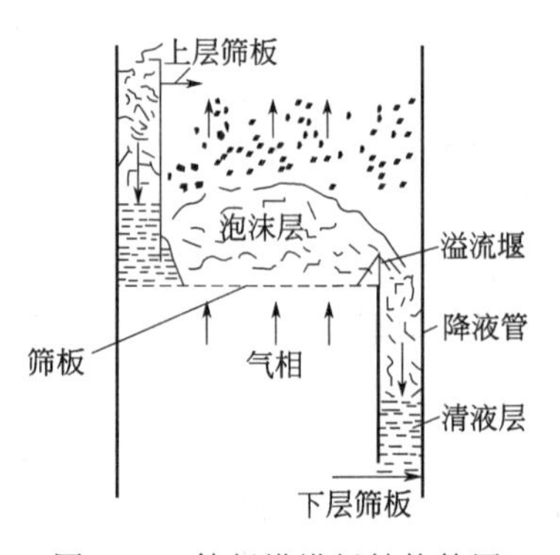

图 8-29　筛板塔塔板结构简图

筛板塔的优点是结构简单，加工制造方便、造价低，生产能力和塔板效率比泡罩塔高，压力降小，液面落差小等。其主要缺点是弹性小，小筛孔易堵塞。近年来逐渐采用的大孔径筛板使其性能得到较大的提高。

3. 浮阀塔

浮阀塔是在泡罩塔和筛板塔的基础上发展起来的一种板式塔，效率高，是重要塔设备。板上开有若干阀孔（标准直径为 39mm），每个孔上装有可以上下浮动的阀片。

F1 型浮阀是最常用的型号，如图 8-30 所示。阀片本身有三条“腿”用以限制阀片的上下运动，在阀片随气流作用上升时起导向作用。F1 型浮阀的边缘上冲出三个凸部，使阀片静止在塔板上时仍能保持一定的开度。F1 型浮阀的直径为 48mm，分轻阀和重阀两种，轻阀约 25g，惯性小，易振动，关阀时有滞后现象，但压强降小，常用于减压蒸馏。重阀约 33g，关闭迅速，需较高的气速才能吹开，操作范围广，化工生产中多用重阀。

V4 型浮阀的结构如图 8-31 所示，其特点是阀孔被冲成向下弯曲的文丘里形，以减少气体通过塔板时的压强降。阀片除腿部相应加长外，其余结构尺寸与 F1 型轻阀相同。V4 型浮阀适用于减压系统。

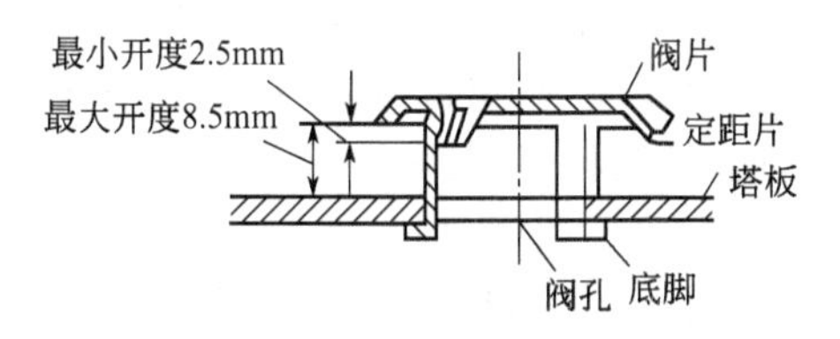

图 8-30　F1 型浮阀

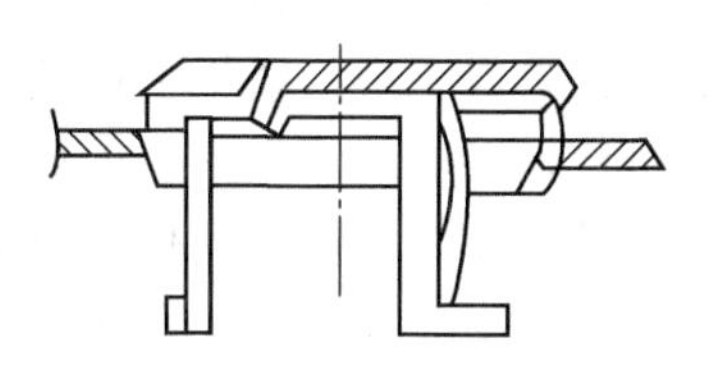
图 8-31　V4 型浮阀

T 型浮阀如图 8-32 所示，这种阀片借助固定于塔板上的支架来限制盘式阀片的运动范围。多用于易腐蚀、含颗粒或聚合介质。

浮阀塔优点是生产能力大，操作弹性大，塔板效率高，液面落差小，结构比泡罩塔简单，压强降小，对物料适应性强，能处理较脏的物料等。缺点是浮阀对耐腐蚀性要求较高，不适于处理易结垢、易聚合及高黏度等物料，阀片易与塔板黏结，操作时会有阀片脱落或卡阀等现象。

4. 喷射塔塔板

喷射塔塔板是针对上述三种塔板的不足改进而成的新型塔板。泡罩塔板、筛板塔板和浮阀塔板在气液相接触过程中，气相与液相的流动方向不一致，操作气速较高时，雾沫夹带现象严重，塔板效率下降，其生产能力也受到限制。喷射塔塔板由于气相喷出的方向与液体的流动方向相同，利用气体的动能来强化气、液两相的接触与搅动，克服了上述塔板的缺点，减少了塔板的压强降和雾沫夹带量，使塔板效率提高。由于操作时可以采用较大气速，生产能力也得到提高。

喷射塔塔板分为固定型喷射塔板和浮动型喷射塔板。固定型的舌形喷射塔板结构，如图 8-33 所示。塔板上有许多舌形孔，舌片与塔板面成一定的角度，向塔板的溢流出口侧张开，塔板的溢流出口侧不设溢流堰，只有降液管。操作时，上升的气体穿过舌孔，以较高的速度沿舌片的张开方向喷出，与从上层塔板下降的液体接触，形成喷射状态，气、液强烈搅动，提高传质效率。其优点是开孔率较大，操作气速比较高，生产能力大。由于气体和液体的流动方向一致，液面落差小和雾沫夹带量少，塔板上的返混现象大为减少，塔板效率较高，压强降也较小。缺点是舌孔面积固定，操作弹性相对较小。另外由于液流被气流喷射到降液管上，液体通过降液管时会挟带气泡到下层塔板，使塔板效率降低。

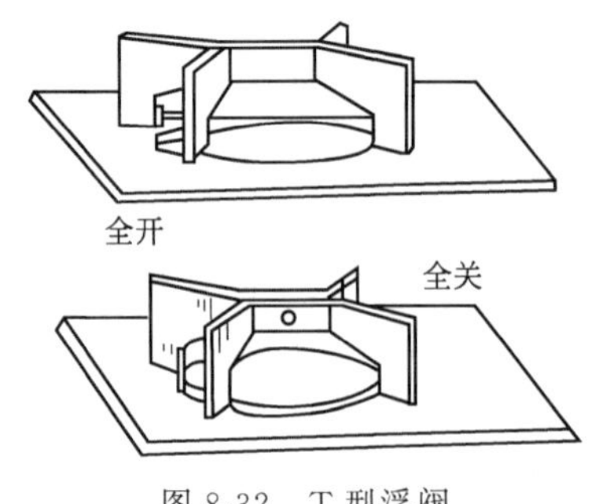

图 8-32　T 型浮阀

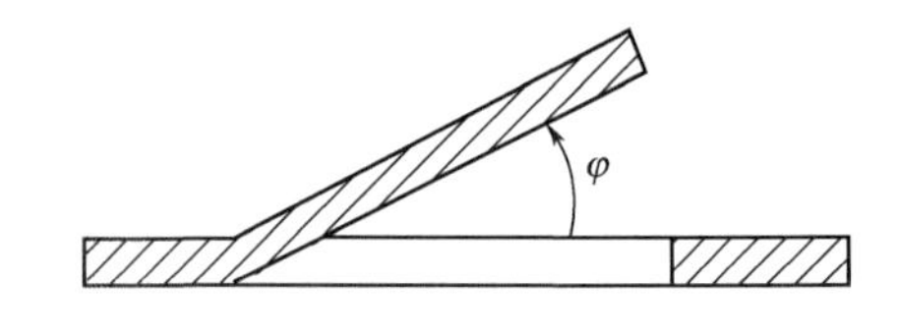

图 8-33　舌形塔板

浮动型喷射塔板上装有能浮动的舌片见图 8-34 所示。塔板上的浮舌随气流速度大小的变化而浮动，调节了气流通道的截面积，使气流以适宜的气速通过缝隙，保持了较高的塔板效率。其主要优点是：生产能力大、压强降小、操作弹性大、液面落差小等；缺点是有漏液及吹干现象，在液体量变化较大时，由于操作不太稳定而影响塔板效率。

5．导向筛板塔

导向筛板塔是为减压精馏塔设计的低阻力、高效率的筛孔塔，结构如图 8-35 所示。减压塔要求塔板阻力要小，塔板上的液层要薄而均匀。为此在结构上将液体入口处的塔板略为提高形成斜台，以抵消液面落差的影响，并可在低气速时减少入口处的漏液；另外，部分筛板上还开有导向孔，使该处气体流出的方向和液流方向一致，利用部分气体的动能推动液体流动，进一步减小液面落差，使塔板上的液层薄而均匀。导向筛板塔具有压强降小、效率高、弹性大的特点，适用于真空蒸馏操作。

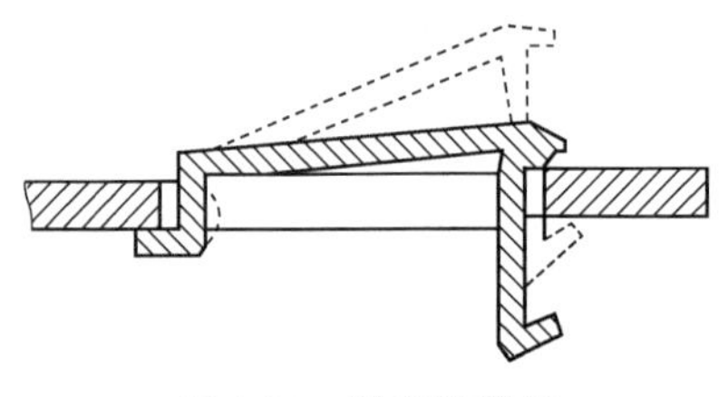

图 8-34　浮舌形塔板

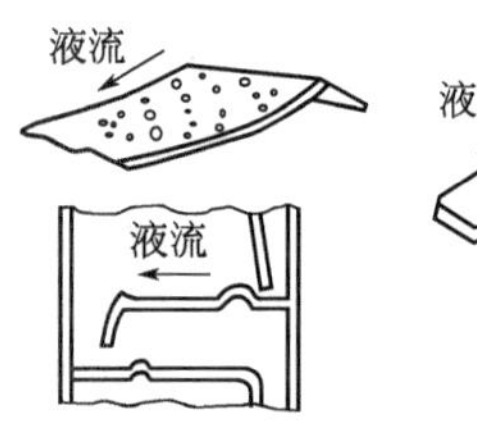

图 8-35　导向筛板示意图

三、精馏过程中气液相接触状态和几种典型的异常现象

1．塔板上气液接触状态

板式塔内气液两相在塔板上充分接触，发生剧烈的搅拌，以实现热、质传递。气液在塔板上的接触状态大致有三种。

（1）鼓泡接触状态　当气速很低时，气流断裂成气泡在液层中自由浮升，塔板上两相呈鼓泡接触状态。塔板上清液多，气泡数量少，两相的接触面积为气泡表面。因气泡表面的湍动程度不大，所以鼓泡接触状态的传质阻力大。

（2）泡沫接触状态　随着气速增加，气泡数量急剧增加，气泡不断发生合并和破裂，此时，液体以液膜的形式存在于气泡之间，此种接触状态称为泡沫接触状态。两相间传质面为面积很大的液膜，而且此液膜处在高度湍动和不断更新之中，为两相传质创造了良好的条件，是一种较好的塔板工作状态。

（3）喷射接触状态　当气速继续增加时，动能很大的气体以射流形式穿过液层，将板上液体破碎成许多大小不等的液滴而抛向塔板上方空间。被喷射出的直径较大的液滴受重力作用，落下后又在塔板上汇集成很薄的液层并再次被破碎抛出。直径较小的液滴，被气体带走形成液沫夹带，此种接触状态被称为喷射接触状态。由于液滴的外表面为两相传质面积，液滴的多次形成与合并使传质面不断更新，亦为两相间的传质创造了良好的条件，所以也是一种较好的工作状态。

泡沫接触状态与喷射状态均为优良的工作状态，但喷射状态是塔板操作的极限，液沫夹带较多，所以多数塔操作均控制在泡沫接触状态。

2. 精馏过程中几种典型的异常现象

(1) 液泛　在精馏操作中，下层塔板上的液体涌至上层塔板，上下塔板的液相连在一起，这种现象叫液泛。造成液泛的原因主要由于塔内上升蒸气的速度过大。有时液体负荷太大，使溢流管内液面逐渐升高，也会造成液泛。

(2) 雾沫夹带　气流自下而上通过塔板上的液层，鼓泡上升，离开液面时将许多液滴带至上一层塔板，这种现象叫雾沫夹带。大量雾沫夹带会将不应升至塔顶的重组分带到塔顶产品中，影响产品质量；同时降低了传质过程的浓度差。造成雾沫夹带的主要原因是气流上升超过了允许速度。

(3) 气泡夹带　塔板上的液体经过溢流堰流入降液管时仍含有大量气泡。气泡内的这部分气体本应分离出来返回原来板面上，由于液体在降液管停留时间不够，所含气泡来不及解脱，就被带入下层塔板。气泡夹带使部分气体由高浓度区进入低浓度区，对传质不利。

(4) 漏液　塔板上的液体从气体通道流入下层的现象叫漏液。如果上升气体的能量不足以穿过液层，甚至低于液层的位能，托不住液层，就会导致漏液，严重的会使液体全部漏完，出现“干板”现象。保持适宜的气流上升速度可以防止漏液。

第七节　精馏操作技能训练

一、训练目的

① 了解精馏塔的构造，熟悉精馏工艺流程。

② 掌握精馏塔操作方法。

二、训练内容

对15%～20%（体积分数）的水和乙醇混合液进行精馏分离，以达到塔顶馏出液含量大于93%（体积分数），塔釜残液乙醇含量小于3%（体积分数）。

三、训练装置

1. 技能训练装置（图8-36）

2. 主要技术数据

塔内径 ϕ80mm

实际塔板数12块（不包括蒸馏釜）

板间距100mm

孔径 ϕ2mm

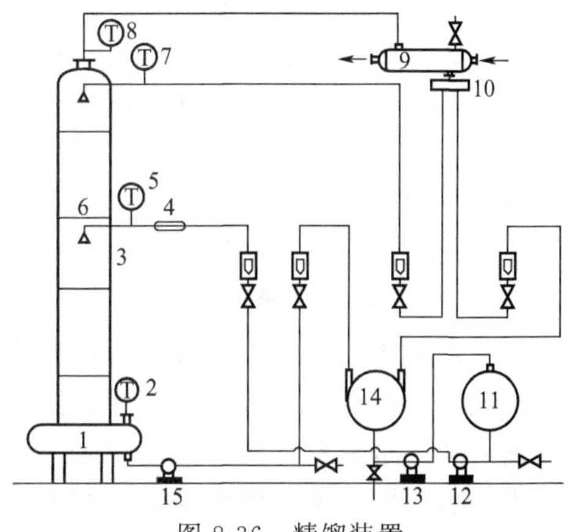

图8-36　精馏装置

1—蒸馏釜；2,5,7,8—塔釜、进料、回流液、塔顶温度传感器；3—精馏塔；4—预热器；6—塔板；9—冷凝器；10—馏出液分配器；11—料液贮槽；12—料液泵；13—倒罐泵；14—产品贮槽；15—釜液泵

开孔率 6%

再沸器加热功率 4.5kW

塔顶冷凝器面积（双程列管式）0.4m^2

四、训练步骤

① 检查塔釜液位是否在 1/3～2/3，浓度是否在 10%左右。

② 检查冷凝水是否正常。

③ 检查各阀门开、闭是否正常。

④ 设备送电，检查仪表、泵运行是否正常，控制系统是否正常。

⑤ 调节加热电压至最大，待塔体有蒸气上升时减小加热电压，开冷凝水。

⑥ 在全回流状态下稳定操作 20min。

⑦ 在部分回流状态下稳定操作 20min，部分回流稳定后，测定全塔效率。

⑧ 停车，关进料泵及阀门，全回流，关电源。关闭有关阀门，切断总电源。

⑨ 运转一段时间后，再停止向冷凝器供水，不得过早停止，以免酒精的损失和着火的危险。

五、精馏操作的调节

1. 塔压的调节

在正常操作中，如果加料量、釜温以及塔顶冷凝器的冷剂量等条件不变，则塔压将随采出量的多少而发生变化。采出量太少，塔压升高；反之亦然。由此可见，加大或减少采出量，可调节塔压。

操作中有时釜温、加料量以及塔顶采出量都未变化，塔压却升高。可能是冷凝器的冷剂量不足或冷剂温度升高，此时应尽快联系供冷系统予以调节。若一时冷剂不能恢复到正常操作情况，可在允许的条件下，维持高一点的塔压或适当加大塔顶采出，并降低釜温，以保证不超压。

在精馏塔中，温度和压力是相对应的。在加料量和回流量及冷剂量不变的条件下，塔顶或塔釜温度的波动，会引起塔压的波动，这是正常现象。如果塔釜温度突然升高，塔内上升蒸气量增加，必然导致塔压的升高。这时除调节塔顶冷凝器的冷剂量和加大采出量外，更重要的是恢复塔釜温度，如果处理不及时，重组分带到塔顶，将使塔顶产品不合格；如果单纯考虑压力，加大冷剂量，不去恢复釜温，则易发生液泛；如果单从采出量方面来调节压力，则会破坏塔内各板上的物料组成，严重影响塔顶产品质量。当釜温突然降低，情况恰恰与上述相反，处理情况也相应地变化。

2. 塔釜温度的调节

在一定的压力下，被分离的液体混合物，其汽化程度决定于温度，而温度由再沸器的蒸气量控制。有时温度的波动，往往是由其他因素而引起的。因此，在釜温波动时，除了分析加热器的蒸气量和蒸气压力的变动之外，还应考虑其他因素的影响。例如，塔压的升高或降低，也能引起塔釜温度的变化，当塔压突然升高，虽然釜温随之升高，但上升蒸气量却下降，使塔釜轻组分变多，此时，要分析压力升高的原因并予以排除。如果塔压突然下降，上升蒸气量却增加，塔釜液可能被蒸空，重组分会带到塔顶。

3. 回流量的调节

在精馏操作中，回流量是直接影响产品质量和塔的分离效果的重要因素。当操作中发现，塔顶温度升高，塔釜温度降低，塔顶、塔底产品质量均不符合要求，这是因为塔的分离能力不够造成的。通常采用的方法是在加大回流比的同时增加塔釜加热蒸气量。这是因为在进料量、进料组成及产品质量要求不变的情况下，由物料衡算可知，塔顶、塔底产品的产量已经确定。此时增加回流比不是通过减少塔顶产品的流量来达到的，而是靠增加上升蒸气量来实现的。为此必须增加塔釜加热蒸气消耗量，并同时增加塔顶的冷却水消耗量。由此可见，加大回流比的操作是以增加能耗为代价的。

4. 塔压差的调节

塔压差是判断精馏塔操作加料、采出是否平衡的重要标志之一。在加料、采出保持稳定的情况下，塔压差基本上没有什么变化。

如果塔压差增大，必然引起塔内各板温度的变化，这可能是因为塔板堵塞或是采出量过少、塔内回流量太大造成的。此时应提高采出量平衡操作，否则，塔压差逐渐增大，将引起液泛。当塔压差减小时，釜温不好控制，这可能是塔内物料太少，精馏段处于干板操作，起不到分离作用，导致产品质量下降。此时应及时减少塔顶采出量，保持塔压差稳定。

5. 塔顶温度的调节

在精馏操作中，塔顶温度由回流温度来控制，但不是以回流量来控制。塔顶温度波动受多种因素的影响。

在操作压力正常的情况下，塔顶温度随塔釜温度的变化而变化。塔釜温度稍有下降，塔顶温度随之下降；塔釜温度稍有提高，塔顶温度立即上升。此时，如果操作压力适当，产品质量很好时，可适当调节釜温，恢复塔顶温度。否则，会因塔顶温度的波动而影响塔顶或塔釜产品的质量。

本章小结

蒸馏是利用互溶液体混合物中各组分沸点不同而分离成较纯组分的一种操作。本章主要介绍了有关蒸馏的基本概念（难挥发组分、易挥发组分、馏出液、残液）、应用及分类（简单蒸馏、精馏、特殊蒸馏）；理想二元溶液的气液平衡关系［T-x(y) 图和 y-x 图］；挥发度和相对挥发度；简单蒸馏原理、精馏的原理及精馏流程；精馏塔的物料衡算；精馏操作的三线方程（精馏段操作线方程、提馏段操作线方程和 q 线方程）；精馏塔板数的确定（理论塔板、全塔效率）；实际回流比的确定与选择；精馏设备，常用板式塔的结构、性能和常见故障的处理。

阅读材料

——复合（或耦合）精馏

为了强化传质过程，简化工艺流程，研究开发出了形式多样的复合（或耦合）精馏分离过程，这其中比较典型的有反应精馏、吸附精馏、结晶精馏、膜精馏等。

1. 反应精馏

反应精馏是将反应过程与精馏分离有机结合在同一设备中进行的一种耦合过程。反应精馏技术与传统的反应和精馏技术相比，具有如下突出的优点：反应和精馏过程在同一个设备内完成，投资少，操作费用低，节能；反应和精馏同时进行，不仅改进了精馏性能，而且借助精馏的分离作用，提高了反应转化率和选择性；通过及时移走反应产物，能克服可逆反应的化学平衡转化率的限制，或提高串联或平行反应的选择性；温度易于控制，避免出现“热点”问题；缩短反应时间，提高生产能力。

反应精馏只适用于化学反应和精馏过程可在同样温度和压力范围内进行的工艺过程。此外，在反应和精馏相互耦合过程中，还有许多的问题，如精细化工生产的间歇反应精馏非稳态特性、反应和精馏过程的最佳匹配、固体催化剂失活引起的操作困难、开发通用的反应精馏过程模拟软件和设计方法等，还有待进一步研究。当前对反应精馏的研究主要集中在催化剂的选择及其装填形式、反应精馏塔内的反应动力学、热力学和流体力学的研究、反应精馏的工艺优化以及如何找出反应精馏过程中的气液平衡关系，以指导工业化生产。

反应精馏最早应用于甲基叔丁基醚（MTBE）和乙基叔丁基醚（ETBE）等合成工艺中，现已广泛应用于酯化、异构化、烷基化、叠合过程、烯烃选择性加氢、氧化脱氢、C_1 化学和其他反应过程。

2. 吸附精馏

吸附具有分离因数高、产品纯度高和能耗低等优点。吸附过程适用于恒沸或同分异构等这些相对挥发度小、用普通精馏无法分离或不经济的物系的分离。但是吸附过程也有吸附剂用量大、多为间歇操作难于实现操作连续化及产品收率低的缺点。因此，吸附和精馏具有较强的互补性，据此开发了一种被称作吸附精馏的新分离过程。该过程使吸附与精馏操作在同一分离塔中进行，既提高了分离因数，又使精馏与脱附操作在同一脱附塔中进行，强化了脱附作用。因此，吸附精馏过程具有分离因数高、操作连续、能耗低和生产能力大的优点，它适于恒沸物系和沸点相近系的分离及需要高纯产品的情况。

目前吸附精馏技术在无水乙醇的制备、丙烷-丙烯的分离、混合二甲苯的分离、三氯乙醛的精制等方面进行了研究和应用，结果表明其能耗比常规精馏低得多。

3. 膜精馏

膜精馏是将膜与精馏过程相结合的分离方法。膜精馏就是用疏水性微孔膜将两种不同温度的溶液分开，较高温度侧溶液中易挥发的物质呈气态透过膜进入另一侧并冷凝的分离过程。膜精馏与传统精馏相比，不需复杂的精馏系统，且能得到更纯净的馏出液；与一般的蒸发过程比，它的单位体积的蒸发面积大，与反渗透比较，它对设备的要求低且过程中溶液浓度变化的影响小。另外，膜精馏过程能在常压和较低温度下操作，能利用工业余热、地热及太阳能等廉价能源，因而膜精馏被认为是一种节能高效的分离技术，为缓解能源的紧张提供了简单有效的技术方法。

迄今，膜精馏技术已广泛应用于海水淡化、青霉素水溶液的浓缩、稀土氯化物溶液中回收盐酸、含水苯酚的回收以及维生素溶液的浓缩等方面。

4. 结晶精馏

有些沸点相差不大的物系，如同分异构体等，单纯采用精馏的方法进行分离，往往难度较大，而这些物系中各物质之间的熔点相差又较大，这时可将结晶与精馏两个分离过程有机地结合在一起，取长补短，用来分离易结晶物质。

研究人员针对从生产乙烯的裂解渣油中提取工业萘的体系，研究了结晶精馏耦合法的可行性。实验结果表明该方法不仅能够有效地解决易结晶物质在分离过程中晶体析出而堵塞装置系统的问题，而且可以提高产品的纯度，加大传质推动力，强化精馏过程。

此技术还成功地应用到了乙酸-丙酸、硝基氯苯、人造麝香等的分离。

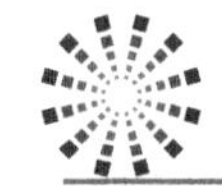

思考题与习题

8-1　什么叫蒸馏？蒸馏操作的依据是什么？

8-2　什么是理想溶液？理想溶液应符合什么条件？

8-3　叙述拉乌尔定律的内容。

8-4　什么叫挥发度和相对挥发度？怎样用相对挥发度来判别分离的难易？

8-5　利用 T-$x(y)$ 图说明精馏原理和实现精馏的基本方法。

8-6　蒸馏操作中为什么要有回流？为什么要装蒸馏釜或再沸器？

8-7　实现恒摩尔汽化和恒摩尔溢流的条件是什么？

8-8　操作线方程式的物理意义是什么？试说明在 y-x 图上确定精馏段和提馏段操作线的方法和步骤。

8-9　生产中进入精馏塔内的原料可能有哪几种受热状态？

8-10　确定理论板数有哪几种方法？各有什么优缺点？

8-11　说明用图解法求理论板数的方法和步骤。

8-12　什么叫回流比？回流比的大小对操作有什么影响？怎样确定合适的回流比？

8-13　为什么全回流操作时所需理论板数最少？全回流操作在什么情况下使用？

8-14　试说明共沸蒸馏、萃取蒸馏和水蒸气蒸馏的原理和特点。

8-15　说明泡罩塔的结构和优、缺点。

8-16　简述筛板塔的结构特点和优、缺点。

8-17　今有苯和甲苯的混合液，在 318K 下沸腾，外界压强 20.3kPa，已知在此条件下纯苯的饱和蒸气压为 22.7kPa，纯甲苯的饱和蒸气压为 7.6kPa，试求平衡时苯和甲苯在气、液相中的组成。

8-18　乙苯和异丙苯的混合液，其质量相等，已知在 373K 时，纯乙苯的饱和蒸气压为 33kPa，纯异丙苯的饱和蒸气压为 20kPa，乙苯的千摩尔质量为 106kg/kmol，异丙苯的千摩尔质量为 120kg/kmol，试求：(1) 当气液平衡时，两组分的蒸气分压和总压；(2) 以摩尔分数表示的气、液相组成。

8-19　已知总压为 101.3kPa，甲醇和水的饱和蒸气压数据如下（单位为 kPa）：

温度/K	337.7	343.0	348.0	353.0	363.0	373.0
p°_A(甲醇)	101.3	123.3	149.6	180.4	252.6	349.8
p°_B(水)	25.1	31.2	38.5	47.3	70.1	101.3

该溶液可近似地作为理想溶液，试计算其平衡组成关系，并画出其 T-$x(y)$ 图和 y-x 图。

8-20　某精馏塔在压强 101.3kPa 下分离甲醇和水混合液，处理的混合液流量为 1000kg/h。原料液中含甲醇 75%，要求馏出液的组成不小于 98%，残液组成不大于 5%（均以质量分数计），试求每小时馏出液量和残液量。

8-21　将 100kmol/h 的乙醇一水溶液进行连续精馏。原料液中乙醇的摩尔分数为 0.30，馏出液中乙醇含量为 0.80，残液中乙醇含量是 0.05（摩尔分数）。若精馏塔的回流比 $R=3$，泡点进料，试求精馏段和提馏段的操作线方程式。

8-22　在一连续精馏塔中分离某种液体混合物，在沸点下进料，其精馏段操作线方程式为 $y=0.723x+0.263$，提馏段操作线方程式为 $y=1.25x-0.0187$。试求该操作条件下的回流比和原料液、馏出液、残液的组成。

8-23　在某一液体混合物的分离系统中，已知有关的数值如下：$x_F=0.24$，$x_D=0.95$，$x_W=0.05$，$q=2.366$，$R=3$，试画出其操作线。

8-24　苯-甲苯精馏塔的原料液中苯的质量分数是 0.30，在馏出液中苯 0.95，在残液中为 0.04。试计算当残液流量为 1000kg/h 时的原料液量和馏出液量。当回流比 $R=3$ 时，泡点进料精馏段的回流液量和上升蒸气量。

8-25 在苯-甲苯精馏系统中，已知全塔易挥发组分的平均相对挥发度为 2.41，各部分物料的组成（摩尔分数）为 $x_F=0.5$，$x_D=0.95$，$x_W=0.050$ 泡点进料，回流比 $R=4$。试用逐板计算法，求精馏段的理论板数。

8-26 在苯-甲苯连续精馏塔中，已知 $x_F=0.40$，$x_D=0.90$，$x_W=0.05$，$R=2.5$，泡点进料。试用逐板计算法，求全塔的理论板数和加料板位置。

第九章　干　　燥

学习目标

1. 掌握干燥的概念、分类；湿空气的性质；物料含水量的表示方法。

2. 理解湿空气的湿度图；干燥过程的分析；常见对流干燥设备。

3. 了解各类干燥器的比较，常用干燥器的选择。

利用加热除去固体物料中水分或其他溶剂的单元操作，称为固体的干燥。从广义讲，除去气体、液体物料中水分的操作也属于干燥，但生产中所提的干燥，如不特别指明，即指固体干燥。

在化工、轻工、食品、医药等工业中，有些固体原料、半成品和成品中含有水分或其他溶剂（统称为湿分）需要除去，通常利用干燥操作来实现。其目的是使物料便于运输、加工处理、贮藏、使用及保证产品的质量。例如，聚氯乙烯的含水量须低于 0.2%，否则在其制品中将有气泡生成；抗菌素的含水量太高则会影响使用期限等。干燥在其他工农业部门中也得到普遍的应用，如农副产品的加工、造纸、纺织、制革及木材加工中，干燥都是必不可少的操作。

除去物料中湿分（包括水分或其他溶剂）的操作称为去湿。去湿的方法有三类种：一是机械去湿法，如过滤、离心分离；二是化学去湿法，如用石灰、硫酸等吸水剂除去湿分；三是热能去湿法，通过加热使湿分汽化以除去，热能去湿的工艺过程就是干燥。

按照热能传给湿物料的方式，干燥可分为传导干燥、对流干燥、辐射干燥和介电加热干燥，以及由其中两种或三种方式组成的联合干燥。

（1）传导干燥　又称为间接加热干燥，载热体（加热蒸汽）将热能通过传热壁以传导的方式加热湿物料，产生的蒸汽被干燥介质带走或用真空泵排出。

（2）对流干燥　又称为直接加热干燥，载热体（干燥介质）将热能以对流的方式传给与其直接接触的湿物料，产生的蒸汽为干燥介质所带走。

（3）辐射干燥　热能以电磁波的形式由辐射器发射到湿物料表面，被其吸收重新转变为热能，将湿分汽化而达到干燥的目的。

（4）介电加热干燥　将需要干燥的物料置于高频电场内，由于高频电场的交变作用使物料加热而达到干燥的目的，是高频干燥和微波干燥的统称。

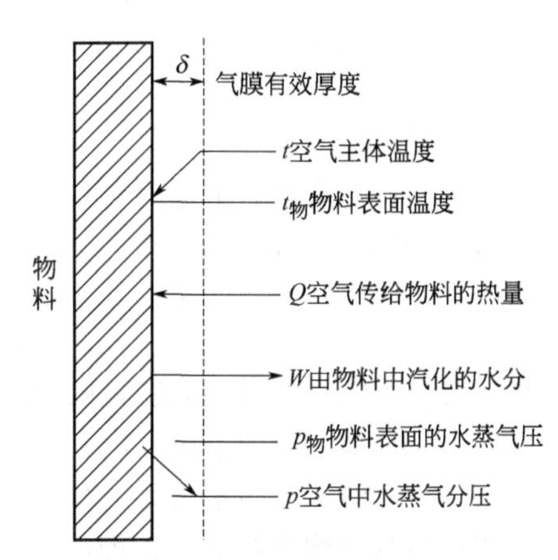

图 9-1　干燥过程的传热与传质

在上述四种干燥操作中，目前在工业上应用最普遍的是对流干燥。

工业生产中的对流干燥通常使用空气为干燥介质，湿物料中被除去的湿分是水分。空气经过预热升温后，从湿物料的表面流过。热气流将热能传至物料表面，再由表面传至物料内部，这是一个传热过程；同时，水分从物料内部汽化扩散至物料表面，水汽透过物料表面的气膜扩散至热气流的主体，这是一个传质过程。因此，对流干燥过程属于传热和传质相结合的过程。干燥速率既与传热速率有关，又与传质速率有关；干燥过程中，干燥介质既是载热体又是载湿体。

图 9-1 表明在对流干燥中，热空气和被干燥物料表面之间传热和传质情况。除空气外，干燥介质可以是高温烟道气或其他惰性气体；被除去的湿分，可以是水以外的其他液体。

第一节　湿空气的性质

含有水分的空气称为湿空气。湿空气中的含水量对干燥过程有较大影响，湿空气中含水量越少，物料中的水汽化越快；随着干燥过程的进行，湿空气中的含水量不断增加，物料中水的汽化速度逐渐变慢；一旦湿空气达到饱和，干燥就不再进行。

一、湿空气的压强

作为干燥介质的湿空气是不饱和的空气，即空气中水汽的分压低于同温度下水的饱和蒸气压，此时湿空气中的水汽呈过热状态。操作压力下的湿空气，通常可作为理想气体来处理。根据道尔顿分压定律，湿空气的总压力等于绝对干空气的分压 $p_{干}$ 与水汽的分压 $p_{汽}$ 之和。

$$p=p_{干}+p_{汽} \tag{9-1}$$

当总压 p 一定时，空气中水汽的分压 $p_{汽}$ 愈大，空气中水汽的含量愈高。若其分压等于该温度下水的饱和蒸气压 $p_{饱}$，则湿空气中的水汽达到了饱和，这是湿空气中水汽含量的最高值。

对于气体混合物来讲，各组分的物质的量（kmol）之比等于其分压之比，则：

$$\frac{n_{汽}}{n_{干}}=\frac{p_{汽}}{p_{干}}=\frac{p_{汽}}{p-p_{汽}} \tag{9-2}$$

式中　$n_{汽}$——湿空气中水蒸气的物质的量，kmol；

$n_{干}$——湿空气中绝干空气的物质的量，kmol。

二、湿度

湿度又称湿含量，或绝对湿度，它是指湿空气中每单位质量干空气所带有的水蒸气量，以符号 H 表示，单位为 kg 水/kg 干空气。

$$H=\frac{m_{汽}}{m_{干}}=\frac{n_{汽}\ M_{汽}}{n_{干}\ M_{干}}=\frac{18.02p_{汽}}{28.95(p-p_{汽})}=0.622\ \frac{p_{汽}}{p-p_{汽}} \tag{9-3}$$

式中　H——空气的绝对湿度，kg 水/kg 干空气；

p——湿空气的总压，Pa；

$p_{汽}$——湿空气中水蒸气的分压，Pa。

当湿空气呈饱和状态时，即湿空气中水蒸气分压与同温度下水的饱和蒸气压相等时的湿度，称为饱和湿度，符号为 $H_{饱}$。

三、相对湿度

在一定温度和总压下，湿空气中的水蒸气分压与同温度下饱和水蒸气压之比称为空气的相对湿度，以符号 φ 表示。习惯上相对湿度用百分数表示。

$$\varphi=\frac{p_{汽}}{p_{饱}}\times 100\% \tag{9-4}$$

当相对湿度 $\varphi=100\%$时，则 $p_{汽}=p_{饱}$，表明湿空气中水蒸气含量已达到它所能包含的极限值，湿空气处于饱和状态，无吸湿性。当相对湿度 $\varphi=0$ 时，$p_{汽}=0$，表明空气中水蒸气的含量为 0，该空气为绝对干燥的空气，吸湿性最强。若相对湿度 φ 处于 0～100%之间，说明湿空气处于未饱和状态。φ 越大，表明空气的相对湿度越大，越接近饱和状态，湿空气的吸湿能力越差；反之，则湿空气的吸湿能力越强。

【例 9-1】 在温度为 323K、总压 101.3kPa 下，测得空气中水蒸气分压为 8.635kPa，求该状态下空气的绝对湿度和相对湿度。(从附录八中查得，水在 323K 时的饱和蒸气压 $p_{饱}=12.34\text{kPa}$)

解 已知 $p_{汽}=8.635\text{kPa}$，$p=101.3\text{kPa}$。根据式(9-3) 求得：

$$H=0.622\frac{p_{汽}}{p-p_{汽}}=0.622\frac{8.635}{101.3-8.635}=0.058\text{kg 水/kg 干空气}$$

水在 323K 时的饱和蒸气压 $p_{饱}=12.34\text{kPa}$。根据式(9-4) 求得：

$$\varphi=\frac{8.635}{12.34}\times 100\%=69.98\%$$

则该状态下空气的绝对湿度为 0.058kg 水/kg 干空气，相对湿度为 69.98%。

四、干球温度和湿球温度

干球温度指利用普通温度计测出的空气实际温度，用符号 T 表示，单位为 K；湿球温度指将湿球温度计置于湿空气气流中所测得的稳定温度，用符号 $T_{湿}$ 表示，单位为 K。如图 9-2(a) 所示，左边为干球温度计，即普通温度计，其感温球露在空气中。右边为湿球温度计，其感温球上包以湿纱布，使之时刻保持润湿状态。

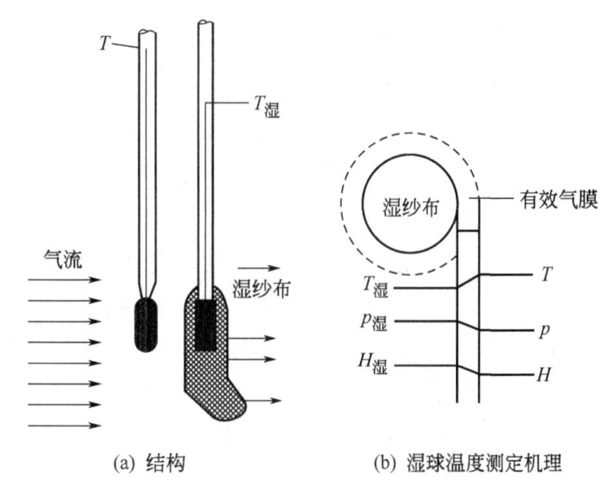

图 9-2 干湿球温度计

当空气开始流过纱布时，湿纱布中水分的温度与空气温度相等，在湿纱布表面的空气湿度是湿纱布温度下的饱和湿度。显然，这一湿度比空气中的湿度要大，因此，必然产生一个纱布上的水分向空气中汽化和扩散的过程。这时湿纱布上水分汽化所需要的热量不可能来自空气，因为湿纱布的水分与空气之间没有温度差。这些热量来自水分本身，因而使得包有湿布的温度计所指示的读数下降，气流与纱布间产生了温度差，热量开始由空气传向湿纱布，而且其传热速率随着两者之间温度差的增大而增大。当由空气传入湿纱布的传热速率与自湿纱布表面汽化水分需要的传热速率恰好相等时，湿纱布中的水温即保持稳定，这个稳定温度即是空气的湿球温度。

第二节　湿　度　图

湿空气的性质可以用湿度图来表示。利用湿度图查取各个参数相当方便。图 9-3 即为一种常用的湿度图（T-H 图），以温度 T 为横坐标，湿度 H 作纵坐标。图中任何一点都代表一定温度 T 和湿度 H 下湿空气的状态参数。图中有两种曲线：等相对湿度线和湿球温度线。

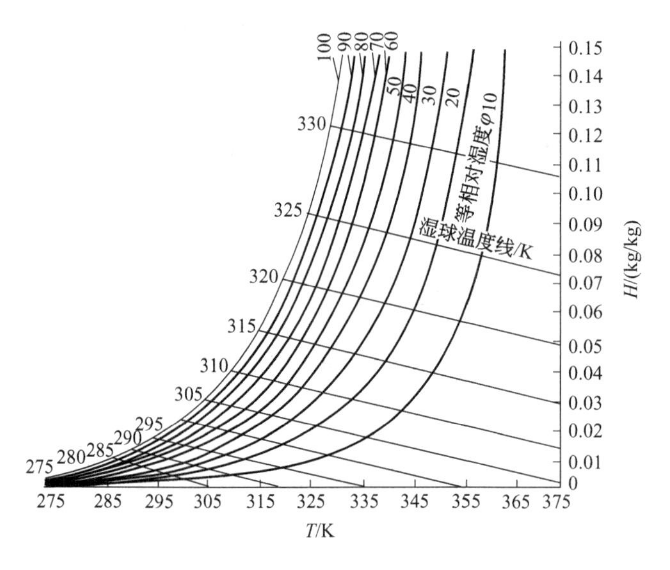

图 9-3　空气-水蒸气系统的湿度图（T-H 图）

一、等相对湿度线

等相对湿度线是一组发散的曲线。从图 9-3 中可以看出，当空气的湿度 H 一定时，温度越高，相对湿度越小。这说明它作为干燥介质时吸收水汽的能力越大。在工程上，当湿空气进入干燥器之前必须先预热，提高温度。其目的一方面是由于空气作为载热体需要提高焓值；另一方面也是为了降低其相对湿度，以提高其吸湿能力。湿度图中 $\varphi=100\%$ 的曲线称为饱和空气线，此时空气中的水汽量已达到了极限，再也不能增加。该线的左上方为过饱和区，湿空气呈雾状。该线的右下方为未饱和区，$\varphi<100\%$，这是对干燥过程有意义的区域。利用这组曲线，可以很方便地查出湿度、相对湿度的数值。

若已知湿空气的某一状态（设 T_1 和 φ_1）如图 9-4(a) 所示，从交点 A 可查出该空气的湿度 H_1。利用这样的方法，只要已知 T、φ、H 三个参数中的两个，就可以求未知的第三参数。

二、湿球温度线

在未饱和区域内一组倾斜的直线，即为湿球温度线。它本来是一组曲率很小的曲线，制图时将其改成为相互平行的直线。利用这组曲线，可以很方便地进行湿球温度和其他参数之间的互查。如果已知湿空气的 T_1 和 H_1，从图中找到 T_1 与 H_1 的交点 B，如图 9-4(b) 所

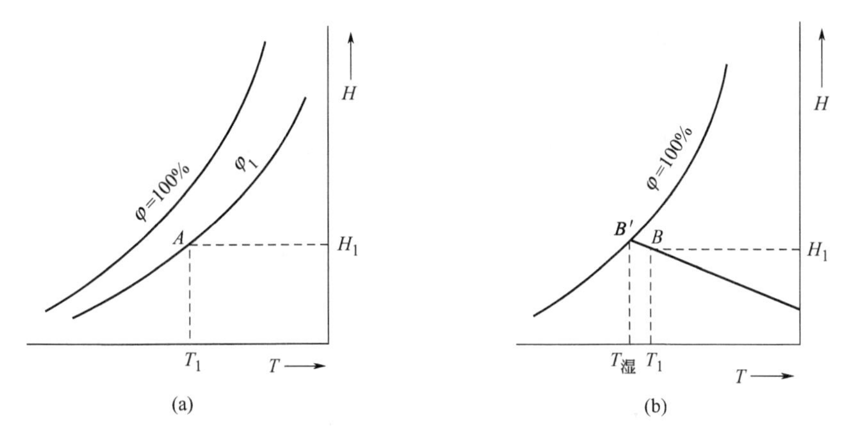

图 9-4 空气-水蒸气系统的湿度图（T-H 图）

示。然后过 B 点作平行于其他湿球温度线的直线，与 $\varphi=100\%$ 的饱和空气线相交于点 B'，再从交点 B′沿等温线向下，即可查得该空气的湿球温度 $T_{湿}$。

由于湿度图上的任一点都表示某一定状态的湿空气，已知湿空气的两个性质，就可以利用湿度图查取空气的其他状态参数。下面通过一个例子来说明利用湿度图确定湿空气各个参数的方法。

【例 9-2】 某干燥器使用空气作为干燥介质，已知在进入预热器之前空气的参数为：干球温度 $T=310\text{K}$，湿球温度 $T_{湿}=305\text{K}$，试利用湿度图确定该空气的湿度、相对湿度和饱和湿度。

解 首先在横坐标上找出 $T=310\text{K}$ 的点 A，沿等温线与 $T_{湿}=305\text{K}$ 的湿球温度线相交于 B，该点即代表空气的状态点，参看图 9-5。

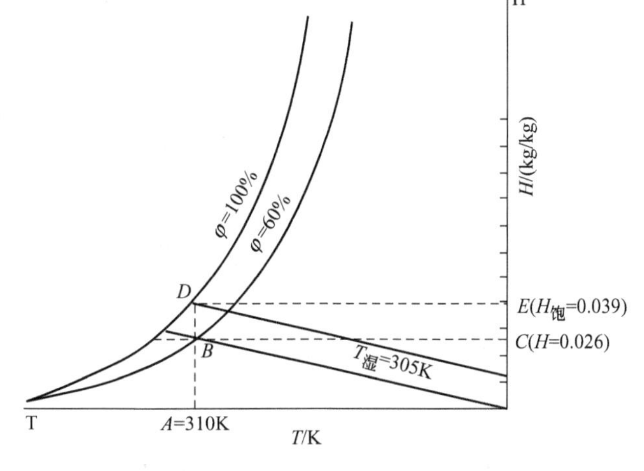

图 9-5 例题 9-2 图

（1）湿度 H 由 B 点沿等湿线向右交纵坐标于点 C，读 $H=0.026\text{kg}$ 水汽/kg 干空气。

（2）饱和湿度 $H_{饱}$ 从 A 点沿等温线与 $\varphi=100\%$ 线相交于点 D，再沿等湿线向右交纵坐标于 E，读出 $H_{饱}=0.039\text{kg}$ 水汽/kg 干空气。

（3）相对湿度从图中读出，过 B 点的等线为 60%。

第三节 干燥过程的物料衡算

干燥器的物料衡算是为了解决三个问题。一是求干燥过程中应汽化并排除的水分量，或称水分蒸发量；二是求带走这些水分所需要的空气量；三是求干燥后的物料量。由于干燥过程进行的完善程度是以在过程前后物料含水量的多少来衡量，所以首先应了解物料中水分含量的表示方法。

一、物料含水量的表示方法

1. 湿基含水量

湿基含水量以湿物料为基准的物料中所含水分的质量分数（用符号 w）表示。

$$w=\frac{\text{湿物料中水分质量}}{\text{湿物料的总质量}}\times 100\% \tag{9-5}$$

生产中通常说的含水量，即指湿基含水量。但湿物料的质量在干燥过程中由于失去水分而不断变化，故不能简单地把干燥前后的湿基含水量相减来计算干燥过程中所失去的水分。

2. 干基含水量

以绝对干的物料为基准的湿物料中的含水量，称为干基含水量，即湿物料中水分质量与绝干物料质量之比，用符号 X 表示，单位为 kg/kg 干料。

$$X=\frac{\text{湿物料中水分的质量}}{\text{湿物料中绝对干物料的质量}} \tag{9-6}$$

由于在干燥过程中绝干物料的质量是不变的，计算中用干基含水量比较方便。两种含水量之间换算关系如下：

$$X=\frac{w}{1-w} \tag{9-7}$$

$$w=\frac{X}{1+X} \tag{9-8}$$

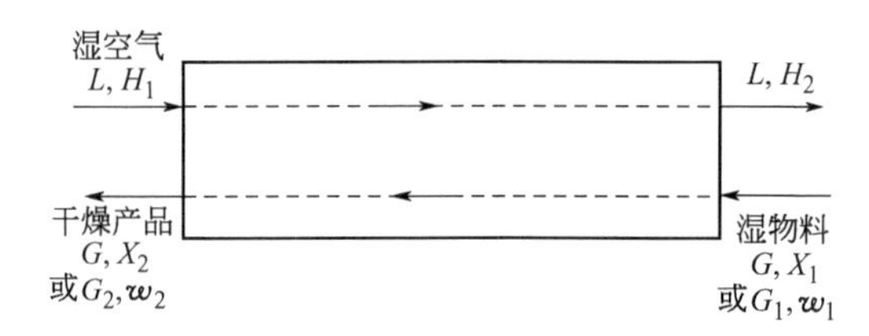

图 9-6　干燥过程物料衡算示意图

【例 9-3】 在 100kg 湿的尿素中，含水分 20kg。分别用湿基和干基表示它的含水量。

解 已知湿物料中水分质量为 20kg，湿物料总质量为 100kg。

（1）根据式(9-5) 得：$w=\frac{20}{100}\times 100\%=20\%$

（2）根据式（9-7）得：$X=\frac{0.2}{1-0.2}=0.25$kg/kg 干料

则：湿基含水量为 20%，干基含水量为 0.25kg/kg 干料。

二、物料衡算

1. 干燥后的物料量 G_2

设 G_c 为湿物料中绝干物料量（kg/s），G_1 为干燥前的湿物料量（kg/s），w_1、w_2 为干燥前后物料的湿基含水量（质量分数）。在干燥过程中无物料损失，则干燥前后的绝干物料质量相等，即：

$$G_c=G_1(1-w_1)=G_2(1-w_2) \tag{9-9}$$

由此得：

$$G_2=G_1\frac{1-w_1}{1-w_2} \tag{9-10}$$

2. 水分蒸发量 W

对干燥器作总物料衡算，得：

$$W=G_1-G_2 \tag{9-11}$$

将式(9-10) 代入式(9-11)，整理得：

$$W=G_1\frac{w_1-w_2}{1-w_2}=G_2\frac{w_1-w_2}{1-w_1} \tag{9-12}$$

若已知干燥前后的干基含水量为 X_1 和 X_2，则水分蒸发量可按下式计算：

$$W=G_c(X_1-X_2) \tag{9-13}$$

【例 9-4】 某糖厂利用一干燥器来干燥白糖，已知每小时处理的湿料量为 2000kg，干燥前后糖中的湿基含水量从 1.27%减少至 0.18%，求每小时蒸发的水分量，以及干燥收率为 90%时的产品量。

解 已知：$G_1=2000\text{kg/h}$，$w_1=0.0127$，$w_2=0.0018$，将各值代入式(9-12) 得：

$$w=G_1\frac{w_1-w_2}{1-w_2}=2000\times\frac{0.0127-0.0018}{1-0.0018}=21.84\text{kg/h}$$

为求实际的产品量，首先应用式(9-10) 求出没有物料损失情况下的理论产品量 G_2：

$$G_2'=G_1\frac{1-w_1}{1-w_2}=2000\times\frac{1-0.0127}{1-0.0018}=1978.16\text{kg/h}$$

因此，实际产品量：$G_2=G_2'\times0.9=1978.16\times0.9=1780.34\text{kg/h}$

3. 空气消耗量

在干燥过程中，湿物料蒸发出来的水分被空气带走，湿物料中水分的减少量应等于空气中水分的增加量，即：

$$W=G_c(X_1-X_2)=L(H_2-H_1) \tag{9-14}$$

式中 L——绝对干空气的消耗量，kg 干空气/s；

H_1，H_2——分别为空气在进干燥器前、后的湿度，kg 水/kg 干空气。

则：

$$\frac{L}{W}=\frac{1}{H_2-H_1} \tag{9-15}$$

式中，$\frac{L}{W}$表示每蒸发 1kg 水分所消耗的空气量，称为单位空气消耗量，单位为 kg 干空气/kg 水分。因为空气在预热器前后的湿度不变，所以预热前空气的湿度 H_0 等于干燥器进口处的湿度 H_1，即 $H_0=H_1$，则上述两公式可改写为：

$$\frac{L}{W}=\frac{1}{H_2-H_0} \tag{9-16}$$

式(9-16) 表明，空气消耗量只与空气的最初和最终的湿度有关，而与所经历的过程无关。在生产量一定的情况下，空气最初状态的湿度越大，则空气的消耗量也越大。由于 H_0 是由空气的初始温度 T_0 和相对湿度 φ_0 决定的，因此在其他条件相同的情况下，空气的消耗量 L 随着 T_0 和 φ_0 的增加而增加。这就是说，在干燥过程中，夏天的空气消耗量比冬天要多。因此，在选择鼓风机时，应该以全年最热月份的空气消耗量为依据。

第四节 对流干燥设备

一、常见对流干燥设备

1. 厢式干燥器

厢式干燥器是常压间歇干燥操作经常使用的典型设备。通常，小型的叫烘厢，大型的叫

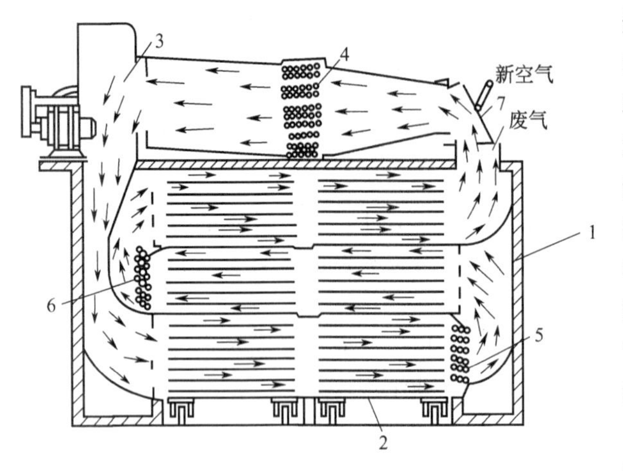

图 9-7　厢式干燥器
1—干燥室；2—小车；3—送风机；
4,5,6—空气预热器；7—蝶形阀

烘房。结构如图 9-7 所示，在外壁绝热的干燥室 1 内有一个带多层支架的小车 2，每层架上放料盘。空气从室的右下角引入，在与空气预热器 4 相遇时被加热。空气按箭头方向从盘间和盘上流过，最后从右上角排出。中间加热器 5、6 的作用是在干燥过程中继续加热空气，使空气保持一定温度。为控制空气湿度，可将一部分吸湿的空气循环使用。

厢式干燥器的优点是结构简单，制造容易，操作方便，适用范围广。由于物料在干燥过程中处于静止状态，特别适用于不允许破碎的脆性物料。缺点是间歇操作，干燥时间长，干燥不均匀，人工装卸料，劳动强度大。尽管如此，它仍是中小型企业普遍使用的一种干燥器。

2. 气流干燥器

气流干燥器利用调整的热气流吹动粉粒状湿物料，使物料悬浮在气流中并被带动前进，在此过程中使物料受热干燥。气流干燥器是目前化工生产中使用较广泛的干燥器。结构如图 9-8 所示，干燥器的主体是一根直立的圆筒形管，称为干燥管。空气由送风机 5 先送到空气预热器 4 加热，然后送到干燥管 8 内。由于热气流高速流动，带动经加料器 3 送进干燥管的湿物料一道流动，在流动过程中实现传质和传热。被干燥的物料经缓冲器 11 和物料下降管 10，随气流进入旋风分离器 7，经分离后进入卸料器 6。废气经过滤器 9 过滤后排空。

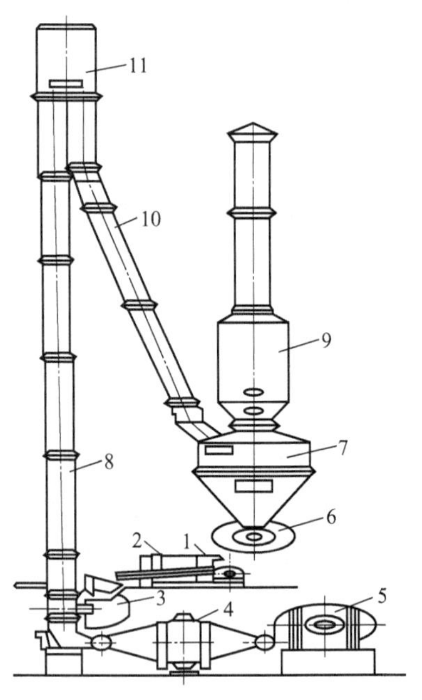

图 9-8　气流干燥器
1—贮斗槽；2—投料器；3—加料器；
4—空气预热器；5—送风机；6—卸料器；
7—旋风分离器；8—干燥管；
9—空气过滤器；10—物料下降管；
11—缓冲器

气流干燥器的主要优点是：①设备紧凑，结构简单，占地面积小；②操作连续而稳定，可完全自动控制；③干燥效率高，热气流以 20～40m/s 的高速运动，使物料均匀、分散地悬浮于热气流中，气固间接触面积大，传热与传质均得到强化，物料停留几秒钟即能达到干燥要求；④生产能力大，一个直径 0.7m、高 10～15m 的干燥管，能承担 1.5t/h 硫酸铵的生产量，即以小设备完成大生产量。

其缺点是：由于物料与壁面以及物料与物料间的摩擦碰撞多，对物料有破碎作用，因此对粉尘回收要求高；不适于易黏结、易燃易爆、有毒和易破碎的物料；由于干燥管过高，安装维修不方便。

3. 沸腾床干燥器

沸腾床干燥器又称流化干燥器，它是固体流态化技术在干燥过程中的应用。

沸腾床干燥器的工作原理是：热气流以一定的速度从沸腾干燥器的多孔分布板底部送入，均匀地通过物料层，物料颗粒在气流中悬浮，上下翻动，形成沸腾状态，气固之间接触面积很大，传质和传热速率显著增大，使物料迅速、均匀地得到干燥。

气流吹动物料层开始松动的速度叫最小流化速度，将物料从顶部吹出的速度叫带出速度。操作时要控制气流速度处于最小流化速度和带出速度之间，使物料经常保持流化状态。

沸腾床干燥器分立式和卧式，立式又有单层和多层。现简单介绍较常用的卧式多室沸腾干燥器，见图 9-9。干燥器外形为长方形，器内用挡板分隔成 4～8 室，挡板下端与多孔分布板之间有一定间隙，使物料可以逐室通过，最后越过出口堰板排出。由于热空气分别通到各室内，可以根据各室含水量的不同来调节需用的热空气量，使各室的干燥程度保持均衡。

与气流干燥器相比，沸腾床干燥器物料在器内停留时间较长，干燥程度较高，热效率如高；空气流速较小，物料磨损较轻；设备高度比气流干燥器低得多，造价较低。但它主要用于处理粒状物料，对易黏结、成团的和含水量较高、流动性差的物料不适宜。

4. 喷雾干燥器

当被干燥物料不是固体颗粒状湿物料，而是含水量（质量分数）75%～80%以上的浆状物料或乳浊液时，就要采用喷雾干燥。喷雾干燥器（见图 9-10）用喷雾器将液状的稀物料喷成细雾滴分散在热气流中，使水分迅速蒸发来达到干燥的目的。操作时，高压的浆料从喷嘴呈雾状喷出，雾状浆料较均匀地分布于干燥室中，热空气从干燥室的上端进入，把汽化的水分带走。经过滤器回收所带的粉状物料后，从废气排出管排出。干燥物料下降后由螺旋卸料器送出。通常喷出的雾滴直径为 10～60μm，每升溶液具有 100～600m^2 的蒸发面积。因此，所需的干燥时间极短。

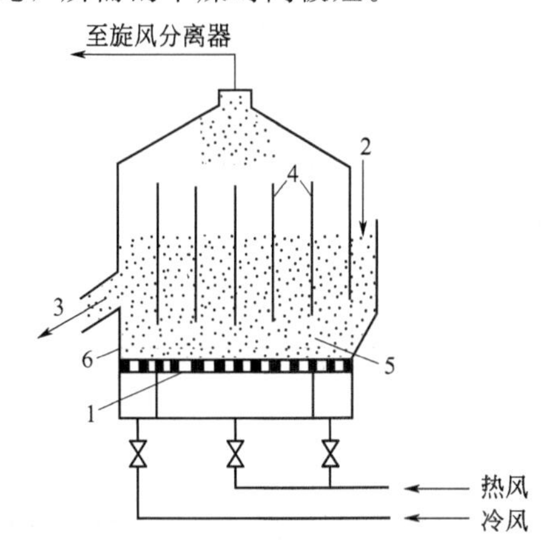

图 9-9　卧式多室沸腾床干燥器
1—多孔分布板；2—加料器；3—出料口；4—挡板；5—物料通道；6—出口堰板

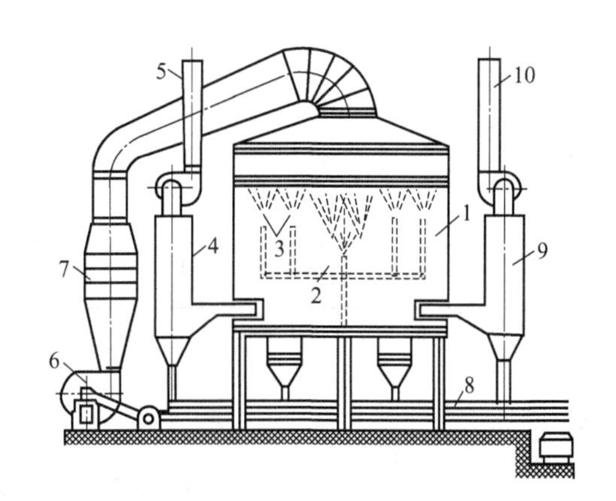

图 9-10　喷雾干燥器
1—操作室；2—旋转十字管；3—喷嘴；4,9—过滤器；5,10—废气排出口；6—送风机；7—空气预蒸器；8—螺旋卸料器

喷雾干燥器的优点是干燥速率快，干燥时间极短，因此特别适用于牛奶、蛋粉、洗涤剂、染料、抗菌素、血浆精制胶、酵母、热敏性物料等；并可从料液中直接获得粉末状产品，省去了蒸发、结晶、分离等过程；其操作稳定，可连续生产，便于实现自动化。但此种设备容积较大，耗能大，热效率较低。

此外，真空耙式干燥器和转筒干燥器也曾被广泛使用，但近来已逐步被新型干燥器所替代，本书不作具体介绍。

二、干燥器的比较和选择

干燥器的种类很多，实际生产中如何选用，主要应根据物料性质、产品质量和生产能力来确定。选择干燥器时，首先根据被干燥物料的性质和工艺要求选用几种可用的干燥器，然后通过对所选的干燥器的基建费和操作费进行经济核算、比较，最后确定一种较合适的干燥器。一般对干燥器有如下要求：

① 保证产品的工艺要求，如能达到指定的干燥程度，干燥质量均匀等。

② 干燥速率快，这样设备的生产能力高，可以减小设备尺寸、缩短干燥时间；

③ 干燥器的热效率高，从而可降低干燥作业的能耗。

④ 干燥系统的液体阻力要小。

⑤ 操作控制方便，劳动条件良好，附属设备简单。

通常，间歇操作的干燥器生产能力低、笨重，由于物料层是静止的，只适合于干燥小批量或多品种的产品，而不适合现代大工业生产的要求。连续操作的干燥器可以缩短干燥时间，提高产品质量，操作稳定，容易控制。对高温不太敏感的块状和散粒状物料的干燥主要用转筒干燥器。干燥液状或浆状物料常用喷雾干燥器。真空干燥器适用于不宜用常压干燥器来干燥的容易氧化的有爆炸危险性的，或产生有毒蒸气的物料。表 9-1 可作为选择干燥器的参考。

表 9-1　干燥器选型参考表

物料		干燥器						
		气流	沸腾床	喷动床	喷雾	转筒	厢式	红外线
溶液	无机盐类、牛奶、萃取液、橡胶等	E	D	E	A	E	E	B
泥浆	颜料、纯碱、洗涤剂、碱石灰、高岭土等	C	C	C	A	E	D	B
膏糊状	滤饼、沉淀物、淀粉、染料等	C	C	C	D	C	A	B
粒径 100 目以下	离心机滤饼、颜料、黏土、水泥等	D	D	A	B	A	A	B
粒径 100 目以上	合成纤维、结晶、矿砂	A	A	A	E	A	A	B
特殊形状	陶瓷、砖瓦、木材、填料等	E	E	E	E	E	A	A
薄膜状	塑料薄膜、玻璃纸、纸张、布匹等	E	E	E	E	E	E	A
片状	薄板、泡沫塑料、照相底片、印刷材料等	E	E	E	E	E	A	A

注：A—适合；B—经费许可时才适合；C—特定条件下适合；D—适当条件下可应用；E—不适合。

本章小结

干燥是利用加热除去固体物料中水分或其他溶剂的单元操作。本章主要介绍了干燥的概念、分类；湿空气的性质（湿度、相对湿度、湿球温度、干球温度等）；湿空气的湿度图；物料含水量的表示方法；物料中所含水分的性质；常用干燥的结构、性能、各类干燥器的比较和常用干燥器的选择。

阅读材料

真空冷冻干燥花的实践

经过干燥、保色加工整理而成的干燥花，既存鲜花之形、色、资、韵，又似假花之经久不调，越来越受到人们的喜爱，它非常适合于光线较暗的咖啡厅、酒店以及家庭装饰。真空冷冻干燥是近年兴起的干燥花卉的新方法，用此干燥技术干燥较大的花朵植株，能够基本保持干燥花的形状、色泽和芳香，无污染，具有深入研究的前景。

真空冷冻干燥是先将物料冻结到共晶点温度以下，使物料中的水分变成固态的冰，然后在适当的真空度下，使冰直接升华为水蒸气；再用真空系统中的水汽凝结器（捕水器）将水蒸气冷凝，从而获得干燥制品的技术。冷冻干燥过程分为预冻、升华干燥、解析干燥 3 个过程。

1. 预冻过程

预冻是植株在冻结干燥之前，作为单独的操作，用一般的冻结方法预先将鲜花冻成一定的形状。在真空冷冻干燥中，材料冻结的最高温度是影响冻干产品质量及能耗的重要因素。预冻温度必须低于共晶温度，否则会造成产品表面起泡、制品收缩等不良现象发生。一般情况下，制品冷冻的最低温度低于共晶温度 5～10℃即可。但冻结温度也不能制定过低，否则，就会出现投资大、能耗高等问题。

2. 升华干燥过程

要维持升华干燥的不断进行，必须满足两个基本条件，即热量的不断供给和生成蒸汽的不断排除。干燥过程是由周围逐渐向内部中心干燥的，干燥过程中的传热驱动力为热源与升华界面之间的温差，而传质驱动力为升华界面与冷阱之间的蒸汽分压差：温差越大，传热速率就越快；蒸汽分压差越大，传质速率就越快。

3. 解析干燥过程

解析干燥是升华干燥之后，去除分布在物料的基质内以游离态或结合水形式存在水分的过程。物料的解析干燥一般要依靠比升华温度高得多的温度来完成。

高温低压有利于解析干燥进行，对解析干燥时间不占主要地位的物料干燥，如冷冻的番茄片，其中可以冻结成冰的结构水和大量游离水，约占 95%，解析干燥时间很短，冻干周期主要取决于升华干燥时间。这时，提高干燥速率的考虑措施就应以升华干燥为主。

真空冷冻干燥花的特点：

① 原料来源广泛，到目前为止，世界各国经常使用的干燥花植物种类约有 2000～3000 种。

② 姿态自然质朴，不仅具有植物的自然风韵，而且最大限度地保持了植物固有的形状和色泽。

③ 使用管理方便，不仅可以在较长的时间里保持其形态和色彩，而且贮存、销售期长。

④ 复水性能好，食用花复水之后，可保持其原有的美丽形状，引起人们的食欲。

⑤ 它的收缩率远远小于采用其他方法干燥得到的干燥花，能够最大限度地保持新鲜时的形态。

⑥ 冷冻干燥设备投资费用较大，操作费用较高，导致其成本高。

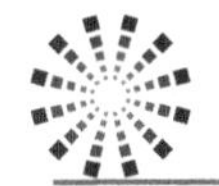

思考题与习题

9-1 去湿方法有哪几类？各有什么特点？

9-2 干燥有几种方式？各有什么优缺点？

9-3 湿空气的性质有哪些？

9-4 什么叫空气的湿度和相对湿度？二者对空气所含水量的表示有何不同？彼此又有何联系？

9-5 什么叫湿球温度和露点？对干燥有何意义？

9-6 物料含水量有哪些表示方法？其含意是什么？写出它们的换算式。

9-7 写出水分蒸发量的计算式。

9-8 为什么在干燥过程中，在同样条件下，夏天的空气消耗量比冬天要多?

9-9 干燥器应具备哪些条件?按加热方式干燥器分哪几类?

9-10 厢式干燥器有哪些优缺点?适用于什么场合?

9-11 气流干燥器的特点是什么?

9-12 绘图说明流化床干燥器的基本结构，并说明干燥器的优缺点。

9-13 试说明喷雾干燥的特点，它适用什么场合?

9-14 如何选择干燥器?

9-15 测得湿空气在温度为 313K、总压为 101.3kPa 下，水蒸气的分压为 6.7kPa，试求湿空气的绝对湿度和相对湿度。

9-16 已知在温度 323K、总压为 101.3kPa 下，空气的相对湿度为 70%，试求绝对湿度。

9-17 在 100kg 湿尿素中，含水 20kg。试求以湿基和干基表示的含水量。

9-18 某干燥器中，物料的湿含水量从进口的 35%减到 5%，试求以干基计算含水量的变化。

9-19 某干燥器每小时干燥湿物料为 1200kg，湿、干物料中的湿基含水量为 50%和 10%。求汽化的水分量和干燥收率为 95%时的产量。

9-20 用一干燥器来干燥硫铵，已知干燥前的含水量分别为 0.059kg 水/kg 干料和 0.03kg 水/kg 干料。试求每小时处理 12500kg 湿料时蒸发的水量。

9-21 有一干燥器每小时干燥的物料湿基含水量由 40%降到 5%。空气的初始状态是：温度 293K，相对湿度 60%，经预热器加热至 393K 后进入干燥器。设空气离开干燥器时的温度为 313K，相对湿度为 80%。试求：(1) 水分蒸发量；(2) 空气消耗量；(3) 干燥后的产品产量。

第十章　冷　　冻

学习目标

1. 掌握冷冻、冷冻能力、冷冻系数的概念；压缩蒸汽冷冻机的工作过程及其主要设备。

2. 理解冷冻的实质；冷冻剂和载冷体；多级压缩蒸汽冷冻机。

3. 了解冷冻在工业上的作用。

冷冻，又称制冷，是人为地将物料的温度降低到比周围空气和水的温度还要低的温度的操作。把热水放在空气中冷却成常温水，这不是制冷，只有把水变成低于常温的水或冰，才称为制冷。冷冻是化工生产中不可缺少的单元操作。

在化学工业中和其他国民经济部门中广泛地应用着冷冻操作。例如，在化学工业中冷冻操作应用于蒸气的液化、气体的液化和分离，在低温下精馏、结晶或化学反应等；在食品工业中，用于冷饮品的制造、食品的冷藏等；在建筑工业中，用于空气的调节和土壤的冻结等。

冷冻过程的实质就是由压缩机做功，通过工质（冷冻剂）从低温热源取出热量，送到高温热源。这一过程类似用泵将水从低处送到高处，所以，有些技术资料中把冷冻机称为热泵。

第一节　压缩蒸气冷冻机

一、压缩蒸气冷冻机的工作过程

1. 压缩蒸气冷冻机的工作过程

在冷冻操作中，热量必须由低温物体传递到高温物体。但是从热力学第二定律知道，热量不能自动从低温物体传递到高温物体。因此，必须从外界补充能量，并且利用冷冻剂间接地来完成冷冻操作。最常用的冷冻剂是氨。用于补充能量的压缩机，称为冷冻机或冰机。

冷冻机的种类很多，但工业上应用最广泛的是压缩蒸气冷冻机。压缩蒸气冷冻机的冷冻循环如图 10-1 所示，其主要设备包括压缩机、冷凝器、膨胀阀和蒸发器。压缩蒸气冷冻机通常在下述情况下进行循环操作：

氨在进入压缩机时是干饱和蒸气；经过压缩机，压力和温度同时升高，变成过热蒸气；通过冷凝器，被冷凝、冷却成过冷液体；再通过膨胀阀，压力和温度同时下降，并部分汽化，成为气液混合物；最后经过蒸发器，从被冷冻物料（或冷冻盐水）取得热量，全部变成干饱和蒸气，然后开始新的循环。这种操作过程称为有过冷的干法操作。

氨同其他一些常用的冷冻剂都具有一个很重要的特性，即临界温度高（如氨的临界温度

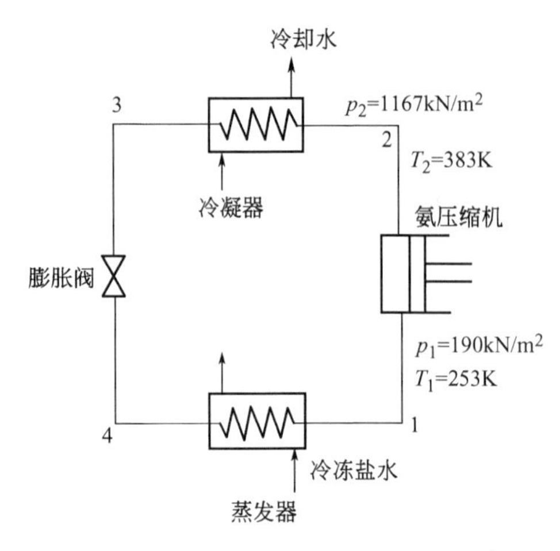

图 10-1 压缩蒸气冷冻机

是405.6K)。所以，可以在不太高的压力下（如氨在1000～1400kPa）用普通水使它冷凝成液态。此外，又能在接近常压下，使之汽化而获得低温。

在图10-1中，液氨在190kPa的压力下蒸发，蒸发温度为253K，蒸发时由被冷冻物料（或氯化钙、氯化钠溶液等冷冻盐水）取得热量，从而使被冷冻物料降温。汽化后的氨再进入压缩机，压缩机对氨加压做功，使氨的压力和温度升高。如为绝热压缩过程，则氨的压力提高到1167kPa，温度将达到383K左右。在冷凝器中用水将此气体冷却到303K，可使之冷凝成液氨，并进一步过冷到298K左右。然后经过一个膨胀阀（节流阀），压力降到190kPa，相应地温度降到253K，再送到蒸发器中吸取被冷冻物料的热量而蒸发。在整个冷冻循环过程中，氨作为工质（冷冻剂），完成由低温的被冷冻物料不断吸取热量转交给高温物料（冷却水）的任务。

2. 冷冻系数

冷冻系数是评价冷冻循环优劣、循环效率高低的指标。它是冷冻剂自被冷物料所吸取的热量与消耗的外功或消耗外界热量之比，用符号 ε 表示。

$$\varepsilon=\frac{Q_1}{N}=\frac{Q_1}{Q_2-Q_1} \tag{10-1}$$

式中 Q_1——从被冷物料中取出的热量，kJ；

N——冷冻循环中所消耗的机械功，kJ；

Q_2——传给周围介质的热量，kJ。

式(10-1)表明，冷冻系数表示每消耗单位功所制取的冷量，对于给定的操作温度，冷冻系数越大，则循环的经济性越高。

研究结果证明，当过程为逆行卡诺循环，即为理想的工作过程时，冷冻系数为最大，式(10-1)可写成

$$\varepsilon=\frac{Q_1}{Q_2-Q_1}=\frac{T_1}{T_2-T_1} \tag{10-2}$$

式中 T_1——蒸发温度，K；

T_2——冷凝温度，K。

由式(10-2)可见，对于理想冷冻循环来说，冷冻系数只与冷冻剂的蒸发温度和冷凝温度有关，与冷冻剂的性质无关。冷冻剂的蒸发温度越高，冷凝温度越低，冷冻系数越大，表示机械功的利用程度越高。实际上，蒸发温度和冷凝温度的选择还受别的因素的约束，需要进行具体的分析。

二、冷冻能力、冷冻剂和载冷体

1. 冷冻能力

冷冻能力表示一套冷冻循环装置的制冷效应，即冷冻剂在单位时间内从被冷冻物料中取出的热量，又叫制冷量。用符号 Q_1 表示，单位是W或kW。由于冷冻剂在吸收热量时，有

的以单位质量计，有的以单位体积计，因而冷冻能力有不同的表示法。

（1）单位质量冷冻剂的冷冻能力　单位质量冷冻剂的冷冻能力是指每千克冷冻剂经过蒸发器时，从被冷冻物料中取出的热量，用符号 q_w 表示，其单位为 kJ/kg。

$$q_w=\frac{Q_1}{G}=I_1-I_4 \tag{10-3}$$

式中　G——冷冻剂的质量流量或循环量，kg/s；

I_1，I_4——分别为冷冻剂离开、进入蒸发器的焓，kJ/kg。

（2）单位体积冷冻剂的冷冻能力　单位体积冷冻剂的冷冻能力是指每立方米进入压缩机的冷冻剂蒸汽的冷冻能力，用符号 q_V 表示，单位为 kJ/m^3，由下式计算

$$q_V=\frac{Q_1}{V}=\frac{q_w}{v}=\frac{I_1-I_4}{v} \tag{10-4}$$

式中　V——为进入压缩机的冷冻剂的体积流量，m^3/s；

v——为冷冻剂蒸汽的比容，m^3/kg。

冷冻能力的两种表示法分别应用于不同场合。其中 q_V 对确定压缩机汽缸的主要尺寸有着决定性的意义，表 10-1 给出氨的冷冻能力值；而 q_w 用于计算冷冻剂的循环量十分方便。

表 10-1　氨的单位容积冷冻能力（q_V）　　kcal①/m^3

蒸发温度℃	过冷温度/℃										
	−20	−15	−10	−5	0	5	10	15	20	25	30
0	1116.2	1097.4	1078.1	1059.8	1040.8	1021.7	1002.5	983.1	963.6	943.9	924.1
−5	928.1	912.5	896.8	881.1	865.2	849.2	833.1	816.9	800.7	784.2	767.7
−10	766.0	753.1	740.1	727.0	713.8	700.6	687.2	673.9	660.3	646.7	633.0
−15	627.0	616.3	605.6	594.9	584.1	573.2	562.3	551.2	540.1	528.9	517.6
−20	508.8	500.1	491.4	482.6	473.8	464.9	456.0	447.0	437.9	428.9	419.5
−25	409.2	402.1	395.1	388.0	380.9	373.7	366.4	359.2	351.8	344.4	336.9
−30	325.8	320.2	314.5	308.8	303.1	297.4	291.6	285.8	297.9	274.0	268.0

① 1kcal=4.1868kJ。

（3）冷冻能力的计算　对于一定型号的单级往复式冷冻压缩机，其冷冻能力可用下式计算：

$$Q_1=\lambda V_p q_V \tag{10-5}$$

式中　V_p——压缩机的理论送气能力，即活塞所经过的体积，m^3/s；

λ——为压缩机的送气系数，对于以氨为冷冻剂的 λ 值，可由图 10-2 查得。

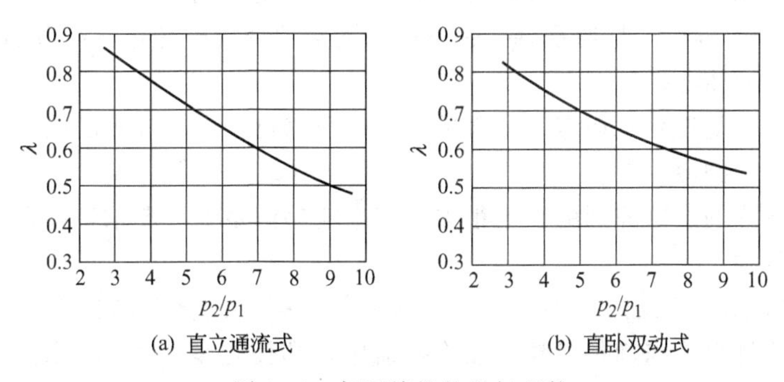

图 10-2　氨压缩机的送气系数

由式(10-3) 可知，凡影响 λ、V_p、q_V 的因素对 Q_1 都会有影响。对于已经选定的压缩机和冷冻剂，影响 q_V 的主要因素是蒸发温度 T_1，和冷凝温度 T_2。当 T_1 降低，相应的压强 p_1 也降低，使密度减小，比容 v 增大，q_V 则减小；同时压缩比 p_2/p_1 增大，λ 减小，而使冷冻能力降低。当 T_2 升高时，相应 p_2 也增大，使 p_2/p_1 增大，λ 减小，也使冷冻能力下降。

【例 10-1】 立式氨压缩机的理论送气能力为 $4m^3/min$，蒸发温度为 253K，冷凝温度为 298K，过冷温度为 293K。求此压缩机的冷冻能力和循环量。

解 (1) 求冷冻能力

根据 $T_1=253K$ 及 $T_2=298K$，由附录二十一分别查得：

$$p_1=190.226,\ p_2=1002.77，则压缩比：\frac{p_2}{p_1}=\frac{1002.77}{190.226}=5.27$$

根据压缩比由图 10-2(a) 查得送气系数：$\lambda=0.69$

根据 $T_1=253K$ 及 $T_s=293K$，查表 10-1 得：$q_V=437.9kcal/m^3=1833kJ/m^3$

则：

$$Q_1=\lambda V_p q_V=84.32kW$$

(2) 求氨的循环量

据 $T_1=253K$，查附录二十一得 $\rho=1.603kg/m^3$

则：

$$G=\frac{V}{v}=V\rho=\lambda V_p\rho=0.69\times\frac{4}{60}\times1.603=0.0737kg/s$$

2. 冷冻剂

冷冻剂是冷冻循环中将热量从低温传向高温的媒介物，冷冻剂的性质对确定冷冻机的大小及其结构、材料等有着重要的影响。因而在压缩蒸气冷冻机中，应当根据具体的操作条件慎重选用适宜的冷冻剂。

(1) 冷冻剂应具备的条件　对往复式压缩机所用的冷冻剂，基本要求如下：

① 在常压下的沸点要低，这是首要条件。例如，工业上常用的液氨，常压下沸点约为 240K，液态乙烷的沸点为 183K。

② 在蒸发温度 T_1 时的汽化潜热应尽可能大，蒸气比容小，单位体积冷冻能力大。这样，在一定冷冻能力下，所使用冷冻剂的循环量可以小，以缩小压缩机汽缸尺寸和降低动力消耗。

③ 在蒸发温度 T_1 时的蒸气压强 p，应略高于或接近于大气压强。这样，可以防止空气吸入，以避免正常操作受到破坏。

④ 在冷凝温度 T_2 时的饱和蒸气压 p_2 不太高，这样可以降低压缩机的压缩比（p_2/p_1）和功率消耗，并避免冷凝器和管路等因受压过高使结构复杂化。

⑤ 无腐蚀性、无毒性不易燃易爆，也不会与润滑油形成破坏正常润滑的化合物。

⑥ 来源广泛，价格便宜。

以上要求是对往复压缩机而言，如果采用离心压缩机，大量气体的循环对操作有利，则应当选用比容比较大的冷冻剂。

(2) 常用的冷冻剂　冷冻剂的种类很多，基本能够满足上述要求，并在工业上广泛采用的冷冻剂有以下几种：

① 氨　目前应用最广泛的一种冷冻剂，从操作压强、汽化潜热和单位体积冷冻能力等几个方面来说，比许多冷冻剂都优越。在冷凝器中，即使当夏天冷却水温度很高的情况下，其操作压强也不超过 1600kPa，而在蒸发器中，当蒸发温度低达 240K 时，蒸发压强也不低

于大气压，空气不会渗入。氨的单位体积冷冻能力仅次于二氧化碳，因此在一定冷冻能力下，压缩机汽缸尺寸较小。氨还具有来源广泛、漏气时容易发现等优点。缺点是有毒，有强烈的刺激性和可燃性，与空气混合时有爆炸的危险，对铜和铜合金有腐蚀性等。

② 二氧化碳　其主要优点是单位体积冷冻能力属各种冷冻剂之首。因此，在同样冷冻能力下，压缩机的尺寸最小，因而在船舶冷冻装置中广泛采用。二氧化碳还具有无毒、无腐蚀、使用安全等优点。缺点是冷凝时的操作压强过高，一般为 6000～8000kPa，蒸气压强一般在 530kPa 以上，否则将固态化。

③ 氟里昂　它是一种烷烃的氟氯衍生物。常用的有氟里昂-11（$CFCl_3$）、氟里昂-12（CF_2Cl_2）、氟里昂-13（CF_3Cl）、氟里昂-22（CF_2Cl_2）和氟里昂-113（$C_2F_3Cl_3$）等。在常压下氟里昂的沸点因品种不同而不同，其中最低的是氟里昂-13，为 191K；最高的是氟里昂-113，为 320K。这类冷冻剂的缺点是汽化潜热小，单位体积冷冻能力比氨小，因而冷冻循环量较大，消耗功率也多，本身的价格也比较贵。但由于它有无毒、无味、无燃烧爆炸危险等突出优点，过去一直广泛应用在电冰箱一类的冷冻装置中。

必须指出，作为冷冻剂使用的氟里昂，最后都挥发到空气中。人们发现这类化合物对臭氧层有破坏作用，近年来对其进行限制使用，并寻找可替代的冷冻剂取而代之。

④ 碳氢化合物　一些碳氢化合物也可用作冷冻剂，如乙烯、乙烷、丙烯、丙烷等。它们的优点是凝固点低，对金属不腐蚀、价格便宜，容易获得，且蒸发温度范围很宽，可分别满足高、中、低温冷冻的需要其缺点是有可燃性，与空气混合时有爆炸危险。因此，使用这类冷冻剂时，必须保持蒸发压强在大气压强以上，防止空气漏入而引起爆炸。目前，主要用于石油化工厂的冷冻装置。

3. 载冷体

在冷冻操作中有两种系统：一种是用冷冻剂直吸取被冷冻物料的热量，以达到所要求的低温，称为直接制冷系统；另一种是用一种盐类的水溶液作为载冷体，使其在被冷冻物料和冷冻剂之间循环，从被冷冻物料中吸取热量再传给冷冻剂，这样的操作系统称为间接制冷系统。

（1）对载冷体的要求　载冷体应具备以下条件：

① 在操作温度范围内保持液态，其凝固点比冷冻剂的蒸发温度要低，其沸点应高于最高操作温度，沸点越高越好。

② 比热容大，载冷量也大。在传送一定冷量时，其流量就小，可减少泵的功耗。

③ 其蒸气与空气混合不燃烧，无爆炸危险性。

④ 不腐蚀设备和管道。

⑤ 来源充足，价格低廉。

（2）常用的载冷体

① 水是一种很理想的载体，具有比热容大、腐蚀小等优点。适用于 273K 以上的冷冻循环，例如空调装置。

② 冷冻盐水常用氯化钠、氯化钙或氯化镁配制盐水溶液，通常称冷冻盐水。盐水的一个重要性质是凝固点取决于其浓度。在一定的浓度下有一定的凝固点，浓度增大则凝固点下降。为了保证操作的顺利进行，必须合理地选择浓度，以使冻结温度低于操作温度。一般使盐水冻结温度比系统中冷冻剂蒸发温度低 10～13K 为宜。如果盐水浓度过大，冻结温度虽偏低，但因盐水密度增加而使功耗加大。

盐水对金属有腐蚀作用，可在盐水中加入少量的铬酸钠或重铬酸钠以减缓腐蚀作用。

③ 有机物，如二氯甲烷、三氯乙烯和一氟三氯甲烷等，也可作载冷体。有机载冷体的凝固点都低，适用于低温装置。

三、多级压缩蒸气冷冻机

1. 单级压缩蒸气冷冻机的适用范围

当蒸发温度很低，或冷凝温度很高时，压缩比 p_2/p_1 就变得很大，如仍用单级压缩，就会引起以下的不良后果：

① 送气系数很低，甚至等于零。

② 单级压缩的终温很高，冷冻剂蒸气可能分解。例如，氨在高于 393K 时会分解。

③ 所需的功率大为增加。

因此，当冷凝温度 T_2 与蒸发温度 T_1 之差较大，也就是压缩比较大时，应该采用两级或多级压缩。T_2 由水温决定，变化不大；而 T_1 则随工艺条件变化，范围较大。所以，通常根据 T_1 来决定是否需用多级压缩。例如，在氨冷冻机中，当 T_1 低于 243K 时，应该采用两级压缩；当 T_1 低于 228K 时，应该采用三级压缩。

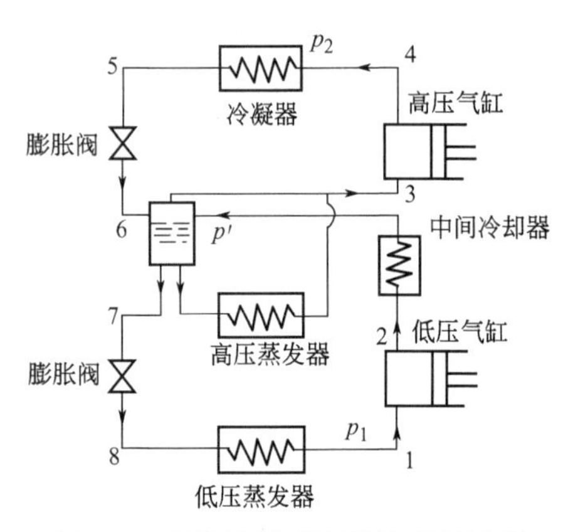

图 10-3　两级压缩蒸气冷冻机的流程

2. 两级压缩蒸气冷冻机

图 10-3 是最常用的一种两级压缩蒸气冷冻机的流程。

低压汽缸吸入压力为 p_1 的干饱和蒸气（点 1），压缩至压力为 p'（点 2），排出的过热蒸气在中间冷却器中用水冷却至接近点 3 的温度后，进入分离器中。在分离器中，蒸气与同一压力 p'下的饱和液体相接触，将其过热部分的热量传给饱和液体，使部分液体蒸发，从而保证了进入高压汽缸的蒸气是温度较低的干饱和蒸气（点 3）。

蒸气经过高压汽缸压缩到压力 p_2（点 4），然后进入冷凝器中冷却并过冷（点 5）。再经过膨胀阀节流膨胀到压力 p'（点 6）进入分离器中。膨胀后的蒸气与低压汽缸送来的经过冷却的蒸气以及液体中部分蒸发出来的蒸气一同进入高压汽缸中。

分离器中的液体，一部分经高压蒸发器吸热蒸发后进入高压汽缸，另一部分经膨胀阀，由中间压力 p'（点 7）节流膨胀到压力 p_1（点 8），再开始另一次循环。

两级压缩冷冻循环流程有如下特点。

① 降低了每级出口蒸气温度，减少了压缩功，有利于提高冷冻系数。

② 流程中采用了两次节流膨胀，还设置了中间冷却器和分离器。其中分离器不仅起气液分离作用，且有中间冷却器的作用，使蒸气以较低温度的干饱和蒸气进入高压汽缸。分离器电的液体以不同的压强分别进入高、低压蒸发器，使冷冻剂在两种不同的温度下工作，这对于要求两种不同冷冻温度时更适用。

采用多级压缩，可以降低功的消耗，而且级数越多，功耗越小。但随着级数的增加，压缩机的结构更复杂，设备费和维修费也随之增加，因此，要根据具体情况选择适宜的级数。

3. 复叠式冷冻机

在工业生产特别是石油化工生产中，往往要在低于 173K 下操作。为了获得更低的温度，采用单一冷冻剂的多级压冷冻机，将受到蒸发压强过低或冷冻剂凝固的限制。

为了满足生产的需要，获得更低的温度，工业上采用复叠式冷冻机。所谓复叠式冷冻机，就是将两种不同的冷冻剂的冷冻循环组合在一起工作。用一个蒸发冷凝器，将两个循环联系起来，这个蒸发冷凝器是高温冷冻剂的蒸发器，又是低温冷冻剂的冷凝器。这样，在循环中，低温冷冻剂从被冷物料吸收的热量，先传给了高温冷冻剂，而后再由高温冷冻剂传给环境或冷却介质。由氨和氟里昂组成的复叠式冷冻机流程如图 10-4 所示。

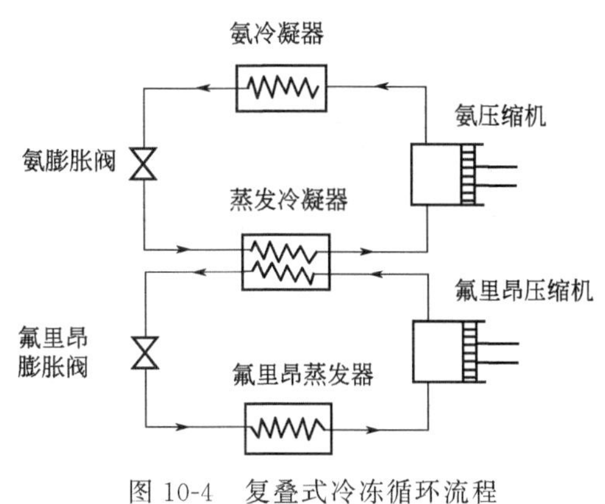

图 10-4 复叠式冷冻循环流程

高温冷冻剂为氨，它的蒸发温度为 243K，冷凝温度为 298K；低温冷冻剂是氟里昂-13，它的蒸发温度为 193K，冷凝温度为 248K。

复叠式冷冻循环每台压缩机的工作范围较适中，压缩机的输气量减少，送气系数有所提高，因而冷冻系数较两级压缩为高。当蒸发温度在 193K 以下时，应采用复叠式冷冻循环，而蒸发温度在 193～213K 时，复叠式和两级压缩循环都可采用。

第二节 压缩蒸气冷冻机的主要设备

压缩蒸气冷冻机的主要设备是压缩机、冷凝器、蒸发器和膨胀阀。此外，还有油分离器、气液分离器等辅助设备，以及用来控制与计量的仪表等。

一、压缩机

制冷操作中所使用的压缩机，称为冷冻机。冷冻机可以根据冷冻能力大小分为三类：冷冻能力在 120kW 以下的属于小型冷冻机；120～1000kW 的属于中型冷冻机；大于 l000kW 的属于大型冷冻机。

目前，在工业上采用的冷冻机有往复式和离心式两种。往复式冷冻机有横卧双动式、直立单功多缸通流式以及汽缸互成角度排列等不同形式。其应用比较广泛，主要用于蒸气比容比较小、单位体积冷冻能力大的冷冻剂制冷。而蒸气比容大、单位体积冷冻能力小的冷冻剂，就要使用离心式冷冻机来制冷。

二、冷凝器

冷冻装置中的冷凝器多采用蛇管式、套管式、排管式、喷淋式和列管式换热器。

小型冷冻机常用蛇管式冷凝器。冷冻剂在管内冷凝，冷却水在管外流动。其传热系数 $K=0.17\sim0.25\text{kW}/(\text{m}^2\cdot\text{K})$。

套管式冷凝器的环隙中流动的是冷冻剂，内管中是冷却水，大多采用逆流流动。其传热系数 $K=0.7\sim0.9\text{kW}/(\text{m}^2\cdot\text{K})$。

喷淋式冷凝器的特点是冷却水喷淋在管子的外壁或内壁，形成膜状流动。外壁喷淋冷却水的喷淋式冷凝器的传热系数 $K=0.7\sim1.0\text{kW}/(\text{m}^2\cdot\text{K})$。内壁喷淋冷却水的蒸发吸热，可以提高冷凝器的传热速率。其传热系数 $K=0.7\sim0.95\text{kW}/(\text{m}^2\cdot\text{K})$。

三、蒸发器

冷冻装置中常用的蒸发器多采用蛇管式和列管式换热器。蛇管式蒸发器的构造简单、操作安全，多用在小型冷冻机中。其传热系数 $K=0.25\sim0.3\text{kW}/(\text{m}^2\cdot\text{K})$。大中型冷冻机多采用直立或水平列管式蒸发器。其中水平式蒸发器紧凑、价廉，但传热速率不如直立列管式。

图 10-5 所示为一台竖管蒸发器。其蒸发面由直立的列管所组成，由两组横卧的总管，直径较大的循环管和直径小的弯曲管相连而成管组。整个管组放在矩形槽内。操作时，液态冷冻剂充满下部总管和各竖管的大部分空间。

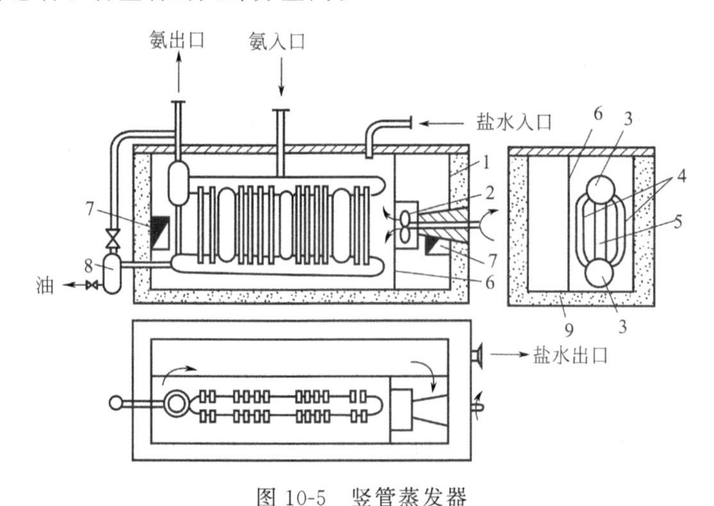

图 10-5　竖管蒸发器

1—槽；2—搅拌器；3—总管；4—弯曲管；5—循环管；6—挡板；7—挡板上的孔；8—油分离器；9—绝热层

由于弯曲管中液体蒸发较剧烈，液体由弯曲管上升，从循环管下降，形成自然循环。汽化后的冷冻剂蒸气经气液分离器后，被压缩机抽走。冷冻盐水在槽内，借螺旋桨搅拌器的作用而循环流动。竖管蒸发器的传热系数 $K=0.50\sim0.65\text{kW}/(\text{m}^2\cdot\text{K})$。

四、膨胀阀

膨胀阀也叫节流阀，常用针孔阀。它的作用是使来自冷凝器的液态冷冻剂发生节流效应，以达到减压降温的目的。因液体的蒸发温度随压力的降低而降低，冷冻剂减压后在蒸发器中可以在低温下汽化。此外，膨胀阀还有调节冷冻剂循环量的作用，在操作中要严格准确控制。

本章小结

冷冻，又称制冷，是人为地将物料的温度降低到比周围空气和水的温度还要低的温度的操作。冷冻是化工生产中不可缺少的单元操作。本章主要介绍了冷冻的概念，冷冻剂的特点及选择，载冷体的特点及选择；压缩蒸气冷冻机的循环操作过程；冷冻能力的概念及计算；制冷量概念；压缩蒸气冷冻机的主要设备（压缩机、冷凝器、蒸发器和膨胀阀）。

阅读材料

冷冻疗法

冷冻疗法又称低温疗法。用能迅速产生超低温的机器，在病变部位降温，使病变组织变性、坏死或脱落，以达到治疗的目的。

液氮是目前冷冻治疗中应用最广的冷冻剂，它沸点低（−196℃），使用安全，来源广泛。此外还有氧化亚氮、固态二氧化碳、氟里昂、高压氧、液态氧、笑气等也可作为医用冷冻剂。临床上用于治疗肿瘤的冷冻机有液氮冷冻机、高压氧气“冷刀”、热电制冷仪等。目前用于临床的冷冻方法大致有5种：

① 接触冷冻　冷冻头置于肿瘤表面轻轻加压冷冻。

② 插入冷冻　将针形冷冻头插入肿瘤内，以达较深部位肿瘤的治疗。

③ 漏斗灌入　如将液氮通过漏斗灌入癌腔。

④ 直接喷洒　如将液氮直接喷在病变区，适用于表面积大而高低不平的弥散性浅表肿瘤。

⑤ 棉拭子或棉球浸蘸法　如血管瘤、乳头状瘤；白斑、疣等，选用相应大小的消毒棉签，浸足液氮，即直立接触病灶，由于冷冻范围和深度易控制，愈合后疤痕轻薄。

目前冷冻治疗在临床上主要用于皮肤、头颈、五官、直肠、宫颈、膀胱和前列腺等浅表或易于直接接触部位的肿瘤。近年来对肝、肺、肾、胰等内脏肿瘤的冷冻治疗也在积极探索中。冷冻治疗肿瘤的最显著特点是能在特定区域内快速达到极度低温，造成一个周界明确、范围可预测的冷冻坏死区。冷冻治疗的操作比较安全，简便而无疼痛，禁忌症少，无出血或很少出血；冷冻后组织反应较轻，修复快，疤痕愈合良好，疮面无须植皮，很少遗留功能障碍。即使靠近肿瘤区的大血管和神经被冷冻，解冻后大血管常可以复通而不破裂，一定条件下大多无永久性神经麻痹。冷冻还可能产生免疫作用，以及通过冷冻防止手术中癌细胞的扩散，冷冻治疗浅表肿瘤，不仅能消灭瘤体而且能最大程度地保持组织外形和器官功能。对于手术不能达到的部位，或放射、手术和药物治疗均告失败的恶性肿瘤，冷冻可做首选疗法。对复发性癌，作为综合治疗方法之一，冷冻能改善症状和减轻病人的痛苦。

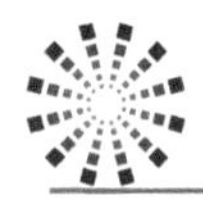

思考题与习题

10-1　什么叫冷冻？

10-2　什么叫冷冻系数？

10-3　什么叫冷冻能力？什么叫单位质量冷冻能力和单位体积冷冻能力？

10-4　操作条件对冷冻能力有怎样的影响？

10-5　在冷冻系统中，当冷凝温度与蒸发温度相差较大时，为什么采用两级或多级压缩制冷？两级压缩循环有哪些特点？

10-6　什么是复叠式冷冻循环？在什么情况下采用复叠式冷冻循环？

10-7　什么叫冷冻剂？冷冻剂应具备哪些条件？

10-8　工业上常用的冷冻剂有哪几种？各有什么特点？

10-9　什么是载冷体？载冷体应符合哪些要求？

10-10　常用载冷体有几种，各有什么优缺点？

10-11　冷冻循环装置包括哪些主要设备和附属设备？

10-12　在某一氨冷冻机的冷凝器中，每小时消耗的冷却水量为 20t，水的进出口温差为 6K。压缩机所消耗的理论功率为 23.5kW。试计算该冷冻机的冷冻能力和冷冻系数。

10-13　试计算某氨冷冻机的冷冻能力。该机的理论送气量为 $300m^3/h$，操作条件：蒸发温度 258K，冷凝温度 303K，过冷温度比冷凝温度低 5K，已知 $\lambda=0.7$。

10-14　立式氨冷冻机的理论送气能力为 $6m^3/min$，$T_1=253K$，$T_2=298K$，$T_3=293K$。求此冷冻机的冷冻能力和氨循环量。

10-15　根据工艺要求冷冻操作条件为：$T_1=268K$，$T_2=303K$，$T_3=298K$，冷冻能力为 1000kW。现有一台铭牌上标出的冷冻能力为 700kW，是否能满足工艺要求？已知 $\lambda=0.77$，$\lambda_s=0.7$。

第十一章　新型单元操作简介

学习目标

1. 掌握吸附、膜分离、超临界流体萃取的基本过程、原理和分离方式。

2. 理解吸附、膜分离、超临界流体萃取的基本概念。

3. 了解吸附、膜分离、超临界流体萃取的工业应用

第一节　吸　　附

一、概述

1. 吸附

吸附是一种固体表面现象。它是利用多孔性固体吸附剂处理流体混合物，使其中的一种或几种组分，在分子引力或化学键力的作用下，被吸附在固体表面，从而达到分离的目的。具有吸附作用的物质，称为吸附剂，被吸附的物质称为吸附质。常见的吸附剂有活性炭、磺化煤、焦炭、木炭、白土、炉渣及大孔径吸附树脂等。吸附分离广泛应用于化工、石油化工、医药等工业部门。根据吸附剂对吸附质之间吸附力的不同，通常可分为物理吸附和化学吸附两种类型。

2. 吸附剂

（1）吸附剂的性能要求

① 要有巨大的内表面积和大的孔隙率；

② 对吸附质有高的吸附能力和高选择性；

③ 吸附容量要大；

④ 要有足够的机械强度和热稳定性及化学稳定性；

⑤ 颗粒度要适中而且均匀。

（2）常用吸附剂　目前工业上常用的吸附剂有分子筛、活性炭、活性氧化铝和硅胶等。

① 沸石分子筛　分子筛自 1756 年从自然界发现到现在已陆续发现 36 种之多。天然分子筛是一种结晶的铝硅酸盐，因将其加热熔融时可起泡“沸腾”，因此又称沸石，又因其内部微孔能筛分大小不一的分子，故又名分子筛或沸石分子筛。目前人工合成的沸石分子筛已超过百种。最常用的有 A 型、X 型、Y 型、M 型和 ZSM 型等。

分子筛在结构上有许多孔径均匀的孔道与排列整齐的洞穴，这些洞穴由孔道连接。洞穴不但提供了很大的比表面积，而且它只允许直径比其孔径小的分子进入，从而对大小及形状不同的分子进行筛分。

② 活性炭　活性炭是许多具有吸附性能的碳基物质的总称。普通活性炭又分为颗粒状活

性炭（粒炭）和粉状活性炭（粉炭），气体吸附多用粒炭，因其阻力小，而粉炭多用于液体的脱色处理。活性炭是一种非极性吸附剂，具有疏水性和亲有机物质的性质，它能吸附绝大部分有机气体，如苯类、醛酮类、醇类、烃类等以及恶臭物质，因此，活性炭常被用来吸附和回收有机溶剂和处理恶臭物质。同时由于活性炭的孔径范围宽，即使对一些极性吸附质和一些特大分子的有机物质，仍然表现出它的优良的吸附能力，如在 SO_2、NO_x、Cl_2、H_2S、CO_2 等有害气体治理中，有着广泛的用途。因此，在吸附操作中，活性炭是一种首选的优良吸附剂。

③ 活性氧化铝　活性氧化铝是将三水铝石加热焙烧制成的多孔结构的活性物质。活性氧化铝是一种极性吸附剂，无毒，对水的吸附容量很大，常用于高湿度气体的吸湿和干燥。它还用于多种气态污染物，如 SO_2、H_2S、含氟废气、NO_x 以及气态碳氢化合物等废气的净化。活性氧化铝机械强度好，可在移动床中使用，并可作催化剂的载体。而且它对多数气体和蒸气是稳定的，浸入水或液体中不会溶胀或破碎。循环使用后其性能变化很小，因此使用寿命长。

④ 硅胶　硅胶是一种无定形链状或网状结构的硅酸聚合物，其分子式为 $SiO_2 \cdot nH_2O$。硅胶的孔径分布均匀，亲水性极强，吸收空气中的水分可达自身质量的 50%，同时放出大量的热，使其容易破碎。硅胶在应用上有很大一部分是用作吸湿剂（干燥剂），在用作干燥剂时常加入氯化钴或溴化铜，以指示吸湿程度。

（3）吸附剂的主要性能参数　吸附剂的主要性能参数有吸附量、比表面积、密度和孔径及分布等。

① 吸附量　吸附量分为静吸附量（平衡吸附量）和动吸附量两类。静吸附量是当吸附达到平衡时，单位体积（质量）吸附剂上所吸附的吸附质的量，单位为 mL/g 吸附剂。动吸附量是指吸附操作中，当吸附床层被穿透时，单位体积（质量）的吸附剂所吸附的吸附质的量。很显然，动吸附量小于静吸附量。

② 密度　吸附剂的密度分为填充密度和真实密度两种。填充密度是指将干的吸附剂充实到体积不变时，加入的吸附剂质量与容器体积之比，单位为 g/cm^3 或 t/m^3；真实密度表示扣除了细孔体积之后单位体积吸附剂的质量。

③ 比表面积　单位体积吸附剂具有的总表面积，它是表征吸附剂性能的重要参数，单位为 m^2/m^3。

④ 孔径及分布　由于各种吸附剂的孔径变化范围很大，为简化起见，常用平均孔径表示。假设孔的形状是圆筒形的，表面积为 S，全部孔的体积为 V_p，则平均孔半径 $r_{均}$ 可由下式表示：

$$r_{均}=2V_p/S \tag{11-1}$$

二、吸附原理

1. 吸附平衡

吸附过程是吸附质分子不断从气相往吸附剂表面凝聚，同时又有分子从固体表面返回气相主体的过程。在一定温度和压力下，气固或液固两相充分接触，当单位时间内被固体表面吸附的分子数量与逸出的分子数量相等时，就称吸附达到了平衡。这种平衡是动态平衡。达到平衡时，吸附质在气相中的浓度称为平衡浓度，吸附质在吸附剂中的浓度称为平衡吸附量，也就是静吸附量。

实际上，当气体或液体与吸附剂接触时，若流体中吸附质浓度高于其平衡浓度，则吸附质被吸附；反之，若气体或液体中吸附质的浓度低于其平衡浓度，则已吸附在吸附剂上的吸附质将脱附。因此，吸附平衡关系决定了吸附过程的方向和限度，是吸附过程的基本依据。

2. 吸附速率

吸附速率是指单位时间内被吸附的吸附质的量（kg/s），它是吸附过程设计与生产操作的重要参数。一个气体吸附过程通常由下列步骤组成：

（1）外扩散　吸附质分子由气体主体到吸附剂颗粒外表面的扩散。

（2）内扩散　吸附质分子沿着吸附剂的孔道深入到吸附剂内表面的扩散。

（3）吸附　已经进到微孔表面的吸附质分子被固体所吸附。

因此，吸附速率的大小将取决于外扩散速率、内扩散速率及吸附本身的速率。可以把外扩散和内扩散过程称为是物理过程，而把吸附过程称为动力学过程。对一般的物理吸附，吸附本身的速率是很快的，即动力学过程的阻力可以忽略；而对化学吸附或称动力学控制的吸附，则吸附阻力不可忽略。

三、吸附设备

吸附装置是吸附系统的核心，工业上所使用的吸附装置常见的有固定床吸附器、移动床吸附器和流化床吸附器。

1. 固定床吸附器

固定床吸附法是分离溶质最普遍、最重要的形式。固定床，顾名思义，它是将吸附剂固定在某一部位上，在其静止不动的情况下进行吸附操作的。它多为圆柱形设备，在内部支撑的格板或孔板上放置吸附剂，使处理的气体通过它，吸附质被吸附在吸附剂上，如图 11-1 所示。它结构简单、造价低、吸附剂磨损少、操作易掌握、操作弹性大，可用于气相、液相吸附，分离效果好；但吸附剂用量较大，容易出现局部过热，影响吸附效果。

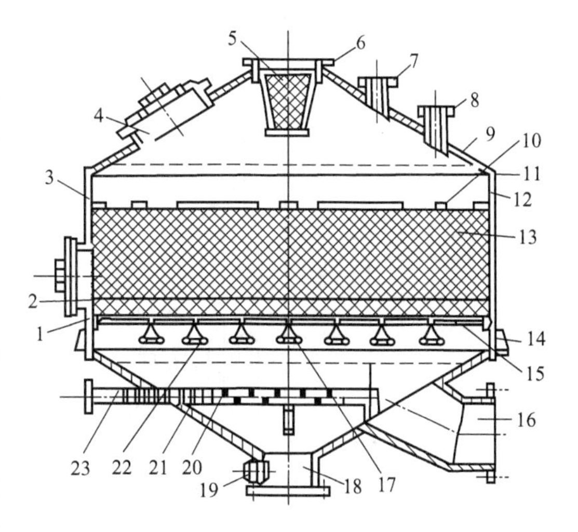

图 11-1　固定床吸附设备示意图

1—砾石；2—卸料孔；3，6—网；4—装料孔；5—废气及空气入口；7—脱附气排出；8—安全阀接管；9—顶盖；10—重物；11—刚性环；12—外壳；13—吸附剂；14—支撑环；15—栅板；16—净气出口；17—梁；18—视镜；19—冷凝排放及供水；20—扩散器；21—吸附器底；22—梁支架；23—扩散器水蒸气接管

2. 移动床吸附器

工业上应用的典型移动床吸附器是超吸附塔，如图 11-2 所示，设备高近 30m，由塔体和流态化粒子提升装置两部分组成。吸附剂采用硬质活性炭，活性炭经脱附、再生及冷却后继续下降用于吸附。在吸附塔内，吸附与脱附是顺序进行的。在吸附段，待处理的气体由吸附段的下部（即塔体中上部）进入，与从塔顶下来的活性炭逆流接触并把吸附质吸附下来，处理过的气体经吸附段顶部排出。吸附了吸附质的活性炭继续下降，经过增浓段到达汽提段。在汽提段的下部通入热蒸汽，使活性炭上的吸附质进行脱附，经脱附后，含吸附质的气流一部分由汽提段顶部作为回收产品（底部产品）回收，一部分继续上升，到达增浓段。在增浓段蒸汽中所含的吸附质被由吸附段下来的活性炭进一步吸附，等于使这部分活性炭的“浓度”又增加了。活性炭经过汽提，大部分吸附质都被脱附，为了使之更彻底地脱附再生，在汽提段下面又加设了一个提取器，使活性炭的温度进一步提高，一是为了干燥目的，二是为了使活性炭更好地再生。经过再生的活性炭到达塔底，由提升器将其返回塔顶，于是完成了一个循环过程。

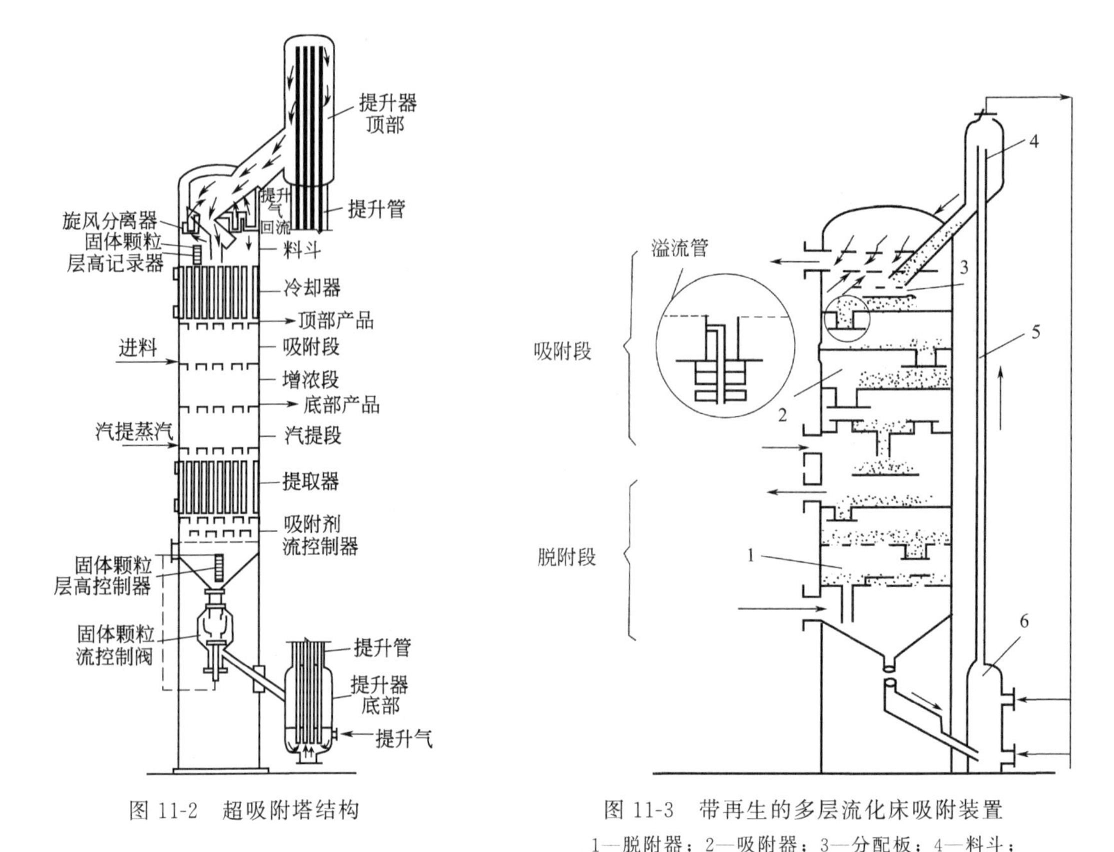

图 11-2　超吸附塔结构

图 11-3　带再生的多层流化床吸附装置

1—脱附器；2—吸附器；3—分配板；4—料斗；
5—空气提升机构；6—冷凝器

移动床吸附器的优点在于其结构可以使气、固相连续稳定地输入和输出，气、固两相接触良好，避免了沟流和局部不均匀现象，克服了固定床局部过热的缺点，其操作是连续的。但是移动床的吸附剂处在移动状态下磨损消耗大，且结构复杂，设备庞大，设备投资和运行费用均较高。

3. 流化床吸附器

流化床是由气体和固体吸附剂组成的两相流装置。之所以称为流化床，是因为固体吸附剂在与气体的接触中，由于气体速度较大使固体颗粒处于流化状态。流化床吸附器由吸附器、脱附器、空气提升机构、冷凝器等部分组成，如图 11-3 所示。吸附塔按各段所起作用的不同分为吸附段、预热段和再生段。

流化床吸附器由于气流速度大，与移动床相比，具有更大的处理能力，但能耗更高，对吸附剂的机械强度要求也更高。

第二节　膜　分　离

一、分离膜和膜分离技术

1. 分离膜

分离膜简称“膜”，是指能以特定形式限制和传递流体物质的分隔两相或两部分的界面。

膜的基本功能是从物质群中有选择地透过或输送特定的物质，如颗粒、分子、离子等，或者说，物质的分离是通过膜的选择性透过实现的。膜的形式可以是固态的，也可以是液态的。被膜分割的流体物质可以是液态的，也可以是气态的。膜至少具有两个界面，膜通过这两个界面与被分割的两侧流体接触并进行传递。分离膜对流体可以是完全透过性的，也可以是半透过性的，但不能是完全不透过性的。分离膜的种类和功能繁多，主要有以下几种分类方法：

(1) 按材料的来源　按材料的来源可分为天然生物膜与人工合成膜。

(2) 按膜的分离原理及适用范围分类　根据分离膜的分离原理和推动力的不同，可将其分为微孔膜、超过滤膜、反渗透膜、纳滤膜、渗析膜、电渗析膜、渗透蒸发膜等。

(3) 按膜的材料分类　按膜的材料可分为有机膜和无机膜。

(4) 按膜断面的物理形态分类　根据分离膜断面的物理形态不同，可将其分为对称膜，不对称膜、复合膜、平板膜、管式膜、中空纤维膜等。其中非对称膜还可细分为多孔膜、叠合膜等。

2. 膜分离技术

膜分离技术是利用膜对混合物中各组分的选择渗透性能的差异来实现分离、提纯和浓缩的新型分离技术。膜分离技术进入大规模工业化应用的时代，始于 1960 年非对称反渗透膜的研制成功，膜分离技术目前已经广泛应用于化工、环保、食品、医药、电子、电力、冶金、轻纺、海水淡化等工业领域，并已使海水淡化、烧碱生产、乳品加工等多种传统生产的面貌发生了根本性的变化。据统计，1990 年世界膜及装置的市场总销售量达 72.94 亿美元，是 1980 年的 5.5 倍。膜分离技术已经形成了一个相当规模的工业技术体系。

3. 膜分离过程

膜分离过程以对组分具有选择性透过功能的膜为分离介质，通过在膜两侧施加（或存在）一种或多种推动力，使原料中的膜组分选择性地优先透过膜，从而达到混合物分离，并实现产物的提取、浓缩、纯化等目的的一种新型分离过程。膜分离过程的推动力为压力差(也称跨膜压差)、浓度差、电位差、温度差等。混合物通过膜后被分离成一个截留物（浓缩物）和一个透过物，通常混合物、截留物及透过物为液体或气体。如微滤（MF）、超滤(UF)、纳滤（NF）与反渗透（RO）都是以压力差微推动力的膜分离过程。几种主要的膜分离过程及其传递机理如表 11-1 所示。

表 11-1　几种主要分离膜的分离过程

膜过程	推动力	传递机理	透过物	截留物	膜类型
微滤	压力差	颗粒大小形状	水、溶剂溶解物	悬浮物颗粒	纤维多孔膜
超滤	压力差	分子特性大小形状	水、溶剂小分子	胶体和超过截留分子量的分子	非对称性膜
纳滤	压力差	离子大小及电荷	水、一价和多价离子	有机物	复合膜
反渗透	压力差	溶剂的扩散传递	水、溶剂	溶质、盐	非对称性膜复合膜
渗析	浓度差	溶质的扩散传递	低分子量物、离子	溶剂	非对称性膜
电渗析	电位差	电解质离子的选择传递	电解质离子	非电解质，大分子物质	离子交换膜

二、膜分离原理

典型的膜分离技术有微孔过滤（MF）、超滤（UF）、反渗透（RO）、渗透蒸发（PV）、电渗析（ED）、液膜（LM）等，其原理都不尽相同，下面分别介绍之。

（1）微孔过滤　微孔过滤是以静压差为推动力，利用筛网状过滤介质膜的“筛分”作用进行分离的膜过程。实施微孔过滤的膜称为微孔膜，微孔滤膜具有比较整齐、均匀的多孔结构，在静压差的作用下，小于膜孔的粒子通过滤膜，比膜孔大的粒子则被阻拦在滤膜面上，使大小不同的组分得以分离，其作用相当于“过滤”。

（2）超滤　超滤是以压差为推动力、用固体多孔膜截留混合物中的微粒和大分子溶质而使溶剂透过膜孔的分离操作。滤技术的核心部件是超滤膜，分离截留的原理为筛分，小于孔径的微粒随溶剂一起透过膜上的微孔，而大于孔径的微粒则被截留。膜上微孔的尺寸和形状决定膜的分离效率。超滤膜均为不对称膜，形式有平板式、卷式、管式和中空纤维状等。

（3）渗透和反渗透　如果用一张只能透过水而不能透过溶质的半透膜将两种不同浓度的水溶液隔开，水会自然地透过半透膜渗透从低浓度水溶液向高浓度水溶液一侧迁移，这一现象称渗透，如图 11-4(a) 所示，这一过程的推动力是低浓度溶液中水的化学位与高浓度溶液中水的化学位之差，表现为水的渗透压。随着水的渗透，高浓度水溶液一侧的液面升高，压力增大，当液面升高至 H 时，渗透达到平衡，两侧的压力差就称为渗透压，如图 11-4(b) 所示。渗透过程达到平衡后，水不再有渗透，渗透通量为零。如果在高浓度水溶液一侧加压，使高浓度水溶液侧与低浓度水溶液侧的压差大于渗透压，则高浓度水溶液中的水将通过半透膜流向低浓度水溶液侧，这称为反渗透，如图 11-4(c) 所示。

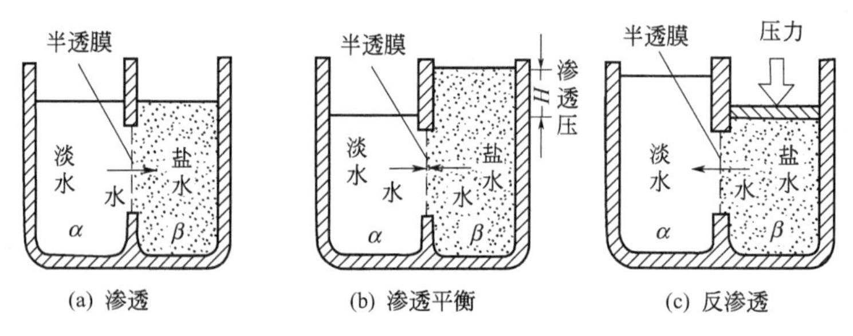

图 11-4　渗透与反渗透原理示意图

（4）渗透蒸发　渗透蒸发是指液体混合物在膜两侧组分的蒸气分压差的推动力下，透过膜并部分蒸发，从而达到分离目的的一种膜分离方法，其原理如图 11-5 所示。由高分子膜将装置分为两个室，上侧为存放待分离混合物的液相室，下侧是与真空系统相连接或用惰性气体吹扫的气相室。混合物通过高分子膜的选择渗透，其中某一组分渗透到膜的另一侧。由于在气相室中该组分的蒸气分压小于其饱和蒸气压，因而在膜表面汽化。蒸气随后进入冷凝系统，通过液氮将蒸气冷凝下来即得渗透产物。

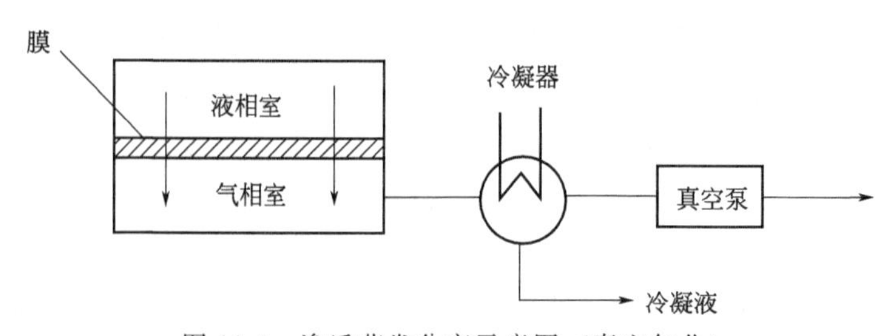

图 11-5　渗透蒸发分离示意图（真空气化）

渗透蒸发可用于传统分离手段较难处理的恒沸物及近沸点物系的分离。具有一次分离度高、操作简单、无污染、低能耗等特点。目前渗透蒸发膜分离技术已在无水乙醇的生产中实现了工业化。与传统的恒沸精馏制备无水乙醇相比，可大大降低运行费用，且不受气液平衡的限制。

(5) 电渗析　电渗析的核心是离子交换膜，在电场中交替装配的阴离子和阳离子交换膜，形成一个个隔室，在直流电场的作用下，以电位差为推动力，利用离子交换膜的选择透过性，把电解质从溶液中分离出来，实现溶液的淡化、浓缩及钝化等。如图 11-6 所示，4 片离子选择性膜按阴、阳膜交替排列，它们是一种膜状的离子交换树脂，用高分子化合物为基膜，在其分子链上接引一些可电离的活性基团。按膜中所含活性基团的种类可分为阳离子交换膜、阴离子交换膜和特殊离子交换膜三大类。

自电渗析技术问世后，被广泛应用于在苦咸水淡化、饮用水及工业用水制备、氯碱工业等领域中。全氟磺酸膜以化学稳定性著称，是目前为止唯一能同时耐 40%NaOH 和 100℃温度的离子交换膜，因而被广泛应用作食盐电解制备氯碱的电解池隔膜。

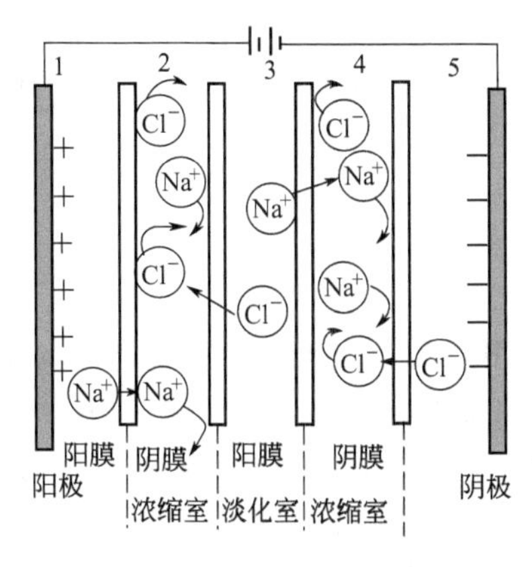

图 11-6　电渗析过程原理示意图

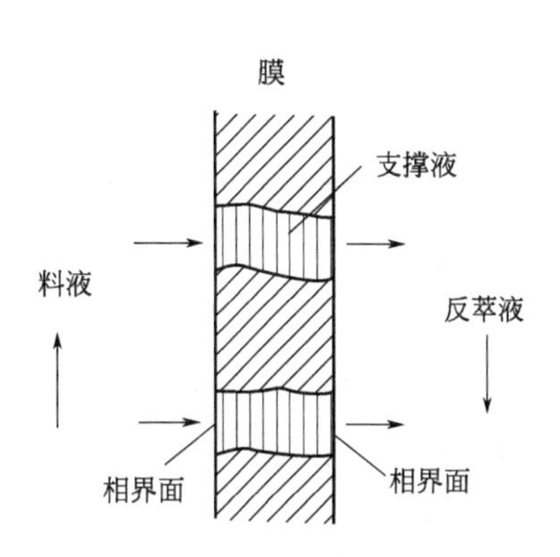

图 11-7　支撑型液膜示意图

(6) 液膜分离技术　液膜是一层很薄的液体膜。它能把两个互溶的、但组成不同的溶液隔开，并通过这层液膜的选择性渗透作用实现物质的分离。根据形成液膜的材料不同，液膜可以是水性的，也可是溶剂型的。从形状来分类，可将液膜分为支撑型液膜和球形液膜两类。支撑型液膜见图 11-7，把微孔聚合物膜浸在有机溶剂中，有机溶剂即充满膜中的微孔而形成液膜。此类液膜目前主要用于物质的萃取。当支撑型液膜作为萃取剂将料液和反萃液分隔开时，被萃组分即从膜的料液侧传递到反萃液侧，然后被反萃液萃取，从而完成物质的分离。

液膜的特点是传质推动力大，速率高，且试剂消耗量少，这对于传统萃取工艺中试剂昂贵或处理能力大的场合具有重要的经济意义。另外，液膜的选择性好，往往只能对某种类型的离子或分子的分离具有选择性，分离效果显著。目前存在的最大缺点是强度低，破损率高，难以稳定操作。

(7) 气体分离膜　膜法气体分离的基本原理是根据混合气体中各组分在压力的推动下透过膜的过程速率不同，从而达到分离目的。气体分离膜有两种类型：非多孔均质膜和多孔膜。

第三节　超临界流体萃取

一、超临界流体萃取技术的发展

作为一个分离过程，超临界流体萃取过程介于蒸馏和液-液萃取过程之间。可以这样设想，蒸馏是物质在流动的气体中，利用不同的蒸气压进行蒸发分离；液-液萃取是利用溶质在不同的溶液中溶解能力的差异进行分离；而超临界流体萃取是利用临界或超临界状态的流体，依靠被萃取的物质在不同的蒸气压力下所具有的不同化学亲和力和溶解能力进行分离、纯化的单元操作，即此过程同时利用了蒸馏和萃取现象——蒸气压和相分离均在起作用。

超临界流体技术自 20 世纪 70 年代开始崭露头角，随后便以其环保、高效等显著优势轻松超越传统技术，迅速渗透到萃取分离、石油化工、化学反应工程、材料科学、生物技术、环境工程等诸多领域，并成为这些领域发展的主导之一。

超临界流体萃取是最早研究和应用的超临界技术之一，适用于食品和医药工业等行业。在美国和欧洲，年生产能力上万吨的茶叶处理和脱咖啡因工厂早已投入生产，啤酒花有效成分、香料等的萃取在不少国家已达到产业化规模。超临界萃取技术在药物、保健品提取等方面的研究和应用也取得了较大进展，美国科学家已开始用超临界 CO_2 从植物中提取抗癌药物，从油子中提取保健品。

二、超临界流体萃取过程简介

1. 超临界流体

任何一种物质都存在三种相态——气相、液相、固相。液、气两相成平衡状态的点叫临界点，在临界点时的温度和压力分别称为临界温度 T_c 和临界压力 p_c。物质的临界状态是指其气态与液态共存的一种边缘状态，在此状态中，液体的密度与其饱和蒸气的密度相同，因此界面消失。超临界流体是指超过临界温度与临界压力状态的流体。如果某种流体处于临界温度之上（即 $T>T_c$），无论压力多高（即 $p>p_c$），也不能液化，这个状态的物质称为超临界流体。

超临界流体通常兼有液体和气体的某些特性，既具有接近气体的黏度和渗透能力，易于扩散和运动，又具有接近液体的密度和溶解能力，对溶质有比较大的溶解度，因而传质速率大大高于液相过程。在临界点附近，压力和温度微小的变化都可以引起流体密度很大的变化，相应地表现为溶解度的变化。因此，可以利用压力、温度的变化来实现萃取和分离的过程。

作为萃取溶剂的超临界流体必须具备以下条件：萃取剂需具有化学稳定性，对设备没有腐蚀性；临界温度不能太低或太高，最好在室温附近或操作温度附近；操作温度应低于被萃取溶质的分解温度或变质温度；临界压力不能太高，可节约压缩动力费；选择性要好，容易得到高纯度制品；溶解度要高，可以减少溶剂的循环量；萃取溶剂要容易获取，价格要便宜。

2. 超临界流体萃取的基本过程

对于原料为固体的萃取过程，根据分离方法的不同，可以把超临界流体萃取流程分为等温法、等压法和吸附吸收法三类。

（1）等温法萃取过程　如图 11-8 所示，在一定温度下，使超临界流体和溶质减压，经膨胀后分离，溶质由分离器下部取出，气体经压缩机返回萃取器循环使用。

（2）等压法萃取过程　如图 11-9 所示，经加热、升温使气体和溶质分离，从分离器下部取出萃取物，气体经冷却、压缩后返回萃取器循环使用。

（3）吸附法工艺流程（吸附法）　如图 11-10 所示，在分离器中，经萃取出的溶质被吸附剂吸附，气体经压缩后返回萃取器循环使用。

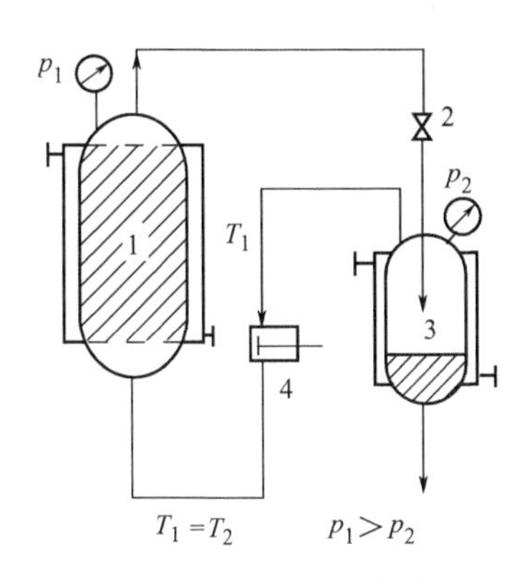

图 11-8　等温法超临界流体萃取流程

1—萃取器；2—减压阀；

3—分离器；4—压缩机

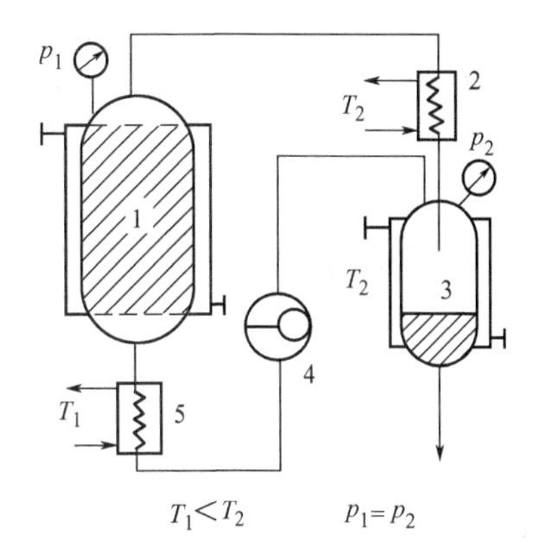

图 11-9　等压法超临界流体萃取流程

1—萃取器；2—加热器；3—分离器；

4—压缩机；5—冷却器

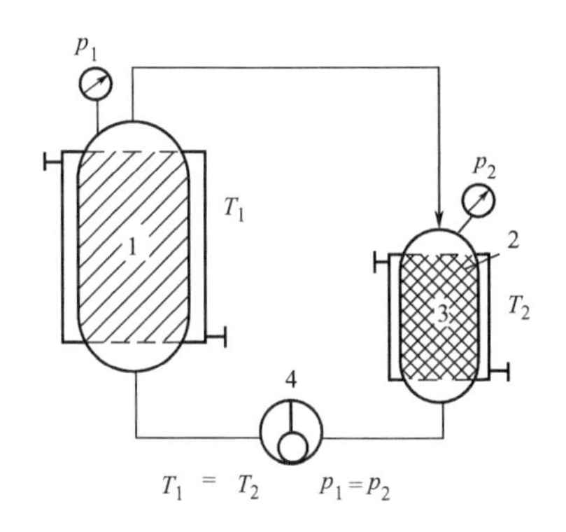

图 11-10　吸附法超临界流体萃取流程

1—萃取器；2—吸附剂；3—分离器；4—压缩机

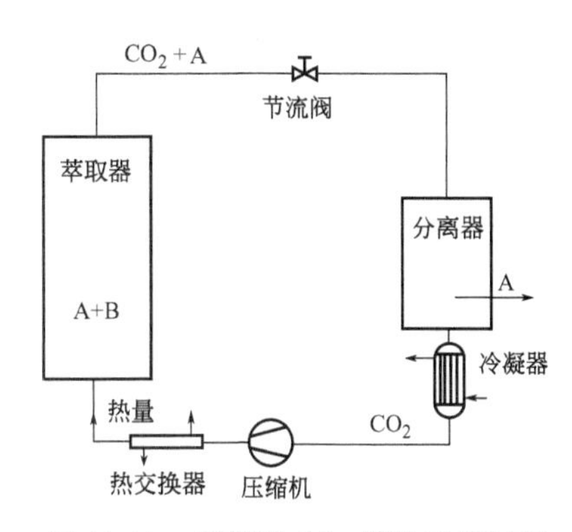

图 11-11　超临界 CO_2 萃取工艺过程

对比等温法、等压法和吸附吸收法三种基本流程的能耗可见，吸附法理论上不需要压缩能耗和热交换能耗，应是最省能的过程。但该法只适用于可使用选择性吸附分离目标组分的体系，绝大多数天然产物分离过程很难通过吸附剂来收集产品，所以吸附法只能用于少量杂质脱出过程，如咖啡豆中脱出咖啡因的过程就是最成功的例子。一般条件下，温度变化对 CO_2 流体的溶解度影响远小于压力变化的影响。因此，通过改变温度的等压法工艺过程，虽然可节省压缩能耗，但实际分离性能受到很多限制，实用价值较小。所以通常超临界 CO_2 萃取过程大多采用改变压力的等温法流程。

CO_2 超临界流体萃取过程是由萃取阶段和分离阶段组合而成的，并适当配合压缩装置和热交换设备。在萃取阶段，超临界流体将所需组分从原料中提取出来。在分离阶段，通过变化某个参数或其他方法，使萃取组分从超临界流体中分离出来，并使萃取剂循环使用。超临界 CO_2 萃取工艺过程见图 11-11。

本章小结

本章主要介绍了吸附基本概念、基本过程、原理和分离方式以及吸附的工业应用；膜分离的基本概念、基本过程、原理和分离方式以及吸附的工业应用；超临界萃取的基本概念、基本过程、原理和分离方式以及吸附的工业应用。

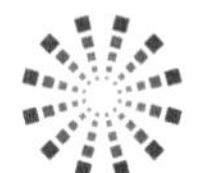

思考题与习题

11-1 从日常生活中举例说明吸附现象。

11-2 吸附分离的基本原理是什么?

11-3 常用的吸附剂有哪几种? 都有什么特点?

11-4 什么是膜? 膜分离过程是怎样进行的? 有哪几种常用的膜分离过程?

11-5 膜分离有哪些特点? 分离过程对膜有哪些基本要求?

11-6 膜分离技术在工业上有哪些应用? 试举例说明。

11-7 渗透和反渗透现象是怎样产生的?

11-8 比较超滤与微滤的异同点。

11-9 什么是超临界流体? 超临界流体有哪些基本性质?

思考题与习题答案（部分）

第一章　流体力学

1-27　871.8kg/m^3

1-28　101.45kPa

1-29　45.7kPa

1-30　（1）4.575kg/s（16470kg/h）；（2）$u_{大}$=0.69m/s；$u_{小}$=1.27m/s

1-31　1m/s

1-32　6.6m

1-33　354.05m^3/h

1-34　39.8m

1-35　湍流

1-36　4.62×10^4kg/h

第二章　流体输送机械

2-17　H=33.2m

2-18　H=50.4m

2-19　Q=19.7m^3/h；H=20m

2-20　不能

2-21　Z=8.22m

2-22　（1）H=30m；（2）需要安装泵

第四章　传热原理与换热器

4-19　1200W

4-20　902W/m^2；1100K；603K

4-21　137mm

4-22　1660kW

4-23　2.3kg/s

4-24　0.29kg/s

4-25　52.3K；61.2K

4-26　3700W/(m^2·K)；0.93kg/s

4-27　1.92m

4-28　（1）适用；（2）不适用

第五章　蒸发

5-9　2666.7kg/h；20%

5-10　2052kg/h；1.12

第六章 结晶

6-8 36.2g/100H_2O

6-9 20.8g

6-10 20g

6-11 379.2g

第七章 气体吸收

7-11 21kPa；0.21；0.2658

7-12 0.005625

7-13 0.00232

7-14 0.000561

7-15 0.0000821

7-16 90.91%；9.091kmol SO_2/h

7-17 0.0056；5.278kmol 丙酮/h

7-18 0.062

7-19 2046kmol 洗油/h；0.001349

7-20 257.8m^3/h

7-21 391.84kmol 清水/h；0.0845

第八章 蒸馏

8-17 $x_A=0.84$；$y_A=0.94$；$x_B=0.16$；$y_B=0.06$

8-18 $p_B=9.4$kPa；$p=26.89$kPa；$y_A=0.65$；$y_B=0.35$

8-20 $D=752.69$kg/h；$W=247.31$kg/h

8-21 $y_{精}=0.75x+0.2$；$y_{提}=1.5x-0.025$

8-22 $R=2.61$；$x_D=0.95$；$x_W=0.0748$；$x_F=0.535$

8-24 $L=1200$kg/h；$V=1600$kg/h

8-25 精馏段的理论板数 4 块，进料板在 5 板

8-26 全塔的理论板数为 9 块，进料板在第 5 块

第九章 干燥

9-15 0.44kg/kg 干空气；90.91%

9-16 0.058kg/kg 干空气

9-17 20%；0.25kg/kg 干物料

9-18 0.54kg/kg 干物料；0.053kg/kg 干物料

9-19 533.33kg/h；633.33kg/h

9-20 342.30kg/h

9-21 0.102kg/s；3.4kg 干空气/s；0.175kg/s

第十章 冷冻

10-12 116.07kW；4.94

10-13 129.18kW

10-14 126.51kW；0.11kg/s

10-15 能满足

附 录

一、化工常用法定计量单位及单位换算

1. 常用单位

基本单位			具有专门名称的导出单位				允许并用的其他单位			
物理量	基本单位	单位符号	物理量	基本单位	单位符号	与基本单位关系式	物理量	单位名称	单位符号	与基本单位关系式
长度	米	m	力	牛[顿]	N	$1N=1kg\cdot m/s^2$	时间	分	min	1min=60s
质量	千克(公斤)	kg	压强、应力	帕[斯卡]	Pa	$1Pa=1N/m^2$		[小]时	h	1h=3600s
时间	秒	s	能、功、热量	焦[耳]	J	$1J=1N\cdot m$		日	d	1d=86400s
热力学温度	开[尔文]	K	功率	瓦[特]	W	1W=1J/s	体积	升	L(l)	$1L=10^{-3}m^3$
物质的量	摩[尔]	mol	摄氏温度	摄氏度	℃	1℃=1K	质量	吨	t	$1t=10^3kg$

2. 常用十进倍数单位及分数单位的词头

词头符号	M	K	d	c	m	μ
词头名称	兆	千	分	厘	毫	微
表示因数	10^6	10^3	10^{-1}	10^{-2}	10^{-3}	10^{-6}

3. 单位换算表

(1) 质量

g(克)	kg(千克)	$kgf\cdot s^2/m$(千克力·秒²/米)	lb(磅)
1	10^{-3}	1.02×10^{-4}	2.205×10^{-3}
1000	1	0.102	2.205
9807	9.807	1	—
453.6	0.4536	—	1

(2) 长度

cm(厘米)	m(米)	ft(英尺)	in(英寸)
1	10^{-2}	0.03281	0.3937
100	1	3.281	39.37
30.48	0.3048	1	12
2.54	0.0254	0.08333	1

(3) 力

N(牛顿)	kgf(千克力)	lbf(磅力)	dyn(达因)
1	0.102	0.2248	10^5
9.807	1	2.205	9.807×10^5
4.448	0.4536	1	4.448×10^5
10^{-5}	1.02×10^{-6}	2.248×10^{-6}	1

(4) 压强(压力)

Pa(帕斯卡) $=N/m^2$	bar(巴)$=10^6$ dyn/cm^2	kgf/cm^2 (工程大气压)	atm (标准大气压)	mmHg(0℃) (毫米汞柱)	mmH_2O (毫米水柱) $=kgf/m^2$	lbf/in^2 (磅/英寸^2)
1	10^{-5}	1.02×10^{-5}	9.869×10^{-6}	0.0075	0.102	1.45×10^{-4}
10^5	1	1.02	0.9869	750.0	1.02×10^4	14.50
9.807×10^4	0.9807	1	0.9678	735.5	10^4	14.22
1.013×10^5	1.013	1.033	1	760	1.033×10^4	14.7
133.3	0.001333	0.001360	0.001316	1	13.6	0.0193
9.807	9.807×10^{-5}	10^{-4}	9.678×10^{-5}	0.07355	1	1.422×10^{-3}
6895	0.06895	0.07031	0.06804	51.72	703.1	1

(5) 动力黏度(通称黏度)

P(泊)=g/(cm·s)	cP(厘泊)	Pa·s=kg/(m·s)	$kgf\cdot s/m^2$ (千克力·秒/米^2)	lbf/(ft·s) [磅/(英尺·秒)]
1	10^2	10^{-1}	0.0102	0.06720
10^{-2}	1	10^{-3}	1.02×10^{-4}	6.720×10^{-4}
10	10^3	1	0.102	0.6720
98.1	9810	9.81	1	6.59
14.88	1488	1.488	0.1519	1

(6) 能量,功,热量

J(焦耳)=N·m	kgf·m (千克力·米)	kW·h (千瓦时)	马力·时	kcal (千卡)	Btu (英热单位)
1	0.102	2.778×10^{-7}	3.725×10^{-7}	2.39×10^{-4}	9.486×10^{-4}
9.807	1	2.724×10^{-6}	3.653×10^{-6}	2.342×10^{-3}	9.296×10^{-3}
3.6×10^6	3.671×10^5	1	1.341	860.0	3413
2.685×10^6	2.738×10^5	0.7457	1	641.3	2544
4.1868×10^3	426.9	1.162×10^{-3}	1.558×10^{-3}	1	3.968
1.055×10^3	107.58	2.930×10^{-4}	3.926×10^{-4}	0.2520	1

(7) 功率,传热速率

W(瓦)	kgf·m/s (千克力·米/秒)	马力	kcal/s(千卡/秒)	Btu/s (英热单位/秒)
1	0.102	1.341×10^{-3}	2.389×10^{-4}	9.486×10^{-4}
9.807	1	0.01315	2.342×10^{-3}	9.296×10^{-3}
745.7	76.04	1	0.17803	0.7068
4186.8	426.9	5.614	1	3.968
1055	107.58	1.415	0.252	1

(8) 通用气体常数

R=8.314kJ/(kmol·K)=1.987kcal/(kmol·K)=848kgf·m/(kmol·K)

二、某些气体的重要物理性质

名 称	分子式	密度(0℃, 101.3kPa) $/(kg/m^3)$	比热容 /[kJ/(kg·℃)]	黏度 $\mu/\times10^{-5}$ Pa·s	沸点 (101.3kPa) /℃	汽化热 /(kJ/kg)	临界点		热导率 /[W/(m·℃)]
							温度/℃	压力 /kPa	
空气		1.293	1.009	1.73	−195	197	−140.7	3768.4	0.0244
氧	O_2	1.429	0.653	2.03	−132.98	213	−118.82	5036.6	0.0240
氮	N_2	1.251	0.745	1.70	−195.78	199.2	−147.13	3392.5	0.0228

续表

名称	分子式	密度(0℃,101.3kPa)/(kg/m³)	比热容/[kJ/(kg·℃)]	黏度 μ/×10⁻⁵ Pa·s	沸点(101.3kPa)/℃	汽化热/(kJ/kg)	临界点		热导率/[W/(m·℃)]
							温度/℃	压力/kPa	
氢	H_2	0.0899	10.13	0.842	−252.75	454.2	−239.9	1296.6	0.163
氦	H_e	0.1785	3.18	1.88	−268.95	19.5	−267.96	228.94	0.144
氩	A_r	1.7820	0.322	2.09	−185.87	163	−122.44	4862.4	0.0173
氯	Cl_2	3.217	0.355	1.29(16℃)	−33.8	305	+144.0	7708.9	0.0072
氨	NH_3	0.771	0.67	0.918	−33.4	1373	+132.4	11295.0	0.0215
一氧化碳	CO	1.250	0.754	1.66	−191.48	211	−140.2	3497.9	0.0226
二氧化碳	CO_2	1.976	0.653	1.37	−78.2	574	+31.1	7384.8	0.0137
硫化氢	H_2S	1.539	0.804	1.166	−60.2	548	+100.4	19136.0	0.0131
甲烷	CH_4	0.717	1.70	1.03	−161.58	511	−82.15	4619.3	0.0300
乙烷	C_2H_6	1.357	1.44	0.850	−88.5	486	+32.1	4948.5	0.0180
丙烷	C_3H_8	2.020	1.65	0.795(18℃)	−42.1	427	+95.6	4355.0	0.0148
正丁烷	C_4H_{10}	2.673	1.73	0.810	−0.5	386	+152.0	3798.8	0.0135
正戊烷	C_5H_{12}	—	1.57	0.874	−36.08	151	+197.1	3342.9	0.0128
乙烯	C_2H_4	1.261	1.222	0.935	+103.7	481	+9.7	5135.9	0.0164
丙烯	C_3H_6	1.914	2.436	0.835(20℃)	−47.7	440	+91.4	4599.0	—
乙炔	C_2H_2	1.717	1.352	0.935	−83.66(升华)	829	+35.7	6240.0	0.0184
氯甲烷	CH_3Cl	2.303	0.582	0.989	−24.1	406	+148.0	6685.8	0.0085
苯	C_6H_6	—	1.139	0.72	+80.2	394	+288.5	4832.0	0.0088
二氧化硫	SO_2	2.927	0.502	1.17	−10.8	394	+157.5	7879.1	0.0077
二氧化氮	NO_2	—	0.315	—	+21.2	712	+158.2	10130.0	0.0400

三、某些液体的重要物理性质

名称	分子式	密度 ρ(20℃)/(kg/m³)	沸点 T_b(101.3kPa)/℃	汽化焓 Δh(760mmHg)/(kJ/kg)	比热容 c_p(20℃)/[kJ/(kg·℃)]	黏度 μ(20℃)/mPa·s	热导率 λ(20℃)/[W/(m·℃)]	体膨胀系数 β(20℃)/×10⁻⁴℃⁻¹	表面张力 σ(20℃)/(×10⁻³N/m)
水	H_2O	998	100	2258	4.183	1.005	0.599	1.82	72.8
氯化钠盐水(25%)	—	1186(25℃)	107	—	3.39	2.3	0.57(30℃)	(4.4)	
氯化钙盐水(25%)		1228	107	—	2.89	2.5	0.57	(3.4)	
硫酸	H_2SO_4	1831	340(分解)	—	1.47(98%)	23	0.38	5.7	
硝酸	HNO_3	1513	86	481.1		1.17(10℃)			
盐酸(30%)	HCl	1149			2.55	2(31.5%)	0.42		
二硫化碳	CS_2	1262	46.3	352	1.005	0.38	0.16	12.1	32
戊烷	C_5H_{12}	626	36.07	357.4	2.24(15.6℃)	0.229	0.113	15.9	16.2
己烷	C_6H_{14}	659	68.74	335.1	2.31(15.6℃)	0.313	0.119		18.2
庚烷	C_7H_{16}	684	98.43	316.5	2.21(15.6℃)	0.411	0.123		20.1
辛烷	C_8H_{18}	703	125.67	306.4	2.19(15.6℃)	0.540	0.131		21.8
三氯甲烷	$CHCl_3$	1489	61.2	253.7	0.992	0.58	0.38(30℃)	12.6	28.5(10℃)
四氯化碳	CCl_4	1594	76.8	195	0.850	1.0	0.12		26.8
1,2-二氯乙烷	$C_2H_4Cl_2$	1253	83.6	324	1.260	0.83	0.14(50℃)		30.8

名　称	分子式	密度ρ (20℃) /(kg/m³)	沸点T_b (101.3kPa) /℃	汽化焓Δh (760mmHg) /(kJ/kg)	比热容c_p (20℃) /[kJ/(kg·℃)]	黏度μ (20℃) /mPa·s	热导率λ (20℃) /[W/(m·℃)]	体膨胀系数β (20℃) /×10⁻⁴℃⁻¹	表面张力σ (20℃) /(×10⁻³N/m)
苯	C_6H_6	879	80.10	393.9	1.704	0.737	0.148	12.4	28.6
甲苯	C_7H_8	867	110.63	363	1.70	0.675	0.138	10.9	27.9
邻二甲苯	C_8H_{10}	880	144.42	347	1.74	0.811	0.142		30.2
间二甲苯	C_8H_{10}	864	139.10	343	1.70	0.611	0.167	29.0	
对二甲苯	C_8H_{10}	861	138.35	340	1.704	0.643	0.129		28.0
苯乙烯	C_8H_8	911(15.6℃)	145.2	(352)	1.733	0.72			
氯苯	C_6H_5Cl	1106	131.8	325	1.298	0.85	0.14(30℃)		32
硝基苯	$C_6H_5NO_2$	1203	210.9	396	1.47	2.1	0.15		41
苯胺	$C_6H_5NH_2$	1022	184.4	448	2.07	4.3	0.17	8.5	42.9
苯酚	C_6H_5OH	1050(50℃)	181.8(熔点40.9℃)	511		3.4(50℃)			
萘	$C_{10}H_8$	1145(固体)	217.9(熔点80.2℃)	314	1.80(100℃)	0.59(100℃)			
甲醇	CH_3OH	791	64.7	1101	2.48	0.6	0.212	12.2	22.6
乙醇	C_2H_5OH	789	78.3	846	2.39	1.15	0.172	11.6	22.8
乙醇(95%)		804	78.2			1.4			
乙二醇	$C_2H_4(OH)_2$	1113	197.6	780	2.35	23			47.7
甘油	$C_3H_5(OH)_3$	1261	290(分解)	—		1499	0.59	5.3	63
乙醚	$(C_2H_5)_2O$	714	34.6	360	2.34	0.24	0.140	16.3	18
乙醛	CH_3CHO	783(18℃)	20.2	574	1.9	1.3(18℃)			21.2
糠醛	$C_5H_4O_2$	1168	161.7	452	1.6	1.15(50℃)			43.5
丙酮	CH_3COCH_3	792	56.2	523	2.35	0.32	0.17		23.7
甲酸	$HCOOH$	1220	100.7	494	2.17	1.9	0.26		27.8
醋酸	CH_3COOH	1049	118.1	406	1.99	1.3	0.17	10.7	23.9
醋酸乙酯	$CH_3COOC_2H_5$	901	77.1	368	1.92	0.48	0.14(10℃)		
煤油		780～820				3	0.15	10.0	
汽油		680～800				0.7～0.8	0.19(30℃)	12.5	

四、常用固体材料的密度和比热容

名　称	密度/(kg/m³)	比热容/[kJ/(kg·℃)]	名　称	密度/(kg/m³)	比热容/[kJ/(kg·℃)]
(1)金属			(3)建筑材料、绝热材料、耐酸材料及其他		
钢	7850	0.461	干砂	1500～1700	0.796
不锈钢	7900	0.502	黏土	1600～1800	0.754(－20～20℃)
铸铁	7220	0.502	锅炉炉渣	700～1100	—
铜	8800	0.406	黏土砖	1600～1900	0.921
青铜	8000	0.381	耐火砖	1840	0.963～1.005
黄铜	8600	0.379	绝热砖(多孔)	600～1400	—
铝	2670	0.921	混凝土	2000～2400	0.837
镍	9000	0.461	软木	100～300	0.963
铅	11400	0.1298	石棉板	770	0.816
(2)塑料			石棉水泥板	1600～1900	—
酚醛	1250～1300	1.26～1.67	玻璃	2500	0.67
脲醛	1400～1500	1.26～1.67	耐酸陶瓷制品	2200～2300	0.75～0.80
聚氯乙烯	1380～1400	1.84	耐酸砖和板	2100～2400	—
聚苯乙烯	1050～1070	1.34	耐酸搪瓷	2300～2700	0.837～1.26
低压聚乙烯	940	2.55	橡胶	1200	1.38
高压聚乙烯	920	2.22	冰	900	2.11
有机玻璃	1180～1190				

五、水的重要物理性质

温度 T/℃	饱和蒸气压 p /kPa	密度 ρ /(kg/m³)	焓 H /(kJ/kg)	比热容 c_p /[kJ/(kg·℃)]	热导率 λ /[$\times10^{-2}$ W/(m·℃)]	黏度 μ /$\times10^{-5}$ Pa·s	体膨胀系数 β /$\times10^{-4}$℃$^{-1}$	表面张力 s /(mN/m)	普朗特数 Pr
0	0.608	999.9	0	4.212	55.13	179.2	−0.63	75.6	13.67
10	1.226	999.7	42.04	4.191	57.45	130.8	+0.70	74.1	9.52
20	2.335	998.2	83.90	4.183	59.89	100.5	1.82	72.6	7.02
30	4.247	995.7	125.7	4.174	61.76	80.07	3.21	71.2	5.42
40	7.377	992.2	167.5	4.174	63.38	65.60	3.87	69.6	4.31
50	12.31	988.1	209.3	4.174	64.78	54.94	4.49	67.7	3.54
60	19.92	983.2	251.1	4.178	65.94	46.88	5.11	66.2	2.98
70	31.16	977.8	293	4.178	66.76	40.61	5.70	64.3	2.55
80	47.38	971.8	334.9	4.195	67.45	35.65	6.32	62.6	2.21
90	70.14	965.3	377	4.208	68.04	31.65	6.95	60.7	1.95
100	101.3	958.4	419.1	4.220	68.27	28.38	7.52	58.8	1.75
110	143.3	951.0	461.3	4.238	68.50	25.89	8.08	56.9	1.60
120	198.6	943.1	503.7	4.250	68.62	23.73	8.64	54.8	1.47
130	270.3	934.8	546.4	4.266	68.62	21.77	9.19	52.8	1.36
140	361.5	926.1	589.1	4.287	68.50	20.10	9.72	50.7	1.26
150	476.2	917.0	632.2	4.312	68.38	18.63	10.3	48.6	1.17
160	618.3	907.4	675.3	4.346	68.27	17.36	10.7	46.6	1.10
170	792.6	897.3	719.3	4.379	67.92	16.28	11.3	45.3	1.05
180	1003.5	886.9	763.3	4.417	67.45	15.30	11.9	42.3	1.00
190	1225.6	876.0	807.6	4.460	66.99	14.42	12.6	40.8	0.96
200	1554.8	863.0	852.4	4.505	66.29	13.63	13.3	38.4	0.93
210	1917.7	852.8	897.7	4.555	65.48	13.04	14.1	36.1	0.91
220	2320.9	840.3	943.7	4.614	64.55	12.46	14.8	33.8	0.89
230	2798.6	827.3	990.2	4.681	63.73	11.97	15.9	31.6	0.88
240	3347.9	813.6	1037.5	4.756	62.80	11.47	16.8	29.1	0.87
250	3977.7	799.0	1085.6	4.844	61.76	10.98	18.1	26.7	0.86
260	4693.8	784.0	1135.0	4.949	60.43	10.59	19.7	24.2	0.87
270	5504.0	767.9	1185.3	5.070	59.96	10.20	21.6	21.9	0.88
280	6417.2	750.7	1236.3	5.229	57.45	9.81	23.7	19.5	0.90
290	7443.3	732.3	1289.9	5.485	55.82	9.42	26.2	17.2	0.93
300	8592.9	712.5	1344.8	5.736	53.96	9.12	29.2	14.7	0.97

六、干空气的重要物理性质（101.33kPa）

温度 T /℃	密度 ρ /(kg/m³)	比热容 c_p /[kJ/(kg·℃)]	热导率 λ /[$\times10^{-2}$W/(m·℃)]	黏度 μ /$\times10^{-5}$Pa·s	普朗特数 Pr
−50	1.584	1.013	2.035	1.46	0.728
−40	1.515	1.013	2.117	1.52	0.728
−30	1.453	1.013	2.198	1.57	0.728
−20	1.395	1.009	2.279	1.62	0.716
−10	1.342	1.009	2.360	1.67	0.712
0	1.293	1.005	2.442	1.72	0.707
10	1.247	1.005	2.512	1.77	0.705
20	1.205	1.005	2.591	1.81	0.703
30	1.165	1.005	2.673	1.86	0.701
40	1.128	1.005	2.756	1.91	0.699

续表

温度 T /℃	密度 ρ /(kg/m^3)	比热容 c_p /[kJ/(kg·℃)]	热导率 λ /[$\times 10^2$ W/(m·℃)]	黏度 μ /$\times 10^{-5}$ Pa·s	普朗特数 Pr
50	1.093	1.005	2.826	1.96	0.698
60	1.060	1.005	2.896	2.01	0.696
70	1.029	1.009	2.966	2.06	0.694
80	1.000	1.009	3.047	2.11	0.692
90	0.972	1.009	3.128	2.15	0.690
100	0.946	1.009	3.210	2.19	0.688
120	0.898	1.009	3.338	2.29	0.686
140	0.854	1.013	3.489	2.37	0.684
160	0.815	1.017	3.640	2.45	0.682
180	0.779	1.022	3.780	2.53	0.681
200	0.746	1.026	3.931	2.60	0.680
250	0.674	1.038	4.268	2.74	0.677
300	0.615	1.047	4.605	2.97	0.674
350	0.566	1.059	4.908	3.14	0.676
400	0.524	1.068	5.210	3.30	0.678
500	0.456	1.093	5.745	3.62	0.687
600	0.404	1.114	6.222	3.91	0.699
700	0.362	1.135	6.711	4.18	0.706
800	0.329	1.156	7.176	4.43	0.713
900	0.301	1.172	7.630	4.67	0.717
1000	0.277	1.185	8.071	4.90	0.719
1100	0.257	1.197	8.502	5.12	0.722
1200	0.239	1.206	9.153	5.35	0.724

七、饱和水蒸气表（按压强排列）

绝对压强 p /kPa	温度 t /℃	蒸汽密度 ρ /(kg/m^3)	比焓 h/(kJ/kg)		汽化潜热 /(kJ/kg)
			液体	蒸汽	
1.0	6.3	0.00773	26.5	2503.1	2477
1.5	12.5	0.01133	52.3	2515.3	2463
2.0	17.0	0.01486	71.2	2524.2	2453
2.5	20.9	0.01836	87.5	2531.8	2444
3.0	23.5	0.02179	98.4	2536.8	2438
3.5	26.1	0.02523	109.3	2541.8	2433
4.0	28.7	0.02867	120.2	2546.8	2427
4.5	30.8	0.03205	129.0	2550.9	2422
5.0	32.4	0.03735	135.7	2554.0	2418
6.0	35.6	0.04200	149.1	2560.1	2411
7.0	38.8	0.04864	162.4	2566.3	2404
8.0	41.3	0.05514	172.7	2571.0	2398
9.0	43.3	0.06156	181.2	2574.8	2394
10.0	45.3	0.06798	189.6	2578.5	2389
15.0	53.5	0.09956	224.0	2594.0	2370
20.0	60.1	0.1307	251.5	2606.4	2355
30.0	66.5	0.1909	288.8	2622.4	2334
40.0	75.0	0.2498	315.9	2634.1	2312
50.0	81.2	0.3080	339.8	2644.3	2304
60.0	85.6	0.3651	358.2	2652.1	2394

续表

绝对压强 p /kPa	温度 t /℃	蒸汽密度 ρ /(kg/m³)	比焓 h/(kJ/kg)		汽化潜热 /(kJ/kg)
			液体	蒸汽	
70.0	89.9	0.4223	376.6	2659.8	2283
80.0	93.2	0.4781	390.1	2665.3	2275
90.0	96.4	0.5338	403.5	2670.8	2267
100.0	99.6	0.5896	416.9	2676.3	2259
120.0	104.5	0.6987	437.5	2684.3	2247
140.0	109.2	0.8076	457.7	2692.1	2234
160.0	113.0	0.8298	473.9	2698.1	2224
180.0	116.6	1.021	489.3	2703.7	2214
200.0	120.2	1.127	493.7	2709.2	2202
250.0	127.2	1.390	534.4	2719.7	2185
300.0	133.3	1.650	560.4	2728.5	2168
350.0	138.8	1.907	583.8	2736.1	2152
400.0	143.4	2.162	603.6	2742.1	2138
450.0	147.7	2.415	622.4	2747.8	2125
500.0	151.7	2.667	639.6	2752.8	2113
600.0	158.7	3.169	676.2	2761.4	2091
700.0	164.7	3.666	696.3	2767.8	2072
800	170.4	4.161	721.0	2773.7	2053
900	175.1	4.652	741.8	2778.1	2036
1×10^3	179.9	5.143	762.7	2782.5	2020
1.1×10^3	180.2	5.633	780.3	2785.5	2005
1.2×10^3	187.8	6.124	797.9	2788.5	1991
1.3×10^3	191.5	6.614	814.2	2790.9	1977
1.4×10^3	194.8	7.103	829.1	2792.4	1964
1.5×10^3	198.2	7.594	843.9	2794.5	1951
1.6×10^3	201.3	8.081	857.8	2796.0	1938
1.7×10^3	204.1	8.567	870.6	2797.1	1926
1.8×10^3	206.9	9.053	883.4	2798.1	1915
1.9×10^3	209.8	9.539	896.2	2799.2	1903
2×10^3	212.2	10.03	907.3	2799.7	1892
3×10^3	233.7	15.01	1005.4	2798.9	1794
4×10^3	250.3	20.10	1082.9	2789.8	1707
5×10^3	263.8	25.37	1146.9	2776.2	1629
6×10^3	275.4	30.85	1203.2	2759.5	1556
7×10^3	285.7	36.57	1253.2	2740.8	1488
8×10^3	294.8	42.58	1299.2	2720.5	1404
9×10^3	303.2	48.89	1343.5	2699.1	1357

八、饱和水蒸气表（按温度排列）

温度 t /℃	绝对压强 p /kPa	蒸汽密度 ρ /(kg/m³)	比焓 h/(kJ/kg)		汽化潜热 /(kJ/kg)
			液体	蒸汽	
0	0.6082	0.00484	0	2491	2491
5	0.8730	0.00680	20.9	2500.8	2480
10	1.226	0.00940	41.9	2510.4	2469
15	1.707	0.01283	62.8	2520.5	2458
20	2.335	0.01719	83.7	2530.1	2446
25	3.168	0.02304	104.7	2539.7	2435
30	4.247	0.03036	125.6	2549.3	2424
35	5.621	0.03960	146.5	2559.0	2412
40	7.377	0.05114	167.5	2568.6	2401
45	9.584	0.06543	188.4	2577.8	2389
50	12.34	0.0830	209.3	2587.4	2378
55	15.74	0.1043	230.3	2596.7	2366
60	19.92	0.1301	251.2	2606.3	2355
65	25.01	0.1611	272.1	2615.5	2343
70	31.16	0.1979	293.1	2624.3	2331
75	38.55	0.2416	314.0	2633.5	2320
80	47.38	0.2929	334.9	2642.3	2307
85	57.88	0.3531	355.9	2651.1	2295
90	70.14	0.4229	376.8	2659.9	2283
95	84.56	0.5039	397.8	2668.7	2271
100	101.33	0.5970	418.7	2677.0	2258
105	120.85	0.7036	440.0	2685.0	2245
110	143.31	0.8254	461.0	2693.4	2232
115	169.11	0.9635	482.3	2701.3	2219
120	198.64	1.1199	503.7	2708.9	2205
125	232.19	1.296	525.0	2716.4	2191
130	270.25	1.494	546.4	2723.9	2178
135	313.11	1.715	567.7	2731.0	2163
140	361.47	1.962	589.1	2737.7	2149
145	415.72	2.238	610.9	2744.4	2134
150	476.24	2.543	632.2	2750.7	2119
160	618.28	3.252	675.8	2762.9	2087
170	792.59	4.113	719.3	2773.3	2054
180	1003.5	5.145	763.3	2782.5	2019
190	1255.6	6.378	807.6	2790.1	1982
200	1554.8	7.840	852.0	2795.5	1944
210	1917.7	9.567	897.2	2799.3	1902
220	2320.9	11.60	942.4	2801.0	1859
230	2798.6	13.98	988.5	2800.1	1812
240	3347.9	16.76	1034.6	2796.8	1762
250	3977.7	20.01	1081.4	2790.1	1709
260	4693.8	23.82	1128.8	2780.9	1652

续表

温度 t /℃	绝对压强 p /kPa	蒸汽密度 ρ /(kg/m³)	比焓 h/(kJ/kg)		汽化潜热 /(kJ/kg)
			液体	蒸汽	
270	5504.0	28.27	1176.9	2768.3	1591
280	6417.2	33.47	1225.5	2752.0	1526
290	7443.3	39.60	1274.5	2732.3	1457
300	8592.9	46.93	1325.5	2708.0	1382

九、液体黏度共线图

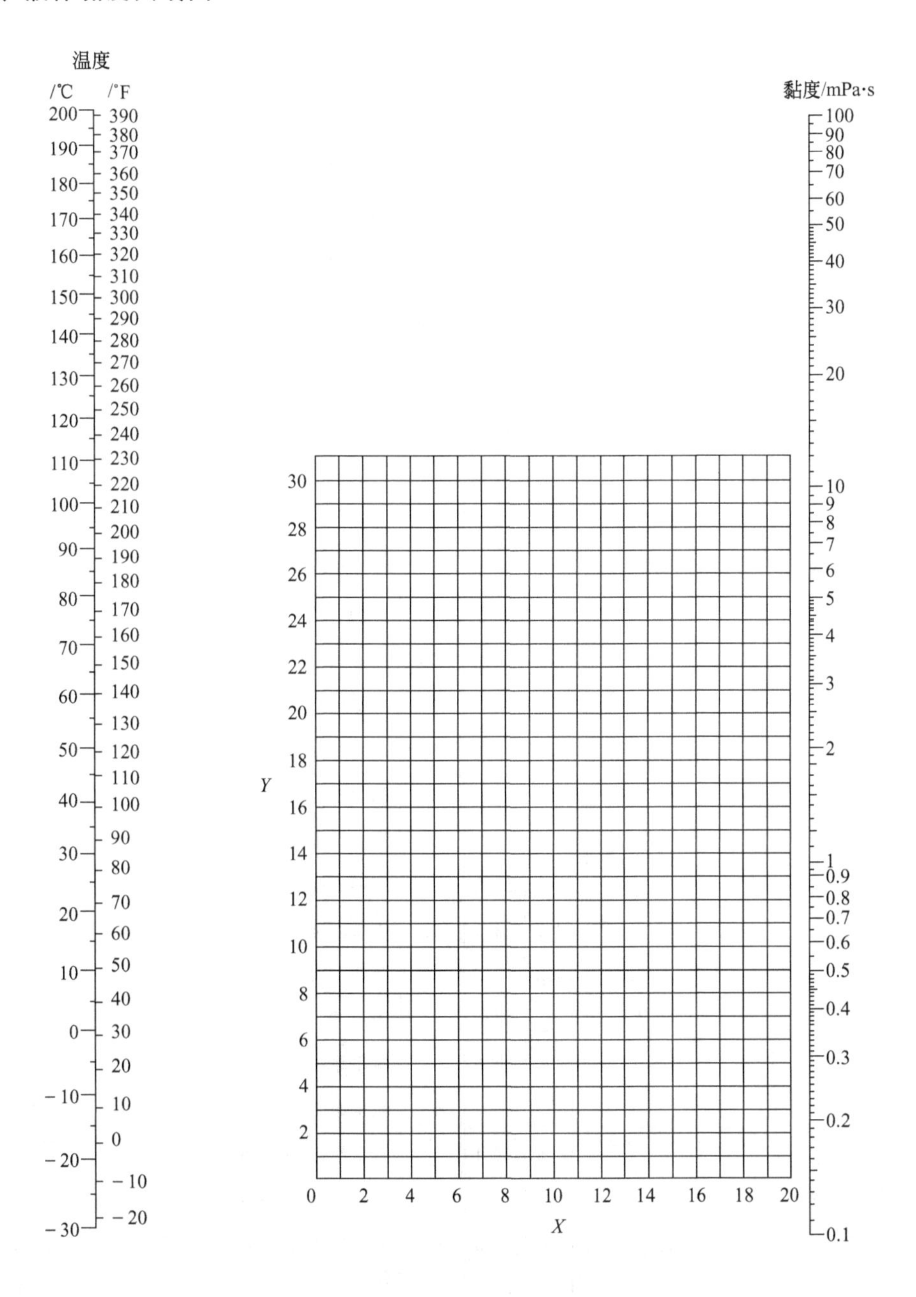

附录图 1　液体黏度共线图

液体黏度共线图坐标值

序号	名　　称	X	Y	序号	名　　称	X	Y
1	水	10.2	13.0	36	氯苯	12.3	12.4
2	盐水(25%NaCl)	10.2	16.6	37	硝基苯	10.6	16.2
3	盐水(25%CaCl)	6.6	15.9	38	苯胺	8.1	18.7
4	氨	12.6	2.0	39	苯酚	6.9	20.8
5	氨水(26%)	10.1	13.9	40	联苯	12.0	18.3
6	二氧化碳	11.6	0.3	41	萘	7.9	18.1
7	二氧化硫	15.2	7.1	42	甲醇(100%)	12.4	10.5
8	二氧化氮	12.9	8.6	43	甲醇(90%)	12.3	11.8
9	二硫化碳	16.1	7.5	44	甲醇(40%)	7.8	15.5
10	溴	14.2	13.2	45	乙醇(100%)	10.5	13.8
11	汞	18.4	16.4	46	乙醇(95%)	9.8	14.3
12	硫酸(60%)	10.2	21.3	47	乙醇(40%)	6.5	16.6
13	硫酸(98%)	7.0	24.8	48	乙二醇	6.0	23.6
14	硫酸(100%)	8.0	25.1	49	甘油(100%)	2.0	30.0
15	硫酸(110%)	7.2	27.4	50	甘油(50%)	6.9	19.6
16	硝酸(60%)	10.8	17.0	51	乙醚	14.5	5.3
17	硝酸(95%)	12.8	13.8	52	乙醛	15.2	14.8
18	盐酸(31.5%)	13.0	16.6	53	丙酮(35%)	7.9	15.0
19	氢氧化钠(50%)	3.2	25.8	54	丙酮(100%)	14.5	7.2
20	戊烷	14.9	5.2	55	甲酸	10.7	15.8
21	己烷	14.7	7.0	56	醋酸(100%)	12.1	14.2
22	庚烷	14.1	8.4	57	醋酸(70%)	9.5	17.0
23	辛烷	13.7	10.0	58	醋酸酐	12.7	12.8
24	氯甲烷	15.0	3.8	59	醋酸乙酯	13.7	9.1
25	氯乙烷	14.8	6.0	60	醋酸戊酯	11.8	12.5
26	三氯甲烷	14.4	10.2	61	甲酸乙酯	14.2	8.4
27	四氯甲烷	12.7	13.1	62	甲酸丙酯	13.1	9.7
28	二氯乙烷	13.2	12.2	63	丙酸	12.8	13.8
29	氯乙烯	12.7	12.2	64	丙烯酸	12.3	13.9
30	苯	12.5	10.9	65	氟里昂-11(CCl_3F)	14.4	9.0
31	甲苯	13.7	10.4	66	氟里昂-12(CCl_2F_2)	16.8	5.6
32	邻二甲苯	13.5	12.1	67	氟里昂-21($CHCl_2F$)	15.7	7.5
33	间二甲苯	13.9	10.6	68	氟里昂-22($CHClF_2$)	17.2	4.7
34	对二甲苯	13.9	10.9	69	氟里昂-113($CCl_2F \cdot CClF_2$)	12.5	11.4
35	乙苯	13.2	11.5	70	煤油	10.2	16.9

十、气体黏度共线图（常压下用）

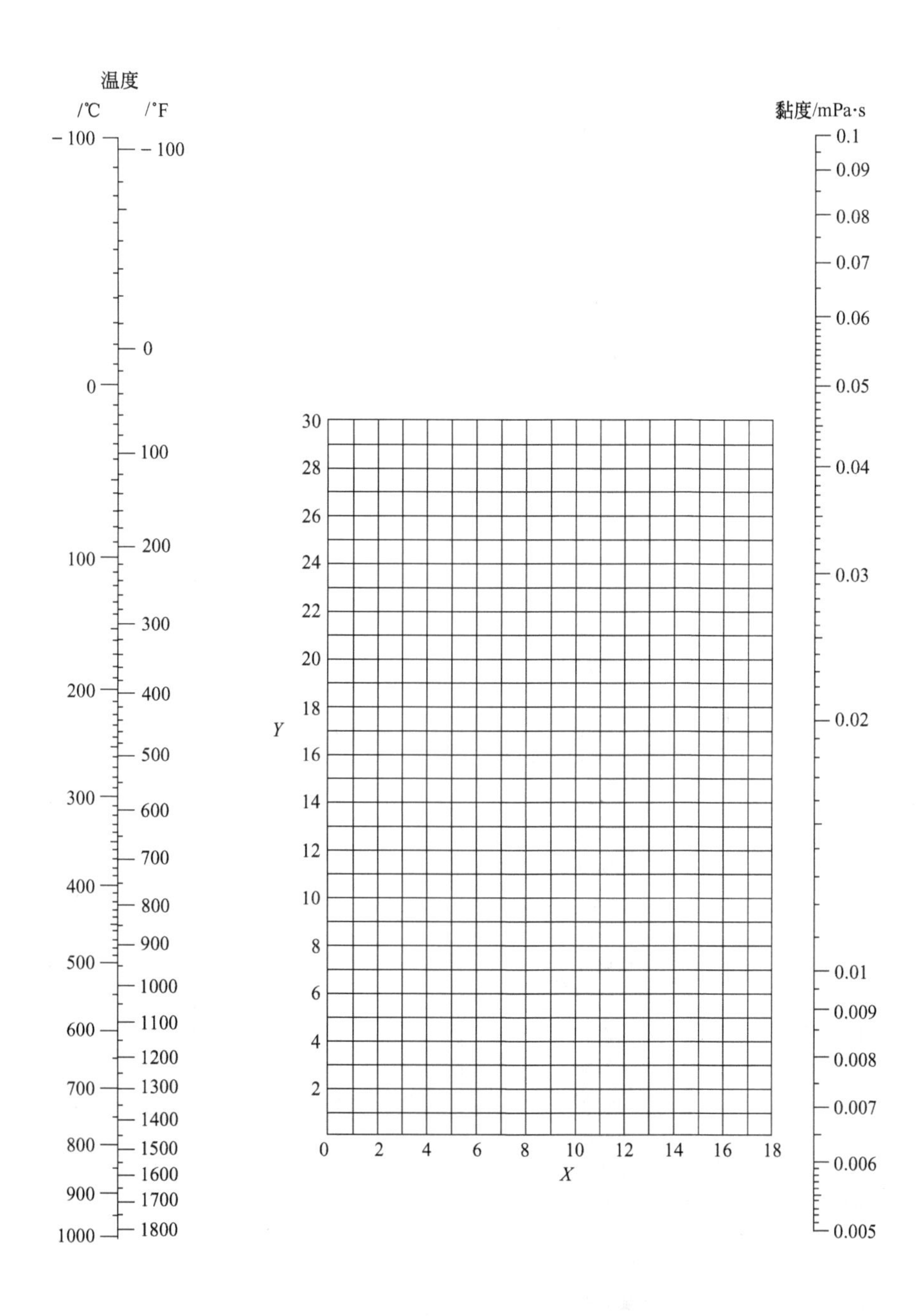

附录图 2　气体黏度共线图（常压下用）

气体黏度共线图坐标值（常压下用）

序　　号	名　　称	X	Y
1	空气	11.0	20.0
2	氧	11.0	21.3
3	氮	10.6	20.0
4	氢	11.2	12.4
5	$3H_2+N_2$	11.2	17.2
6	水蒸气	8.0	16.0
7	一氧化碳	11.0	20.0
8	二氧化碳	9.5	18.7
9	一氧化二氮	8.8	19.0
10	二氧化硫	9.6	17.0
11	二硫化碳	8.0	16.0
12	一氧化氮	10.9	20.5
13	氨	8.4	16.0
14	汞	5.3	22.9
15	氟	7.3	23.8
16	氯	9.0	18.4
17	氯化氢	8.8	18.7
18	溴	8.9	19.2
19	溴化氢	8.8	20.9
20	碘	9.0	18.4
21	碘化氢	9.0	21.3
22	硫化氢	8.6	18.0
23	甲烷	9.9	15.5
24	乙烷	9.1	14.5
25	乙烯	9.5	15.1
26	乙炔	9.8	14.9
27	丙烷	9.7	12.9
28	丙烯	9.0	13.8
29	丁烯	9.2	13.7
30	戊烷	7.0	12.8
31	己烷	8.6	11.8
32	三氯甲烷	8.9	15.7
33	苯	8.5	13.2
34	甲苯	8.6	12.4
35	甲醇	8.5	15.6
36	乙醇	9.2	14.2
37	丙醇	8.4	13.4
38	醋酸	7.7	14.3
39	丙酮	8.9	13.0
40	乙醚	8.9	13.0
41	醋酸乙酯	8.5	13.2
42	氟里昂-11	10.6	15.1
43	氟里昂-12	11.1	16.0
44	氟里昂-21	10.8	15.3
45	氟里昂-22	10.1	17.0
46	氟里昂-113	11.3	14.0

十一、液体比热容共线图

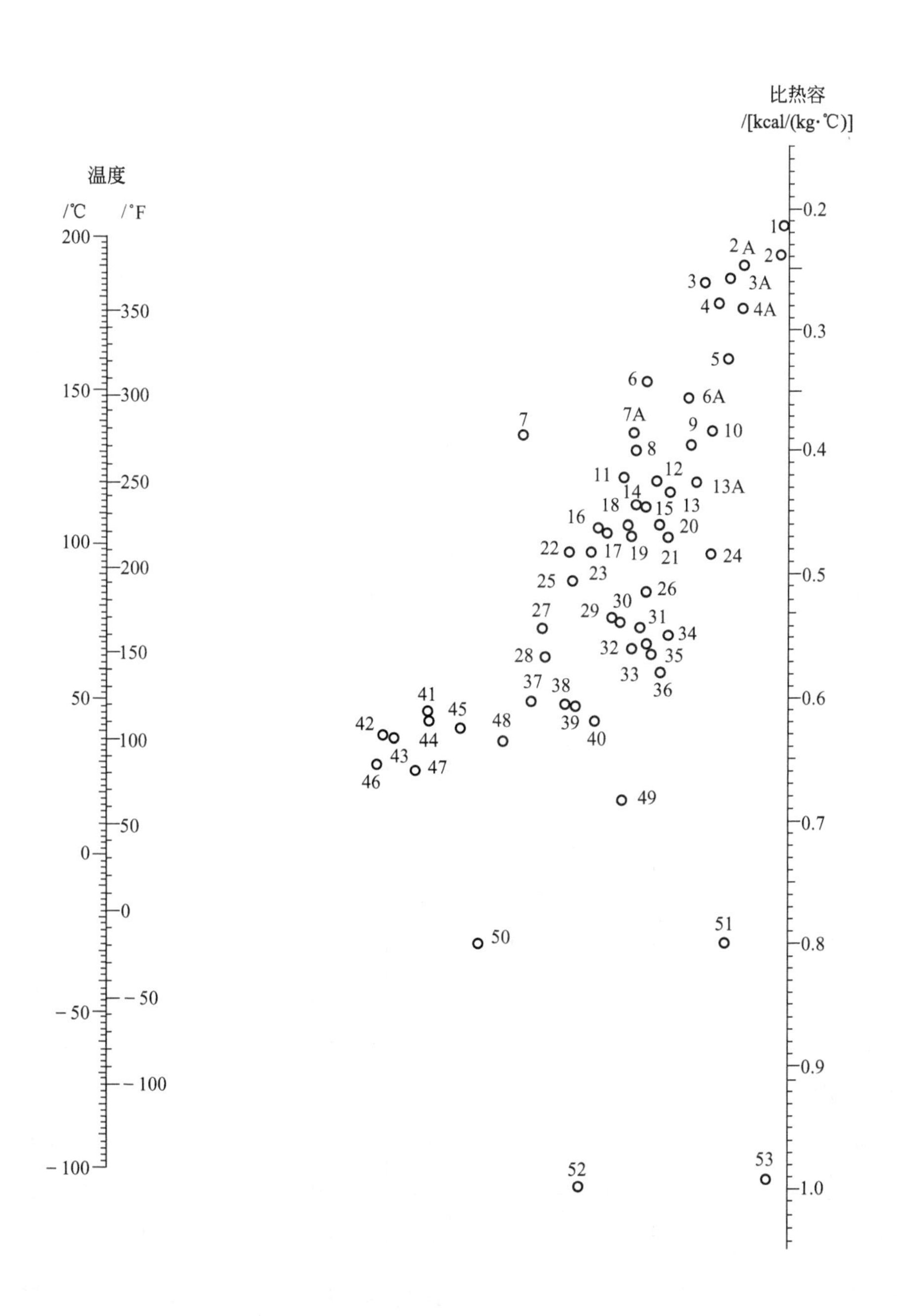

附录图 3　液体比热容共线图

（1kcal＝4.1868kJ）

液体比热容共线图中的编号

编号	名　　称	温度范围/℃	编号	名　　称	温度范围/℃
53	水	10～200	10	苯甲基氯	－20～30
51	盐水(25% NaCl)	－40～20	25	乙苯	0～100
49	盐水(25% CaCl)	－40～20	15	联苯	80～120
52	氨	－70～50	16	联苯醚	0～200
11	二氧化硫	－20～100	16	联苯-联苯醚	0～200
2	二硫化碳	－100～25	14	萘	90～200
9	硫酸(98%)	10～45	40	甲醇	－40～20
48	盐酸(30%)	20～100	42	乙醇(100%)	30～80
35	己烷	－80～20	46	乙醇(95%)	20～80
28	庚烷	0～60	50	乙醇(50%)	20～80
33	辛烷	－50～25	45	丙醇	－20～100
34	壬烷	－50～25	47	异丙醇	－20～50
21	癸烷	－80～25	44	丁醇	0～100
13 A	氯甲烷	－80～20	43	异丁醇	0～100
5	三氯甲烷	－40～50	37	戊醇	－50～25
4	三氯甲烷	0～50	41	异戊醇	10～100
22	二苯基甲烷	30～100	39	乙二醇	－40～200
3	四氯化碳	10～60	38	甘油	－40～20
13	氯乙烷	－30～40	27	苯甲基醇	－20～30
1	溴乙烷	5～25	36	乙醚	－1000～25
7	碘乙烷	0～100	31	异丙醚	－80～200
6 A	二氯乙烷	－30～60	32	丙酮	20～50
3	过氯乙烯	－30～40	29	醋酸	0～80
23	苯	10～80	24	醋酸乙酯	－50～25
23	甲苯	0～60	26	醋酸戊酯	0～100
17	对二甲苯	0～100	20	吡啶	－50～25
18	间二甲苯	0～100	2 A	氟里昂-11	－20～70
19	邻二甲苯	0～100	6	氟里昂-12	－40～15
8	氯苯	0～100	4 A	氟里昂-21	－20～70
12	硝基苯	0～100	7 A	氟里昂-22	－20～60
30	苯胺	0～130	3A	氟里昂-113	－20～70

十二、气体比热容共线图（常压下用）

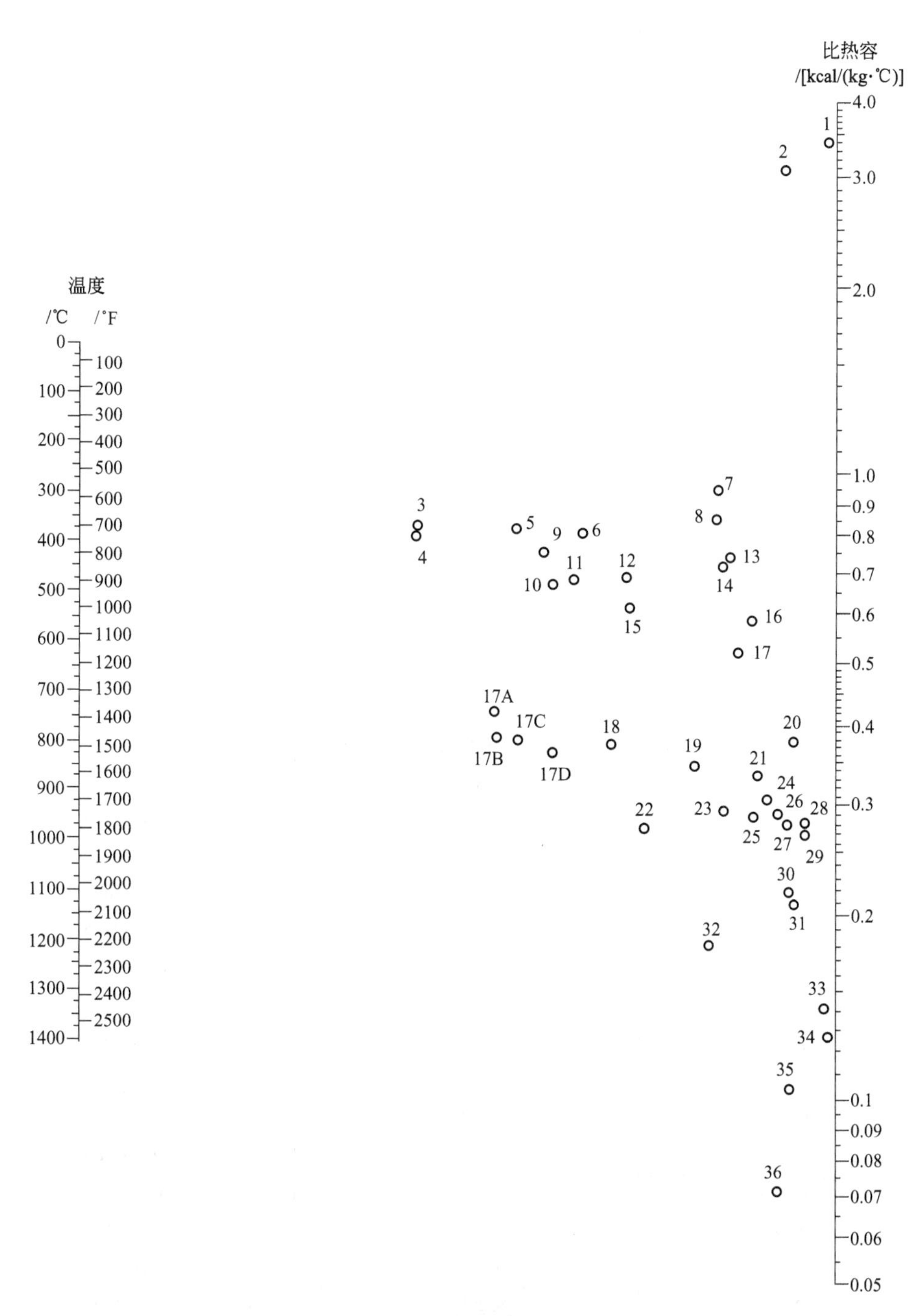

附录图 4　气体比热容共线图（常压下用）

（1kcal＝4.1868kJ）

气体比热容共线图中的编号（常压下用）

编　号	名　称	温度范围/℃
27	空气	0～1400
23	氧	0～500
29		500～1400
26	氮	0～1400
1	氢	0～600
2		600～1400
32	氯	0～200
34		200～1400
33	硫	300～1400
12	氨	0～600
14		600～1400
25	一氧化氮	0～700
28		700～1400
18	二氧化碳	0～400
24		400～1400
22	二氧化硫	0～400
31		400～1400
17	水蒸气	0～1400
19	硫化氢	0～700
21		700～1400
20	氟化氢	0～1400
30	氯化氢	0～1400
35	溴化氢	0～1400
36	碘化氢	0～1400
5	甲烷	0～300
6		300～700
7		700～1400
3	乙烷	0～200
9		200～600
8		600～1400
4	乙烯	0～200
11		200～600
13		600～1400
10	乙炔	0～200
15		200～400
16		400～1400
17B	氟里昂-11	0～500
17C	氟里昂-21	0～500
19A	氟里昂-22	0～500
17D	氟里昂-113	0～500

十三、液体比汽化焓共线图

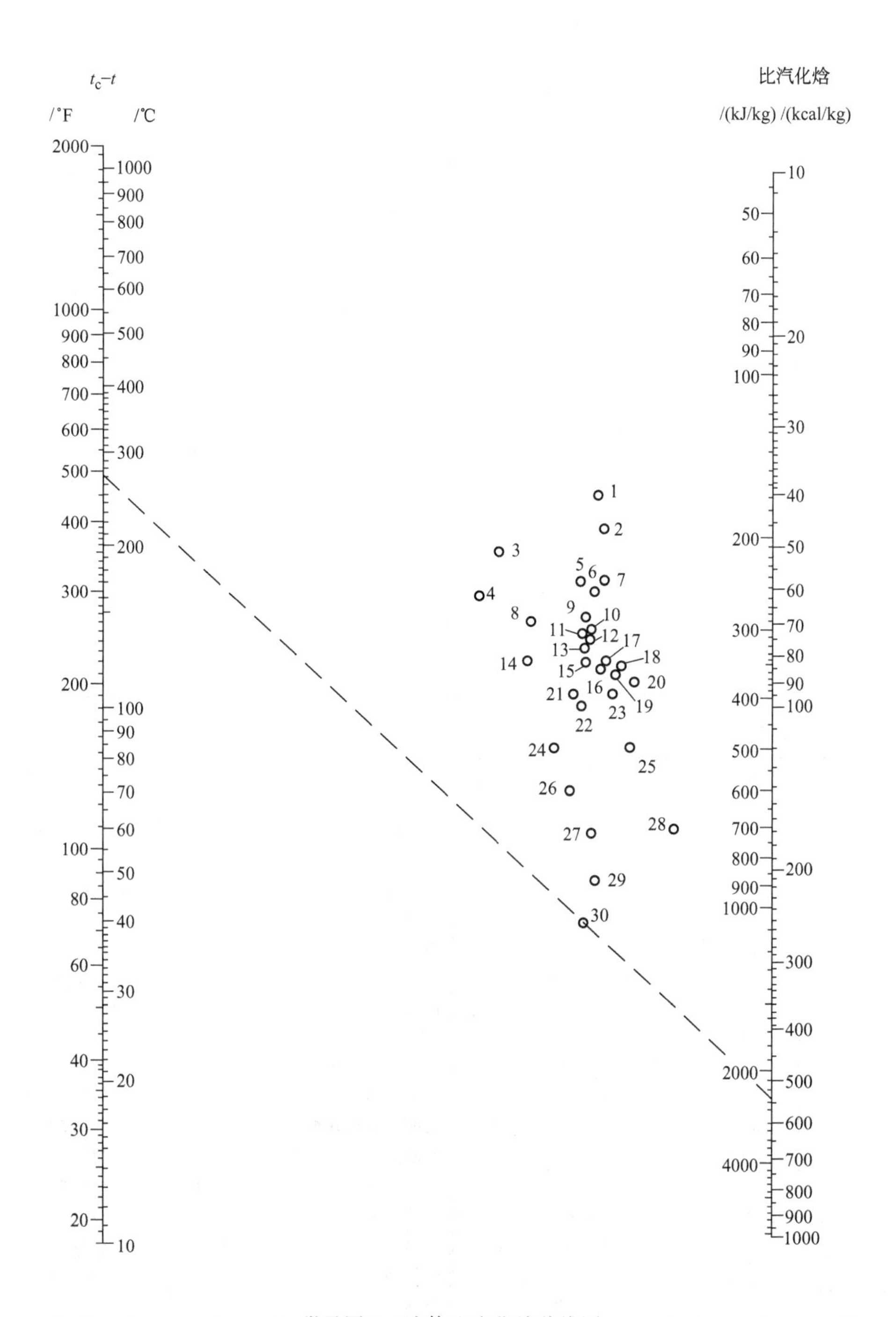

附录图 5　液体比汽化焓共线图

液体比汽化焓共线图的编号

编号	名　　称	t_c/℃	t_c-t 范围/℃	编号	名　　称	t_c/℃	t_c-t 范围/℃
30	水	374	100～500	10	庚烷	267	20～300
29	氨	133	50～200	9	辛烷	296	30～300
19	一氧化氮	36	25～150	20	一氯甲烷	143	70～250
21	二氧化碳	31	10～100	8	二氯甲烷	216	150～250
2	四氯化碳	283	30～250	7	三氯甲烷	263	140～270
17	氯乙烷	187	100～250	27	甲醇	240	40～250
13	苯	289	10～400	26	乙醇	243	20～140
3	联苯	527	175～400	24	丙醇	264	20～200
4	二硫化碳	273	140～275	13	乙醚	194	10～400
14	二氧化硫	157	90～160	22	丙酮	235	120～210
25	乙烷	32	25～150	18	醋酸	321	100～225
23	丙烷	96	40～200	2	氟里昂-11	198	70～225
16	丁烷	153	90～200	2	氟里昂-12	111	40～200
15	异丁烷	134	80～200	5	氟里昂-21	178	70～250
12	戊烷	197	20～200	6	氟里昂-22	96	50～170
11	己烷	235	50～225	1	氟里昂-113	214	90～250

十四、固体材料的热导率

1. 常用金属材料的热导率

金属材料	不同温度下的热导率				
	0℃	100℃	200℃	300℃	400℃
铝	228	228	228	228	228
铜	384	379	372	367	363
铁	73.3	67.5	61.6	54.7	48.9
铅	35.1	33.4	31.4	29.8	—
镍	93.0	82.6	73.3	63.97	59.3
银	414	409	373	362	359
碳钢	52.3	48.9	44.2	41.9	34.9
不锈钢	16.3	17.5	17.5	18.5	

2. 常用非金属材料的热导率

名　　称	温度/℃	热导率/[W/(m·℃)]	名　　称	温度/℃	热导率/[W/(m·℃)]
石棉绳	—	0.10～0.21	泡沫塑料	—	0.0465
石棉板	30	0.10～0.14	泡沫玻璃	−15	0.00489
软木	30	0.0430		−80	0.00349
玻璃棉	—	0.0349～0.0698	木材(横向)	—	0.14～0.175
保温灰	—	0.0698	(纵向)	—	0.384
锯屑	20	0.0465～0.0582	耐火砖	230	0.872
棉花	100	0.0698		1200	1.64
厚纸	20	0.14～0.349	混凝土	—	1.28
玻璃	30	1.09	绒毛毡	—	0.0465
	−20	0.76	85%氧化镁粉	0～100	0.0698
搪瓷	—	0.87～1.16	聚氯乙烯	—	0.116～0.174
云母	50	0.430	酚醛加玻璃纤维	—	0.259
泥土	20	0.698～0.930	酚醛加石棉纤维	—	0.294
冰	0	2.33	聚碳酸酯	—	0.191
膨胀珍珠岩散料	25	0.021～0.062	聚苯乙烯泡沫	25	0.0419
软橡胶	—	0.129～0.159		−150	0.00174
硬橡胶	0	0.150	聚乙烯	—	0.329
聚四氟乙烯	—	0.242	石墨	—	139

十五、某些液体的热导率

液　　体	温度/℃	热导率/[W/(m·℃)]	液　　体	温度/℃	热导率/[W/(m·℃)]
石油	20	0.180	四氯化碳	0	0.185
汽油	30	0.135		68	0.163
煤油	20	0.149	二硫化碳	30	0.161
	75	0.140		75	0.152
正戊烷	30	0.135	乙苯	30	0.149
	75	0.128		60	0.142
正己烷	30	0.138	氯苯	10	0.144
	60	0.137	硝基苯	30	0.164
正庚烷	30	0.140		100	0.152
	60	0.137	硝基甲苯	30	0.216
正辛烷	60	0.14		60	0.208
丁醇(100%)	20	0.182	橄榄油	100	0.164
丁醇(80%)	20	0.237	松节油	15	0.128
正丙醇	30	0.171	氯化钙盐水(30%)	30	0.55
	75	0.164	氯化钙盐水(15%)	30	0.59
正戊醇	30	0.163	氯化钠盐水(25%)	30	0.57
	100	0.154	氯化钠盐水(12.5%)	30	0.59
异戊醇	30	0.152	硫酸(90%)	30	0.36
	75	0.151	硫酸(60%)	30	0.43
正己醇	30	0.163	硫酸(30%)	30	0.52
	75	0.156	盐酸(12.5%)	32	0.52
正庚醇	30	0.163	盐酸(25%)	32	0.48
	75	0.157	盐酸(38%)	32	0.44
丙烯醇	25～30	0.180	氢氧化钾(21%)	32	0.58
乙醚	30	0.138	氢氧化钾(42%)	32	0.55
	75	0.135	氨	25～30	0.180
乙酸乙酯	20	0.175	氨水溶液	20	0.45
氯甲烷	－15	0.192		60	0.50
	30	0.154	汞	28	0.36
三氯甲烷	30	0.138			

十六、气体的热导率共线图（常压下用）

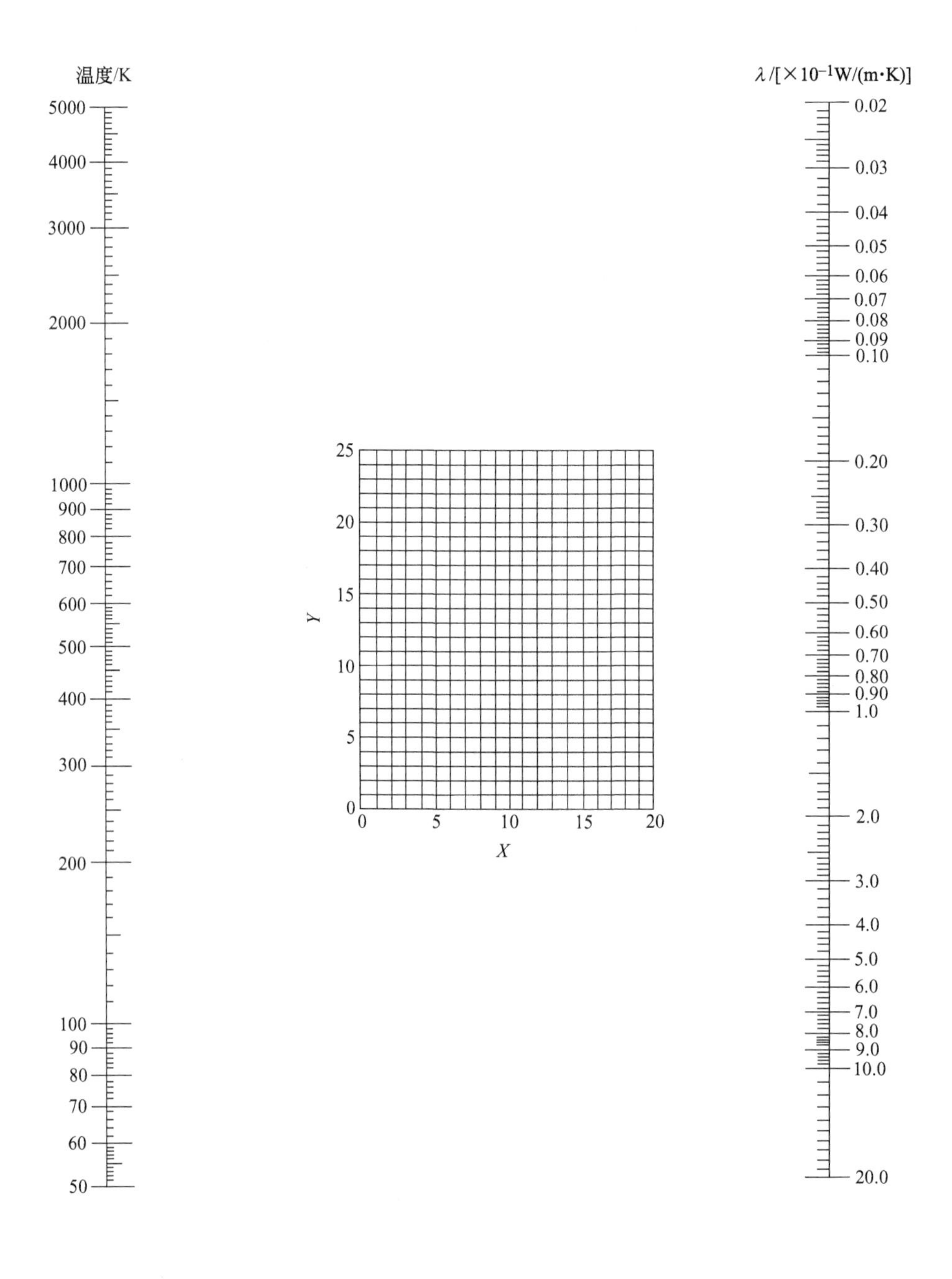

附录图 6　常压下气体的热导率

气体的热导率共线图坐标值（常压用）

气体或蒸气	温度范围/K	X	Y	气体或蒸气	温度范围/K	X	Y
丙酮	250～500	3.7	14.8	氟里昂-22（$CHClF_2$）	250～500	6.5	18.6
乙炔	200～600	7.5	13.5	氟里昂-113（$CCl_2F\cdot CClF_2$）	250～400	4.7	17.0
空气	50～250	12.4	13.9	氦	50～500	17.0	2.5
	250～1000	14.7	15.0		500～5000	15.0	3.0
	1000～1500	17.1	14.5	正庚烷	250～600	4.0	14.8
氨	200～900	8.5	12.6		600～1000	6.9	14.9
氩	50～250	12.5	16.5	正乙烷	250～1000	3.7	14.0
	250～5000	15.4	18.1	氢	50～250	13.2	1.2
苯	250～600	2.8	14.2		250～1000	15.7	1.3
三氟化硼	250～400	12.4	16.4		1000～2000	13.7	2.7
溴	250～350	10.1	23.6	氯化氢	200～700	12.2	18.5
正丁烷	250～500	5.6	14.1	氪	100～700	13.7	21.8
异丁烷	250～500	5.7	14.0	甲烷	100～300	11.2	11.7
二氧化碳	200～700	8.7	15.5		300～1000	8.5	11.0
	700～1200	13.3	15.4	甲醇	300～500	5.0	14.3
一氧化碳	80～300	12.3	14.2	氯甲烷	250～700	4.7	15.7
	300～1200	15.2	15.2	氖	50～250	15.2	10.2
四氯化碳	250～500	9.4	21.0		250～5000	17.2	11.0
氯	200～700	10.8	20.1	氧化氮	100～1000	13.2	14.8
氘	50～100	12.7	17.3	氮	50～250	12.5	14.0
	100～400	14.5	19.3		250～1500	15.8	15.3
乙烷	200～1000	5.4	12.6		1500～3000	12.5	16.5
乙醇	250～350	2.0	13.0	一氧化二氮	200～500	8.4	15.0
	350～500	7.7	15.2		500～1000	11.5	15.5
乙醚	250～500	5.3	14.1	氧	50～300	12.2	13.8
乙烯	200～450	3.9	12.3		300～1500	14.5	14.8
氟	80～600	12.3	13.8	戊烷	250～500	5.0	14.1
氩	600～800	18.7	13.8	丙烷	200～300	2.7	12.0
氟里昂-11（CCl_3F）	250～500	7.5	19.0		300～500	6.3	13.7
氟里昂-12（CCl_2F_2）	250～500	6.8	17.5	二氧化硫	250～900	9.2	18.5
氟里昂-13（$CClF_3$）	250～500	7.5	16.5	甲苯	250～600	6.4	14.8
氟里昂-21（$CHCl_2F$）	250～450	6.2	17.5	氙	150～700	13.3	25.0

十七、管子规格

1. 低压流体输送用焊接钢管规格（GB 3091—93，GB 3092—93）

公称直径		外径/mm	壁厚/mm		公称直径		外径/mm	壁厚/mm	
/mm	/in①		普通管	加厚管	/mm	/in		普通管	加厚管
6	1/8	10.0	2.00	2.50	40	1½	48.0	3.50	4.25
8	1/4	13.5	2.25	2.75	50	2	60.0	3.50	4.50
10	3/8	17.0	2.25	2.75	65	2½	75.5	3.75	4.50
15	1/2	21.3	2.75	3.25	80	3	88.5	4.00	4.75
20	3/4	26.8	2.75	3.50	100	4	114.0	4.00	5.00
25	1	33.5	3.25	4.00	125	5	140.0	4.50	5.50
32	1¼	42.3	3.25	4.00	150	6	165.0	4.50	5.50

① 1in＝0.0254m。

注：1. 本标准适用于输送水、煤气、空气、油和取暖蒸汽等一般较低压力的流体。

2. 表中的公称直径系近似内径的名义尺寸，不表示外径减去两倍壁厚得的内径。

3. 钢管分镀锌钢管（GB 3091—93）和不镀锌钢管（GB 3092—93），后者简称黑管。

2. 普通无缝钢管（GB 8163—87）

（1）热轧无缝钢管（摘录）

外径/mm	壁厚/mm		外径/mm	壁厚/mm		外径/mm	壁厚/mm	
	从	到		从	到		从	到
32	2.5	8	76	3.0	19	219	6.0	50
38	2.5	8	89	3.5	(24)	273	6.5	50
42	2.5	10	108	4.0	28	325	7.5	75
45	2.5	10	114	4.0	28	377	9.0	75
50	2.5	10	127	4.0	30	426	9.0	75
57	3.0	13	133	4.0	32	450	9.0	75
60	3.0	14	140	4.5	36	530	9.0	75
63.5	3.0	14	159	4.5	36	630	9.0	(24)
68	3.0	16	168	5.0	(45)			

注：壁厚系列有（单位为 mm）2.5、3、3.5、4、4.5、5、5.5、6、6.5、7、7.5、8、8.5、9、9.5、10、11、12、13、14、15、16、17、18、19、20 等；括号内尺寸不推荐使用。

（2）冷拔（冷轧）无缝钢管　冷拔无缝钢管质量好，可以得到小直径管，其外径可由 6～200mm，壁厚由 0.25～14mm，其中最小壁厚及最大壁厚均随外径增大而增加，系列标准可参阅有关手册。

（3）热交换器用普通无缝钢管（摘自 GB 9948—88）

外径/mm	壁厚/mm	外径/mm	壁厚/mm
19	2,2.5	57	4,5,6
25	2,2.5,3	89	6,8,10,12
38	3,3.5,4		

十八、泵及通风机规格

1. IS 型单级单吸离心泵

泵型号	流量/(m^3/h)	扬程/m H_2O	转速/(r/min)	汽蚀余量/m	泵效率/%	功率/kW	
						轴功率	配带功率
IS 50-32-125	12.5 15	20 18.5	2900 2900	2.0	60 60	1.13 1.26	2.2 2.2
IS 50-32-160	12.5 15	32 29.6	2900 2900	2.0	54 56	2.02 2.16	3 3
IS 50-32-200	12.5 15	50 48	2900 2900	2.0 2.5	48 51	3.54 3.84	5.5 5.5
IS 50-32-250	12.5 15	80 78.5	2900 2900	2.0 2.5	38 41	7.16 7.83	11 11
IS 65-50-125	12.5 15	5	1450 1450	2.0	64	0.27	0.55 0.55
IS 65-50-160	12.5 15	8.0 7.2	1450 1450	2.0 2.5	60 60	0.45 0.49	0.75 0.75
IS 65-40-200	12.5 15	12.5 11.8	1450 1450	2.0 2.5	66 57	0.77 0.85	1.1 1.1
IS 65-40-250	15 25 30	80	2900 2900 2900	2.0	63	10.3	15 15 15
IS 100-80-125	60 100 120	24 20 16.5	2900 2900 2900	4.0 4.5 5.0	67 78 74	5.86 7.00 7.28	11 11 11

2. S型单级双吸离心泵

泵型号	流量/(m³/h)	扬程/m	转速/(r/min)	汽蚀余量/m	泵效率/%	功率/kW	
						轴功率	配带功率
250S24	360 485 576	27 24 19	1450	3.5	80 85.5 82	33.1 35.8 38.4	45
250S65	360 485 612	71 65 56	1450	3	75 78.6 72	92.8 108.5 129.6	160

3. 4-72-11型离心泵通风机规格（摘录）

机号	转速/(r/min)	全压/Pa	流量/(m³/h)	效率/%	所需功率/kW
6C	2240	2432.1	15800	91	14.1
	2000	1941.8	14100	91	10.0
	1800	1569.1	12700	91	7.31
	1250	755.1	8800	91	2.53
	1000	480.5	7030	91	1.39
	800	294.2	5610	91	0.73
8C	1800	2795	29900	91	30.8
	1250	1343.6	20800	91	10.3
	1000	863.0	16600	91	5.52
	630	343.2	10480	91	1.51
10C	1250	2226.2	41300	94.3	32.7
	1000	1422.0	32700	94.3	16.5
	800	912.1	26130	94.3	8.5
	500	353.1	16390	94.3	2.3
6D	1450	1020	10200	91	4
	960	441.3	6720	91	1.32
8D	1450	1961.4	20130	89.5	14.2
	730	490.4	10150	89.5	2.06
16B	900	2942.1	121000	94.3	127
20B	710	2844.0	186300	94.3	190

十九、部分双组分混合液在101.3kPa下的气液平衡数据

1. 苯-甲苯

温度/℃	液相中苯的摩尔分数 x	气相中苯的摩尔分数 y	温度/℃	液相中苯的摩尔分数 x	气相中苯的摩尔分数 y
110.6	0.0	0.0	89.4	0.592	0.789
106.1	0.088	0.212	86.8	0.700	0.853
102.2	0.200	0.370	84.4	0.803	0.914
98.6	0.300	0.500	82.3	0.903	0.957
95.2	0.397	0.618	81.2	0.950	0.979
92.1	0.489	0.710	80.2	1.0	1.0

2. 乙醇-水

温度/℃	液相中乙醇的摩尔分数 x	气相中乙醇的摩尔分数 y	温度/℃	液相中乙醇的摩尔分数 x	气相中乙醇的摩尔分数 y
100	0.0	0.0	81.5	0.3273	0.5826
95.5	0.019	0.1700	80.7	0.3965	0.6122
89.0	0.0721	0.3891	79.8	0.5079	0.6564
86.7	0.0966	0.4375	79.7	0.5198	0.6599
85.3	0.1238	0.4704	79.3	0.5732	0.6841
84.1	0.1661	0.5089	78.74	0.6763	0.7385
82.7	0.2337	0.5445	78.41	0.7472	0.7815
82.3	0.2608	0.5580	78.15	0.8943	0.8943

3. 甲醇-水

温度/℃	液相中甲醇的摩尔分数 x	气相中甲醇的摩尔分数 y	温度/℃	液相中甲醇的摩尔分数 x	气相中甲醇的摩尔分数 y
100	0.0	0.0	75.3	0.40	0.729
96.4	0.02	0.134	73.1	0.50	0.779
93.5	0.04	0.234	71.2	0.60	0.825
91.2	0.06	0.304	69.3	0.70	0.870
89.3	0.08	0.365	67.6	0.80	0.915
87.7	0.10	0.418	66.0	0.90	0.958
84.4	0.15	0.517	65.0	0.95	0.979
81.7	0.20	0.579	64.5	1.0	1.0
78.0	0.30	0.665			

4. 丙酮-水

温度/℃	液相中丙酮的摩尔分数 x	气相中丙酮的摩尔分数 y	温度/℃	液相中丙酮的摩尔分数 x	气相中丙酮的摩尔分数 y
100	0.0	0.0	60.4	0.40	0.839
92.7	0.01	0.253	60.0	0.50	0.849
86.5	0.02	0.425	59.7	0.60	0.859
75.8	0.05	0.624	59.0	0.70	0.874
66.5	0.10	0.755	58.2	0.80	0.898
63.4	0.15	0.798	57.5	0.90	0.935
62.1	0.20	0.815	57.0	0.95	0.963
61.0	0.30	0.830	56.13	1.0	1.0

5. 硝酸-水

温度/℃	液相中硝酸的摩尔分数 x	气相中硝酸的摩尔分数 y	温度/℃	液相中硝酸的摩尔分数 x	气相中硝酸的摩尔分数 y
100.0	0.00	0.00	119.5	0.45	0.646
103.0	0.05	0.003	115.6	0.50	0.836
109.0	0.10	0.01	109.0	0.55	0.920
114.3	0.15	0.025	101.0	0.60	0.952
117.4	0.20	0.052	98.0	0.70	0.980
120.1	0.25	0.098	81.8	0.80	0.993
121.4	0.30	0.165	85.6	0.90	0.998
121.9	0.384	0.384	85.4	1.00	1.00
121.6	0.40	0.460			

二十、若干气体水溶液的亨利系数

气体	温度/℃															
	0	5	10	15	20	25	30	35	40	45	50	60	70	80	90	100
	$E\times10^{-3}$/MPa															
H_2	5.87	6.16	6.44	6.70	6.92	7.16	7.39	7.52	7.61	7.70	7.75	7.75	7.71	7.65	7.61	7.55
N_2	5.35	6.05	6.77	7.48	8.15	8.76	9.36	9.98	10.5	11.0	11.4	12.2	12.7	12.8	12.8	12.8
空气	4.38	4.94	5.56	6.15	6.73	7.30	7.81	8.34	8.82	9.23	9.59	10.2	10.6	10.8	10.9	10.8
CO	3.57	1.01	4.48	4.95	5.43	5.88	6.28	6.68	7.05	7.39	7.71	8.32	8.57	8.57	8.57	8.57
O_2	2.58	2.95	3.31	3.69	4.06	4.44	4.81	5.14	5.42	5.70	5.96	6.37	6.72	6.96	7.08	7.10
CH_4	2.27	2.62	3.01	3.41	3.81	4.18	4.55	4.92	5.27	5.58	5.58	6.34	6.75	6.91	7.01	7.10
NO	1.71	1.96	2.21	2.45	2.67	2.91	3.14	3.35	3.57	3.77	3.95	4.24	4.44	4.54	4.58	4.60
C_2H_6	1.28	1.57	1.92	2.90	2.66	3.06	3.47	3.88	4.29	4.69	5.07	5.72	6.31	6.70	6.96	7.01
	$E\times10^{-2}$/MPa															
C_2H_4	5.59	6.62	7.78	9.07	10.3	11.6	12.9	—	—	—	—	—	—	—	—	—
N_2O		1.19	1.43	1.68	2.01	2.28	2.62	3.06	—	—	—	—	—	—	—	—
CO_2	0.738	0.888	1.05	1.24	1.44	1.66	1.88	2.12	2.36	2.60	2.87	3.46	—	—	—	—
C_2H_2	0.73	0.85	0.97	1.09	1.23	1.35	1.48	—	—	—	—	—	—	—	—	—
Cl_2	0.272	0.334	0.399	0.461	0.537	0.604	0.669	0.74	0.80	0.86	0.90	0.97	0.99	0.97	0.96	—
H_2S	0.272	0.319	0.372	0.418	0.489	0.552	0.617	0.686	0.755	0.825	0.689	1.04	1.21	1.37	1.46	1.50
	$E\times10^{-1}$/MPa															
SO_2	0.167	0.203	0.245	0.294	0.355	0.413	0.485	0.567	0.661	0.763	0.871	1.11	1.39	1.70	2.02	—

二十一、氨的温-熵图

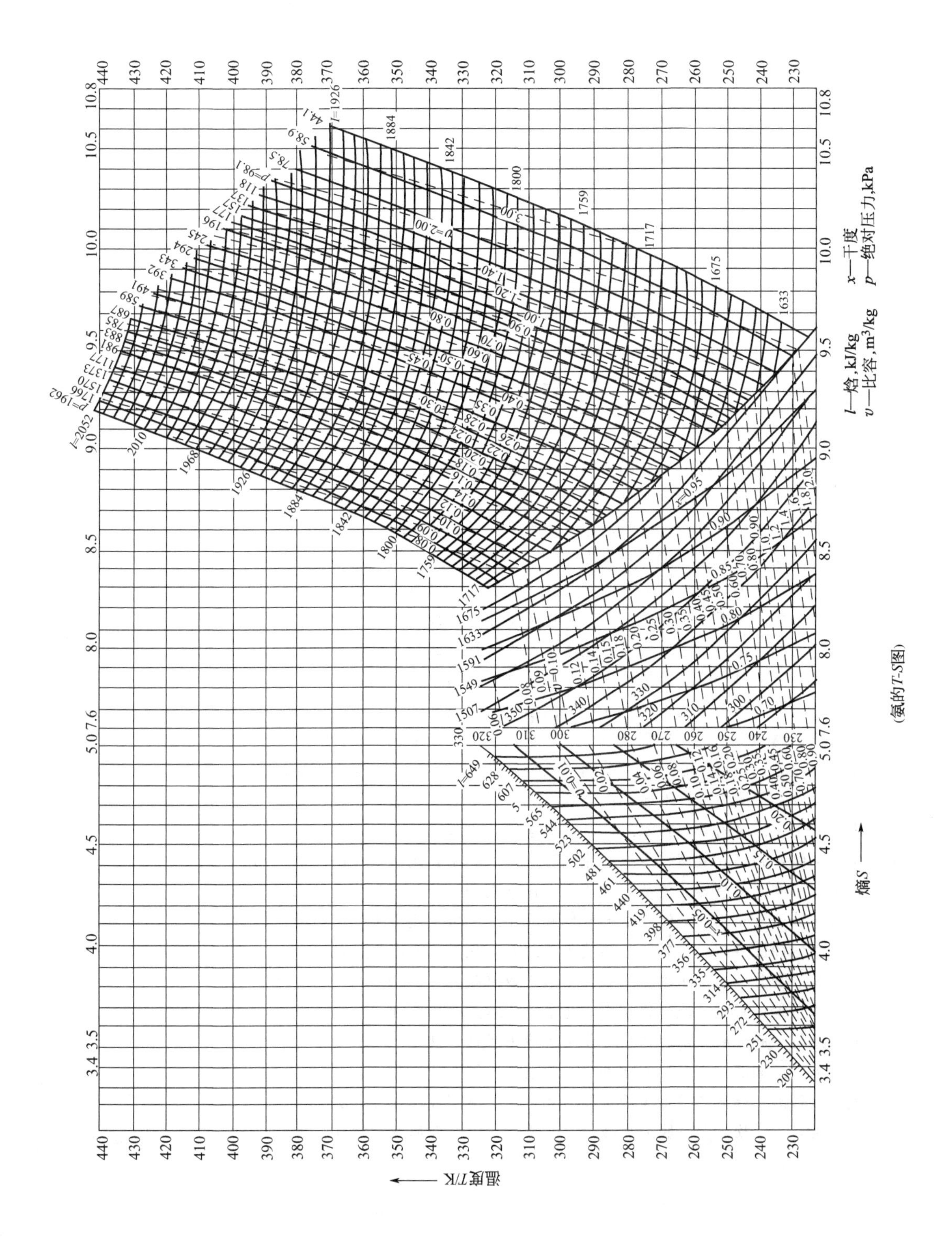

(氨的T-S图)

参考文献

[1] 王奇主编. 化工生产基础. 北京：化学工业出版社，2001.
[2] 刘佩田. 闫晔主编. 化工单元操作过程. 北京：化学工业出版社，2004.
[3] 王锡玉. 刘建中主编. 化工基础. 北京：化学工业出版社，2000.
[4] 刘爱民. 陆小荣主编. 化工单元操作实训. 北京：化学工业出版社，2002.
[5] 王振中. 张利锋编. 化工原理. 北京：化学工业出版社，2006.
[6] 陆美娟主编. 化工原理. 北京：化学工业出版社，2001.
[7] 陈常贵等. 化工原理. 天津：天津大学出版社，2003.
[8] 大连理工大学. 化工原理. 北京：高等教育出版社，2002.
[9] 张弓. 化工原理. 北京：化学工业出版社，2001.
[10] 姜守忠等. 制冷原理. 北京：中国商业出版社，2003.
[11] 杨磊. 制冷原理与技术. 北京：科学出版社，1988.
[12] 冷士良主编. 化工单元过程及操作. 北京：化学工业出版社，2002.
[13] 张新战主编. 化工单元过程及操作. 北京：化学工业出版社，2006.
[14] 张振坤. 刘建中主编. 化工基础. 北京：化学工业出版社，2004.
[15] 周莉萍主编. 化工生产基础. 北京：化学工业出版社，2007.
[16] 杨祖荣主编. 化工原理. 北京：化学工业出版社，2004.
[17] 秦叔经. 叶文邦等编. 换热器. 北京：化学工业出版社，2003.
[18] 王纬武主编. 化工工艺基础. 北京：化学工业出版社，2005.
[19] 汤金石，赵锦全. 化工过程及设备. 北京：化学工业出版社，1996.
[20] 化工部人教司培训中心. 气相非均一系分离. 北京：化学工业出版社，1997.
[21] 谭天恩等. 化工原理：下册. 第2版. 北京：化学工业出版社，1998.
[22] 冯孝庭主编. 吸附分离技术. 北京：化学工业出版社，2000.
[23] 朱自强编，超临界流体技术——原理和应用. 北京：化学工业出版社，2000.
[24] 张镜澄主编. 超临界流体萃取. 北京：化学工业出版社，2000.
[25] 陈维扭编著. 超临界流体萃取的原理和应用. 北京：化学工业出版社，1998.
[26] 周立雪，周波主编. 传质与分离技术. 北京：化学工业出版社，2002.
[27] 王湛编. 膜分离技术基础. 北京：化学工业出版社，2000.
[28] 蒋维钧主编. 新型传质分离技术. 北京：化学工业出版社，1992.
[29] 刘茉娥等. 膜分离技术，北京：化学工业出版社，1998.
[30] 刘凡清等. 固液分离与工业水处理，北京：中国石化出版社，2000.
[31] 刘茉娥等编. 膜分离技术应用手册. 北京：化学工业出版社，2001.
[32] 郑领英，王学松编著. 膜分离技术. 北京：化学工业出版社，2000.